Wangzikun

前　言

　　王梓坤先生是中国著名的数学家、数学教育家、科普作家、中国科学院院士。他为我国的数学科学事业、教育事业、科学普及事业奋斗了几十年，做出了卓越贡献。他是中国概率论研究的先驱者，是将马尔可夫过程引入中国的先行者，是新中国教师节的提出者。作为王先生的学生，我们非常高兴和荣幸地看到我们敬爱的老师 8 卷文集的出版。

　　王老师于 1929 年 4 月 30 日（农历 3 月 21 日）出生于湖南省零陵县（今湖南省永州市零陵区），7 岁时回到靠近井冈山的老家江西省吉安县枫墅村，幼时家境极其贫寒。父亲王肇基，又名王培城，常年在湖南受雇为店员，辛苦一生，受教育很少，但自学了许多古书，十分关心儿子的教育，教儿子背古文，做习题，曾经凭记忆为儿子编辑和亲笔书写了一本字典。但父亲不幸早逝，那年王老师才 11 岁。母亲郭香城是农村妇女，勤劳一生，对人热情诚恳。父亲逝世后，全家的生活主要靠母亲和兄嫂租种地主的田地勉强维持。王老师虽然年幼，但帮助家里干各种农活。他聪明好学，常利用走路、放牛、车水的时间看书、算题，这些事至今还被乡亲们传为佳话。

　　王老师幼时的求学历程是坎坷和充满磨难的。1940 年念完初小，村里没有高小。由于王老师成绩好，家乡父老劝他家长送他去固江镇县立第三中心小学念高小。半年后，父亲不幸去世，家境更为贫困，家里希望他停学。但他坚决不同意并做出了他人生中的第一大决策：走读。可是学校离家有十里之遥，而且翻山越岭，路上有狼，非常危险。王老师往往天不亮就起床，黄昏才回家，好不容易熬到高小毕业。1942 年，王老师考上省立吉安中学（现江西省吉安市白鹭洲中学），只有第一个学期交了学费，以后就再也交不起了。在班主任高克正老师的帮助下，王老师申请缓交学费获批准，可是初中毕业时却因欠学费拿不到毕业证，更无钱报考高中。幸而学长王寄萍出资帮助，才拿到了毕业证并且去县城考取了国立十三中（现江西省泰和中学）的公费生。这事发生在 1945 年。他以顽强的毅力、勤奋的天性、优异的成绩、诚朴的品行，赢得了老师、同学和亲友的同情、关心、爱护和帮助。母亲和兄嫂在经济极端困难的情况下，也尽力支持他，终于完成了极其艰辛的小学、中学学业。

1948 年暑假，在长沙有 5 所大学招生。王老师同样没有去长沙的路费，幸而同班同学吕润林慷慨解囊，王老师才得以到了长沙。长沙的江西同乡会成员欧阳伯康帮王老师谋到一个临时的教师职位，解决了在长沙的生活困难。王老师报考了 5 所学校，而且都考取了。他选择了武汉大学数学系，获得了数学系的两个奖学金名额之一，解决了学费问题。在大学期间，他如鱼得水，在知识的海洋中遨游。1952 年毕业，他被分配到南开大学数学系任教。

王老师在南开大学辛勤执教 28 年。1954 年，他经南开大学推荐并考试，被录取为留学苏联的研究生，1955 年到世界著名大学莫斯科大学数学力学系攻读概率论。三年期间，他的绝大部分时间是在图书馆和教室里度过的，即使在假期里有去伏尔加河旅游的机会，他也放弃了。他在莫斯科大学的指导老师是近代概率论的奠基人、概率论公理化创立者、苏联科学院院士柯尔莫哥洛夫（A. H. Колмогоров）和才华横溢的年轻概率论专家杜布鲁申（P. Л. Добрушин），两位导师给王老师制订了学习和研究计划，让他参加他们领导的概率论讨论班，指导也很具体和耐心。王老师至今很怀念和感激他们。1958年，王老师在莫斯科大学获得苏联副博士学位。

学成回国后，王老师仍在南开大学任教，曾任概率信息教研室主任、南开大学数学系副主任、南开大学数学研究所副所长。他满腔热情地投身于教学和科研工作之中。当时在国内概率论学科几乎还是空白，连概率论课程也只有很少几所高校能够开出。他为概率论的学科建设奠基铺路，向概率论的深度和广度进军，将概率论应用于国家经济建设；他辛勤地培养和造就概率论的教学和科研队伍，让概率论为我们的国家造福。1959年，时年30岁还是讲师的王老师就开始带研究生，主持每周一次的概率论讨论班，为中国培养出一些高水平的概率论专家。至今他已指导了博士研究生和博士后22人，硕士研究生30余人，访问学者多人。他为本科生、研究生和青年教师开设概率论基础及其应用、随机过程等课程。由于王老师在教学、科研方面的突出成就，1977年11月他就被特别地从讲师破格晋升为教授，这是"文化大革命"后全国高校第一次职称晋升，只有两人（另一位是天津大学贺家李教授）。1981年国家批准第一批博士生导师，王老师是其中之一。

1965年，他出版了《随机过程论》，这是中国第一部系统论述随机过程理论的著作。随后又出版了《概率论基础及其应用》(1976)、《生灭过程与马尔可夫链》(1980)。这三部书成一整体，从概率论的基础写起，到他的研究方向的前沿，被人誉为概率论三部曲，被长期用作大学教材或参考书。1983年又出版专著《布朗运动与位势》。这些书既总结了王老师本人、他的同事、同行、学生在概率论的教学和研究中的一些成果，又为在中国传播、推动概率论学科发展，培养中国概率论的教学和研究人才，起到了非常重要的作用，哺育了中国的几代概率论学人（这4部著作于1996年由北京师范大学出版社再版，书名分别是：《概率论基础及其应用》，即本8卷文集的第5卷；《随机过程通论》上、下卷，即本8卷文集的第6卷和第7卷）。1992年《生灭过程与马尔可夫链》的扩大修订版（与杨向群合作）被译成英文，由德国的施普林格（Springer）出版社和中国的科学出版社出版。1999年由湖南科技出版社出版的《马尔可夫过程与今日数学》，则是将王老师1998年底以前发表的主要论文进行加工、整理、编辑而成的一本内容系统、结构完整的书。

1984年5月，王老师被国务院任命为北京师范大学校长，这一职位自1971年以来一直虚位以待。王老师在校长岗位上工作了5年。王老师常说："我一辈子的理想，就是当教师。"他一生都在实践做一位好教师的诺言。任校长后，就将更多精力投入到发展师范教育和提高教师地位、待遇上来。1984年12月，王老师与北京师范大学的教师们提出设立"教师节"的建议，并首次提出了"尊师重教"的倡议，提出"百年树人亦英雄"，以恢复和提高人民教师在社会上的光荣地位，同时也表达了全国人民对教师这一崇高职业的高度颂扬、崇敬和爱戴。1985年1月，全国人民代表大会常务委员会通过决议，决定每年的9月10日为教师节。王老师任校长后明确提出北京师范大学的办学目标：把北京师范大学建成国内第一流的、国际上有影响力的、高水平、多贡献的重点大学。对于如何处理好师范性和学术性的问题，他认为两者不仅不能截然分开，而且是相辅相成的；不搞科研就不能叫大学，如果学术水平不高，培养的老师一般水平不会太高，所以必须抓学术；但师范性也不能丢，师范大学的主要任务就是干这件事，更何况培养师资是一项光荣任务。对师范性他提出了三高：高水平的专业、高水平的师资、高水平的学术著作。王老师也特别关心农村教育，捐资为农村小学修建教学楼，赠送书刊，设立奖学金。王老师对教育事业付出了辛勤的劳动，做出了重要贡献。正如著名教育家顾明远先生所说："王梓坤是教育实践家，他做成的三件事情：教师节、抓科研、建大楼，对北京师范大学的建设意义深远。"2008年，王老师被中国几大教育网站授予改革开放30年"中国教育时代人物"称号。

1981年，王老师应邀去美国康奈尔（Cornell）大学做学术访问；1985年访问加拿大里贾纳（Regina）大学、曼尼托巴（Manitoba）大学、温尼伯（Winnipeg）大学。1988年，澳大利亚悉尼麦考瑞（Macquarie）大学授予他荣誉科学博士学位和荣誉客座学者称号，王老师赴澳大利亚参加颁授仪式。该校授予他这一荣誉称号是由于他在研究概率论方面的杰出成就和在提倡科学教育和研究方法上所做出的贡献。

1989年，他访问母校莫斯科大学并作学术报告。

1993年，王老师卸任校长职务已数年。他继续在北京师范大学任职的同时，以极大的勇气受聘为汕头大学教授。这是国内的大学第一次高薪聘任专家学者。汕头大学的这一举动横扫了当时社会上流行的"读书无用论""搞导弹的不如卖茶叶蛋的"等论调，证明了掌握科学技术的人员是很有价值的，为国家改善广大知识分子的待遇开启了先河。但此事引起极大震动，一时引发了不少议论。王老师则认为：这对改善全国的教师和科技人员的待遇、对发展教育和科技事业，将会起到很好的作用。果然，开此先河后，许多单位开始高薪补贴或高薪引进人才。在汕头大学，王老师与同事们创办了汕头大学数学研究所，并任所长6年。汕头大学的数学学科有了很大的发展，不仅获得了数学学科的硕士学位授予权，而且聚集了一批优秀的数学教师，为后来获得数学学科博士学位授予权打下了坚实的基础。

王老师担任过很多兼职：天津市人民代表大会代表，国家科学技术委员会数学组成员，中国数学会理事，中国科学技术协会委员，中国高等教育学会常务理事，中国自然辩证法研究会常务理事，中国人才学会副理事长，中国概率统计学会常务理事，中国地震学会理事，中国高等师范教育研究会理事长，

《中国科学》《科学通报》《科技导报》《世界科学》《数学物理学报》等杂志编委，《数学教育学报》主编，《纯粹数学与应用数学》《现代基础数学》等丛书编委。

王老师获得了多种奖励和荣誉：1978 年获全国科学大会奖，1982 年获国家自然科学奖，1984 年被中华人民共和国人事部授予"国家有突出贡献中青年专家"称号，1986 年获国家教育委员会科学技术进步奖，1988 年获澳大利亚悉尼麦考瑞大学荣誉科学博士学位和荣誉客座学者称号，1990 年开始享受政府特殊津贴，1993 年获曾宪梓教育基金会高等师范院校教师奖，1997 年获全国优秀科技图书一等奖，2002 年获何梁何利基金科学与技术进步奖。王老师于 1961 年、1979 和 1982 年 3 次被评为天津市劳动模范，1980 年获全国新长征优秀科普作品奖，1990 年被全国科普作家协会授予"新中国成立以来成绩突出的科普作家"称号。

1991 年，王老师当选为中国科学院院士，这是学术界对他几十年来在概率论研究中和为这门学科在中国的发展所做出的突出贡献的高度评价和肯定。

王老师是将马尔可夫过程引入中国的先行者。马尔可夫过程是以俄国数学家 A. A. Марков 的名字命名的一类随机过程。王老师于 1958 年首次将它引入中国时，译为马尔科夫过程。后来国内一些学者也称为马尔可夫过程、马尔柯夫过程、Markov 过程，甚至简称为马氏过程或马程。现在统一规范为马尔可夫过程，或直接用 Markov 过程。生灭过程、布朗运动、扩散过程都是在理论上非常重要、在应用上非常广泛、很有代表性的马尔可夫过程。王老师在马尔可夫过程的理论研究和应用方面都做出了很大的贡献。

随着时代的前进，特别是随着国际上概率论研究的进展，王老师的研究课题也在变化。这些课题都是当时国际上概率论研究前沿的重要方向。王老师始终紧随学科的近代发展步伐，力求在科学研究的重要前沿做出崭新的、开创性的成果，以带动国内外一批学者在刚开垦的原野上耕耘。这是王老师一生中数学研究的一个重大特色。

20世纪50年代末，王老师彻底解决了生灭过程的构造问题，而且独创了马尔可夫过程构造论中的一种崭新的方法——过程轨道的极限过渡构造法，简称极限过渡法。王老师在莫斯科大学学习期间，就表现出非凡的才华，他的副博士学位论文《全部生灭过程的分类》彻底解决了生灭过程的构造问题，也就是说，他找出了全部的生灭过程，而且用的方法是他独创的极限过渡法。当时，国际概率论大师、美国的费勒（W. Feller）也在研究生灭过程的构造，但他使用的是分析方法，而且只找出了部分的生灭过程（同时满足向前、向后两个微分方程组的生灭过程）。王老师的方法的优点在于彻底性（构造出了全部生灭过程）和明确性（概率意义非常清楚）。这项工作得到了苏联概率论专家邓肯（Е. Б. Дынкин，E. B. Dynkin，后来移居美国并成为美国科学院院士）和苏联概率论专家尤什凯维奇（А. А. Юшкевич）教授的引用和好评，后者说："Feller构造了生灭过程的多种延拓，同时王梓坤找出了全部的延拓。"在解决了生灭过程构造问题的基础上，王老师用差分方法和递推方法，求出了生灭过程的泛函的分布，并给出此成果在排队论、传染病学等研究中的应用。英国皇家学会会员肯德尔（D. G. Kendall）评论说："这篇文章除了作者所提到的应用外，还有许多重要的应用……该问题是困难的，本文所提出的技巧值得仔细学习。"在王老师的带领和推动下，对构造论的研究成为中国马尔可夫过程研究的一个重要的特色之一。中南大学、湘潭大学、湖南师范大学等单位的学者已在国内外出版了几部关于马尔可夫过程构造论的专著。

1962年，他发表了另一交叉学科的论文《随机泛函分析引论》，这是国内较系统地介绍、论述、研究随机泛函分析的第一篇论文。在论文中，他求出了广义函数空间中随机元的极限定理。此文开创了中国研究随机泛函的先河，并引发了吉林大学、武汉大学、四川大学、厦门大学、中国海洋大学等高校的不少学者的后继工作，取得了丰硕成果。

20世纪60年代初，王老师将邓肯的专著《马尔可夫过程论基础》译成中文出版，该书总结了当时的苏联概率论学派在马尔可夫过程论研究方面的最新成就，大大推动了中国学者对马尔可夫过程的研究。

20世纪60年代前期，王老师研究了一般马尔可夫过程的通性，如0-1律、常返性、马丁（Martin）边界和过分函数的关系等。他证明的一个很有趣的结果是：对于某些马尔可夫过程，过程常返等价于过程的每一个过分函数是常数，而过程的强无穷远0-1律成立等价于过程的每一个有界调和函数是常数。

20世纪60年代后期和70年代，由于众所周知的原因，王老师停下理论研究，应海军和国家地震局的要求，转向数学的实际应用，主要从事地震统计预报和在计算机上模拟随机过程。他带领的课题小组首创了"地震的随机转移预报方法"和"利用国外大震以预报国内大震的相关区方法"，被地震部门采用，取得了实际的效果。在这期间，王老师也发表了一批实际应用方面的论文，例如，《随机激发过程对地极移动的作用》等，还有1978年出版的专著《概率与统计预报及在地震与气象中的应用》（与钱尚玮合作）。

20世纪70年代，马尔可夫过程与位势理论的关系是国际概率论界的热门研究课题。王老师研究布朗运动与古典位势的关系，求出了布朗运动、对称稳定过程的一些重要分布。如对球面的末离时、末离点、极大游程的精确分布。他求出的自原点出发的 d（不小于3）维布朗运动对于中心是原点的球面的末离时分布，是一个当时还未见过的新分布，而且分布的形式很简单。美国数学家格图（R. K. Getoor）也独立地得到了同样的结果。王老师还证明了：从原点出发的布朗运动对于中心是原点的球面的首中点分布和末离点分布是相同的，都是球面上的均匀分布。

20世纪80年代后期，王老师研究多参数马尔可夫过程。他于1983年在国际上最早给出多参数有限维奥恩斯坦-乌伦贝克（OU，Ornstein-Uhlenbeck）过程的严格数学定义并得到了系统的研究成果。如三点转移、预测问题、多参数与单参数的关系等。次年，加拿大著名概率论专家瓦什（J. B. Walsh）也给出了类似的定义，其定义是王老师定义的一种特殊情形。1993年，王老师在引进多参数无穷维布朗运动的基础上，给出了多参数无穷维OU过程定义，这是国际上最早提出并研究多参数无穷维OU过程的论文，该文发现了参数空间有分层性质。王老师关于多参数马尔可夫过程的开创性工作，推动和引发了国内对于多参数马尔可夫过程的研究，如中山大学、武汉大学、南开大学、杭州大学、湘潭大学、湖南师范大学等的后继研究。湖南科学技术出版社1996年出版的杨向群、李应求的专著《两参数马尔可夫过程论》，就是在王老师开垦的原野上耕耘的结果。

20世纪90年代至今，王老师带领同事和研究生研究国际上的重要新课题——测度值马尔可夫过程（超过程）。测度值马氏过程理论艰深，但有很明确的实际意义。粗略地说，如果普通马尔可夫过程是刻画"一个粒子"的随机运动规律，那么超过程就是刻画"一团粒子云"的随机飘移运动规律。王老师带领的集体在超过程理论上取得了丰富的成果，特别是他的年轻的同事和学生们，做了许多很好的工作。

2002年，王老师和张新生发表论文《生命信息遗传中的若干数学问题》，这又是一项旨在开拓创新的工作。1953年沃森（J. Watson）和克里克（F. Crick）发现DNA的双螺旋结构，人们对生命信息遗传的研究进入一个崭新的时代，相继发现了"遗传密码字典"和"遗传的中心法则"。现在，人类基因组测序数据已完成，其数据之多可以构成一本100万页的书，而且书中只有4个字母反复不断地出现。要读懂这本宏厚的巨著，需要数学和计算机学科的介入。该文首次向国内学术界介绍了人类基因组研究中的若干数学问题及所要用到的数学方法与模型，具有特别重要的意义。

除了对数学的研究和贡献外，王老师对科学普及、科学研究方法论，甚至一些哲学的基本问题，如偶然性、必然性、混沌之间的关系，也有浓厚兴趣，并有独到的见解，做出了一定的贡献。

在"文化大革命"的特殊年代，王老师仍悄悄地学习、收集资料、整理和研究有关科学发现和科学研究方法的诸多问题。1977年"文化大革命"刚结束，王老师就在《南开大学学报》上连载论文《科学发现纵横谈》（以下简称《纵横谈》），次年由上海人民出版社出版成书。这是"文化大革命"后中国大陆第一本关于科普和科学方法论的著作。这本书别开生面，内容充实，富于思想，因而被广泛传诵。书中一开始就提出，作为一个科技工作者，应该兼备德识才学，德是基础，而且德识才学要在实践中来实现。王老师本人就是一位成功的德识才学的实践者。《纵横谈》是十年"文化大革命"后别具一格的读物。数学界老前辈苏步青院士作序给予很高的评价："王梓坤同志纵览古今，横观中外，从自然科学发展的历史长河中，挑选出不少有意义的发现和事实，努力用辩证唯物主义和历史唯物主义的观点，加以分析总结，阐明有关科学发现的一些基本规律，并探求作为一名自然科学工作者，应该力求具备一些怎样的品质。这些内容，作者是在'四人帮'[①]形而上学猖獗、唯心主义横行的情况下写成的，尤其难能可贵……作者是一位数学家，能在研究数学的同时，写成这样的作品，同样是难能可贵的。"《纵横谈》以清新独特的风格、简洁流畅的笔调、扎实丰富的内容吸引了广大读者，引起国内很大的反响。书中不少章节堪称

---

① 指王洪文、张春桥、江青、姚文元.

优美动人的散文，情理交融回味无穷，使人陶醉在美的享受中。有些篇章还被选入中学和大学语文课本中。该书多次出版并获奖，对科学精神和方法的普及起了很大的作用。以至19年后，这本书再次在《科技日报》上全文重载（1996年4月4日至5月21日）。主编在前言中说："这是一组十分精彩、优美的文章。今天许许多多活跃在科研工作岗位上的朋友，都受过它的启发，以至他们中的一些人就是由于受到这些文章中阐发的思想指引，决意将自己的一生贡献给伟大的科学探索。"1993年，北京师范大学出版社将《纵横谈》进一步扩大成《科学发现纵横谈（新编）》。该书收入了《科学发现纵横谈》、1985年王老师发表的《科海泛舟》以及其他一些文章。2002年，上海教育出版社出版了装帧精美的《莺啼梦晓——科研方法与成才之路》一书，其中除《纵横谈》外，还收入了数十篇文章，有的论人才成长、科研方法、对科学工作者素质的要求，有的论数学学习、数学研究、研究生培养等。2003年《莺啼梦晓——科研方法与成才之路》获第五届上海市优秀科普作品奖之科普图书荣誉奖（相当于特等奖）。2009年，北京师范大学出版社出版的《科学发现纵横谈》（第3版）于同年入选《中国文库》（第四辑）（新中国60周年特辑）。《中国文库》编辑委员会称：该文库所收书籍"应当是能够代表中国出版业水平的精品""对中国百余年来的政治、经济、文化和社会的发展产生过重大积极的影响，至今仍具有重要价值，是中国读者必读、必备的经典性、工具性名著。"王老师被评为"新中国成立以来成绩突出的科普作家"，绝非偶然。

　　王老师不仅对数学研究、科普事业有突出的贡献，而且对整个数学，特别是今日数学，也有精辟、全面的认识。20世纪90年代前期，针对当时社会上对数学学科的重要性有所忽视的情况，王老师受中国科学院数学物理学部的委托，撰写了《今日数学及其应用》。该文对今日数学的特点、状况、应用，以及其在国富民强和提高民族的科学文化素质中的重要作用等做了全面、深刻的阐述。文章提出了今日数学的许多新颖的观点和新的认识。例如，"今日数学已不仅是一门科学，还是一种普适性的技术。""高技术本质上是一种数学技术。""某些重点问题的解决，数学方法是唯一的，非此'君'莫属。"对今日数学的观点、认识、应用的阐述，使中国社会更加深切地感受到数学学科在自然科学、社会科学、高新技术、推动生产力发展和富国强民中的重大作用，使人们更加深刻地认识到数学的发展是国家大事。文章中清新的观点、丰富的事例、明快的笔调和形象生动的语言使读者阅后感到是高品位的享受。

王老师在南开大学工作28年，吃食堂42年。夫人谭得伶教授是20世纪50年代莫斯科大学语文系的中国留学生，1957年毕业回国后一直在北京师范大学任教，专攻俄罗斯文学，曾指导硕士生、博士生和访问学者20余名。王老师和谭老师1958年结婚后育有两个儿子，两人两地分居26年。谭老师独挑家务大梁，这也是王老师事业成功的重要因素。

王老师为人和善，严于律己，宽厚待人，有功而不自居，有傲骨而无傲气，对同行的工作和长处总是充分肯定，对学生要求严格，教其独立思考，教其学习和研究的方法，将学生当成朋友。王老师有一段自勉的格言："我尊重这样的人，他心怀博大，待人宽厚；朝观剑舞，夕临秋水，观剑以励志奋进，读庄以淡化世纷；公而忘私，勤于职守；力求无负于前人，无罪于今人，无愧于后人。"

本8卷文集列入北京师范大学学科建设经费资助项目，由北京师范大学出版社出版。李仲来教授从文集的策划到论文的收集、整理、编排和校对等各方面都付出了巨大的努力。在此，我们作为王老师早期学生，谨代表王老师的所有学生向北京师范大学、北京师范大学出版社、北京师范大学数学科学学院和李仲来教授表示诚挚的感谢！

杨向群　吴　荣　施仁杰　李增沪
2016 年 3 月 10 日

目　录

随机过程通论(下卷)

各章间关系图

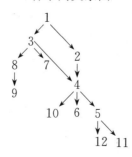

概率与统计预报及在地震与气象中的应用

随机过程通论(下卷)

第 2 版下卷作者的话

本卷的目的在于叙述布朗运动与位势、生灭过程与马尔可夫链(Birth-death processes and Markov chains)的基本理论,并介绍近年来的一些研究进展.所谓马尔可夫链是指时间连续、状态可列、时齐的马尔可夫过程.这种链之所以重要,一是由于它的理论比较完整深入,可以作为一般马尔可夫过程及其他随机过程的借鉴,二是它在自然科学和许多实际问题(如物理、生物、化学、规划论、排队论等)中有着越来越多的应用.

生灭过程是一种特殊的马尔可夫链,虽然有关的资料已相当丰富,但迄今国内外似乎还没有一本系统的专著来阐述它们.一些著名的学者如肯德尔(D. G. Kendall),路透(G. E. H. Reuter),费勒(W. Feller),特别是卡林(S. Karlin),麦格雷戈(J. McGregor)等人,在这方面做过许多深入而重要的研究,他们用的大都是分析数学的方法,作者深愧未能遍尝百味之鲜.我们用的主要是概率方法,即从考察运动的轨道出发,提取直观形象,然后辅以数学计算和测度论的严格证明.此法的优点是概率意义比较清楚,但可能失之于冗长.

现代概率论的重要进展之一是发现了马尔可夫过程(简称马氏过程)与位势理论(简称势论)之间的深刻联系.这一发现使势

论中许多概念和结论获得了明确的概率意义,同时也使马氏过程有了新的分析工具,因而两者相互促进,丰富了彼此的内容.本书试图通过比较简单的马氏过程,即布朗运动,以及与它相对应的古典位势(牛顿位势与对数位势),来对一般理论作一前导.

第 11 章和第 12 章讨论布朗运动与古典位势,详见下卷关于各节内容的历史的注.

第 11 章和第 12 章(布朗运动与牛顿位势)承科学出版社于 1983 年出版单行本.

作者衷心感谢吴荣、杨向群、刘文、杨振明、钱敏平等教授,他们仔细阅读了底稿并提出了许多改进意见.

1995 年 8 月 15 日

第 10 章　随机微分方程与马尔可夫过程

§10.1　对维纳过程的随机积分

(一)

至今所讲马氏过程主要是齐次的,研究一般马氏过程的一种有效工具是随机微分方程,它溯源于伯恩斯坦(C. H. Бернштейн),后为伊藤清(K. Itô))等所发展.这种方法的实质是借助于简单的过程来造出一般过程的轨道.本章中试就一维连续马氏过程来叙述.当然,还可以用它来研究更一般的多维的过程.

大致想法如下:设 $\{B(t,\omega),t\geqslant 0\}$ 是有参数 $\sigma=1$ 的维纳(Wiener)过程,又 $a(t,x),b(t,x)\geqslant 0$ 是满足一定条件的函数,考虑在某种意义下的微分方程

$$\mathrm{d}\xi(t)=a(t,\xi(t))\mathrm{d}t+b(t,\xi(t))\mathrm{d}B(t), \tag{1}$$

由此随机微分方程解出

$$\xi(t)=\xi(t_0)+\int_{t_0}^{t}a(s,\xi(s))\mathrm{d}s+\int_{t_0}^{t}b(s,\xi(s))\mathrm{d}B(s)$$
$$(t_0\geqslant 0), \tag{2}$$

然后证明 $\{\xi(t),t\geq t_0\}$ 是马氏过程.

(1)的直观意义如下：若已知 $\xi(t)=x$，则在时间 dt 内质点的位移 $d\xi(t)$ 由两部分构成：一部分是由具有速度 $a(t,\xi(t))=a(t,x)$ 的决定性运动所产生的，即 $a(t,\xi(t))dt=a(t,x)dt$；另一部分是随机位移，它等于维纳过程①在这段时间内的位移乘 $b(t,\xi(t))$ $(=b(t,x))$. 由于 $\{B(t,\omega),t\geq 0\}$ 以概率 1 连续，自然期望：对 $a(t,x),b(t,x)$ 加上一定条件后 $\{\xi(t,\omega),t\geq t_0\}$ 也以概率 1 连续.

这种方法的特点在于：它直接造出过程的轨道 $\xi(t)$，而不是造出过程的某个特征如转移函数或无穷小算子等；其次，自一维过程推广到高维过程时，不会产生本质性的困难.

为了正式叙述，需要做相当长的准备. 先从对维纳过程的随机积分讲起. 如果被积函数 $f(t,\omega)$ 不依赖于 ω，这种积分已在 §8.2 中作为特殊情况而有定义.

从逻辑上讲，本章应放在第 6 章之后，但从工具来看，由于要用随机积分，故只好延后. 其实本章除稍涉及 §8.2 外，并不依赖于第 7~9 章中的其他内容.

这一章里所遇到的随机变量与函数都是实数值的，维纳过程的参数 $\sigma=1$，以后不再声明.

（二）

设 $B(t,\omega),a\leq t\leq b$ 为可分维纳过程，我们的目的是想对某些二元函数 $f(t,\omega)$，定义积分

$$I(f,\omega)=\int_a^b f(\tau,\omega)dB(\tau,\omega).\tag{3}$$

设对每一 $t\in[a,b]$，有一 σ 代数 $\mathcal{F}_t(\subset\mathcal{F})$ 与之对应，而且 σ 代数族 $\mathcal{F}_t(a\leq t\leq b)$ 满足条件

---

① 由于此部分位移可看成许多小的几乎独立的随机位移的和，由中心极限定理，自然可设它有 $N(0,\sqrt{b(t,x)dt})$ 正态分布. 这就是所以特别考虑维纳过程的原因.

(i) 对每一 $t_1 < t_2$，$\mathcal{F}_{t_1} \subset \mathcal{F}_{t_2}$；

(ii) 对每一 t，$B(t,\omega) - B(a,\omega)$ 关于 $\mathcal{F}_t$ 可测；

(iii) 对每一 t，两 σ 代数 $\mathcal{F}_t$ 与 $\mathcal{F}\{B(s)-B(t), s\in[t,b]\}$ 是独立的. 换句话说，若 $A_1, A_2, \cdots, A_n \in \mathcal{F}_t$，而 $B_1, B_2, \cdots, B_m$ 属于后一 σ 代数，则

$$P(A_1 A_2 \cdots A_n B_1 B_2 \cdots B_m) = P(A_1 A_2 \cdots A_n) P(B_1 B_2 \cdots B_m). \quad (4)$$

例 1 作为这种 σ 代数族的例，考虑取值于任意可测空间的随机变量 $A(\omega)$，它与 $B(t,\omega) - B(s,\omega)$ $(a \leqslant s \leqslant t \leqslant b)$ 独立，取 $\mathcal{F}_t = \mathcal{F}\{A(\omega); B(\tau,\omega) - B(a,\omega), a \leqslant \tau \leqslant t\}$，则 $\mathcal{F}_t$ $(a \leqslant t \leqslant b)$ 满足条件 (i)~(iii).

定义(3)中积分的步骤仍然类似于定义勒贝格(Lebesgue)积分.

称实值函数 $f(t,\omega)$ 为**简单的**，如果它具备下列性质：

i) $f(t,\omega)$ 关于 (t,ω) 是 $\mathcal{B}_1 \times \mathcal{F}$ 可测函数，这里 $\mathcal{B}_1$ 表 $[a,b]$ 中全体一维波莱尔集.

ii) 当 $t \in [a,b]$ 固定时，$f(t,\omega)$ 关于 $\mathcal{F}_t$ 可测.

iii$'$) 存在分割 $\Delta: a=a_0 < a_1 < a_2 < \cdots < a_n = b$，$a_i$ 不依赖于 ω，使

$$f(t,\omega) = f(a_{i-1},\omega), \quad a_{i-1} \leqslant t < a_i, \quad i=1,2,\cdots,n, \quad (5)$$

而且 $f(a_i,\omega)$ 均方可积，即

$$\int_\Omega |f(a_i,\omega)|^2 P(\mathrm{d}\omega) < +\infty, \quad i=0,1,2,\cdots,n. \quad (6)$$

全体简单函数的集记为 S.

对 $f(t,\omega) \in S$，定义

$$I(f,\omega) = \sum_{i=1}^n f(a_{i-1},\omega)[B(a_i,\omega) - B(a_{i-1},\omega)]. \quad (7)$$

注意 $I(f,\omega)$ 依赖于 a,b；表面上它还依赖于 Δ，即 $I(f,\omega) = I_\Delta(f,\omega)$. 其实它与 Δ 的选择无关，因为若有两分割 Δ_1, Δ_2 都使 (5)成立，利用 Δ_1, Δ_2 的所有分点而造一分割 Δ，则 I_{Δ_1} 与 I_{Δ_2} 都等于 I_Δ.

由(7)可见,$I(f,\omega)$在 S 上具有下列性质:

(i) $I(\alpha f + \beta g,\omega) = \alpha I(f,\omega) + \beta I(g,\omega)$,其中 α,β 为任两实常数.

(ii) 对 $f(t,\omega) \in S$,定义

$$\psi(t,\omega) = \begin{cases} 0, & \max_{a \leqslant s \leqslant t} |f(s,\omega)| = 0, \\ 1, & \max_{a \leqslant s \leqslant t} |f(s,\omega)| > 0, \end{cases} \tag{8}$$

则

$$|I(f,\omega)| \leqslant \psi(b,\omega)|I(f,\omega)|. \tag{9}$$

(iii)

$$EI(f,\omega) = 0, \tag{10}$$

$$E|I(f,\omega)|^2 = \int_a^b E|f(t,\omega)|^2 \mathrm{d}t. \tag{11}$$

证　(i)(ii)显然. 由(7)并注意独立性(iii),

$$EI(f,\omega) = E\sum_{i=1}^{n} f(a_{i-1},\omega)[B(a_i,\omega) - B(a_{i-1},\omega)]$$

$$= \sum_{i=1}^{n} Ef(a_{i-1},\omega) \cdot E[B(a_i,\omega) - B(a_{i-1},\omega)],$$

然而维纳过程增量的数学期望 $E[B(t,\omega) - B(s,\omega)] = 0$,故得证(10). 其次,利用增量的独立性,并注意 $E[B(t,\omega) - B(s,\omega)]^2 = t - s$ $(t > s)$,即得

$$E|I(f,\omega)|^2 = \sum_{i=1}^{n} E|f(a_{i-1},\omega)|^2 E[B(a_i,\omega) - B(a_{i-1},\omega)]^2 +$$

$$2\sum_{i<j} Ef(a_{i-1},\omega)[B(a_i,\omega) - B(a_{i-1},\omega)] \times$$

$$f(a_{j-1},\omega) \cdot E[B(a_j,\omega) - B(a_{j-1},\omega)]$$

$$= \sum_{i=1}^{n} E|f(a_{i-1},\omega)|^2 (a_i - a_{i-1})$$

$$= \int_a^b E|f(t,\omega)|^2 \mathrm{d}t. \ \blacksquare$$

现在以 $\overline{S}$ 表满足简单实值函数 $f(t,w)$ 条件 i)，ii) 及条件

iii″) $$\int_a^b E\,|f(t,\omega)|^2\,\mathrm{d}t<+\infty$$

的函数 $f(t,\omega)$ 的全体. 显然 $\overline{S}\supset S$. 试拓展 $I(f,\omega)$ 的定义域到 $\overline{S}$ 上. 为此先证

引理 1　在依 $L^2([a,b]\times\Omega)$ 中的范数

$$\|f(t,\omega)\|^2=\int_a^b E\,|f(t,\omega)|^2\,\mathrm{d}t \tag{12}$$

收敛的意义下，S 稠于 $\overline{S}$.

证　以 $\chi_N(x)$ 表 $[-N,N]$ 的示性函数，即

$$\chi_N(x)=\begin{cases}1, & x\in[-N,N],\\ 0, & x\overline{\in}[-N,N].\end{cases}$$

如果 $f(t,\omega)\in\overline{S}$，那么因

$$|f(t)-f(t)\chi_N(f(t))|\leqslant|f(t)|$$

($f(t)=f(t,\omega)$) 及 iii″)，可由控制收敛定理而得

$$\lim_{N\to+\infty}\int_a^b E\,|f(t)-f(t)\,\chi_N(f(t))|^2\,\mathrm{d}t=0. \tag{13}$$

因此，引理结论只要对有界的 $f(t,\omega)\in\overline{S}$ 证明，亦即只要证明，对 $\overline{S}$ 中有界的 $f(t,\omega)$，存在 $f_n(t,\omega)\in S$，使依 (12) 中范数有

$$\|f(t,\omega)-f_n(t,\omega)\|\to 0\quad(n\to+\infty). \tag{14}$$

为此，补定义 $f(t,\omega)=0$，若 $t\overline{\in}[a,b]$；并且令

$$\alpha_n(t)=\frac{j}{2^n},\frac{j}{2^n}\leqslant t<\frac{j+1}{2^n},\quad j\in\mathbf{Z},$$

则 $f[\alpha_n(t-s)+s,\omega]$ 是简单函数. 因而只需证明：可选择点 s，使对某一子列 $\{n_j\}$ 有

$$\lim_{j\to+\infty}\|f[\alpha_{n_j}(t-s)+s,\omega]-f(t,\omega)\|=0. \tag{15}$$

为证此先证一事实：若 $f(s)$ 是有界勒贝格可测函数，在某有穷 s-区间之外等于 0，则

$$\lim_{h \to 0} \int_{-\infty}^{+\infty} |f(t+h) - f(s)|^2 \mathrm{d}s = 0. \tag{15_1}$$

实际上,对每 $\varepsilon > 0$ 存在连续函数 f_ε,它在某有穷区间外为 0,使

$$\int_{-\infty}^{+\infty} |f(s) - f_\varepsilon(s)|^2 \mathrm{d}s \leqslant \varepsilon^2.$$

利用闵科夫斯基(Minkowski)不等式得

$$\overline{\lim_{h \to 0}} \left[\int_{-\infty}^{+\infty} |f(s+h) - f(s)|^2 \mathrm{d}s \right]^{\frac{1}{2}}$$

$$\leqslant \overline{\lim_{h \to 0}} \left[\int_{-\infty}^{+\infty} |f_\varepsilon(s+h) - f_\varepsilon(s)|^2 \mathrm{d}s \right]^{\frac{1}{2}} + 2\varepsilon = 2\varepsilon,$$

于是得证(15_1). 今利用此事实. 由(15_1)得

$$\lim_{h \to 0} \int_{-\infty}^{+\infty} |f(s+h,\omega) - f(s,\omega)|^2 \mathrm{d}s = 0.$$

从而对任一固定的 t,有

$$\lim_{n \to +\infty} \int_{-\infty}^{+\infty} |f[\alpha_n(t) + s, \omega] - f(t+s,\omega)|^2 \mathrm{d}s = 0.$$

由富比尼定理,$\int_{-\infty}^{+\infty} |f[\alpha_n(t) + s, \omega] - f(t+s,\omega)|^2 \mathrm{d}s$ 对 (t,ω) 几乎处处(关于 $L \times P$, L 为勒贝格测度) 收敛于 0, 既然此 (t,ω) 的函数列有界[①], 由几乎处处收敛可推出平均收敛, 即

$$\lim_{n \to +\infty} \int_\Omega \int \int_{-\infty}^{+\infty} |f([\alpha_n(t) + s, \omega]) - f(t+s,\omega)|^2 \mathrm{d}s\, \mathrm{d}t\, P(\mathrm{d}\omega) = 0,$$

这说明被积函数对 (s,t,ω) 乘积测度也平均收敛于 0. 故存在整数列 $\{n_j\}$, 使对几乎一切 s 有

$$\lim_{j \to +\infty} \int_\Omega \int_{-\infty}^{+\infty} |f([\alpha_{n_j}(t) + s, \omega]) - f(t+s,\omega)|^2 \mathrm{d}t\, P(\mathrm{d}\omega) = 0.$$

因此,总存在 $s_0 \in [0,1]$ 使

$$\lim_{j \to +\infty} \int_\Omega \int_{-\infty}^{+\infty} |f[\alpha_{n_j}(t) + s_0, \omega] - f(t+s_0,\omega)|^2 \mathrm{d}t\, P(\mathrm{d}\omega)$$

---

①　其实可认为 t 只在一有穷区间中变动.

$$= \lim_{j \to +\infty} \int_{\Omega} \int_{-\infty}^{+\infty} |f[\alpha_{n_j}(t-s_0)+s_0,\omega] - f(t,\omega)|^2 \, \mathrm{d}t \, P(\mathrm{d}\omega) = 0.$$

这便证明了(15)(取 $s=s_0$). ∎

由此引理，知对任意 $f(t) \in \overline{S}$，存在一列 $f_n(t) \in S, n \in \mathbf{N}^*$，使

$$\lim_{n \to +\infty} \int_a^b E|f(t) - f_n(t)|^2 \, \mathrm{d}t = 0. \tag{16}$$

于是 $\lim\limits_{\substack{n \to +\infty \\ m \to +\infty}} \int_a^b E|f_n(t) - f_m(t)|^2 \, \mathrm{d}t = 0$. 由 $I(f,w)$ 在 S 上具有性质(iii)得

$$\lim_{\substack{n \to +\infty \\ m \to +\infty}} E|I(f_n,\omega) - I(f_m,\omega)|^2 = 0.$$

故 $I(f_n,\omega)$ 均方(因而也依概率)收敛于某随机变量. 我们便定义 $I(f,\omega)$ 为此随机变量. 注意 $I(f,\omega)$ 的值以概率 1 唯一确定，因为若另有一列 $\widetilde{f}_n(t) \in S$ 也使(16)成立，则必

$$\lim_{n \to +\infty} E|I(f_n,\omega) - I(\widetilde{f}_n,\omega)|^2$$

$$= \lim_{n \to +\infty} \int_a^b E|f_n(t) - \widetilde{f}_n(t)|^2 \, \mathrm{d}t = 0.$$

由极限过渡，不难看出在 $\overline{S}$ 上，性质(i)～(iii)仍然成立，只是在(ii)中 max 应换成 sup，并理解为几乎处处. 由(ii)知，对可分过程 $f(t), t \in [a,b]$，有

(iv) $\quad P(|I(f,\omega)| > 0) \leqslant P(\sup_{a \leqslant t \leqslant b} |f(t)| > 0). \tag{17}$

最后以 M 表全体满足简单实值函数 $f(t,w)$ 条件 i), ii) 及条件

iii) $\quad P\left(\int_a^b |f(t,\omega)|^2 \, \mathrm{d}t < +\infty\right) = 1$

的函数 $f(t,\omega)$ 的集. 试拓展 $I(f,\omega)$ 的定义到 M 上.

仍以 $\chi_N(x)$ 表 $[-N,N]$ 的示性函数，若 $f(t) \in M$，则函数

$$f_N(t) = f(t) \chi_N\left(\int_a^t |f(s)|^2 \, \mathrm{d}s\right) \in \overline{S},$$

这是因为

$$\int_a^b E|f_N(t)|^2 \mathrm{d}t = E\int_a^b |f_N(t)|^2 \mathrm{d}t \leqslant N. \tag{18}$$

注意若对固定的 ω，有 $\int_a^b |f(s)|^2 \mathrm{d}s < N$，则当 $N' > N$ 时，$f_N(t) \equiv f_{N'}(t), t \in [a,b]$，亦即

$$\sup_{a \leqslant t \leqslant b} |f_N(t) - f_{N'}(t)| = 0. \tag{19}$$

因此，由(17)得

$$P(|I(f_N, \omega) - I(f_{N'}, \omega)| > 0) \leqslant P\left(\int_a^b |f(t)|^2 \geqslant N\right),$$

此式右方项当 $N \to +\infty$ 时由简单实值函数 $f(t, w)$ 条件 iii) 趋于 0，故 $I(f_N, \omega)$ 依概率收敛于某随机变量，我们便定义 $I(f, \omega)$ 为此随机变量. 根据此定义，不难看出，在 M 上，$I(f, \omega)$ 仍然具有性质(i)(ii)(iv).

（三）

令 $\chi_A(t)$ 为 $[a, b]$ 中波莱尔(Borel)可测子集 A 的示性函数，设 $f(t) \in M$，则 $f(t)\chi_A(t) \in M$，定义

$$\int_A f(t) \mathrm{d}B(t) = I(f\chi_A, \omega),$$

$$\int_a^s f(t) \mathrm{d}B(t) = \int_{[a,s]} f(t) \mathrm{d}B(t).$$

作为积分上限的函数，试研究随机过程 $\int_a^t f(s) \mathrm{d}B(s), a \leqslant t$. 以下总假定它是可分过程[①].

对任意 $f(t, \omega) \in M$，依(8)定义 $\psi(t, \omega)$. 但(8)中的 max 应

---

① 本质上这假定并未带来限制，因为 $\int_a^t f(s) \mathrm{d}B(s)$ 对固定的 t 只是几乎处处确定，所以可在一零测集上适当选定它的值以使过程可分，详见第 3 章.

换成 sup. 应用性质(ii)于 $\int_a^t f(s)\mathrm{d}B(s)$，立得

$$\sup_{a\leqslant t\leqslant b}\left|\int_a^t f(s)\mathrm{d}B(s)\right|\leqslant \psi(b)\sup_{a\leqslant t\leqslant b}\left|\int_a^t f(s)\mathrm{d}B(s)\right|,\quad(20)$$

由此可见

$$P\left(\sup_{a\leqslant t\leqslant b}\left|\int_a^t f(s)\mathrm{d}B(s)\right|>0\right)\leqslant P\left(\sup_{a\leqslant t\leqslant b}|f(t)|>0\right).\quad(21)$$

定理 1 如果 $f(t)\in\bar{S}$，那么过程

$$\zeta(t)=\int_a^t f(s)\mathrm{d}B(s)$$

是鞅.

证 由性质(iii)知 $E|\zeta(t)|<+\infty$. 由随机积分的定义知 $\zeta(t)$ 关于 $\mathcal{F}_t$ 可测，若能证

$$E\left(\int_t^{t+h} f(s)\mathrm{d}B(s)\,\Big|\,\mathcal{F}_t\right)=0,\quad h>0,\quad\text{a.s.},\quad(22)$$

则有

$$E(\zeta(t+h)|\mathcal{F}_t)=\zeta(t)\quad\text{a.s.}.$$

两边取 $E(-|\zeta(s),s\leqslant t)$，得

$$E(\zeta(t+h)|\zeta(s),s\leqslant t)=\zeta(t)\quad\text{a.s.}.$$

因此只要证(22)成立；或者，证明与(22)等价的下式也可以：

$$\int_A\left[\int_t^{t+h} f(s)\mathrm{d}B(s)\right]P(\mathrm{d}\omega)=0\quad(\text{任意 }A\in\mathcal{F}_t).\quad(23)$$

先设 $f(t)\in S$，这时对 $t\leqslant a_k$，由简单实值函数条件 ii)及 σ 代数族 $\mathcal{F}_t(a\leqslant t\leqslant b)$ 满足的条件(iii)得

$$E\{f(a_k)[B(a_{k+1})-B(a_k)]|\mathcal{F}_t\}$$

$$=E\{f(a_k)E[(B(a_{k+1})-B(a_k))|\mathcal{F}_{a_k}]|\mathcal{F}_t\}$$

$$=E\{f(a_k)E[B(a_{k+1})-B(a_k)]|\mathcal{F}_t\}$$

$$=E\{f(a_k)\cdot 0|\mathcal{F}_t\}=0,$$

由此及(5)可见(22)成立.

今设 $f(t)\in\bar{S}$. 由定义存在 $f_n(t)\in S$，使在均方收敛意义下，有

$$\mathop{\mathrm{l.\,i.\,m}}_{n\to+\infty}\int_t^{t+h} f_n(s)\mathrm{d}B(s) = \int_t^{t+h} f(s)\mathrm{d}B(s).$$

于是

$$\left| \int_A \left\{ \int_t^{t+h} [f_n(s) - f(s)]\mathrm{d}B(s) \right\} P(\mathrm{d}\omega) \right|$$

$$\leqslant E\left| \int_t^{t+h} [f_n(s) - f(s)]\mathrm{d}B(s) \right|$$

$$\leqslant \left\{ E\left| \int_t^{t+h} [f_n(s) - f(s)]\mathrm{d}B(s) \right|^2 \right\}^{\frac{1}{2}} \to 0 \quad (n\to+\infty).$$

既然(23)对 $f_n(t)$ 正确,故由上式得(23)对 $f(t)$ 也正确. ∎

定理 2　对每 $f(t)\in M$,可分随机过程

$$\zeta(t) = \int_a^t f(s)\mathrm{d}B(s) \tag{24}$$

的样本函数以概率 1 连续.

证　回忆早已假定了的过程可分性. 若 $f(t)\in S$,则由可分维纳过程的概率 1 连续性以及

$$\zeta(t) = \sum_{i=1}^{k-1} f(a_{i-1})[B(a_i) - B(a_{i-1})] +$$
$$f(a_{k-1})[B(t) - B(a_{k-1})],$$

其中 k 由 $a_{k-1}\leqslant t\leqslant a_k$ 决定,可见 $\zeta(t)$ 以概率 1 连续. 若 $f(t)\in\overline{S}$,取 $f_n(t)\in S$ 使满足

$$\int_a^b E\,|f(t) - f_n(t)|^2\mathrm{d}t \leqslant \frac{1}{n^4}. \tag{25}$$

令 $\zeta_n(t) = \int_a^t f_n(s)\mathrm{d}B(s)$,则如上述 $\zeta_n(t)$ 以概率 1 连续,而且

$$\zeta_n(t) - \zeta(t) = \int_a^t [f_n(s) - f(s)]\mathrm{d}B(s)$$

是鞅. 利用 §1.4 引理 4、可分性及(iii)得

$$P\left\{ \sup_{a\leqslant t\leqslant b} |\zeta(t) - \zeta_n(t)| \geqslant \frac{1}{n} \right\} \leqslant E\{|\zeta(b) - \zeta_n(b)|^2\}n^2 \leqslant \frac{n^2}{n^4} = \frac{1}{n^2}.$$

因为 $\sum \frac{1}{n^2} < +\infty$,故由波莱尔 - 坎泰利(Borel-Cantelli)引理(见

§1.5 题 12)，可见对几乎一切 ω，存在 $n_0(=n_0(\omega))$，当 $n \geqslant n_0$ 时

$$|\zeta(t,\omega)-\zeta_n(t,\omega)|<\frac{1}{n}, \quad \text{一切 } t\in[a,b],$$

既然连续函数列 $\zeta_n(t,\omega)$ 均匀收敛于 $\zeta(t,\omega)$，可见 $\zeta(t,\omega)$ 也连续，于是得证定理结论对 $f(t)\in\bar{S}$ 正确.

今设 $f(t)\in M$. 根据 (21)

$$P\left\{\sup_{a\leqslant t\leqslant b}\left|\int_a^t f(s)\mathrm{d}B(s)-\int_a^t f(s)\chi_N\left(\int_a^s|f(u)|^2\mathrm{d}u\right)\mathrm{d}B(s)\right|>0\right\}$$

$$\leqslant P\left\{\int_a^b|f(t)|^2\mathrm{d}t>N\right\}. \tag{26}$$

既然 $f(t)\chi_N\left(\int_a^t|f(s)|^2\mathrm{d}s\right)\in\bar{S}$，故以概率 1，$\int_a^t f(s)\chi_N\left(\int_a^s|f(u)|^2\mathrm{d}u\right)\times\mathrm{d}B(s)$ 是 t 的连续函数. (26) 中右方项随 $N\to+\infty$ 而趋于 0，故几乎对一切 ω，必存在一 $N_0(=N_0(\omega))$，使对一切 $t\in[a,b]$，当 $n\geqslant N_0$ 时，

$$\int_a^t f(s)\mathrm{d}B(s)=\int_a^t f(s)\chi_N\left(\int_a^s|f(u)|^2\mathrm{d}u\right)\mathrm{d}B(s), \tag{27}$$

由于右方是 t 的连续函数，故左方亦然. ∎

注 此证明揭示，可以如下应用随机积分的定义：对 $f(t)\in S$，定义不变；对 $f(t)\in\bar{S}$，存在 $f_n(t)\in S$，使对几乎一切 ω，连续的样本函数列 $\int_a^t f_n(s)\mathrm{d}B(s)(n\in\mathbf{N}^*)$ 均匀收敛于 $\int_a^t f(s)\mathrm{d}B(s)$，故后者也连续，最后，对 $f(t)\in M$，则 $f(t)\chi_N\left(\int_a^t|f(s)|^2\mathrm{d}s\right)\in\bar{S}$，而且对几乎一切 ω，存在 $N_0=N_0(\omega)$，使 $n\geqslant N_0$ 时，对任一固定的 $t\in[a,b]$，$\int_a^t f(s)\chi_n\left(\int_a^s|f(u)|^2\mathrm{d}u\right)\mathrm{d}B(s)$ 是一常值 (不依赖于 $n\geqslant N_0$)，此值便是 $\int_a^t f(s)\mathrm{d}B(s)$.

§10.2　随机微分

本节中的 $B(t,\omega)(a\leqslant t\leqslant b)$，$\mathcal{F}_t$ 仍如上节；此外，设实值随机过程 $a(t,\omega)$，$b(t,\omega)$，$x(t,\omega)$ 满足上节 $f(t,\omega)$ 所满足的条件 i)，ii)，并且

$$\int_a^b|a(t,\omega)|\mathrm{d}t<+\infty, \quad \int_a^b|b(t,\omega)|^2\mathrm{d}t<+\infty. \tag{1}$$

于是可定义

$$\int_s^t a(\tau,\omega)\mathrm{d}\tau, \quad \int_s^t b(\tau,\omega)\mathrm{d}B(\tau,\omega), \quad a\leqslant s\leqslant t\leqslant b,$$

前者对固定的 ω 是通常的勒贝格积分，后者则如上节定义.

我们说，随机过程 $x(t,\omega)(a\leqslant t\leqslant b)$ 有随机微分 $\mathrm{d}x(t)$，而且

$$\mathrm{d}x(t)=a(t)\mathrm{d}t+b(t)\mathrm{d}B(t), \tag{2}$$

如果对 $a\leqslant s\leqslant t\leqslant b$，关系式

$$x(t,\omega)-x(s,\omega)=\int_s^t a(\tau,\omega)\mathrm{d}\tau+\int_s^t b(\tau,\omega)\mathrm{d}B(\tau,\omega) \tag{3}$$

对几乎一切 ω 成立，而且 $x(t,\omega)$ 以概率 1 是 t 的连续函数.

引理 1　设 $f_n(t,\omega)\in M$，$f(t,\omega)\in M$，又

$$\int_a^b|f_n(t,\omega)-f(t,\omega)|^2\mathrm{d}t\xrightarrow{P}0, \tag{4}$$

则下列可分过程间有关系

$$\sup_{a\leqslant t\leqslant b}\left|\int_a^t f_n(s)\mathrm{d}B(s)-\int_a^t f(s)\mathrm{d}B(s)\right|\xrightarrow{P}0.$$

证　不失一般性，可设 $f(t,\omega)\equiv 0$. 考虑 $[-1,1]$ 的示性函数 $\chi_1(x)$，令 $g_n(t,\omega)=f_n(t,\omega)\times\chi_1\left(\int_a^b|f_n(t,\omega)|^2\mathrm{d}t\right)$，则 $g_n(t,\omega)\in\overline{S}$，并且

$$\int_a^b |g_n(t,\omega)|^2 \mathrm{d}t \leqslant 1,$$

$$\int_a^b |g_n(t,\omega)|^2 \mathrm{d}t \leqslant \int_a^b |f_n(t,\omega)|^2 \mathrm{d}t \xrightarrow{P} 0,$$

故 $\int_a^b E|g_n(t,\omega)|^2 \mathrm{d}t \to 0$，因为对有界随机变量列，均方收敛与依概率收敛等价. 根据上节定理 1 及 §1.4 引理 4

$$P\left(\sup_{a\leqslant t\leqslant b} \left|\int_a^t g_n(s)\mathrm{d}B(s)\right| \geqslant \varepsilon\right) \leqslant \frac{1}{\varepsilon^2} \int_a^b E|g_n(t,\omega)|^2 \mathrm{d}t \to 0,$$

亦即

$$\sup_{a\leqslant t\leqslant b} \left|\int_a^t g_n(s,\omega)\mathrm{d}B(s,\omega)\right| \xrightarrow{P} 0.$$

但由假定(4)，$\int_a^b |f_n(t,\omega)|^2 \mathrm{d}t \xrightarrow{P} 0$，故以充分接近于 1 的概率，在某 N 以后，$g_n(t,\omega) = f_n(t,\omega)$，$t \in [a,b]$，故得证引理结论. ∎

这引理保证在一定条件下可在积分号下取极限.

引理 2 如果

$$\mathrm{d}x(t) = a(t)\mathrm{d}t + b(t)\mathrm{d}B(t),\tag{5}$$

那么

$$(x(t)-x(s))^2 = \int_s^t \{2[x(\tau)-x(s)]a(\tau) + b^2(\tau)\}\mathrm{d}\tau +$$
$$\int_s^t 2[x(\tau)-x(s)]b(\tau)\mathrm{d}B(\tau).\tag{6}$$

证 (i)先设 $b(t) \in S$. 设 $b(t)$ 对应的分割为 $\Delta_0: s = t_0 < t_1 < t_2 < \cdots < t_m = t$，因而 $b(t)$ 在 $[t_i, t_{i+1})$ 间为常数(ω 固定时). 另取分割列 $\Delta_n: s = t_{n0} < t_{n1} < t_{n2} < \cdots < t_{na_n} = t$，$n \geqslant 1$，并设 $\Delta_0 \subset \Delta_1 \subset \Delta_2 \subset \cdots$，即 Δ_i 的分点含于 Δ_{i+1} 的分点中，又设 $|\Delta_n| = \max_{1\leqslant i\leqslant a_n}(t_{ni} - t_{n\,i-1}) \to 0$，$n \to +\infty$. 于是

$$[x(t)-x(s)]^2 = \left\{\sum_i [x(t_{ni})-x(t_{n\,i-1})]\right\}^2$$

$$= 2 \sum_{j<i} \left[x(t_{nj}) - x(t_{nj-1})\right]\left[x(t_{ni}) - x(t_{ni-1})\right] +$$

$$\sum_i \left[x(t_{ni}) - x(t_{ni-1})\right]^2$$

$$= 2 \sum_i \left[x(t_{ni-1}) - x(s)\right]\left[x(t_{ni}) - x(t_{ni-1})\right] +$$

$$\sum_i \left[x(t_{ni}) - x(t_{ni-1})\right]^2$$

$$= A_n^{(1)} + A_n^{(2)} \quad (\text{设}).$$

分别考虑各项. 定义函数

$$\phi_n(t) = t_{ni-1} \quad (t_{ni-1} \leqslant t < t_{ni}), i = 1, 2, \cdots, \alpha_n,$$

由(3)得

$$A_n^{(1)} = \int_s^t 2\left[x(\phi_n(\tau)) - x(s)\right]a(\tau)\mathrm{d}\tau +$$

$$\int_s^t 2\left[x(\phi_n(\tau)) - x(s)\right]b(\tau)\mathrm{d}B(\tau).$$

既然 $x(t,\omega)$ 以概率 1 连续因而在 $[s,t]$ 上有界，故对第一积分用控制收敛定理，对第二积分用引理 1，得知当 $n \to +\infty$ 时，$A_n^{(1)}$ 依概率收敛于

$$\int_s^t 2\left[x(\tau) - x(s)\right]a(\tau)\mathrm{d}\tau + \int_s^t 2\left[x(\tau) - x(s)\right]b(\tau)\mathrm{d}B(\tau).$$

$$(7)$$

改写 $A_n^{(2)}$ 为

$$A_n^{(2)} = \sum_i \left[\int_{t_{ni-1}}^{t_{ni}} a(\tau)\mathrm{d}\tau\right]^2 + 2\sum_i \int_{t_{ni-1}}^{t_{ni}} a(\tau)\mathrm{d}\tau \int_{t_{ni-1}}^{t_{ni}} b(\tau)\mathrm{d}B(\tau) +$$

$$\sum_i \left[\int_{t_{ni-1}}^{t_{ni}} b(\tau)\mathrm{d}B(\tau)\right]^2$$

$$= B_n^{(1)} + B_n^{(2)} + B_n^{(3)} \quad (\text{设}),$$

易见

$$B_n^{(1)} \leqslant \max_i \left|\int_{t_{ni-1}}^{t_{ni}} a(\tau)\mathrm{d}\tau\right| \int_s^t |a(\tau)|\,\mathrm{d}\tau,$$

$$B_n^{(2)} \leqslant 2 \max_i \left| \int_{t_{ni-1}}^{t_{ni}} b(\tau) \mathrm{d}B(\tau) \right| \int_s^t |a(\tau)| \, \mathrm{d}\tau.$$

因为以概率 1, $\int_s^u a(\tau)\mathrm{d}\tau$ 及 $\int_s^u b(\tau)\mathrm{d}B(\tau)$ 对 u 连续, 故在 $[s,t]$ 上均匀连续, 因而当 $n \to +\infty$ 时, $B_n^{(1)} \to 0, B_n^{(2)} \to 0$ a.s..

至于 $B_n^{(3)}$, 则因 $\Delta_0 \subset \Delta_n$, 故

$$B_n^{(3)} = \sum_i b(t_{i-1})^2 \sum_j^{(i)} [B(t_{nj}) - B(t_{nj-1})]^2,$$

其中 $\sum_j^{(i)}$ 表对 $(j:t_{i-1} < t_{nj} \leqslant t_i)$ 求和. 由维纳过程的性质可见

$$E \sum_j^{(i)} [B(t_{nj}) - B(t_{nj-1})]^2 = t_i - t_{i-1};$$

$$D \sum_j^{(i)} [B(t_{nj}) - B(t_{nj-1})]^2 = \sum_j^{(i)} D[B(t_{nj}) - B(t_{nj-1})]^2$$

$$= C \sum_j^{(i)} (t_{nj} - t_{nj-1})^2 \leqslant C(t_i - t_{i-1}) |\Delta_n| \to 0,$$

其中 D 表方差, 而常数 $C = \dfrac{1}{\sqrt{2\pi}} \int_{-\infty}^{+\infty} (x^2 - 1)^2 \mathrm{e}^{-\frac{x^2}{2}} \mathrm{d}x$. 因而

$$\sum_j^{(i)} [B(t_{nj}) - B(t_{nj-1})]^2 \xrightarrow{P} t_i - t_{i-1},$$

$$B_n^{(3)} \xrightarrow{P} \sum_j b(t_{i-1})^2 (t_i - t_{i-1}) = \int_s^t b(\tau)^2 \mathrm{d}\tau.$$

于是存在子列 $B_{k_n}^{(3)} \to \int_s^t b(\tau)^2 \mathrm{d}\tau$ a.s.. 再取 $\{k_n\}$ 的子列 $\{l_n\}$ 使 $A_{l_n}^{(1)}$ 几乎处处收敛于 (7). 综合上述, 可见 (6) 当 $b(t) \in S$ 时正确.

(ii) 对一般的 $b(t)$, 选 $b_n(t) \in S$, 使

$$\int_s^t |b_n(\tau) - b(\tau)|^2 \mathrm{d}\tau \to 0 \quad \text{a.s..} \tag{8}$$

(6) 对 $b_n(t)$ 成立, 即

$$(x_n(t) - x_n(s))^2 = \int_s^t \{2[x_n(\tau) - x_n(s)]a(\tau) + b_n^2(\tau)\}\mathrm{d}\tau +$$

$$\int_s^t 2[x_n(\tau) - x_n(s)]b_n(\tau)\mathrm{d}B(\tau), \quad (9)$$

其中 $x_n(t)$ 是相应于 $b_n(t)$ 的(5)中的过程. 因此, 如能在上式各项中积分号下取极限, 便得所欲证. 由(8)及引理 1 得

$$x_n(\tau) - x_n(s) \to x(\tau) - x(s), \quad s \leqslant \tau \leqslant t,$$

此收敛是依概率一致收敛, 即

$$\sup_{s \leqslant \tau \leqslant t} |(x_n(\tau) - x_n(s)) - (x(\tau) - x(s))| \xrightarrow{P} 0,$$

故取子列后(仍记此子列为 $\{n\}$), 得

$$\sup_{s \leqslant \tau \leqslant t} |[x_n(\tau) - x_n(s)] - (x(\tau) - x(s))| \to 0 \quad \text{a.s..} \quad (10)$$

故

$$\int_s^t [x_n(\tau) - x_n(s)]a(\tau)\mathrm{d}\tau \to$$

$$\int_s^t [x(\tau) - x(s)]a(\tau)\mathrm{d}\tau(\text{a.s.}) \quad (11)$$

由(8)得

$$\int_s^t b_n^2(\tau)\mathrm{d}\tau \to \int_s^t b^2(\tau)\mathrm{d}\tau. \quad (12)$$

最后, 由(9)(8)可见, 如在下式积分号中同时增、减 $[x_n(\tau) - x_n(s)]b(\tau)$, 并利用 $(c+d)^2 \leqslant 2(c^2+d^2)$, 即得

$$\int_s^t \{[x_n(\tau) - x_n(s)]b_n(\tau) - [x(\tau) - x(s)]b(\tau)\}^2\mathrm{d}\tau \to 0(\text{a.s.}),$$

由引理 1

$$\int_s^t [x_n(\tau) - x_n(s)]b_n(\tau)\mathrm{d}B(\tau) \xrightarrow{P}$$

$$\int_s^t [x(\tau) - x(s)]b(\tau)\mathrm{d}B(\tau). \quad (13)$$

取一次子列, 即知上式对此子列(仍记为 $\{n\}$)在 a.s. 意义下也成立. 由(9)(11)(12)(13)即得所欲证. ∎

引理 3 采用引理 2 中记号，当 $n \to +\infty$ 时

$$\sum_i [x(t_{ni}) - x(t_{ni-1})]^2 \xrightarrow{P} \int_s^t b^2(\tau) \mathrm{d}\tau. \tag{14}$$

证 回忆函数 $\phi_n(t)$ 的定义，并利用(6)，则上式左方等于

$$\sum_i \int_{t_{ni-1}}^{t_{ni}} \{2[x(\tau) - x(t_{ni-1})]a(\tau) + b^2(\tau)\} \mathrm{d}\tau +$$

$$\sum_i \int_{t_{ni-1}}^{t_{ni}} 2[x(\tau) - x(t_{ni-1})]b(\tau) \mathrm{d}B(\tau)$$

$$= \int_s^t \{2[x(\tau) - x(\phi_n(\tau))]a(\tau) + b^2(\tau)\} \mathrm{d}\tau +$$

$$\int_s^t 2[x(\tau) - x(\phi_n(\tau))]b(\tau) \mathrm{d}B(\tau).$$

由于 $x(\tau, \omega)$ 以概率 1 连续，故在有穷区间中 $x(\tau) - x(\phi_n(\tau))$ 以概率 1 一致收敛于 0，于是上式后方第一积分几乎处处趋于 $\int_s^t b^2(\tau) \mathrm{d}\tau$；再对第二积分用引理 1 即得所欲证. ■

现在可以证明伊藤清公式，它相当于普通复合函数的微分定理.

定理 1 设函数 $F(t, X) \equiv F(t, x_1, x_2, \cdots, x_m)$ 及其导数

$$\begin{cases} F_0(t, X) \equiv F_0(t, x_1, x_2, \cdots, x_m) = \dfrac{\partial}{\partial t} F(t, x_1, x_2, \cdots, x_m), \\[2mm] F_i(t, X) \equiv F_i(t, x_1, x_2, \cdots, x_m) = \dfrac{\partial}{\partial x_i} F(t, x_1, x_2, \cdots, x_m), \quad (15) \\[2mm] F_{ij}(t, X) \equiv F_{ij}(t, x_1, x_2, \cdots, x_m) = \dfrac{\partial^2}{\partial x_i \partial x_j} F(t, x_1, x_2, \cdots, x_m) \end{cases}$$

都是连续函数. 如果

$$\mathrm{d}x_i(t) = a_i(t)\mathrm{d}t + b_i(t)\mathrm{d}B(t), \quad i = 1, 2, \cdots, m, \tag{16}$$

$$y(t) = F(t, X(t)) \equiv F(t, X_1(t), X_2(t), \cdots, X_m(t)), \tag{17}$$

那么

$$\mathrm{d}y(t) = \left\{ F_0(t, X(t)) + \sum_i F_i(t, X(t))a_i(t) + \right.$$

$$\frac{1}{2}\sum_{i,j}F_{i,j}(t,X(t))b_i(t)b_j(t)\bigg\}\mathrm{d}t+$$

$$\bigg\{\sum_i F_i(t,X(t))b_i(t)\bigg\}\mathrm{d}B(t). \qquad (18)$$

证　只要证明对 $y(t)$，相应的(3)式成立. 由泰勒(Taylor)展开式得

$$F(t+\Delta t,X+\Delta X)-F(t,X)$$

$$=\big[F(t+\Delta t,X+\Delta X)-F(t,X+\Delta X)\big]+$$
$$\quad \big[F(t,X+\Delta X)-F(t,X)\big]$$

$$=F_0(t+\theta\Delta t,X+\Delta X)\Delta t+\sum_i F_i(t,X)\Delta x_i+$$
$$\quad \frac{1}{2}\sum_{i,j}F_{i,j}(t,X+\theta'\Delta X)\Delta x_i\Delta x_j$$

$$=F_0(t+\theta\Delta t,X+\Delta X)\Delta t+\sum_i F_i(t,X)\Delta x_i+$$
$$\quad \frac{1}{2}\sum_{i,j}F_{i,j}(t,X)\Delta x_i\Delta x_j+\frac{1}{2}\sum_{i,j}\varepsilon_{i,j}(t,x,X+\Delta X)\Delta x_i\Delta x_j,$$

而且若 $t,X,X+\Delta X$ 在有界区域中变动，由 F_{ij} 的连续性，知当 $\Delta X\to 0$ 时，$\varepsilon_{ij}(t,X,\Delta X)$ 均匀趋于 0. 仍然采用分割 Δ_n，由上式得

$$y(t)-y(s)=\sum_v\{F(t_{nv},X(t_{nv}))-F(t_{nv-1},X(t_{nv-1}))\}$$

$$=\sum_v F_0(t_{nv-1}+\theta(t_{nv}-t_{nv-1}),X(t_{nv}))(t_{nv}-t_{nv-1})+$$

$$\quad \sum_i\sum_v F_i(t_{nv-1},X(t_{nv-1}))(X(t_{nv})-X(t_{nv-1}))+$$

$$\quad \frac{1}{2}\sum_{i,j}\sum_v F_{ij}(t_{nv-1},X(t_{nv-1}))(x_i(t_{nv})-$$
$$\quad x_i(t_{nv-1}))(x_j(t_{nv})-x_j(t_{nv-1}))+$$

$$\quad \frac{1}{2}\sum_{i,j}\sum_v\varepsilon_{ij}(t,X(t_{nv-1}),X(t_{nv}))\times$$
$$\quad (x_i(t_{nv})-x_i(t_{nv-1}))(x_j(t_{nv})-x_j(t_{nv-1}))$$

$$=A_n+B_n+\frac{1}{2}C_n+\frac{1}{2}D_n \quad (设). \qquad (19)$$

分别考虑各项. 因 $F_0(t,X)$ 对 (t,X) 连续, 又 $X(t)$ 以概率 1 连续, 故

$$A_n \to \int_s^t F_0(\tau, X(\tau)) \mathrm{d}\tau \quad \text{a.s..} \tag{20}$$

其次, 由(3)得

$$B_n = \sum_i \int_s^t F_i(\phi_n(\tau), X(\phi_n(\tau))) a_i(\tau) \mathrm{d}\tau +$$
$$\sum_i \int_s^t F_i(\phi_n(\tau), X(\phi_n(\tau))) b_i(\tau) \mathrm{d}B(\tau).$$

仿照引理 2 的证法, 得

$$B_n \xrightarrow{P} \sum_i \int_s^t F_i(\tau, X(\tau)) a_i(\tau) \mathrm{d}\tau +$$
$$\sum_i \int_s^t F_i(\tau, X(\tau)) b_i(\tau) \mathrm{d}B(\tau). \tag{21}$$

为研究 C_n, 先在引理 2 中, 以 $x_i(t), x_j(t)$ 及 $x_i(t)+x_j(t)$ 代替 $x(t)$, 所得的(6)分别记成 $(6_1)(6_2)(6_3)$, 作 $[(6_3)-(6_1)-(6_2)] \div 2$ 的式子, 即得

$$[x_i(t)-x_i(s)][x_j(t)-x_j(s)]$$
$$= \int_s^t \{[x_i(\tau)-x_i(s)] a_j(\tau) + [x_j(\tau)-x_j(s)] a_i(\tau) +$$
$$b_i(\tau) b_j(\tau)\} \mathrm{d}\tau + \int_s^t \{[x_i(\tau)-x_i(s)] b_j(\tau) +$$
$$[x_j(\tau)-x_j(s)] b_i(\tau)\} \mathrm{d}B(\tau). \tag{22}$$

以(22)代入 C_n 的表达式中, 得

$$C_n = \sum_{i,j} \int_s^t F_{ij}(\phi_n(\tau), X(\phi_n(\tau)))[(x_i(\tau)-x_i(\phi_n(\tau))) a_i(\tau) +$$
$$(x_j(\tau)-x_j(\phi_n(\tau))) a_j(\tau) + b_i(\tau) b_j(\tau)] \mathrm{d}\tau +$$
$$\sum_{i,j} \int_s^t F_{ij}(\phi_n(\tau), X(\phi_n(\tau)))[(x_i(\tau)-x_i(\phi_n(\tau))) b_j(\tau) +$$
$$(x_j(\tau)-x_j(\phi_n(\tau))) b_i(\tau)] \mathrm{d}B(\tau),$$

由 $x_k(t)$ 的均匀连续性及 F_{ij} 的连续有界性, 凡含 $x_k(t)-$

$x_k(\phi_n(\tau))(k=i,j)$ 都趋于 0，故

$$C_n \to \sum_{i,j} \int_s^t (F_{ij}(\tau), x(\tau)) b_i(\tau) b_j(\tau) \mathrm{d}\tau. \tag{23}$$

最后，D_n 中的 ε_{ij} 由于 $X(t)$ 的连续性以概率 1 对 v 一致地趋于 0，$n \to +\infty$；又由引理 3，

$$\left(\sum_v |x_i(t_{nv}) - x_i(t_{nv-1})| \cdot |x_j(t_{nv}) - x_j(t_{nv-1})| \right)^2$$

$$\leqslant \sum_v [x_i(t_{nv}) - x_i(t_{nv-1})]^2 \cdot \sum_v [x_j(t_{nv}) - x_j(t_{nv-1})]^2$$

$$\xrightarrow{P} \int_s^t b_i^2(\tau) \mathrm{d}\tau \int_s^t b_j^2(\tau) \mathrm{d}\tau.$$

故得 $D_n \xrightarrow{P} 0$. 由此及(20)(21)(23)即得所欲证. ■

§10.3　随机微分方程的马尔可夫过程解

（一）

设已给二元函数 $a(t,\xi)$ 及 $b(t,\xi)$，$t\in[a,b]$，$\xi\in\mathbf{R}$，对它们加上一定条件后，可以研究随机微分方程

$$\mathrm{d}x(t,\omega)=a[t,x(t,\omega)]\mathrm{d}t+b[t,x(t,\omega)]\mathrm{d}B(t,\omega),\qquad(1)$$

$$x(a,\omega)=A(\omega)\quad（初始条件），\qquad(2)$$

其中 $x(t,\omega)(t\in[a,b])$ 是待求的过程，$B(t,\omega)(t\in[a,b])$ 是参数 $\sigma=1$ 的可分维纳过程，$A(\omega)$ 是已给的随机变量. 如上节所述，解方程(1)(2)也就是要解随机积分方程

$$x(t)-x(a)=\int_a^t a[s,x(s)]\mathrm{d}s+\int_a^t b[s,x(s)]\mathrm{d}B(s),\quad(3)$$

$$x(a)=A\qquad(4)$$

（ω 均略而不明写）.

像解普通微分方程一样，自然地发生三个问题：什么时候解存在和唯一？解有什么性质？容易想象，应该对 $a(t,\xi)$，$b(t,\xi)$ 及 A 加上足够的条件，才能使前两个问题有正确的答案，这时解的性质也依赖于所加的条件. 结果发现，这些条件一般地涉及 $a(t,\xi)$，$b(t,\xi)$ 的某种连续性，或对它们的大小加以控制，此外还假定某种李卜西兹条件. 在这些条件下，可以证明唯一的解是马氏过程.

下面便来正式叙述这方面的一些结果.

设已给满足下列条件的二元函数 $a(t,\xi)$，$b(t,\xi)$，$t\in[a,b]$，$\xi\in\mathbf{R}$：

（i）它们是 (t,ξ) 的二元波莱尔可测函数；

（ii）存在常数 k，使

$$|a(t,\xi)|\leqslant k(1+\xi^2)^{\frac{1}{2}},\quad 0\leqslant b(t,\xi)\leqslant k(1+\xi^2)^{\frac{1}{2}};$$

(iii) 关于 t 均匀地满足李卜西兹条件:

$$|a(t,\xi_2)-a(t,\xi_1)|\leqslant k|\xi_2-\xi_1|,$$

$$|b(t,\xi_2)-b(t,\xi_1)|\leqslant k|\xi_2-\xi_1|.$$

对已给的随机变量 $A(\omega)(\equiv x(a,\omega))$,假定

i) $A(\omega)$ 不依赖于一切 $B(t)-B(s),s,t\in[a,b]$;

ii) $EA^2(\omega)<+\infty$.

在这些条件下,我们希望寻求满足下列条件的随机过程 $x(t),t\in[a,b]$:

(i$'$) $x(t)$ 的一切样本函数在 $[a,b]$ 上连续;

(ii$'$) $\displaystyle\int_a^b E|x(t)|^2\mathrm{d}t<+\infty$;

(iii$'$) 对每 $t\in[a,b],x(t)-x(a)$ 关于 σ 代数 $\mathscr{F}_t$ 可测:

$$\mathscr{F}_t=\mathscr{F}\{A(\omega);B(\tau)-B(a),a\leqslant\tau\leqslant t\}. \tag{5}$$

有时候还可以考虑(ii$'$)的加强条件

(iv$'$) $E\{\max\limits_{a\leqslant t\leqslant b}x(t,\omega)^2\}<+\infty$.

为了保证以下用到的随机积分有意义,先证明下面的

引理 1　设(i)～(iii)满足,而且过程 $x(t,\omega)$ 具有性质(i$'$)～(iii$'$),又 $x(a,\omega)=A(\omega)$,则由

$$\tilde{x}(t)=\int_a^t a[s,x(s)]\mathrm{d}s+\int_a^t b[s,x(s)]\mathrm{d}B(s) \tag{6}$$

所定义的任一过程 $\tilde{x}(t)$ 具有性质(ii$'$)(iii$'$).对每个固定的 t,可以适当地定义(6)中第二积分,使 $\tilde{x}(t)$ 还有(i$'$),这时 $\tilde{x}(t)$ 也有(iv$'$).

证　首先证明(6)中两个积分有意义.实际上,由(i)(iii)及(i$'$)可见对一切 ω,第一个被积函数是在有界区间中有界的波莱尔可测函数,故第一积分是 t 的连续函数;其次,由(i)及(i$'$)易见 $b[s,x(s,\omega)]$ 满足 §10.1 中简单实值函数的条件 i);关于(5)中的

$\mathcal{F}_t$, 简单实值函数的 ii) 显然满足; 又由 (ii)

$$\int_a^t E\,|\,b(s,x(s))\,|^2\,\mathrm{d}s \leqslant k^2\int_a^b\{1+E\,|\,x_s\,|^2\}\,\mathrm{d}s <+\infty,$$

知简单实值函数的 iii′) 也满足. 因而根据 §10.1 知随机积分 $\int_a^t b[s,x(s)]\mathrm{d}B(s)$ 有意义, 它的值在一零测集 (依赖于 t) 上可自由选择.

(6) 中两个积分由定义是 $x(s)$ 及 $B(s)-B(a)(a\leqslant s\leqslant t)$ 的可测函数, 由 (iii′) 知 $x(s)-x(a)$ 为 $\mathcal{F}_s$ 可测. 既然 $x(a)=A$, 故 $x(s)$ 也为 $\mathcal{F}_s$ 可测. 从而 $\widetilde{x}(t)$ 作为两个积分的和, 也是 $\mathcal{F}_t$ 可测, 即 $\widetilde{x}(t)$ 也满足 (iii′).

在 §10.1 中已证明: (6) 中第二积分当 t 变动时是鞅, 而且对每个 t, 适当选择它的值后可使 $\widetilde{x}(t)$ 以概率 1 连续, 故再在一个不依赖于 t 的零测集上改变它的值后, 可使 $\widetilde{x}(t)$ 具有 (i′). 这样选定的 $\widetilde{x}(t)$ 必定还有 (iv′), 这可从下面两式看出:

$$E\Big\{\max_{a\leqslant t\leqslant b}\Big|\int_a^t a[s,x(s)]\mathrm{d}s\Big|^2\Big\} \leqslant E\Big\{\Big[\int_a^b|a[s,x(s)]|\,\mathrm{d}s\Big]^2\Big\}$$

$$\leqslant (b-a)k^2\int_a^b E\{1+x^2(s)\}\mathrm{d}s <+\infty;\qquad (7)$$

其次, 既然 (6) 中第二积分是鞅, 它的绝对值由 §1.4 例 5 是半鞅, 故由 §1.4 引理 5 及 §10.1 $I(f)$ 在 S 上具有的性质 (iii)

$$E\Big\{\max_{a\leqslant t\leqslant b}\Big|\int_a^t b[s,x(s)]\mathrm{d}B(s)\Big|^2\Big\} \leqslant 4E\Big\{\Big[\int_a^b b[s,x(s)]\mathrm{d}B(s)\Big]^2\Big\}$$

$$\leqslant 4\int_a^b E\{b[s,x(s)]^2\}\mathrm{d}s \leqslant 4k^2\int_a^b[1+E\{x^2(s)\}]\mathrm{d}s <+\infty.\quad (8)$$

由 (iv′) 立得 (ii′). 最后注意如 (ii′) 对一种选定的 $\widetilde{x}(t)$ 成立, 则对各种选择都成立, 因为对固定的 t, 最多只能在一零测集上, 选得与 $\widetilde{x}(t)$ 不同. ∎

定理 1 设已给满足 (i)~(iii) 的函数 $a(t,\xi),b(t,\xi),t\in[a,$ $b],\xi\in\mathbf{R}$, 又随机变量 $A(\omega)$ 满足条件 i), ii), 则存在方程 (3)(4) 的

解 $x(t,\xi)$, $t\in[a,b]$, 它是具有性质 (i′)~(iv′) 的随机过程; 这解在下列意义下唯一: 若 $\widetilde{x}(t,\omega)$ $(t\in[a,b])$ 是任一具有 (i′)~(iii′) 的随机过程解, 则

$$P(x(t,\omega)=\widetilde{x}(t,\omega), \quad \text{一切 } t\in[a,b])=1. \tag{9}$$

证　用逐步逼近法解 (3)(4). 取 $x_0(t,\omega)$ 为任一满足 (i′)~(iii′) 及 $x(a)=A$ 的过程 (例如可取 $x_0(t,\omega)\equiv A(\omega)$) 根据引理 1 可以逐次定义 $x_n(t)$:

$$x_n(t) = A+\int_a^t a[s,x_{n-1}(s)]\mathrm{d}s+\int_a^t b[s,x_{n-1}(s)]\mathrm{d}B(s), \tag{10}$$

并使每个 $x_n(t)$ 都具有 (i′)~(iv′). 现在证明: 几乎对一切 ω, 存在关于 t 均匀收敛的极限

$$\lim_{n\to+\infty} x_n(t,\omega)=x(t,\omega); \tag{11}$$

这极限 $x(t,\omega)$ $(t\in[a,b])$ 是具有 (i′)~(iv′) 的过程; 而且以概率 1 关于 t 均匀地有

$$\lim_{n\to+\infty}\int_a^t a[s,x_n(s)]\mathrm{d}s = \int_a^t a[s,x(s)]\mathrm{d}s, \tag{12}$$

$$\lim_{n\to+\infty}\int_a^t b[s,x_n(s)]\mathrm{d}B(s) = \int_a^t b[s,x(s)]\mathrm{d}B(s), \tag{13}$$

从而 $x(t,\omega)$ 是 (3)(4) 的解.

为了证明这些结论, 记

$$\begin{cases} \Delta_n x(t)=x_n(t)-x_{n-1}(t), \\ \Delta_n a(t)=a[t,x_n(t)]-a[t,x_{n-1}(t)], \\ \Delta_n b(t)=b[t,x_n(t)]-b[t,x_{n-1}(t)]. \end{cases} \tag{14}$$

由 (iii) 得

$$|\Delta_n a(t)|\leqslant k|\Delta_n x(t)|, \quad |\Delta_n b(t)|\leqslant k|\Delta_n x(t)|. \tag{15}$$

利用切比雪夫 (Чебышев) 不等式

$$P\left\{\max_{a\leqslant t\leqslant b}\left|\int_a^t \Delta_n a(s)\mathrm{d}s\right|\geqslant 2^{-n}\right\}\leqslant P\left\{\int_a^b k|\Delta_n x(s)|\mathrm{d}s\geqslant 2^{-n}\right\}$$

$$\leqslant 4^n E\left\{\left[\int_a^b k\mid\Delta_n x(s)\mid\mathrm{d}s\right]^2\right\}. \tag{16}$$

然而由（10）

$$\Delta_n x(t) = \int_a^t \Delta_{n-1} a(s)\mathrm{d}s + \int_a^t \Delta_{n-1} b(s)\mathrm{d}B(s),$$

根据不等式

$$\left(\sum_{k=1}^n G_k\right)^2 \leqslant n\sum_{k=1}^n G_k^2, \tag{17}$$

并利用（15），便得

$$E\{\mid\Delta_n x(t)\mid^2\} \leqslant 2E\left\{\left|\int_a^t \Delta_{n-1} a(s)\mathrm{d}s\right|^2\right\} + 2E\left\{\left|\int_0^t \Delta_{n-1} b(s)\mathrm{d}B(s)\right|^2\right\}$$

$$\leqslant 2k^2(b-a+1)\int_a^t E\{\mid\Delta_{n-1} x(s)\mid^2\}\mathrm{d}s \quad (n\geqslant 1);$$

对 $E\{\mid\Delta_{n-1} x(s)\mid^2\}$ 再用此估计式，如此连用下去，可见对任意 $t\in[a,b]$，由（iv$'$）有

$$E\{\mid\Delta_n x(t)\mid^2\}$$

$$\leqslant [2k^2(b-a+1)]^{n-1}\int_a^t\int_a^{t_1}\int_a^{t_2}\cdots\int_a^{t_{n-2}} E\mid\Delta_1 x(t_{n-1})\mid^2\mathrm{d}t_{n-1}\mathrm{d}t_{n-2}\cdots\mathrm{d}t_1$$

$$\leqslant [2k^2(b-a+1)]^{n-1}\cdot E\{\max_{a\leqslant t\leqslant b}(\Delta_1 x(t))^2\}\cdot\frac{(b-a)^{n-1}}{(n-1)!}$$

$$\leqslant \frac{c^{n-1}}{(n-1)!}, \tag{18}$$

其中 c 是某常数. 以（18）代入（16），得（16）最右方值不超过

$$\frac{4^n(b-a)k^2 c^{n-1}}{(n-1)!},$$

而这是收敛级数的公项. 因此，根据波莱尔-坎泰利引理，对几乎一切 ω，存在正整数 $N(=N(\omega))$，使 $n\geqslant N$ 时，有

$$\max_{a\leqslant t\leqslant b}\left|\int_a^t \Delta_n a(s)\mathrm{d}s\right| < 2^{-n}. \tag{19}$$

其次，按 §10.1 定理 1，过程 $\int_a^t \Delta_n b(s)\mathrm{d}B(s)(t\in[a,b])$ 是

鞅,它的绝对值成半鞅,由 §1.4 引理 4 得

$$P\left[\max_{a\leqslant t\leqslant b}\left|\int_a^t\Delta_nb(s)\mathrm{d}B(s)\right|\geqslant 2^{-n}\right]\leqslant 4^nE\left[\left|\int_a^b\Delta_nb(s)\mathrm{d}B(s)\right|^2\right],$$

再由 §10.1 (iii) 及 (15)(18) 最后一项等于

$$4^n\int_a^bE\left[\mid\Delta_nb(s)\mid^2\right]\mathrm{d}s\leqslant 4^nk^2\int_a^bE\{\left[\Delta_nx(s)\right]^2\}\mathrm{d}s$$

$$\leqslant\frac{4^nk^2c^{n-1}}{(n-1)!}(b-a),$$

于是同上知:对几乎一切 ω,存在 $N_1(=N_1(\omega))$,当 $n\geqslant N_1$ 时

$$\max_{a\leqslant t\leqslant b}\left|\int_a^t\Delta_nb(s)\mathrm{d}B(s)\right|<2^{-n}. \tag{20}$$

由 (19)(20) 可见 (10) 中右方两积分以概率 1 当 $n\to+\infty$ 时,关于 t 均匀地趋于极限,故 (11) 中收敛也如此,于是 $x(t,\omega),t\in[a,b]$ 以概率 1 是连续函数. 在一零测集 (不依赖于 t) 上改定义 $x(t)$,$t\in[a,b]$,可使 $x(t)$ 同时满足 (i′)(iii′). 今证它还有 (ii′),从而再由引理 1,知它也有 (iv′). 实际上,对每个固定的 t,当 $n>m,m\to+\infty$ 时[①],

$$E\{\left[x_n(t)-x_m(t)\right]^2\}=E\left\{\left[\sum_{j=m+1}^n\Delta_jx(t)\right]^2\right\}$$

$$\leqslant 2^{-m}\sum_{j=m+1}^n2^jE\{\left[\Delta_jx(t)\right]^2\}\leqslant 2^{-m}\sum_j^{+\infty}\frac{(2c)^j}{j!}\to 0, \tag{21}$$

故存在极限 $\lim_{n\to+\infty}x_n(t)$. 因为均方收敛极限与几乎处处收敛极限相同 a.s.,故在上式中令 $n\to+\infty$ 便得

$$E\{\left[x(t)-x_m(t)\right]^2\}\leqslant 2^{-m}\sum_j^{+\infty}\frac{(2c)^j}{j!},$$

这样便证明了: $x(t)$ 有 (ii′).

今证 (12)(13) 以概率 1 关于 t 均匀成立. 上面已证明 (12)

---

① 利用不等式 $(\sum_{i=1}^n a_i)^2\leqslant\sum_{i=1}^n 2^ia_i^2$.

（13）中左方积分关于 t 均匀收敛 a.s.，于是由（11）及（iii）得证（12）.（13）则可由下列不等式及波莱尔-坎泰利引理推出

$$P\left\{\max_{a\leqslant t\leqslant b}\left|\int_a^t\{b[s,x(s)]-b[s,x_n(s)]\}dB(s)\right|\geqslant\frac{1}{n}\right\}$$

$$\leqslant n^2\int_a^b E\left[\{b[s,x(s)]-b[s,x_n(s)]\}^2\right]ds$$

$$\leqslant k^2n^2\int_a^b E\{[x(s)-x_n(s)]^2\}ds$$

$$\leqslant k^2n^2 2^{-n}\sum_1^{+\infty}\frac{(2c)^j}{j!}(b-a). \tag{22}$$

现在证**唯一性**. 设 $x(t),\tilde{x}(t)$ 是（3）（4）的两个解，而且都有性质（i′）～（iii′）. 利用证明（18）的方法，可得

$$E|x(t)-\tilde{x}(t)|^2\leqslant\frac{c^n}{n!},\quad a\leqslant t\leqslant b,$$

于是 $P(x(t)=\tilde{x}(t))=1$，从而 $P(x(r)=\tilde{x}(r)$ 对 $[a,b]$ 中一切有理点 r 成立）$=1$；由此并利用（i′）即得（9）. ■

（二）

试进一步研究由定理 1 所确定的过程 $x(t,\omega)(t\in[a,b])$ 的性质. 因为它是方程

$$x(t,\omega)=A(\omega)+\int_a^t a[s,x(s)]ds+\int_a^t b[s,x(s)]dB(s) \tag{23}$$

的解，故对任意 $\tau,a\leqslant\tau\leqslant t\leqslant b$，有

$$x(t,\omega)=x(\tau,\omega)+\int_\tau^t a[s,x(s)]ds+\int_\tau^t b[s,x(s)]dB(s). \tag{24}$$

根据 $C_3,x(\tau)$ 关于 $\mathcal{F}_\tau$ 可测（注意 $x(a,\omega)\equiv A(\omega)$），因此，由 i) 及维纳过程增量的独立性得知，$x(\tau)$ 不依赖于 $B(t)-B(s),s,t\in[\tau,b]$；回忆（iv′），可见对 $x(\tau)$，条件 i)（其中 $[a,b]$ 应换为 $[\tau,b]$）及 ii) 都满足. 因此 $x(\tau)$ 对（24）的作用，正如 $A(\omega)$ 对（23）一样. 应用定理 1 于（24），由其中的（iii′）得知，$x(t,\omega)$ 是 $\mathcal{F}\{x(\tau,\omega),B(s,\omega)-B(\tau,\omega),\tau\leqslant s\leqslant t\}$ 的可测函数. 故由附篇引理 6，存在无穷维

波莱尔可测函数 $f(x_0, x_1, x_2, \cdots)(x_i \in \mathbf{R})$ 及 $t_i \in [\tau, t], i \in$ $\mathbf{N}^*$,使

$$x(t) = f(x(\tau), B(t_1) - B(\tau), B(t_2) - B(\tau), \cdots).$$

由于 $x(u, \omega)(u \leqslant t)$ 是 $\mathcal{F}\{A(\omega), B(v, \omega) - B(a, \omega), a \leqslant v \leqslant u\}$ 的可测函数,故 $B(s, \omega) - B(\tau, \omega)(\tau \leqslant s \leqslant t)$ 与 $x(u, \omega)(a \leqslant u \leqslant \tau)$ 独立.于是根据 §4.5,12 题及其注,便证明了 $x(t, \omega), a \leqslant t \leqslant b$ 是马氏过程.它的转移概率为

$$p(\tau, \xi, t, A) = P[x_\xi(t, \omega) \in A] \quad (A \in \mathcal{B}_1), \tag{25}$$

这里 $x_\xi(t, \omega)$ 是方程(24)在条件 $P(x(\tau, \omega) = \xi) = 1$ 下的解,这时概率 P 集中在 $[x(\tau, \omega) = \xi]$ 上.

　　现在来研究 $x(t, \omega), t \in [a, b]$ 的无穷小算子.对任意二次连续可微而且在有界集外等于 0 的函数 $f(\xi), \xi \in \mathbf{R}$,定义

$$A_\tau f(\xi) = \lim_{\Delta\tau \to 0} \frac{\int_{\mathbf{R}} f(\eta) p(\tau, \xi, \tau + \Delta\tau, \mathrm{d}\eta) - f(\xi)}{\Delta\tau}, \tag{26}$$

其中收敛是逐点意义下的,试证

$$A_\tau f(\xi) = a(\tau, \xi) f'(\xi) + \frac{1}{2} b(\tau, \xi)^2 f''(\xi). \tag{27}$$

实际上,记上述 $x_\xi(t, \omega)$ 为 $Y(t, \omega)$,则由

$$\begin{cases} \mathrm{d}Y(t) = a[t, Y(t)]\mathrm{d}t + b[t, Y(t)]\mathrm{d}B(t), \\ Y(t) = \xi \end{cases} \tag{28}$$

及 §10.2 定理 1 得

$$f(Y(\tau + \Delta\tau)) - f(\xi)$$
$$= \int_\tau^{\tau+\Delta\tau} \left\{ f'(Y(t))a(t, Y(t)) + \frac{1}{2} f''(Y(t))b(t, Y(t))^2 \right\} \mathrm{d}t +$$
$$\int_\tau^{\tau+\Delta\tau} f'(Y(t))b(t, Y(t))\mathrm{d}B(t),$$
$$Ef(Y(\tau + \Delta\tau)) - f(\xi)$$
$$= \int_\tau^{\tau+\Delta\tau} E\left\{ f'(Y(t))a(t, Y(t)) + \frac{1}{2} f''(Y(t))b(t, Y(t))^2 \right\} \mathrm{d}t,$$

后式中用到 §10.1 性质(iii)；这里可在积分号下取极限的原因是：$f'(\xi)$，$f''(\xi)$ 都是在有界集外为 0 的连续函数，故被积函数是 (s,ω) 的有界函数.

根据上一段(25)，有

$$p(\tau,\xi,\tau+\triangle\tau,A)=P(Y(\tau+\triangle\tau)\in A),$$

故

$$E(f(Y(\tau+\triangle\tau))-f(\xi))$$
$$=\int_{\mathbf{R}}(f(\eta)-f(\xi))p(\tau,\xi,\tau+\triangle\tau,\mathrm{d}\eta),$$

于是

$$A_\tau f(\xi)=\lim_{\triangle\tau\to0}\frac{1}{\triangle\tau}\int_{\mathbf{R}}\big[f(\eta)-f(\xi)\big]p(\tau,\xi,\tau+\triangle\tau,\mathrm{d}\eta)$$
$$=\lim_{\triangle\tau\to0}\frac{1}{\triangle\tau}\int_\tau^{\tau+\triangle\tau}E\Big\{f'(Y(t))a(t,Y(t))+$$
$$\frac{1}{2}f''(Y(t))b(t,Y(t))^2\Big\}\mathrm{d}t,$$

然而 {} 中的函数有界，而且当 $\triangle\tau\to0$ 时趋于 $f'(\xi)a(\tau,\xi)+\frac{1}{2}f''(\xi)b(t,\xi)^2$，此极限不依赖于 ω，故得证(27).

总结上述，得

定理 2 设 $x(t,\omega)$，$(t\in[a,b])$ 是由定理 1 所确定的过程，则它是马氏过程；转移概率由(25)给出；而且(27)成立，其中 f 是二次连续可微而且在有界集外等于 0 的函数；又如 $a(t,\xi)$，$b(t,\xi)$ 与 t 无关，则解 $x(t,\omega)(t\in[a,b])$ 的转移概率是齐次的.

证 只要证最后一结论. 由(25)，只要证

$$x(t)=\xi+\int_\tau^t a(x(s))\mathrm{d}s+\int_\tau^t b(x(s))\mathrm{d}B(s),$$
$$z(t+u)=\xi+\int_{\tau+u}^{t+u} a(x(s))\mathrm{d}s+\int_{\tau+u}^{t+u} b(x(s))\mathrm{d}B(s)$$

的解 $x(t)$ 与 $z(t+u)$ 有相同的分布. $x(t)$ 及 $z(t+u)$ 可看成自

$x_0(t) \equiv \xi$ 及 $z_0(t+u) \equiv \xi$ 出发(即 0 次逼近)的逐次逼近解. 第 n 次逼近式分别记成 $x_n(t), z_n(t+u)$,对 n 用归纳法,可见 $x_n(t)$ 是 $(B(s)-B(\tau), \tau \leqslant s \leqslant t)$ 的可测函数,$z_n(t+u)$ 是 $(B(s+t)-B(\tau+u), \tau \leqslant s \leqslant t)$ 的可测函数,而且两者有相同的形式,换句话说,存在无穷维波莱尔可测函数 $F_{nt}(\xi, \tau \leqslant s \leqslant t)$,使

$$x_n(t) = F_{nt}(B(s)-B(\tau), \tau \leqslant s \leqslant t) \quad \text{a.s.},$$

$$z_n(t+u) = F_{nt}(B(s+u)-B(\tau+u), \tau \leqslant s \leqslant t) \quad \text{a.s.}.$$

既然 $(B(s)-B(\tau), \tau \leqslant s \leqslant t)$ 与 $(B(s+u)-B(\tau+u), \tau \leqslant s \leqslant t)$ 有相同的分布,故 $x_n(t), z_n(t+u)$ 也有相同的分布,于是它们的极限 $x(t)$ 及 $z(t+u)$ 也如此. ∎

(三)

例 1　若 $b(t,\xi) \equiv 0$,则(1)(2)化为

$$\mathrm{d}x(t,\omega) = a(t, x(t,\omega))\mathrm{d}t,$$

$$x(a,\omega) = A(\omega).$$

当 ω 固定时,上两方程是普通的微分方程,故可用通常的方法解之. 在这例中,维纳过程不出现.

例 2　若 $a(t,\xi) \equiv 0$,$b(t,\xi) = b(t)$ 不依赖于 ξ,则(3)(4)可合写为

$$x(t,\omega) = A(\omega) + \int_a^t b(s)\mathrm{d}B(s). \tag{29}$$

右方被积函数中不出现待求的过程,此积分重合于 §8.2 中所定义的关于维纳过程的积分(参看 §8.2 例 1). 只要 $b(s)$ 为波莱尔可测,而且

$$\int_a^b |b(s)|^2 \mathrm{d}s < +\infty,$$

(29)中随机积分便有定义. 计算此积分后,加上 $A(\omega)$ 便得 $x(t,\omega), t \in [a,b]$.

由于维纳过程的增量有正态分布,故(29)中随机积分也有正

态分布,利用 §10.1(iii),得

$$E\int_a^t b(s)\mathrm{d}B(s) = 0,$$

$$E\left|\int_a^t b(s)\mathrm{d}B(s)\right|^2 = \int_a^t |b(s)|^2\,\mathrm{d}s.$$

由此可见 $\int_a^t b(s)\mathrm{d}B(s)$ 有正态分布 $\mathcal{N}\left(0,\left[\int_a^t |b(s)|^2\,\mathrm{d}s\right]^{\frac{1}{2}}\right)$.

为求转移概率,利用(25)

$$p(\tau,\xi,t,A) = P(x_\xi(t,\omega) \in A) = P\left(\xi + \int_\tau^t b(s)\mathrm{d}B(s) \in A\right)$$

$$= P\left(\int_\tau^t b(s)\mathrm{d}B(s) \in A - \xi\right)$$

$$= \frac{1}{\sqrt{2\pi\Delta}}\int_{A-\xi} \mathrm{e}^{-\frac{\lambda^2}{2\Delta}}\mathrm{d}\lambda,$$

其中集 $A-\xi=(\eta-\xi: \eta \in A)$;参数 Δ 为

$$\Delta = \int_\tau^t |b(s)|^2\,\mathrm{d}s.$$

鉴于(29)的表达形式,自然称 $x(t,\omega)(t\in[a,b])$ 是从维纳过程**经时间变换**而得到的马氏过程. 特别,如 $b(s)$ 恒等于常数,它还是齐次的.

例 3 郎之万(Langevin)方程为

$$\mathrm{d}x(t) = -\alpha x(t)\mathrm{d}t + \beta \mathrm{d}B(t), \tag{30}$$

其中 α,β 是两正常数. 利用 §10.2 定理 1,取 $n=1, F(t,x) = \mathrm{e}^{at}x$,得

$$\mathrm{d}(\mathrm{e}^{at}x(t)) = 0 \cdot \mathrm{d}t + \beta \mathrm{e}^{at}\mathrm{d}B(t),$$

亦即

$$\mathrm{e}^{at}x(t) - \mathrm{e}^{a\tau}x(\tau) = \beta\int_\tau^t \mathrm{e}^{as}\mathrm{d}B(s), \tag{31}$$

或者

$$x(t) - \mathrm{e}^{a(\tau-t)}x(\tau) = \beta\int_\tau^t \mathrm{e}^{-a(t-s)}\mathrm{d}B(s), \tag{32}$$

右方被积函数不依赖于 ω. 因为

$$\int_{-\infty}^{t} |\,\mathrm{e}^{-a(t-s)}\,|^2 \mathrm{d}s < +\infty,$$

故(32)右方项当 $\tau \to -\infty$ 时均方收敛于某随机变量,故存在均方极限 $y(\omega) = \lim\limits_{n\to+\infty} \mathrm{e}^{a\tau} x(\tau)$. 于是(32)化为

$$x(t) - \mathrm{e}^{-at} y(\omega) = \beta \int_{-\infty}^{t} \mathrm{e}^{-a(t-s)} \mathrm{d}B(s). \tag{33}$$

如果假定所求的解满足条件:"$\{E\,|\,x(t)\,|^2, t \in \mathbf{R}\}$ 有界",那么 $y(\omega) = 0$　a.s. 而(33)化为

$$x(t) = \beta \int_{-\infty}^{t} \mathrm{e}^{-a(t-u)} \mathrm{d}B(u). \tag{34}$$

于是得到了奥恩斯坦-乌伦贝克(Ornstein-Uhlenbeck)过程,我们已在 §8.2 例 1 及 §9.3(二)中遇到它. 以前已证明它是正态、平稳的马氏过程,甚至证明了它在一定意义下是具有这些性质的唯一过程,并求出了它的谱密度等.

由于 $x(t)$ 是(30)的解,而 α, β 与 t 无关,故由定理 2 知 $x(t)$ 是齐次马氏过程,(27)化为

$$A_\tau f(\xi) = -\alpha\xi f'(\xi) + \frac{1}{2}\beta^2 f''(\xi).$$

附记　自然,除维纳过程外,随机积分还可以关于其他过程或随机测度而定义,详见《参考书目》中[16]及下列文献[1][3]. 在[1]中特别地证明了,如果 $a(t,\xi), b(t,\xi)$ 满足 H_3,而且是 (t,ξ) 的连续函数,那么方程(3)(4)有唯一的连续的马氏过程解 $x(t,\omega), t \in [a,b]$. 用随机微分方程的方法,还可研究更一般的所谓混合型马氏过程(以间断型及扩散过程为特例),见[1]及其中所引文献. 本章参考了伊藤清的原著,见《参考书目》中[2][3].

参考文献

[1] Скороход А В. Исследования по Теории Случайных Процессов. 1961.

[2] Doob J L. Martingales and one dimensional diffusion. Trans. AMS,1955, 78:168-208.

[3] Itô K. On stochastic differential equations. Mem. AMS,1951,4:1-51.

[4] Скороход А В. Стохастические уравнения для процессов диффузии с границами，Ⅰ，Ⅱ. Теория Вероят. и её Прим. , 1961,6（3）:287-298; 7(1):5-25.

[5] Гирсанов И В. Пример неединственности решения стохастического уравнения К. Ито. Теория Вероят. и её Прим. ,1961,336-342.

第 11 章　高维布朗运动与牛顿位势

　　现代概率论的重要进展之一是发现了马尔可夫过程与位势理论(简称势论)之间的深刻联系.这一发现使势论中许多概念和结论获得了明确的概率意义,同时也使马氏过程有了新的分析工具,因而两者相互促进,丰富了彼此的内容.这种联系的萌芽初见于卡图坦尼(S. Kakutani)[13]及杜布(J. L. Doob)[7]①,前者证明了:平面上狄利克雷问题的解可以通过二维布朗运动的某些概率特征来表达.杜布等人的大量工作发展了这方面的研究;而把这种联系推广到相当一般的马氏过程,则主要是亨特(G. A. Hunt)的贡献.近年来这方面的文献很多,但由于理论日益抽象化而使初学者不易了解它们的背景和实质.

　　本章及下章试图通过比较简单的马氏过程,即布朗运动,以及与它相对应的古典位势(牛顿位势与对数位势),来对一般理论作一前导.布朗运动与古典位势不仅比较简单,而且是一般理论的思想泉源,因此,这样也许有助于对后者的理解.由于布朗运动与古典位势的内容都很丰富,我们不可能深入到各自的专题领域中去,而只能把重点放在两者的联系上,同时也叙述一些近期发

――――――――――

　　① 第 11 章、第 12 章所引文献见第 12 章后.

表的新结果. 这种联系反映在狄利克雷问题的解、平衡势、格林 (Green)函数等问题上.

除少数结果只指出参考文献外, 书中所述的定理基本上都给出了详细的证明.

随着布朗运动所在的相空间 $\mathbf{R}^n$(n 维欧氏空间)的维数 n 不同, 概率性质也有显著差异. 以后会看到, 当 $n \leqslant 2$ 时, 布朗运动是常返的, 对应于对数位势; 当 $n \geqslant 3$ 时, 它是暂留的, 对应于牛顿位势.

§11.1 势论大意

（一）势论的物理背景

古典势论起源于物理, 后来抽象成为数学的一分支. 根据电学中的库仑定律, 两个异性电荷互相吸引, 引力方向在其连线上, 力的大小为

$$F = c \cdot \frac{Qq}{r^2},$$

其中 Q 与 q 分别为两电荷的数量, r 为两者在 R^3 中的距离, c 为某常数, 与单位有关. 为了研究引力, 最好引进势的概念. 设在 x_0 处有一电荷 q_0, 它在任一点 $x(x \neq x_0)$ 处所产生的势, 等于把一单位电荷从无穷远移到点 x 处所做的功. 势与此电荷在到达 x 以前所走的路径无关. 势的值为

$$\frac{1}{2\pi} \frac{q_0}{|x - x_0|}, \tag{1}$$

常数 $\frac{1}{2\pi}$ 依赖于单位的选择, 并非本质.

今设有 m 个电荷 q_i, 分别位于点 $x_i(i = 1, 2, \cdots, m)$, 可视

$$\begin{pmatrix} x_1 & x_2 & \cdots & x_m \\ q_1 & q_2 & \cdots & q_m \end{pmatrix} \tag{2}$$

为一离散的电荷分布. 这组电荷在点 $x(x \neq x_i)$ 处所产生的势仍定义为把单位电荷自无穷远处移到 x 所做的功. 由于力和功都是可加的, 故此势为

$$\frac{1}{2\pi} \sum_{i=1}^{m} \frac{q_i}{|x - x_i|}. \tag{3}$$

现在假设电荷按照测度 μ 分布. 由上式的启发, 自然称由 μ 所产生的在 x 点的势为

$$G\mu(x) \equiv \frac{1}{2\pi} \int_{\mathbf{R}^3} \frac{\mu(\mathrm{d}y)}{|x - y|}. \tag{4}$$

以后会证明, 若 $\mu(\mathbf{R}^3) < +\infty$, 则关于勒贝格测度 L, 对几乎一切 x, $G\mu(x) < +\infty$(见引理 3).

(4)定义一积分变换 G, 它把测度 μ 变为函数 $G\mu$. 下面会看到, 变换的核 $\dfrac{1}{2\pi|x-y|}$ 恰好等于三维布朗运动转移密度对时间 t 的积分. 这正是把布朗运动与牛顿位势联系起来的桥梁之一.

在物理中, 势论所研究的, 主要是电荷分布 μ、势以及借助于它们而定义的各种量间的关系. 作为这种量的例, 可举出电荷分布 μ 的能 I_μ(Energy), 它是势对此 μ 的积分, 即

$$I_\mu \equiv \int_{\mathbf{R}^3} G\mu(x)\mu(\mathrm{d}x) = \frac{1}{2\pi} \int_{\mathbf{R}^3} \int_{\mathbf{R}^3} \frac{\mu(\mathrm{d}y)\mu(\mathrm{d}x)}{|x - y|}. \tag{5}$$

电荷分布的全电荷是 $Q \equiv \mu(\mathbf{R}^3)$. 如果把全部电荷 Q 散布在某导体上, 它们便会重新分布, 使得在此导体所占的集 A 上, 势是一常数. 记此新分布为 μ_0, 它具有下列能的极小性:

$$I_{\mu_0} = \min_\mu (I_\mu : \mu(\mathbf{R}^3) = Q, \mathrm{supp}\ \mu \subset A),$$

其中 supp μ 表 μ 的支集(Support), 它是一切使 $\mu(U) = 0$ 的开集 U 的和的补集. μ_0 所决定的分布形态, 在物理中称为平衡态. 对

紧集 $E(\subset \mathbf{R}^3)$，若存在 μ 使 supp $\mu \subset E$，而且 $G\mu(x)=1$，$(\forall x \in E)$，则称 $G\mu$ 为 E 的平衡势；具有平衡势的集称为平衡集；而 $\mu(E)$ 则称为 E 的容度，记为 $C(E)$. 因此，导体 E 的容度，是为了在此导体上产生单位势的全电荷. 以上诸概念来自物理，以后还要从数学上重新定义. 下面简述古典势论中的一些结果，其中有些以后会用概率方法加以证明. 下设 μ 为有穷测度.

电荷分布的唯一性：势 $G\mu$ 唯一决定 μ.

势的决定：$G\mu$ 被它在 supp μ 上的值所决定.

平衡势唯一：一集最多有一平衡势.

平衡势的刻画：设平衡集 E 的平衡势为 $G\mu_0$，则

$$G\mu_0(x)=\inf(G\mu(x);G\mu(x)\geqslant 1, \forall x \in E). \tag{6}$$

平衡势的能：若平衡集 E 的能有穷，则在所有支集含于 E、全电荷等于 E 的容度的电荷分布 μ 所对应的势中，平衡势 $G\mu_0$ 的能 $I\mu_0$ 极小；即

$$I\mu_0 \equiv \int_{\mathbf{R}^3}(G\mu_0)\mathrm{d}\mu_0$$

$$= \min_{G_\mu}\left(\int_{\mathbf{R}^3}(G\mu)\mathrm{d}\mu; \text{supp } \mu \subset E, \mu(E) = C(E)\right). \tag{7}$$

控制原理　对于两势 $h=G\mu$，$\bar{h}=G\bar{\mu}$，若处处有 $h\geqslant\bar{h}$，则

$$\mu(\mathbf{R}^3)\geqslant\bar{\mu}(\mathbf{R}^3).$$

投影（Balayage）原理　设已给势 $h=G\mu$ 及闭集 E，则存在势 $\bar{h}=G\bar{\mu}$，满足

$$\bar{h}(x)=h(x), (\forall x \in E); \bar{h}(x)\leqslant h(x), (\forall x \in \mathbf{R}^3); \tag{8}$$

$$\text{supp } \bar{u}\subset E; \bar{\mu}(\mathbf{R}^3)\leqslant\mu(\mathbf{R}^3). \tag{9}$$

此外，还满足：$\forall x$

$$\bar{h}(x)=\inf_v(Gv(x);Gv(x)\geqslant h(x), \forall x \in E; \text{supp } v\subset E) \tag{10}$$

$$=\sup_v(Gv(x);Gv(x)\leqslant h(x), \forall x \in E; \text{supp } v\subset E). \tag{11}$$

称 $\bar{h}$ 为 h 的投影势（Balayage potential）.

下包络原理 诸势的逐点下确界也是势.

(二) 若干引理

考虑 n 维欧氏空间 $\mathbf{R}^n$,其中的点记为 $x=(x_1,x_2,\cdots,x_n)$,它与原点的距离为 $|x|=\sqrt{\sum_{i=1}^{n} x_i^2}$. 对 $r>0$,记

$$B_r \equiv (x: |x| \leqslant r); \mathring{B}_r \equiv (x: |x| < r);$$

$$S_r \equiv (x: |x| = r).$$

它们分别是以原点为中心、r 为半径的球,开球和球面.

引理 1 设 $f(y)$ 为一元函数,$y \geqslant 0$,若下式左方积分存在,则

$$\int_{B_r} f(|x|)\mathrm{d}x = \frac{2\pi^{\frac{n}{2}}}{\Gamma\left(\frac{n}{2}\right)} \int_0^r s^{n-1} f(x)\mathrm{d}s. \tag{12}$$

其中 Γ 表伽马(Gamma)函数.

证 为计算

$$\int_{B_r} f(|x|)\mathrm{d}x = \underset{\sum_{i=1}^{n} x_i^2 \leqslant r^2}{\iint \cdots \int} f\left(\sqrt{\sum_{i=1}^{n} x_i^2}\right) \mathrm{d}x_1 \mathrm{d}x_2 \cdots \mathrm{d}x_n.$$

引进极坐标

$$x_1 = s\cos \varphi_1, \quad x_2 = s\sin \varphi_1 \cos \varphi_2, \cdots,$$

$$x_n = s\sin \varphi_1 \sin \varphi_2 \cdots \sin\varphi_{n-2} \sin\varphi_{n-1} \cos \varphi_n,$$

$$\int_{B_r} f(|x|)\mathrm{d}x = \int_0^r s^{n-1} f(s)\mathrm{d}s \cdot \int_0^\pi \sin^{n-2}\varphi_1 \mathrm{d}\varphi_1 \cdot \cdots \cdot$$

$$\int_0^\pi \sin^2\varphi_{n-3} \mathrm{d}\varphi_{n-3} \cdot \int_0^\pi \sin\varphi_{n-2} \mathrm{d}\varphi_{n-2} \cdot \int_0^{2\pi} \mathrm{d}\varphi_{n-1}.$$

利用公式

$$\int_0^\pi \sin^{a-1}\varphi \mathrm{d}\varphi = \frac{\sqrt{\pi}\Gamma\left(\frac{a}{2}\right)}{\Gamma\left(\frac{a+1}{2}\right)},$$

化简后即得(12). ∎

在(12)中取 $f=1$，并利用公式

$$\Gamma(x+1)=x\Gamma(x),\tag{13}$$

即得球 B_r 的体积 $|B_r|$ 为

$$|B_r|=\frac{\pi^{\frac{n}{2}}r^n}{\Gamma\left(\frac{n}{2}+1\right)}.\tag{14}$$

对 r 微分，得球面 S_r 的面积 $|S_r|$ 为

$$|S_r|=\frac{2\pi^{\frac{n}{2}}r^{n-1}}{\Gamma\left(\frac{n}{2}\right)}.\tag{15}$$

球面 S_r 上的勒贝格测度记为 $L_{n-1}(\mathrm{d}x)$. 以 $U_r(\mathrm{d}x)$ 表 S_r 上的均匀分布，即

$$U_r(\mathrm{d}x)=\frac{L_{n-1}(\mathrm{d}x)}{|S_r|}.\quad\blacksquare\tag{16}$$

系 设函数 $K(x)(x\in\mathbf{R}^n)$ 的积分有意义，则

$$\int_{\mathbf{R}^n}K(x)\mathrm{d}x=\frac{2\pi^{\frac{n}{2}}}{\Gamma\left(\frac{n}{2}\right)}\int_0^{+\infty}\left[\int_{S_r}K(x)U_r(\mathrm{d}x)\right]r^{n-1}\mathrm{d}r.\tag{17}$$

证 左方积分等于

$$\int_0^{+\infty}\int_{S_r}K(x)L_{n-1}(\mathrm{d}x)\mathrm{d}r=\int_0^{+\infty}\left[\int_{S_r}K(x)U_r(\mathrm{d}x)\right]|S_r|\,\mathrm{d}r,$$

以(15)代入即得(17). ∎

引理 2 下列积分是 y 的有界函数

$$A(y)=\int_{B_r}\frac{\mathrm{d}x}{|x-y|^{n-2}}\qquad(n\geqslant2).\tag{18}$$

证 以 $\chi_D(x)$ 表集 D 的示性函数，它等于 1 或 0，视 $x\in D$ 或 $x\bar\in D$ 而定. 则对任意 $\delta>0$，有

$$A(y)=\int_{\mathbf{R}^n}\frac{\chi_{B_r}(x)}{|x-y|^{n-2}}\mathrm{d}x=\int_{\mathbf{R}^n}\frac{\chi_{B_r}(x+y)}{|x|^{n-2}}\mathrm{d}x$$

$$\leqslant \int_{|x| \leqslant \delta} \frac{\mathrm{d}x}{|x|^{n-2}} + \int_{|x| > \delta} \frac{\chi_{B_r}(x+y)}{|x|^{n-2}} \mathrm{d}x.$$

由(12),右方第一积分等于 $\dfrac{\pi^{\frac{n}{2}}\delta^2}{\Gamma\left(\dfrac{n}{2}\right)}$;第二积分不大于

$$\frac{1}{\delta^{n-2}} \int_{|x| > \delta} \chi_{B_r}(x+y)\mathrm{d}x \leqslant \frac{1}{\delta^{n-2}} \int_{\mathbf{R}^n} \chi_{B_r}(x+y)\mathrm{d}x = \frac{|B_r|}{\delta^{n-2}}. \quad ∎$$

注　其实,易见 $A(y)$ 的上确界在 $y=0$ 达到.

以"v-a. e."表"关于测度 v 几乎处处";以 $\mathcal{B}^n$ 表 $\mathbf{R}^n$ 中全体波莱尔集所成的 σ 代数;$(\mathbf{R}^n, \mathcal{B}^n)$ 上的勒贝格测度记为 L.

引理 3　设 μ 为 $(\mathbf{R}^n, \mathcal{B}^n)$ 上有穷测度,$n \geqslant 2$,则

$$\int_{\mathbf{R}^n} \frac{\mu(\mathrm{d}x)}{|x-y|^{n-2}} < +\infty \qquad (L\text{-a. e.}). \tag{19}$$

证　以 K 表(18)中 $A(y)$ 的一上界,有

$$\int_{B_r} \int_{\mathbf{R}^n} \frac{\mu(\mathrm{d}x)}{|x-y|^{n-2}} \mathrm{d}y$$

$$= \int_{\mathbf{R}^n} \left(\int_{B_r} \frac{\mathrm{d}y}{|x-y|^{n-2}} \right) \mu(\mathrm{d}x) \leqslant K\mu(\mathbf{R}^n) < +\infty.$$

故(19)中积分在 B_r 上有穷(L-a. e.),再由 $\mathbf{R}^n = \bigcup\limits_{r=1}^{+\infty} B_r$($r$ 为正整数),即得证(19).　∎

以 C_0 表 $\mathbf{R}^n$ 上全体连续且满足 $\lim\limits_{x \to +\infty} f(x) = 0$ 的函数 $f(x)$ 的集.

引理 4　设 $f \in C_0$ 而且 L-可积,则当 $n \geqslant 3$ 时,有

$$g(y) \equiv \int_{\mathbf{R}^n} \frac{f(x)}{|x-y|^{n-2}} \mathrm{d}x \in C_0.$$

证

$$|g(y)-g(y_0)| = \left| \int_{\mathbf{R}^n} \frac{f(y+x)-f(y_0+x)}{|x|^{n-2}} \mathrm{d}x \right|$$

$$\leqslant 2 \parallel f \parallel \int_{|x|<\delta} \frac{\mathrm{d}x}{|x|^{n-2}} +$$

$$\frac{1}{\delta^{n-2}} \int_{|x|\geqslant\delta} |f(y+x)-f(y_0+x)| \mathrm{d}x, \quad (20)$$

其中 $\parallel f \parallel = \sup_x |f(x)|$. 对任意 $\varepsilon>0$，如引理 2 证明所述，可选 $\delta>0$ 充分小，使（20）中右方第一项小于 $\frac{\varepsilon}{2}$. 固定此 δ，由勒贝格收敛定理，当 $y \to y_0$ 时，第二项趋于零. 此得证 $g(y)$ 的连续性.

为证 $\lim\limits_{|y|\to+\infty} g(y)=0$，任取 $0<r<s$，则

$$g(y) = \left(\int_{|x|\geqslant s} + \int_{s\geqslant|x|>r} + \int_{r\geqslant|x|} \right) \frac{f(x+y)}{|x|^{n-2}} \mathrm{d}x.$$

对任意 $\varepsilon>0$，由于 f 可积，可选 s 充分大，以使

$$\left| \int_{|x|>s} \frac{f(x+y)}{|x|^{n-2}} \mathrm{d}x \right| \leqslant \frac{1}{s^{n-2}} \int_{\mathbf{R}^n} |f(x)| \mathrm{d}x < \frac{\varepsilon}{3};$$

次取 r 充分小，以使

$$\left| \int_{r\geqslant|x|} \frac{f(x+y)}{|x|^{n-2}} \mathrm{d}x \right| \leqslant \parallel f \parallel \int_{r\geqslant|x|} \frac{\mathrm{d}x}{|x|^{n-2}} < \frac{\varepsilon}{3};$$

最后

$$\left| \int_{s\geqslant|x|>r} \frac{f(x+y)}{|x|^{n-2}} \mathrm{d}x \right| \leqslant \frac{1}{r^{n-2}} \int_{s\geqslant|x|} |f(x+y)| \mathrm{d}x.$$

由于 $\lim\limits_{|x|\to+\infty} f(z)=0$，存在 $a>0$，当 $|y|>a$ 时，上式右方项小于 $\frac{\varepsilon}{3}$. 综合上述，当 $|y|>a$ 时，$|g(y)|<\varepsilon$. ■

§11.2　布朗运动略述

(一) 定义

设 $(\Omega, \mathcal{F}, P)$ 为概率空间,其中 $\Omega = (\omega)$ 是基本事件 ω 所成的集,$\mathcal{F}$ 为 Ω 中子集的 σ 代数,P 为 $\mathcal{F}$ 上的概率测度.考虑定义在此空间上的随机过程 $\{x(t, \omega), t \geqslant 0\}$,它取值于 $\mathbf{R}^n$.有时也记 $x(t, \omega)$ 为 $x_t(\omega)$ 或 $x(t)$ 或 x_t.

称 X 为 n 维布朗运动,如果它满足

(i) 对任意有限多个数 $0 \leqslant t_1 < t_2 < \cdots < t_m$,

$$x(t_1), x(t_2) - x(t_1), \cdots, x(t_m) - x(t_{m-1})$$

相互独立;

(ii) 对任意 $s \geqslant 0, t > 0$,增量 $x(s+t) - x(s)$ 有 n 维正态分布,密度为

$$p(t, x) = \frac{1}{(2\pi t)^{\frac{n}{2}}} \exp\left(-\frac{|x|^2}{2t}\right) \qquad (x \in \mathbf{R}^n); \qquad (1)$$

由 §3.4 知存在连续修正.故不妨设此过程为连续的而引入假设(iii):

(iii) 对每一固定的 $\omega, t \to x(t, \omega)$ 连续.这样的过程的确存在(证可参看 §3.4 或 [17]).

(1)给出 $x_{s+t} - x_s$ 的密度;至于 x_t 的分布,则依赖于开始分布,即 x_0 的分布.设

$$\mu(A) = P(x_0 \in A), A \in \mathcal{B}^n.$$

由 $x_t = (x_t - x_0) + x_0$ 及(i)和卷积公式,得

$$P(x_t \in A) = \int_A \left[\int_{\mathbf{R}^n} \frac{1}{(2\pi t)^{\frac{n}{2}}} \exp\left(-\frac{|x - y|^2}{2t}\right) \mu(\mathrm{d}x)\right] \mathrm{d}y.$$

$$(2)$$

为了强调开始分布 μ 的作用，记

$$P_\mu(x_t \in A) = P(x_t \in A). \qquad (3)$$

引理 1（正交不变性）　设 H 是 $\mathbf{R}^n$ 中正交变换，则 $HX \equiv \{Hx_t, t \geqslant 0\}$ 也是 n 维布朗运动.

证　$Hx_{s+t} - Hx_s = H(x_{s+t} - x_s)$ 只依赖于 $x_{s+t} - x_s$，故由 X 的增量独立性即得 HX 的增量独立性. 其次，X 对 t 连续，故 HX 亦然. 最后，由（1）得，$x_{s+t} - x_s$ 有特征函数为

$$E \mathrm{e}^{\mathrm{i}(x_{s+t} - x_s, y)} = \mathrm{e}^{-(y,y)\frac{t}{2}} \qquad (y \in \mathbf{R}^n). \qquad (4)$$

由于正交变换保持内积不变，并利用（4）以及 H^{-1} 也是正交变换，得

$$E \mathrm{e}^{\mathrm{i}(H(x_{s+t} - x_s), y)} = E \mathrm{e}^{\mathrm{i}(x_{s+t} - x_s, H^{-1}y)} = \mathrm{e}^{-(H^{-1}y, H^{-1}y)\frac{t}{2}} = \mathrm{e}^{-(y,y)\frac{t}{2}},$$

$$(5)$$

故 $Hx_{s+t} - Hx_s$ 也有分布密度为（1）. ∎

类似易见

平移不变性　设定点 $a \in \mathbf{R}^n$，则 $\{x_t + a, t \geqslant 0\}$ 也是布朗运动；

尺度不变性　设常数 $c > 0$，则 $\left\{ \dfrac{x(ct)}{\sqrt{c}}, t \geqslant 0 \right\}$ 也是布朗运动.

（二）转移密度 $p(t, x, y)$ 的性质

定义

$$p(t, x, y) \equiv p(t, y - x) = \frac{1}{(2\pi t)^{\frac{n}{2}}} \exp\left(-\frac{|y - x|^2}{2t} \right), \qquad (6)$$

其中 $t > 0$，$x \in \mathbf{R}^n$，$y \in \mathbf{R}^n$. 由（2）可见，若 $x_0(\omega) \equiv x$，或 μ 集中在点 x 上，并记 P_μ 为 P_x，则有

$$P_x(x_t \in A) = \int_A p(t, x, y) \mathrm{d}y. \qquad (7)$$

故直观上可理解 $p(t, x, y)$ 为：做布朗运动的粒子，自点 x 出发，于时刻 t 转移到点 y 附近的转移密度. 显然，它关于 x, y 是对称的.

下列简单定理是布朗运动与牛顿位势重要联系之一，因为

$g(x,y)$ 正是牛顿位势的核($n \geqslant 3$ 时).

定理 1[①]

$$g(x,y) \equiv \int_0^{+\infty} p(t,x,y) \mathrm{d}t = \begin{cases} \dfrac{c_n}{|x-y|^{n-2}}, & n \geqslant 3; \\ +\infty, & n \leqslant 2, \end{cases} \tag{8}$$

其中 c_n 为常数:

$$c_n = \frac{\Gamma\left(\dfrac{n}{2}-1\right)}{2\pi^{\frac{n}{2}}} = \begin{cases} \dfrac{1}{2\pi}, & n=3, \\[2mm] \dfrac{1}{2\pi^2}, & n=4, \\[2mm] \dfrac{1 \cdot 3 \cdot \cdots \cdot (2k-3)}{(2\pi)^k}, & n=2k+1>3, \\[2mm] \dfrac{1 \cdot 2 \cdot \cdots \cdot (k-2)}{2\pi^k}, & n=2k>4. \end{cases} \tag{9}$$

证　对 $s>0$ 有

$$\int_0^s p(t,x)\mathrm{d}t = \frac{1}{(2\pi)^{\frac{n}{2}}} \int_0^s \frac{1}{t^{\frac{n}{2}}} \exp\left(-\frac{|x|^2}{2t}\right) \mathrm{d}t$$

$$= \frac{|x|^{2-n}}{2\pi^{\frac{n}{2}}} \int_{\frac{|x|^2}{2s}}^{+\infty} u^{\frac{n}{2}-2} \mathrm{e}^{-u} \mathrm{d}u, \left(u = \frac{|x|^2}{2t}\right). \tag{10}$$

注意当且仅当 $a>0$ 时,$\displaystyle\int_0^{+\infty} u^{a-1} \mathrm{e}^{-u} \mathrm{d}u$ 收敛. 在上式中令 $s \to +\infty$,即得

$$\int_0^{+\infty} p(t,x)\mathrm{d}t = \begin{cases} \dfrac{c_n}{|x|^{n-2}}, & n \geqslant 3; \\ +\infty, & n \leqslant 2, \end{cases} \tag{11}$$

$$c_n = \frac{1}{2\pi^{\frac{n}{2}}} \int_0^{+\infty} u^{\frac{n}{2}-2} \mathrm{e}^{-u} \mathrm{d}u = \frac{\Gamma\left(\dfrac{n}{2}-1\right)}{2\pi^{\frac{n}{2}}}. \tag{12}$$

---

① 理解 $\dfrac{a}{0} = +\infty, (a>0)$.

以 $y-x$ 代入(11)中的 x 即得(8). ∎

比较 §11.1(15)[①],可见

$$c_n = \frac{2}{n-2}|S_1|. \tag{13}$$

设 $f(x)$ 为定义在 $\mathbf{R}^n$ 上的函数. 令

$$\begin{cases} B=(f:\text{有界},\mathcal{B}^n \text{ 可测}); \\ C=(f:f\in B,f \text{ 连续}); \\ C_0=(f:f\in C \text{ 而且 } f(+\infty)\equiv \lim_{|x|\to+\infty} f(x)=0). \end{cases} \tag{14}$$

又令 $\|f\|=\sup_x|f(x)|$. 对 $f\in B$,定义变换 T_t

$$T_t f(x) = \int_{\mathbf{R}^n} f(y)p(t,x,y)\mathrm{d}y \qquad (t>0). \tag{15}$$

显然

$$\|T_t f\| \leqslant \|f\|,\ \|T_t\| \leqslant 1. \tag{16}$$

引理 2 (i) $T_t B \subset C$; (ii) $T_t C_0 \subset C_0$.

证 对 $f\in B$ 有

$$|T_t f(x)-T_t f(x_0)|$$

$$\leqslant \|f\| \frac{1}{(2\pi t)^{\frac{n}{2}}} \int_{\mathbf{R}^n} |\mathrm{e}^{-\frac{|x-y|^2}{2t}} - \mathrm{e}^{-\frac{|x_0-y|^2}{2t}}|\mathrm{d}y.$$

由勒贝格定理,当 $x\to x_0$ 时,右方趋于 0. 此得证(i).

对 $f\in C_0$ 及 $N>0$,有

$$|T_t f(x)| \leqslant \int_{|y|\geqslant N} \frac{1}{(2\pi t)^{\frac{n}{2}}} \exp\left(-\frac{|x-y|^2}{2t}\right)|f(y)|\mathrm{d}y +$$

$$\|f\| \int_{|y|<N} \frac{1}{(2\pi t)^{\frac{n}{2}}} \exp\left(-\frac{|x-y|^2}{2t}\right)\mathrm{d}y.$$

由于 $f(+\infty)=0$,对 $\varepsilon>0$,当 N 充分大时,右方第一积分小于 $\frac{\varepsilon}{2}$;

---

① §1 指"本章 §11.1",而 §12.1 则表示第 12 章 §1. 以下皆类此.

固定此 N, 当 $|x|$ 充分大时, 第二积分 $<\dfrac{\varepsilon}{2}$, 此得证 $T_t f(+\infty) =$

0. 联合(i)即得证(ii). ∎

引理 3　设 f 均匀连续, 则

$$\lim_{t \to 0} \| T_t f - f \| = 0. \tag{17}$$

证　对 $\varepsilon > 0$, 由假设, 可选 $\delta > 0$, 使对一切 y, 有

$$\sup_{x: |x| < \delta} | f(x+y) - f(y) | < \frac{\varepsilon}{2}.$$

于是

$$\| T_t f - f \| \leqslant \sup_y \left(\int_{|x| < \frac{\delta}{2}} + \int_{|x| \geqslant \frac{\delta}{2}} \right) \frac{1}{(2\pi t)^{\frac{n}{2}}} \cdot \exp\left(-\frac{|x|^2}{2t} \right) \cdot$$

$$| f(x+y) - f(y) | \, \mathrm{d}x$$

$$\leqslant \frac{\varepsilon}{2} + 2 \| f \| \int_{|x| \geqslant \frac{\delta}{2}} \frac{1}{(2\pi t)^{\frac{n}{2}}} \mathrm{e}^{-\frac{|x|^2}{2t}} \, \mathrm{d}x$$

$$= \frac{\varepsilon}{2} + 2 \| f \| \int_{|z| \geqslant \frac{\delta}{2} \sqrt{t}} \frac{1}{(2\pi)^{\frac{n}{2}}} \mathrm{e}^{-\frac{|z|^2}{2}} \, \mathrm{d}z.$$

当 t 充分小时, 第二积分小于 $\dfrac{\varepsilon}{2}$. ∎

注 1　若 $f \in C_0$, 则 f 均匀连续, 故(17)对 $f \in C_0$ 成立. 由 (17)的启发, 补定义 $T_0 f = f$, $T_0 = I$ (恒等算子). 上引理讨论了 $t \to 0$ 的情况; 至于 $t \to +\infty$, 则有

引理 4　若 $f \in C_0$, 则 $\lim\limits_{t \to +\infty} \| T_t f \| = 0$.

证　对 $\varepsilon > 0$, 存在 $r > 0$, 使 $x \overline{\in} B_r \equiv (x: |x| \leqslant r)$ 时, $| f(x) | < \dfrac{\varepsilon}{2}$. 于是

$$\| T_t f \| < \frac{\varepsilon}{2} + \sup_y \int_{B_r} \frac{1}{(2\pi t)^{\frac{n}{2}}} \exp\left(-\frac{|x-y|^2}{2t} \right) f(x) \mathrm{d}x$$

$$\leqslant \frac{\varepsilon}{2} + \sup_y \| f \| \int_{t^{-\frac{1}{2}} (B_r - y)} \frac{1}{(2\pi)^{\frac{n}{2}}} \exp\left(-\frac{|z|^2}{2} \right) \mathrm{d}z$$

$$\leqslant \frac{\varepsilon}{2} + \parallel f \parallel \int_{t^{-\frac{1}{2}} B_r} \frac{1}{(2\pi)^{\frac{n}{2}}} \cdot \exp\left(-\frac{\mid z\mid^2}{2}\right) \mathrm{d}z, \qquad (18)$$

其中

$$a(B_r - y) = (a(x-y) : x \in B_r).$$

因而 $B_r - y$ 是以 $-y$ 为中心、r 为半径的球. 当 t 充分大时，(18) 中最后一项 $< \frac{\varepsilon}{2}$. ∎

为讨论对一般 t 的连续性，先证 T_t 的半群性.

引理 5　$T_{s+t} = T_s T_t (s \geqslant 0, t \geqslant 0, T_0 = I).$

证

$$T_s T_t f(z) = (2\pi s)^{-\frac{n}{2}} (2\pi t)^{-\frac{n}{2}} \iint \mathrm{e}^{-\frac{\mid y-z\mid^2}{2s}} \mathrm{e}^{-\frac{\mid x-y\mid^2}{2t}} f(x) \mathrm{d}x \mathrm{d}y$$

$$= (2\pi s)^{-\frac{n}{2}} (2\pi t)^{-\frac{n}{2}} \iint \exp\left[-\frac{\left\mid y - \frac{zt+xs}{s+t}\right\mid^2}{\frac{2st}{s+t}}\right] \cdot$$

$$\exp\left[\frac{-\mid x-z\mid^2}{2(s+t)}\right] f(x) \mathrm{d}y \mathrm{d}x,$$

其中每次积分都在 $\mathbf{R}^n$ 上进行. 利用

$$\left[\frac{2\pi st}{s+t}\right]^{-\frac{n}{2}} \int \exp\left[-\frac{\left\mid y - \frac{zt+xs}{s+t}\right\mid^2}{2st(s+t)}\right] \mathrm{d}y = 1,$$

得知上式右端等于

$$[2\pi(s+t)]^{-\frac{n}{2}} \int \exp\left[-\frac{\mid x-z\mid^2}{2(s+t)}\right] f(x) \mathrm{d}x = T_{s+t} f(z). \quad ∎$$

由 (16) 及引理 5 知 $\{T_t, t \geqslant 0\}$ 构成作用于 B 上的线性算子压缩半群，(16) 表压缩性.

引理 6　若 f 均匀连续，或 $f \in C_0$，则 $T_t f(x)$ 对 $t \geqslant 0$ 均匀连续，而且此连续性对 $x \in \mathbf{R}^n$ 也是均匀的.

证　利用 T_t 的半群性、压缩性、引理 3 及注 1，对 $h > 0$，有

$$\parallel T_{t+h}f - T_t f \parallel \leqslant \parallel T_t \parallel \cdot \parallel T_h f - f \parallel$$
$$\leqslant \parallel T_h f - f \parallel \to 0 \qquad (h \to 0);$$

对 $h = -k < 0$，有

$$\parallel T_{t+h}f - T_t f \parallel \leqslant \parallel T_{t-k} \parallel \cdot \parallel T_k f - f \parallel$$
$$\leqslant \parallel T_k f - f \parallel \to 0 \qquad (h \to 0). \ \blacksquare$$

按范 $\parallel \cdot \parallel$ 的收敛称为强收敛，记为 slim. 令

$$D_A = \left\{ f : f \in B, \text{存在} \operatorname*{slim}_{h \to 0+} \frac{T_h f - f}{h} = g \in B \right\}. \tag{19}$$

简记

$$\operatorname*{slim}_{h \to 0+} \frac{T_h f - f}{h} = g \ \text{为} \ Af = g.$$

称 A 为半群 $\{T_t, t \geqslant 0\}$ 或过程 X 的强无穷小算子，称 D_A 为 A 的定义域.

下定理把布朗运动与拉普拉斯方程联系起来.

定理 2　设 f 有界、二次连续可微，又二阶偏导数有界且在 $\mathbf{R}^n$ 上均匀连续，则 $f \in D_A$，又

$$Af(x) = \frac{1}{2} \sum_{i=1}^{n} \frac{\partial^2 f(x)}{\partial x_i^2} \left(\equiv \frac{1}{2} \Delta f(x) \right), \tag{20}$$

其中 $x = (x_1, x_2, \cdots, x_n)$.

证

$$T_t f(x) = \frac{1}{(2\pi t)^{\frac{n}{2}}} \int \exp \left[-\frac{|y-x|^2}{2t} \right] f(y) \mathrm{d}y$$
$$= \frac{1}{(2\pi)^{\frac{n}{2}}} \int \mathrm{e}^{-\frac{z^2}{2}} f(x + z\sqrt{t}) \mathrm{d}z, \tag{21}$$

其中 $\int = \int_{\mathbf{R}^n}$. 令 $f_i = \dfrac{\partial f}{\partial x_i}, f_{ij} = \dfrac{\partial^2 f}{\partial x_i \partial x_j}$，利用泰勒展开式，得

$$f(x + z\sqrt{t}) = f(x) + \sqrt{t} \sum_{i=1}^{n} z_i f_i(x) +$$

$$\frac{t}{2}\sum_{i,j=1}^{n}z_iz_jf_{ij}(x)+\frac{t}{2}\sum_{i,j=1}^{n}[f_{ij}(\widetilde{x})-f_{ij}(x)]z_iz_j.$$

$\widetilde{x}$ 之坐标分别在 x 与 $x+z\sqrt{t}$ 的坐标之间. 以此代入(21),得

$$T_tf(x)=f(x)+\frac{t}{2}\Delta f(x)+(2\pi)^{-\frac{n}{2}}\frac{t}{2}J(t,x),\qquad(22)$$

其中

$$J(t,x)=\int e^{-\frac{z^2}{2}}\sum_{i,j=1}^{n}[f_{ij}(\widetilde{x})-f_{ij}(x)]z_iz_j\mathrm{d}z.$$

令

$$F(x,z,t)=\max_{i,j}|f_{ij}(\widetilde{x})-f_{ij}(x)|,$$

则对任意 $s>0$,有

$$|J(t,x)|\leqslant\int e^{-\frac{z^2}{2}}\sum_{i,j=1}^{n}F(x,z,t)\frac{z_i^2+z_j^2}{2}\mathrm{d}z$$

$$=n\int F(x,z,t)e^{-\frac{z^2}{2}}z^2\mathrm{d}z$$

$$\leqslant n\int_{|z|<s}F(x,z,t)z^2e^{-\frac{z^2}{2}}\mathrm{d}z+$$

$$2\max_{i,j}\|f_{ij}\|n\int_{|z|\geqslant s}z^2e^{-\frac{z^2}{2}}\mathrm{d}z.$$

由于 f_{ij} 的均匀连续性,当 $t\downarrow0$ 时,第一项对 x 均匀地趋于 0. 故

$$\overline{\lim_{t\to0+}}\sup_x|J(t,x)|\leqslant2\max_{i,j}\|f_{ij}\|n\int_{|z|\geqslant s}z^2e^{-\frac{z^2}{2}}\mathrm{d}z.$$

由 §11.1 引理 1,当 $s\to+\infty$ 时,右方趋于 0,故

$$\limsup_{t\to0}\sup_x|J(t,x)|=0.$$

由此及(22)得

$$\lim_{t\to0+}\left\|\frac{T_tf-f}{t}-\frac{1}{2}\Delta f\right\|=0.\quad\blacksquare$$

注 2 若 f 有界、二次连续可微,则在任一紧集 $K(\subset\mathbf{R}^n)$ 上,均匀地有

$$\lim_{t\to0+}\frac{T_tf(x)-f(x)}{t}=\frac{1}{2}\Delta f(x).\qquad(23)$$

实际上,只要在上述证明中,改 $\sup\limits_{x}$ 为 $\sup\limits_{x \in K}$,改"均匀"为在"K 上均匀",改 $\|f\|$ 为 $\sup\limits_{x \in K}|f(x)|$.

(三) 作为马氏过程的布朗运动

考虑 $(\Omega,\mathcal{F},P)$ 上的布朗运动 $\{x_t(\omega),t \geqslant 0\}$,不妨设 $x_0(\omega) \equiv 0$,因而 $P(x_0(\omega)=0)=1$(否则考虑 $\{x_t(\omega)-x_0(\omega),t \geqslant 0\}$,它显然也是一布朗运动). 自然地称它为自 0 出发的布朗运动. 令 $\mathcal{N}_t^s$ 为 $\{x_u(\omega),s \leqslant u \leqslant t\}$ 所产生的 σ 代数,记 $\mathcal{N}_t = \mathcal{N}_t^0$,$\mathcal{N}^s = \mathcal{N}_{+\infty}^s = \bigcup\limits_{t \geqslant s}\mathcal{N}_t^s$,$\mathcal{N} = \mathcal{N}_{+\infty}^0$.

今对每 $a \in \mathbf{R}^n$,定义 $x_t^a(\omega) \equiv x_t(\omega)+a$. 由平移不变性,知 $X^a \equiv \{x_t^a(\omega),t \geqslant 0\}$ 也是布朗运动. 自然地称它为自 a 出发的布朗运动. 注意由 $\{x_u^a(\omega),s \leqslant u \leqslant t\}$ 产生的 σ 代数也是 $\mathcal{N}_t^s$. 以 P_a 表 X^a 在 $\mathcal{N}$ 上产生的概率测度,它是满足下列条件的唯一测度:对任意 $0 \leqslant t_1 < t_2 < \cdots < t_m$,$A_i \in \mathcal{B}^n$,

$$P_a(x^a(t_1) \in A_1,x^a(t_2) \in A_2,\cdots,x^a(t_m) \in A_m)$$
$$= P(x(t_1)+a \in A_1,x(t_2)+a \in A_2,\cdots,x(t_m)+a \in A_m)$$
$$= \int_{A_1} p(t_1,a,\mathrm{d}a_1)\int_{A_2} p(t_2-t_1,a_1,\mathrm{d}a_2)\cdots$$
$$\int_{A_m} p(t_m-t_{m-1},a_{m-1},\mathrm{d}a_m), \tag{24}$$

其中 $p(t,x,y)$ 由(6)定义. 在 $\mathcal{N}$ 上,P 重合于 P_0.

全体 $X^a(a \in \mathbf{R}^n)$ 构成一马氏过程 $X=(x_t,\mathcal{N}_t,P_x)$,这里的 x_t 应理解为全体 $x_t^a(a \in \mathbf{R}^n)$,它的转移密度为(6)中的 $p(t,x,y)$. 此马氏过程是由各点出发的布朗运动所共同组成,因而可以利用马氏过程的理论. 以后所说的布朗运动,无特别声明时,均指此马氏过程. X 有下列性质:

i) 由引理 2(i)及轨道 x_t 对 t 的连续性,知 X 是强马氏过程 (文献[8]中定理 3.10).

ii）由引理 2 及文献[8]中定理 3.3，过程 $X' = (x_t, \mathcal{N}_{t+}, P_x)$ 也是强马氏过程；这里 $\mathcal{N}_{t+} = \bigcap_{u>t} \mathcal{N}_u$. 又由[8]引理 3.3，关于过程 X', τ 为马氏时间的充分必要条件是：$\forall t \geqslant 0$，

$$(\tau < t) \in \mathcal{N}_t$$

iii）以 $\overline{\mathcal{N}}_t$ 表 $\mathcal{N}_t$ 关于一切 $P_x (x \in \mathbf{R}^n)$ 的完全化 σ 代数，$\overline{P}_x$ 表 P_x 在 $\overline{\mathcal{N}}$ 上之延拓，则 $(x_t, \overline{\mathcal{N}}_{t+}, \overline{P}_x)$ 也是强马氏过程（文献[8]中定理 3.12）.

§11.3　首中时与首中点

(一) 首中时

近代马氏过程论中的一个极重要的概念是首中某集 B 的时间. 对 n 维布朗运动 X 及集 $B \in \mathcal{B}^n$, 定义

$$h_B(\omega) = \begin{cases} \inf(t>0, x_t(\omega) \in B), & \text{右集非空}, \\ +\infty, & \text{反之}. \end{cases} \tag{1}$$

称 $h_B(=h_B(\omega))$ 为 B 的首中时(Hitting time)(或首达时), 亦称为 $B^c(=\mathbf{R}^n - B)$ 的首出时.

h_B 是马氏时间. 当 B 为开集时, 此结论极易证明: 实际上, 由轨道的连续性, 对 $t>0$,

$$(h_B < t) = \bigcup_{\text{有理} r < t} (x_r \in B) \in \mathcal{N}_t.$$

但对一般的 $B \in \mathcal{B}^n$, 则证明很困难而需用到绍凯(Choquet)的容度论(见文献[1]或[23]中附录).

在 $(h_B < +\infty)$ 上考虑 $x(h_B)(=x(h_B, \omega))$, 它是随机变量, 取值于 $\mathbf{R}^n$. 称它为集 B 的首中点, 显然, 若 B 是紧集, 则 $x(h_B) \in B$. 对一般的 B, 只有 $x(h_B) \in \overline{B}$ (B 的闭包).

引理 1(0-1 律)　设 $A \in \overline{\mathcal{N}}_{0+}$, 则

$$P_a(A) = 0 \text{ 或 } 1.$$

证　以 θ_t 表 X 的推移算子(见文献[8]), 因 $\theta_0 A = A$, 故由马氏性得

$$P_a(A) = P_a(A\theta_0 A) = \int_A P_a(\theta_0 A \mid \overline{\mathcal{N}}_{0+}) P_a(\mathrm{d}\omega)$$

$$= \int_A P_{x(0)}(A) P_a(\mathrm{d}\omega) = [P_a(A)]^2. \quad \blacksquare$$

既然 $(h_B=0)\in\overline{\bigcap_{\epsilon>0}\mathcal{N}_\epsilon}=\overline{\mathcal{N}}_{0+}$，故由引理 1

$$P_a(h_B=0)=0 \text{ 或 } 1.$$

在后一情况，称 a 为 B 的规则点；否则称为非规则点．直观地说，从 a 出发，作布朗运动的粒子能立刻击中 B 的点是 B 的规则点；因此，容易想象，B 在规则点附近不能太稀疏．以 $\mathring{B}$ 表 B 的内点所成的集．由 X 的轨道的连续性，若 $a\in\mathring{B}$，则 a 是 B 的规则点；若 $a\in(\bar{B})^c$（c 表补集运算），则自 a 出发，必须在开集 $(\bar{B})^c$ 中停留一段时间而不能立即击中 B，故 a 是 B 的非规则点．以 B^r 表 B 的规则点的集，由上述得

$$\mathring{B}\subset B^r\subset\bar{B}. \tag{2}$$

剩下只是边界 $\partial B(=\bar{B}\bigcap\overline{B^c})$ 上的点，可能是规则点，也可能是非规则点．

如 B 有内点，由（2）知 B^r 非空．可见对一般的集，规则点应很多而非规则点则较少．的确，以后会证明（§11.3，定理 4），B 中非规则点集 $B\bigcap(B^r)^c$ 的 L 测度为 0．

一个极端情况是 $B^r=\varnothing$（空集），因之 B 必无内点而呈稀疏态．称 B 为疏集，如存在 $D\in\mathcal{B}^n,B\subset D,D^r=\varnothing$．由此定义

$$P_a(h_B=0)\leqslant P_a(h_D=0)\equiv 0,$$

故自任一点 a 出发都不能立即击中疏集 B．

更极端的情况是自任一点出发都永不能击中的集．称 B 为极集，如 $P_a(h_B<+\infty)\equiv 0$．

显然，极集是疏集．以后将证明：紧集是极集的充分必要条件是它为疏集（§11.11，定理 2）；B 为极集的充分必要条件是它的容度 $\tilde{C}(B)=0$（§11.11，定理 4）．

（二）首次通过公式

此公式很重要，设 τ 为马氏时间，对 τ 用强马氏性，得

$$P_a(x_t\in A)=P_a(x_t\in A,\tau>t)+$$

$$\int_0^t \int P_b(x_{t-s} \in A) P_a(\tau \in \mathrm{d}s, x_\tau \in \mathrm{d}b). \qquad (3)$$

因而对可积函数 $f(x)$,有

$$E_a f(x_t) = E_a(f(x_t), \tau > t) +$$

$$\int_0^t \int E_b f(x_{t-s}) P_a(\tau \in \mathrm{d}s, x_\tau \in \mathrm{d}b), \qquad (4)$$

其中 $\int = \int_{\mathbf{R}^n}$,$E_a$ 表对应于 P_a 的数学期望.

特别,若取 $\tau = h_B$,则因 $x(h_B) \in \overline{B}$,故此时(4)中的积分 $\int_{\mathbf{R}^n}$

可换为 $\int_{\overline{B}}$.

(三) 球面的首中时

对一般的 B,求出 h_B 的分布是相当困难的问题,对首中点 $x(h_B)$ 也如此. 只是对少数的 B,问题可以解决,例如球面 $S_r = (x; |x| = r), r > 0$. 简记 S_r 的首中时为 h_r.

定理 1　(i) $P_a(h_r < +\infty) = 1$　　　$(|a| \leqslant r)$;

(ii) $E_0 h_r = \dfrac{r^2}{n}$;

(iii) $E_a h_r$ 当 $|a| \leqslant r$ 时有界.

证　由(4)

$$E_0 f(x_t) = E_0(f(x_t), h_r > t) +$$

$$\int_0^t \int_{S_r} E_b f(x_{t-s}) P_0(h_r \in \mathrm{d}s, x(h_r) \in \mathrm{d}b). \qquad (5)$$

特别,取 $f(x) = |x|^2 = \sum_{i=1}^n x_i^2$. 由于 $x(u)$ 的每个分量 $x_i(u)$ 在开始分布 P_{b_i} 下有 $\mathcal{N}(b_i, \sqrt{u})$ 一维正态分布,故

$$E_{b_i}[x_i(u)]^2 = b_i^2 + u,$$

从而

$$E_b f(x_u) = \sum_{i=1}^n E_{b_i}[x_i(u)]^2 = |b|^2 + nu. \qquad (6)$$

以（6）代入（5）得

$$nt = E_0(|x_t|^2, h_r > t) +$$

$$\int_0^t \int_{S_r} \left[|b|^2 + n(t-s) \right] P_0(h_r \in \mathrm{d}s, x(h_r) \in \mathrm{d}b).$$

当 $b \in S_r$ 时，$|b| = r$ 是一常数，故

$$nt = E_0(|x_t|^2, h_r > t) + r^2 P_0(h_r \leqslant t) + n E_0(t - h_r, h_r \leqslant t),$$

亦即

$$nt P_0(h_r > t) + n E_0(h_r, h_r \leqslant t) = E_0(|x_t|^2, h_r > t) + r^2 P_0(h_r \leqslant t). \tag{7}$$

当 $h_r > t$ 时，$|x_t|^2 < r^2$，故

$$nt P_0(h_r > t) + n E_0(h_r, h_r \leqslant r) \leqslant 2r^2. \tag{8}$$

令 $t \to +\infty$，可见 $P_0(h_r > t) \to 0$，或

$$P_0(h_r < +\infty) = 1. \tag{9}$$

同理，当 $t \to +\infty$ 时，得 $E_0 h_r < +\infty$. 由于

$$E_0 h_r = \int_0^t s \mathrm{d}F(s) + \int_t^{+\infty} s \mathrm{d}F(s) \geqslant \int_0^t s \mathrm{d}F(s) + t P_0(h_r > t),$$

其中 $F(s) = P_0(h_r \leqslant s)$，从而 $t P_0(h_r > t) \to 0, (t \to +\infty)$. 由此及（9），于（7）中令 $t \to +\infty$，即得 $n E_0(h_r) = r^2$，此即 ii）.

今考虑一般的 $a, |a| \leqslant r$. 以 $S_u(a)$ 表以 a 为中心、u 为半径的球面. 选 u 充分大，使一切 $S_u(a)(|a| < r)$ 都包含 S_r. 以 $h_u(a)$ 表 $S_u(a)$ 的首中时，$h_u = h_u(0)$，则

$$P_a(h_r < h_u(a)) = 1.$$

由布朗运动的平移不变性，

$$P_a(h_r < +\infty) \geqslant P_a(h_u(a) < +\infty) = P_0(h_u < +\infty) = 1.$$

最后，

$$E_a h_r \leqslant E_a[h_u(a)] = E_0 h_u = \frac{u^2}{n}. \quad \blacksquare$$

以 e_B 表 B 的首出时，即 $e_B = h_{B^c}$.

系 1　设 $B \in \mathcal{B}^n$ 有界,则 $E_x(e_B)$ 对 $x \in B$ 有界.

证　只要取充分大的球包含 B,并仿上证即可.　■

注 1　若 B 无界,则问题复杂.例如,设 $n=2$, $B_a = (x : x \in \mathbf{R}^2, x \neq 0, 0 < \theta < \alpha)$, θ 是 x 与向量 $(1,0)$ 的交角.可以证明: $E_a(e_{B_a}) < +\infty$,(一切 $a \in B_a$),等价于 $\alpha < \dfrac{\pi}{4}$. 对一般的连通开集 B,则可证明: $E_a(e_B^{\frac{p}{2}}) < +\infty$ 对某 $a \in B$,因之对一切 $a \in B$ 成立,等价于存在调和于 B 中的函数 u,使 $|x|^p \leqslant u(x)$, $x \in B$. 见文献 $[2 ; 2_1]$.

注 2　至于 h_r 的分布,在文献 $[4]$ 中证明了

$$P_0(h_r > a) = \sum_{i=1}^{+\infty} \xi_{ni} \exp\left(-\frac{q_{ni}^2}{2r^2} a\right) \qquad (a \geqslant 0), \qquad (10)$$

其中 q_{ni} 是贝塞尔(Bessel)函数 $J_v(z)\left(v = \dfrac{n}{2} - 1\right)$ 的正零点,又

$$\xi_{ni} = \frac{q_{ni}^{v-1}}{2^{v-1} \Gamma(v+1) J_{v+1}(q_{ni})}. \qquad (11)$$

那里还发现了一个有趣的事实:以 $T_r^{(n+2)}$ 表 $n+2$ 维布朗运动在 $n+2$ 维球 $B_r = \left(x : \sum_{i=1}^{n+2} x_i^2 \leqslant r^2\right)$ 内的停留时间,以 $h_r^{(n)}$ 表 n 维布朗运动首中球面 $S_r = \left(x : \sum_{i=1}^{n} x_i^2 = r^2\right)$ 的时间,则关于 P_0, $T_r^{(n+2)}$ 与 $h_r^{(n)}$ 同分布,故 $P_0(T_r^{(n+2)} > a)$ 也等于(10)之右方值.这些结果为 $[10_1]$ 所发展,例如,求出了 h_r 的拉氏变换

$$E_b \mathrm{e}^{-\lambda h_r} = \left(\frac{r}{|b|}\right)^v \frac{I_v(\sqrt{2\lambda}\,|b|)}{I_v(\sqrt{2\lambda}\,r)} \qquad (n \geqslant 2), \qquad (12)$$

其中 I_v 为修正的贝塞尔函数, $v = \dfrac{n}{2} - 1, 0 < |b| < r$;而

$$E_0 \mathrm{e}^{-\lambda h_r} = \frac{(r\sqrt{2\lambda})^v}{[2^v I_v(r\sqrt{2\lambda}) \Gamma(v+1)]} \qquad (n \geqslant 2). \qquad (13)$$

在上两式中, $\lambda > 0$.

（四）球面的首中点

今讨论首中点 $x(h_r)$ 的分布. 由定理 1 i)，$P_a(x(h_r)\in S_r)=1,|a|\leqslant r$. 下面证明：关于 $P_0,x(h_r)$ 有球面上的均匀分布 U_r,U_r 由 §1(16) 定义.

设 H 为 $\mathbf{R}^n$ 上正交变换，它把点 x 变为点 Hx，把集 A 变为集 $HA=(Hx:x\in A)$. $\mathcal{B}^n$ 上的测度 U 称为关于 H 不变，如 $U(A)=U(HA),A\in\mathcal{B}^n$.

引理 2 设 U 为 S_r 上之概率测度，它对任一保留原点不动的正交变换（或旋转）H 不变，则 $U=U_r$.

证 (i) 设 φ 为 U 之特征函数，ξ 是以 U 为分布之随机向量，即 $P(\xi\in A)=U(A)$. 由
$$P(H^{-1}\xi\in A)=P(\xi\in HA)=U(HA)=U(A),$$
知 $H^{-1}\xi$ 与 ξ 同分布. 于是
$$\varphi(x)=E\mathrm{e}^{\mathrm{i}(x,\xi)}=E\mathrm{e}^{\mathrm{i}(x,H^{-1}\xi)}=E\mathrm{e}^{\mathrm{i}(Hx,\xi)}=\varphi(Hx),$$
即 $\varphi(x)$ 在上述变换下也不变，故必为 $|x|$ 的函数；从而存在一元函数 $\psi(s)$，使
$$\varphi(x)=\psi(|x|)\qquad(x\in\mathbf{R}^n).\tag{14}$$

(ii) 显见 U_r 对上述变换不变，故由上知：对 U_1 的特征函数 φ_1，存在一元函数 ψ_1，使
$$\varphi_1(x)=\psi_1(|x|)\qquad(x\in\mathbf{R}^n).\tag{15}$$
而 U_r 的特征函数 $\varphi_r(x)$ 满足
$$\varphi_r(x)=\int_{S_r}\mathrm{e}^{\mathrm{i}(x,y)}U_r(\mathrm{d}y)=\int_{S_1}\mathrm{e}^{\mathrm{i}(rx,y)}U_1(\mathrm{d}y)$$
$$=\psi_1(r|x|)\qquad(x\in\mathbf{R}^n).\tag{16}$$

(iii) 对任 $s>0$，有
$$\psi(s)\overset{(14)}{=}\int_{S_s}\varphi(x)U_s(\mathrm{d}x)=\int_{S_s}U_s(\mathrm{d}x)\int_{S_r}\mathrm{e}^{\mathrm{i}(x,y)}U(\mathrm{d}y)$$
$$=\int_{S_r}U(\mathrm{d}y)\left(\int_{S_s}\mathrm{e}^{\mathrm{i}(x,y)}U_s(\mathrm{d}x)\right)=\int_{S_r}\varphi_s(y)U(\mathrm{d}y)$$

$$\overset{(16)}{=}\int_{S_r}\psi_1(s\mid y\mid)U(\mathrm{d}y)=\psi_1(sr). \tag{17}$$

因此

$$\varphi(x)=\psi(\mid x\mid)\overset{(17)}{=}\psi_1(r\mid x\mid)\overset{(16)}{=}\varphi_r(x)\qquad(x\in\mathbf{R}^n).\quad\blacksquare$$

定理 2　对可测集 $A\subset S_r$，有

$$P_0(x(h_r)\in A)=U_r(A). \tag{18}$$

证　以 H 表引理 2 中的变换，由 §11.2 引理 1，HX 也是布朗运动. 以 h'_r 表 HX 对 S_r 的首中时，则因正交变换保持距离不变，故 $h_r=h'_r$. 于是

$$P_0(x(h_r)\in A)=P_0(Hx(h'_r)\in A)=P_0(Hx(h_r)\in A)$$
$$=P_0(x(h_r)\in H^{-1}A).$$

这说明 $x(h_r)$ 的分布关于 H^{-1} 不变. 但 H^{-1} 可以是上述任一正交变换. 故由引理 2 即得证(18).　$\blacksquare$

注 3　§5 会证明，若从球内任一点 x 出发，则

$$P_x(x(h_r)\in A)=\int_A r^{n-2}\mid\mid x\mid^2-r^2\mid\mid y-x\mid^{-n}U_r(\mathrm{d}y)$$
$$(\mid x\mid<r). \tag{19}$$

特别，当 $x=0$，此式化为(18).

注 4　能具体求出首中点分布的，尚有：

(i) 超平面 $\Pi=(x:(a,x)=c)$，其中向量 $a\neq\mathbf{0}$，c 为常数. 以 μ 表 Π 上的面积测度，则

$$P_x(x(h_\Pi)\in\mathrm{d}y)=\frac{\Gamma\left(\dfrac{n}{2}\right)\mathrm{d}(x,\Pi)}{\pi^{\frac{n}{2}}\mid y-x\mid^n}\mu(\mathrm{d}y)\qquad(n\geqslant 2),$$

其中 $\mathrm{d}(x,\Pi)$ 为 x 到 Π 的距离.

(ii) 当 $n=2$ 时，自 $(x,0)$ 出发，$(x\neq 0)$，Y 坐标轴的首中点有柯西分布密度为 $\dfrac{\mid x\mid}{\pi(x^2+y^2)}$，$(y\in\mathbf{R})$.

（五）一般性质

称函数 f 在点 x 下连续,如 $\lim\limits_{y \to x} f(y) \geqslant f(x)$.

定理 3 设 $B \in \mathcal{B}^n$,则 $P_x(h_B \leqslant t)$ 对固定的 x 是 $t > 0$ 的连续函数;对固定的 $t > 0$ 是 x 的下连续函数.

证 设对某 $t > 0$ 有 $P_x(h_B = t) > 0$,则对任意 d, $0 < d < t$,有

$$\int p(d, x, y) P_y(h_B = t - d) \mathrm{d}y \geqslant P_x(h_B = t) > 0. \quad (20)$$

于是存在 $r > 0$ 使

$$\int_{|y| \leqslant r} p(d, x, y) P_y(h_B = t - d) \mathrm{d}y \geqslant \frac{1}{2} P_x(h_B = t) > 0. \quad (21)$$

由此知对任意 d, $0 < d < t$,有

$$\int_{|y| \leqslant r} P_y(h_B = t - d) \mathrm{d}y > 0. \quad (22)$$

否则 $P_y(h_B = t - d) = 0.$ $(L$-a. e. $y)$ 而(21)左方应为 0.

考虑非降函数 $F(t)$,

$$F(t) = \int_{|y| \leqslant r} P_y(h_B \leqslant t) \mathrm{d}y.$$

因 $F(+\infty) \leqslant \int_{|y| \leqslant r} \mathrm{d}y < +\infty$,故 $F(t)$ 至多只有可列多个不连续点;但(22)却表示其不连续点非可列,此矛盾证实了定理的前一结论.

固定 $t > 0$,注意

$$\int p(d, x, y) P_y(h_B < t - d) \mathrm{d}y = P_x(对某 s \in (d, t), x_s \in B).$$

由 §11.2 引理 2(i),左方、因而右方对 x 连续;但 $d \downarrow 0$ 时,右方 $\uparrow P_x(h_B < t) = P_x(h_B \leqslant t)$,故后者对 x 下连续. ∎

定理 4 设 $B \in \mathcal{B}^n$,则 B^r 是 G_δ 型集,而且 $B \bigcap (B^r)^c$ 的 L 测度为 0.

证 由定理 3 后一结论知,对固定的 $t > 0$ 及 a, $(x: P_x(h_B \leqslant$

$t)>a)$是开集；故由下式立知 B^r 是 G_δ 集：

$$B^r = \{x : P_x(h_B = 0) = 1\} = \bigcap_{n=1}^{+\infty}\left(x : P_x\left(h_B \leqslant \frac{1}{n}\right) > 1 - \frac{1}{n}\right).$$

任取相对紧集[①] $A \subset B \bigcap (B^r)^c$. 先证

$$\lim_{t \downarrow 0}\int_A P_x(x_t \in A)\,\mathrm{d}x = 0. \tag{23}$$

实际上，我们有

$$P_x(x_t \in A) \leqslant P_x(h_A \leqslant t) \leqslant P_x(h_B \leqslant t).$$

当 $x \in A$ 时，$x \in (B^r)^c$，故

$$0 \leqslant \varlimsup_{t \downarrow 0} P_x(x_t \in A) \leqslant \lim_{t \downarrow 0} P_x(h_B \leqslant t) = 0.$$

由法图(Fatou)引理得证(23). 考虑有界连续函数

$$f(x) = \int \chi_A(z + x)\chi_A(z)\,\mathrm{d}z = \int_A \chi_A(z + x)\,\mathrm{d}z,$$

χ_A 为 A 的示性函数.

$$E_0 f(x_t) = E_0 \int_A \chi_A(z + x_t)\,\mathrm{d}z = \int_A P_0(x_t + z \in A)\,\mathrm{d}z$$

$$= \int_A P_z(x_t \in A)\,\mathrm{d}z.$$

由(23)，得 A 的测度为

$$|A| = f(0) = \lim_{t \downarrow 0} E_0 f(x_t) = \lim_{t \downarrow 0}\int_A P_x(x_t \in A)\,\mathrm{d}x = 0. \quad \blacksquare$$

注 5　令 $f_B(x, t) = P_x(h_B \leqslant t)$，紧集 $B \subset \mathbf{R}^3$. 可以证明：$f_B(x, t)$ 是热传导方程

$$\frac{\partial f}{\partial t} = \frac{1}{2}\Delta f \qquad (t > 0, x \in B^c)$$

在下列条件下的唯一解.

开始条件　$f(x, 0) = 0 \qquad (x \in B^c)$，

---

①　称集 $A \in \mathcal{B}^n$ 为相对紧集，如 $\bar{A}$ 紧.

　　边值条件　　$\lim\limits_{x \to y} f(x, t) = 1$ 　　$(t > 0, y \in B \bigcap B^r)$.

　　因此,可视 $f_B(x, t)$ 为于时 t 在点 $x \in B^c$ 上的温度. 在时 t 自 B 流入周围介质 B^c 中的总能量为

$$E_B(t) = \int_{B^c} P_x(h_B \leqslant t) \mathrm{d}x = \int_{B^c} f_B(x, t) \mathrm{d}x.$$

可以证明[19]：当 $n = 3, t \to +\infty$ 时

$$E_B(t) = tC(B) + 4(2\pi)^{-\frac{3}{2}} [C(B)]^2 t^{\frac{1}{2}} + o(t^{\frac{1}{2}}),$$

而且若 B 为球,则 $o(t^{\frac{1}{2}}) \equiv 0, (t > 0)$. 这里 $C(B)$ 是 B 的容度（见 §11.9）.

§11.4　调和函数

(一) 定义

设 $A \subset \mathbf{R}^n$ 为任一开集. 称函数 $h(x)$ 在 A 中调和, 如它在 A 中连续, $\dfrac{\partial^2 h}{\partial x_i^2}$ 存在, 而且满足拉普拉斯方程

$$\Delta h \equiv \sum_{i=1}^{n} \frac{\partial^2 h}{\partial x_i^2} = 0. \tag{1}$$

例 1　设 a 为任一定点, c_1 与 c_2 为两常数. 令

$$h(x) = c_1 + \frac{c_2}{|x-a|^{n-2}} \qquad (n \neq 2), \tag{2}$$

$$h(x) = c_1 + c_2 \lg \frac{1}{|x-a|} \qquad (n=2). \tag{3}$$

由直接计算知, 它们在 $\mathbf{R}^n - \{a\}$ 中调和. 事实上, $h(x)$ 除在 a 点外连续. 设 $a = (a_1, a_2, \cdots, a_n)$, 则

$$|x-a| = \sqrt{\sum_{i=1}^{n} (x_i - a_i)^2}.$$

若 $n > 2$, 则

$$\frac{\partial h}{\partial x_i} = c_2 \frac{(2-n)(x_i - a_i)}{|x-a|^n},$$

$$\frac{\partial^2 h}{\partial x_i^2} = c_2 \left[\frac{n(n-2)(x_i - a_i)^2}{|x-a|^{n+2}} - \frac{n-2}{|x-a|^n} \right].$$

由此知 h 满足(1). 对 $n=1,2$, 证明类似.

　　注意　调和函数定义中的连续性必不可少.

　　下列邓肯(Дынкин)定理, 很是有用. 证明见文献[8] §5.1 或本书 §5.1 定理 1, §11.2 定理 2.

　　定理 1　设 A 为相对紧开集. 若函数 u 在 $\overline{A}$ 连续, Δu 在 A

中存在、连续而且有界,则对一切 $x \in \overline{A}$ 有

$$E_x[u(x_e)] - u(x) = \frac{1}{2} E_x \left[\int_0^e \Delta u(x_s) \mathrm{d}s \right], \tag{4}$$

其中 $e = e_A$ 为 A 的首出时.

由(4)知,若 u 在 $\overline{A}$ 连续且在 A 内调和,则

$$u(x) = E_x[u(x_e)] \qquad (x \in \overline{A}). \tag{5}$$

下面讨论调和性的等价条件.

称函数 $f(x)$ 在开集 A 中为局部可积的,如它在 A 中每一紧集上为 L 可积. 称 $u(x)$ 在 A 中具有球面平均性,如对每点 $a \in A$ 和每个球 $B_r(a) \equiv (x : |x-a| \leqslant r) \subset A, (r > 0)$,有

$$u(a) = \int_{S_r(a)} u(x) U_r(\mathrm{d}x), \tag{6}$$

U_r 为球面 $S_r(a)$ 上的均匀分布. 由 §11.3 定理 2,可改写(6)为

$$u(a) = E_a[u(x_{e_r})]. \tag{7}$$

e_r 为 $S_r(a)$ 的首中时,也是开球 $\mathring{B}_r(a) \equiv (x : |x-a| < r)$ 的首出时. 这是球面平均性的概率表示.

定理 2 函数 $h(x)$ 在开集 A 中调和的充分必要条件是它在 A 中局部可积而且有球面平均性.

证 设 $h(x)$ 调和. 由连续性得局部可积性. 任取 $a \in A$, $\mathring{B}_r(a) \subset A$,在(5)中取 u 为 h,e 为 e_r,即得球面平均性.

反之,设 h 局部可积,而且满足(6). 暂①增设 $h \in C^2(A)$,则必有 $\Delta h = 0$. 否则,如说在某点 $a \in A$,有 $\Delta h(a) > 0$(<0 时讨论类似);由于 $h \in C^2(A)$,必存在 $B_r(a) \subset A$,使

$$P_a(\Delta h(x_s) > 0, s \leqslant e_r) = 1.$$

由(4)

---

① 说 $h \in C^m(A)$,如 h 在 A 中有 $K(\leqslant m)$ 级连续偏导数.

$$E_a[h(x_{e_r})] - h(a) = \frac{1}{2} E_a\left[\int_0^{e_r} \Delta h(x_s) \mathrm{d}s\right] > 0,$$

这与 h 满足 (6) 矛盾.

现在证明: $h \in C^2(A)$ 的增设是多余的. 甚至可以证明更强的结果: 若 h 在 A 中局部可积而且有球面平均性. 则 $h \in C^\infty(A)$.

为证此, 首先注意: 若 $g(x)(x \in \mathbf{R}^n)$ 为 L 可积, 则有等式 (见 §11.1, 系1)

$$\int g(x)\mathrm{d}x = |S_1| \int_0^{+\infty} \left(\int_{S_r} g(x) U_r(\mathrm{d}x)\right) r^{n-1} \mathrm{d}r, \qquad (8)$$

其中 $|S_1|$ 为单位球的面积 (§11.1, (15)). 任取 $x_0 \in A$, 选 $\delta > 0$, 使球 $B_{2\delta}(x_0) \subset A$. 以 ψ 表 $[0, +\infty)$ 上的非负、无穷次可微的函数, 它在 $[\delta^2, +\infty)$ 上恒为 0, 但在 $[0, \delta^2)$ 上不恒为 0. 则由 (8) 有

$$\int_A \psi(|y - x|^2) h(y) \mathrm{d}y$$

$$= \int_{B_\delta(0)} \psi(|y|^2) h(x + y) \mathrm{d}y$$

$$= |S_1| \int_0^\delta \left[\int_{S_r} \psi(|y|^2) h(x + y) U_r(\mathrm{d}y)\right] r^{n-1} \mathrm{d}r$$

$$= |S_1| \int_0^\delta \psi(r^2) \left[\int_{S_r} h(x + y) U_r(\mathrm{d}y)\right] r^{n-1} \mathrm{d}r$$

$$= |S_1| \int_0^\delta \psi(r^2) \left(\int_{S_r(x)} h(y) U_r(\mathrm{d}y)\right) r^{n-1} \mathrm{d}r$$

$$= |S_1| h(x) \int_0^\delta \psi(r^2) r^{n-1} \mathrm{d}r.$$

但此式左方作为 x 的函数在 $\mathring{B}_\delta(x_0)$ 中无穷次可微, 故右方中的 $h(x)$ 也如此. ∎

对局部可积函数 $f(x)$, 以 $S^r f(a)$ 表它对球面 $S_r(a)$ 关于均匀分布的平均值

$$S^r f(a) \equiv \int_{S_r(a)} f(x) U_r(\mathrm{d}x) = \frac{1}{|S_r(a)|} \int_{S_r(a)} f(x) L_{n-1}(\mathrm{d}x).$$

$$(9)$$

以 $B^r f(a)$ 表它对球体 $B_r(a)$ 关于勒贝格测度 L 的平均值

$$B^r f(a) \equiv \frac{1}{|B_r(a)|} \int_{B_r(a)} f(x) L(\mathrm{d}x). \tag{10}$$

$|B_r(a)|$ 表 $B_r(a)$ 的体积. 我们有

$$B^r f(a) = \frac{1}{|B_r(a)|} \int_0^r \int_{S_u(a)} f(x) L_{n-1}(\mathrm{d}x) \mathrm{d}u$$

$$= \frac{1}{|B_r(a)|} \int_0^r |S_u(a)| S^u f(a) \mathrm{d}u. \tag{11}$$

今设 h 调和,则 $h(a) = S^u h(a)$. 以 h 代入(11)中的 f,得

$$B^r h(a) = \frac{h(a)}{|B_r(a)|} \int_0^r |S_u(a)| \mathrm{d}u = h(a). \tag{12}$$

这表示调和函数也有球体平均性.

（二）性质

调和性的约束随所在区域之扩大而加强,极而言之,则有

定理3 在 $\mathbf{R}^n$ 中调和而且有下界（或上界）的函数 $h(x)$ 是一常数.

证 因调和函数之负仍调和,故只需考虑有下界情况,而且不妨设下界为 0. 任取两点 x, y,令 $a = |x - y|$. 对 $s > 0$,有 $B_s(y) \subset B_{a+s}(x)$,故

$$\int_{B_s(y)} h(z) L(\mathrm{d}z) \leqslant \int_{B_{a+s}(x)} h(z) L(\mathrm{d}z),$$

亦即

$$|B_s(y)| B^s h(y) \leqslant |B_{a+s}(x)| B^{a+s} h(x).$$

利用(12)得

$$|B_s(y)| h(y) \leqslant |B_{a+s}(x)| h(x).$$

于是由 $\lim\limits_{s \to +\infty} \frac{|B_s(y)|}{|B_{a+s}(x)|} = 1$ 立得 $h(y) \leqslant h(x)$. 由 x 与 y 的对称性即得 $h(x) = h(y)$. ■

定理4［极大（或极小）原理］ 设 h 在有界开集 A 中调和,

在 $\overline{A}$ 中连续, 则对任意 $a \in \overline{A}$ 有

$$\inf_{x \in \partial A} h(x) \leqslant h(a) \leqslant \sup_{x \in \partial A} h(x). \tag{13}$$

证 以 e 表 A 的首出时. 由布朗运动轨道的连续性, x_e 属于 A 的边界 ∂A. 由 (4)

$$h(a) = E_a[h(x_e)] = \int_{\partial A} h(x) P_a(x_e \in \mathrm{d}x) \qquad (a \in \overline{A}).$$

由此立得 (13). ∎

调和函数有许多有趣的性质, 我们只叙述上述的一些, 因为它们以后要用到, 而且与概率论关系密切.

(三) 布朗运动轨道的性质

(i) 设 $e \equiv e(r, R)$ 为球层 $A = (x : 0 < r < |x| < R)$ 的首出时, 则对 $a \in A$ 有

$$P_a(|x_e| = r) = \begin{cases} \dfrac{R^{2-n} - |a|^{2-n}}{R^{2-n} - r^{2-n}}, & n \neq 2, \\[2mm] \dfrac{\lg R - \lg |a|}{\lg R - \lg r}, & n = 2. \end{cases} \tag{14}$$

实际上, 如 $n \neq 2$, 取 $h(x) = |x|^{2-n}$. 由本节例知它在 A 中调和. 又由 §3 定理 1, $P_a(e < +\infty) = 1, (a \in A)$. 从而

$$P_a(|x_e| = R) + P_a(|x_e| = r) = 1.$$

以此 h 的表达式代入 $h(a) = E_a[h(x_e)]$, 得

$$|a|^{2-n} = R^{2-n}(1 - P_a(|x_e| = r)) + r^{2-n} P_a(|x_e| = r).$$

由此立得 (14) 中前一结论. 同理, 对 $n = 2$, 取 $h(x) = \lg |x|$, 可得后一结论.

(ii) 令 e_r 为球面 $S_r(0) = (x : |x| = r)$ 的首中时, 则对 $|a| > r$, 有

$$P_a(e_r < +\infty) = \begin{cases} \left(\dfrac{r}{|a|}\right)^{n-2}, & n \geqslant 3, \\[2mm] 1, & n \leqslant 2. \end{cases} \tag{15}$$

实际上，$e_r = \lim\limits_{R\to+\infty} e(r,R)$，故

$$P_a(e_r<+\infty) = \lim_{R\to+\infty} P_a(|x_e|=r).$$

由此及(14)即得(15).

(iii) 一、二维布朗运动具有常返性：设 a,b 为任两点，h_b 为 b 的邻域 V_b 的首中时，则

$$P_a(h_b<+\infty)=1. \tag{16}$$

实际上，由(15)第二式知此结论对 $b=0$ 成立. 由类似的证明知它对任意 b 也成立. 对一维布朗运动，(16)还可加强，即其中的 h_b 可理解为单点集 $\{b\}$ 的首中时. 实际上，设 $a<b$，任取 $c>b$. 则由 (16)，自 a 出发，首中 c 的任一不含 b 的邻域的概率为 1；由轨道的连续性及 $a<b<c$，中间经过 b 之概率也为 1.

(iv) 二维布朗运动轨道处处稠密. 令

$$D_t=(\omega: \{x_s(\omega), s\geqslant t\}\text{在 }\mathbf{R}^2\text{ 中稠密}).$$

则对任意 $a, P_a(D_t)=1, (t\geqslant 0)$.

实际上，以 $h_b^{(r)}$ 表圆 $(x:|x-b|\leqslant r)$ 的首中时，则由(16)

$$P_a(D_0)=P_a\Big(\bigcap_b\bigcap_r(h_b^{(r)}<+\infty)\Big)=1,$$

其中之交对一切二维有理点 b 及有理数 $r>0$ 进行. 其次

$$P_a(D_t)=P_a(\theta_t D_0)=E_a P_{x(t)}(D_0)=1.$$

(v) 由于对任意 $t>0, P_a(D_t)=1$；故

$$P_a\Big(\varlimsup_{t\to+\infty}|x_t|=+\infty\Big)=1;$$
$$P_a\Big(\varliminf_{t\to+\infty}|x_t|=0\Big)=1. \tag{17}$$

(vi) 当 $n\geqslant 2$ 时，任意单点集 $\{a\}$ 是极集. 为此，只要在(14)中先令 $r\to 0$ 再令 $R\to+\infty$，即得 $P_a(e_0<+\infty)=0$，一切 $a\neq 0$，其中 e_0 为 $\{0\}$ 的首中时. 其次，由 $P_0(x_t=0)=0,(t>0)$，得 $P_{x(t)}(e_0<+\infty)=0,(P_0\text{-a.e.})$，故

$$P_0(\theta_t e_0<+\infty)=E_0 P_{x(t)}(e_0<+\infty)=0.$$

令 $t\downarrow 0$，即得 $P_0(e_0<+\infty)=0$. 于是得证

$$P_a(e_0<+\infty)=0，一切 a， \qquad (18)$$

亦即得证 $\{0\}$ 是极集. 类似可证任意单点集为极集.

然而由 c 中末所述, $n=1$ 时, 单点集都常返; 故一维布朗运动无非空极集.

(vii) $n\geqslant 3$ 维布朗运动是暂留的, 即

$$P_a\Big(\lim_{t\to+\infty}|x_t|=+\infty\Big)=1. \qquad (19)$$

因而它不常返. 注意, 此式加强了(17). 为证此, 令

$$T_m=\inf(t>0,|x_t|\leqslant m)，\quad u_m=\inf(t>0,|x_t|\geqslant m^3).$$

由 §11.3 定理 1, $P_a(u_m<+\infty)=1$, 一切 a, 一切正整数 m. 从而 $P_a(\theta_t u_m<+\infty)=1,(t\geqslant 0)$. 故重新得证

$$P_a\Big(\overline{\lim_{t\to+\infty}}|x_t|=+\infty\Big)=1. \qquad (20)$$

由强马氏性及(15),

$$P_a(\theta_{u_m}(T_m)<+\infty)=E_a P_{x(u_m)}(T_m<+\infty)$$

$$=E_a\Big[\Big(\frac{m}{m^3}\Big)^{n-2}\Big]=m^{2(2-n)},$$

故对一切 a, 有

$$\sum_{m=1}^{+\infty}P_a(|x(t+u_m)|\leqslant m \text{ 对某 } t)$$

$$=\sum_{m=1}^{+\infty}P_a(\theta_{u_m}(T_m)<+\infty)=\sum_{m=1}^{+\infty}m^{2(2-n)}<+\infty.$$

根据波莱尔-坎泰利引理, 上式首项中的事件以 P_a- 概率 1 只出现有限多个; 此与(20)结合即得证(19).

§11.5 狄利克雷问题

(一) 问题的提出与解决

设 A 为开集，$A \subset \mathbf{R}^n$，$n \geqslant 2$. 在 A 的边界 ∂A 上已给连续函数 f，需要求出在 $\overline{A}$ 连续. 在 A 中调和的函数 h，而且满足边值条件

$$h(x) = f(x) \qquad (x \in \partial A), \tag{1}$$

简称它为 D-问题，是高斯（Gauss）于 1840 年提出的. 高斯以为他已用"狄利克雷（Dirichlet）原理"解决了它，但后来发现推理有错. 1909 年萨伦巴（Zaremba）及 1913 年勒贝格都给出了甚至当 A 有界时也无解之例. 1924 年维纳提出了广义的 D-问题，后者恒有解. 但他未发现与布朗运动的联系；这种联系是卡图坦尼于 1944 年、杜布（Doob）于 1954 年发现的.

D-问题是否有解，依赖于边界 ∂A 上的点是否对 A^c 规则. 粗略地说，A^c 在边界点的邻近不能太小，以使布朗粒子从边界点出发能立即击中 A^c，问题才有解.

若 A 有界且有解，则解必唯一；对无界的 A，则解可不唯一而有无穷多个.

D-问题在微分方程理论中已有很深入的研究，我们这里不追求问题的更广泛的提法，而把重点放在概率方法上. 人们正是通过 D-问题最初发现布朗运动与位势间的关系的.

定理 1 设 A 为有界开集，$A \subset \mathbf{R}^n$，$n \geqslant 2$，则 D-问题有解的充分必要条件是 ∂A 的每一点都是 A^c 的规则点；此时解 $h(x)$ 唯一，而且可表为

$$h(x) = E_x f(x_e) \qquad (x \in \overline{A}), \tag{2}$$

e 为 A 的首出时.

证 （i）**唯一性**　设 h_1，h_2 都是解，则 h_1-h_2 在 A 中调和，在 ∂A 上为 0. 由 §11.4 极大原理，得

$$h_1(x)=h_2(x) \qquad (x\in\overline{A}).$$

（ii）**充分性**　因 A 有界，由 §11.3 系 1，$P_x(e<+\infty)\equiv 1$. 由于 ∂A 的每点 b 对 A^c 规则，故 $P_b(e=0)=1$. 因此，由（2）定义的 $h(x)$ 满足边值条件：

$$h(b)=E_b f(x_0)=f(b) \qquad (b\in\partial A).$$

因 A 有界，f 在 ∂A 连续，故有界. 由（2）定义的 $h(x)$ 有界可测，故局部可积.

以 T 表球面 $S_r(x)$ 的首中时，$x\in A$，$B_r(x)\subset A$. 由强马氏性，（2）中 h 满足

$$h(x)=E_x f(x(T+\theta_T e))=E_x E_{x(T)} f(x(e))=E_x h(x(T)). \tag{3}$$

故 h 在 A 中有球面平均性（参看 §11.4，（7））. 这连同局部可积性即知 $h(x)$ 在 A 中调和.

剩下要证（2）中的 $h(x)$ 在 $a\in\partial A$ 连续，亦即要证

$$\lim_{x\to a} E_x f(x_e)=f(a) \qquad (x\in\overline{A}). \tag{4}$$

为此，先证对任意 $\varepsilon>0$ 有

$$\lim_{x\to a} P_x(|x_e-a|\geqslant\varepsilon)=0. \tag{5}$$

而利用 $|x_e-a|\leqslant|x_e-x|+|x-a|$，可见为证（5），又只要证

$$\lim_{x\to a} P_x(|x_e-x|\geqslant\varepsilon)=0; \tag{6}$$

这是由于

$$(|x_e-a|\geqslant\varepsilon)\subset\left(|x_e-x|\geqslant\frac{\varepsilon}{2}\right)\cup\left(|x-a|\geqslant\frac{\varepsilon}{2}\right),$$

$$\lim_{x\to a} P_x(|x_e-a|\geqslant\varepsilon)\leqslant\lim_{x\to a} P_x\left(|x_e-x|\geqslant\frac{\varepsilon}{2}\right).$$

下证（6）. 我们有

$$P_x(|x_e-x|\geqslant\varepsilon)$$

$$=P_x(|x_e-x|\geqslant\varepsilon,e\geqslant t)+P_x(|x_e-x|\geqslant\varepsilon,e<t)$$

$$\leqslant P_x(e \geqslant t) + P_x(\sup_{0 \leqslant s \leqslant t} |x_s - x| \geqslant \varepsilon)$$

$$\leqslant P_x(e \geqslant t) + P_0(\sup_{0 \leqslant s \leqslant t} |x_s| \geqslant \varepsilon) = P_x(e \geqslant t) + P_0(T_\varepsilon \leqslant t), \quad (7)$$

其中 T_ε 为开球 $\mathring{B}_\varepsilon(0) = (x: |x| < \varepsilon)$ 的首出时. 因 0 是 $B_\varepsilon(0)$ 的内点, 故是 $\mathbf{R}^n \backslash \mathring{B}_\varepsilon(0)$ 的非规则点, 从而

$$\lim_{t \to 0} P_0(T_\varepsilon \leqslant t) = P_0(T_\varepsilon = 0) = 0;$$

故对 $\varepsilon_1 > 0$, 存在 $t_0 > 0$, 当 $t \leqslant t_0$ 时,

$$P_0(T_\varepsilon \leqslant t) < \frac{\varepsilon_1}{2}. \quad (8)$$

固定如此的 $t = t_0$. 由 §11.3 定理 3, $P_x(e > t)$ 对 x 上连续; 又 a 对 A^c 规则, 故

$$\overline{\lim_{x \to 0}} P_x(e \geqslant t_0) \leqslant \overline{\lim_{x \to 0}} P_x\left(e > \frac{t_0}{2}\right) \leqslant P_a\left(e > \frac{t_0}{2}\right) = 0.$$

故存在 $\delta > 0$, 当 $x \in B_\delta(a) \cap \overline{A}$ 时,

$$P_x(e \geqslant t_0) < \frac{\varepsilon_1}{2}. \quad (9)$$

综合 (7)~(9) 知, 对任何 $\varepsilon > 0, \varepsilon_1 > 0$, 当 $x \in B_\delta(a) \cap \overline{A}$ 时,

$$P_x(|x_e - x| \geqslant \varepsilon) < \varepsilon_1.$$

于是 (6) 以及 (5) 得证.

由 (5) 及 f 的连续性, 对 $\varepsilon_2 > 0, \varepsilon_3 > 0$, 存在 $r > 0$, 当 $x \in B_r(a) \cap \overline{A}$ 时, 有

$$P_x(|f(x_e) - f(a)| > \varepsilon_2) < \varepsilon_3.$$

令 $B = (\omega: |f(x_e) - f(a)| > \varepsilon_2)$, 得

$$|E_x f(x_e) - f(a)| \leqslant E_x |f(x_e) - f(a)|$$

$$= E_x(|f(x_e) - f(a)|, B) + E_x(|f(x_e) - f(a)|, B^c)$$

$$\leqslant 2 \|f\| \varepsilon_3 + \varepsilon_2,$$

其中 $\|f\| = \sup_x |f(x)|$, 此得证 (4).

（iii）**必要性** 即要证: 若 D-问题对一切连续边值函数 f 有解, 则每 $a \in \partial A$ 对 A^c 规则. 取 $f \geqslant 0$ 为定义在 ∂A 上的连续函数,

而且只在一点 a 上,$f(a)=0$. 由假设,存在连续于 $\overline{A}$,调和于 A 中的函数 $h(x)$,它在 ∂A 上等于 f. 由 §4(5)

$$h(x)=E_x[h(x_e)]=E_xf(x_e), \qquad x\in\overline{A},$$

故

$$E_af(x_e)=h(a)=f(a)=0.$$

由此及 $f\geqslant0$,得 $P_a(f(x_e)=0)=1$;但 f 只在 a 点为 0,故 $P_a(x_e=a)=1$. 由于单点集 $\{a\}$ 为极集(见 §11.4,(vi)),则必有 $P_a(e=0)=1$,即 $a\in(A^c)^r$. ■

注 1　维纳提出的广义 D-问题是:设已给开集 A,在 ∂A 上已给连续函数 f,需要求出函数 h,它在 A 中调和,而且对任意 $b\in\partial A\bigcap(A^c)^r$,有

$$\lim_{A\ni x\to b}h(x)=f(b). \tag{10}$$

当 A 有界时,仔细看上定理的证明(ii),可见(2)中的 $h(x)$ 仍是此广义 D-问题的解. 但那里的唯一性证明(i)不能通过,因为此时极大原理不能用. 不过可以证明解仍是唯一的(见文献[18] §5.5).

注 2　今考虑任意开集(未必有界)A 及定义在 ∂A 上的有界连续函数 f,若 $\partial A\subset(A^c)^r$,则 D-问题有解为

$$h(x)=E_x[f(x_e),e<+\infty]+cP_x(e=+\infty), \tag{11}$$

c 为任意常数. 实际上,仿定理 1 中的证明(ii),可见 $E_x[f(x_e),e<+\infty]$ 仍是 D-问题之一解. 特别,取 $f\equiv1$,则 $P_x(e<+\infty)$ 是边值为 1 之 D-问题之解;$P_x(e=+\infty)$ 是边值为 0 之 D-问题之解. 因此,对任意常数 c,(11)是原 D-问题之解. 进一步还可证明:D-问题的任一解必呈(11)形(见[15;17]).

注 3　在萨伦巴的反例中,$A=\mathring{B}_1\backslash\{0\}$ 是去掉原点的单位开球,边值函数 f 是:$f(0)=1,f(x)=0,x\in S_1$(单位球面). $\{0\}$ 是极集. 广义 D-问题有解为 $h(x)=E_xf(x_e)=0,x\in A$.(注意

$h(0)\neq 1)$. 但 D-问题无解. 关于勒贝格的反例及其物理解释,见文献[12]§7.12.

(2)开创了用概率方法解数学分析问题的先例. 关于一般的椭圆型方程等的概率解法可见[8]第 13 章及[9]. 以某些方程的概率表示为理论基础的蒙特卡罗(Monte-Calro)方法,给出了这些方程的数值解.

定理 1 可如下推广:设 A 为有界开集,$\partial A\subset (A^c)^r$,$f$ 为 ∂A 上的连续函数,e 为 A 的首出时,则

$$\Phi_\lambda(x)=E_x e^{-\lambda e}f(x_e), \qquad \lambda\geqslant 0 \qquad (12)$$

在 A 中二次连续可微,而且是微分方程

$$\lambda\Phi_\lambda(x)-\frac{1}{2}\Delta\Phi_\lambda(x)=0, \qquad x\in A \qquad (13)$$

在边值条件

$$\lim_{A\ni x\to a}\Phi_\lambda(x)=f(a), \qquad a\in\partial A$$

下的唯一解(证见文献[5]卷 2,第 4 章§4).

若 $\lambda=0$,则得定理 1;若 $f\equiv 1$,则得 e 的分布的拉氏变换.

(二) 锥判别法

由定理 1 可见点的规则性起着重要作用. 至于判断边界点是否规则,有下列简单的、庞加莱(Poincare)的锥判别法.

称 $\mathbf{R}^n$ 中集 K 为顶点在 $b\in\mathbf{R}^n$ 的锥,如存在单位向量 $u\in\mathbf{R}^n$ 及常数 $\alpha>0$,使 $K=(x:x\in\mathbf{R}^n,|(x-b)\cdot u|\geqslant\alpha|x-b|)$. 设 $B_a(b)$ 为以 b 为心,以 $a>0$ 为半径的球,称 $K\cap B_a(b)$ 为一锥顶(图 11-1).

定理 2 设 $B\in\mathcal{B}^n$,$x\in\partial B$. 若存在以 x 为顶点的锥顶 $K\cap B_a(x)\subset B$,则 $x\in B^r$.

证 以 h_a 表球面 $S_a(x)$ 的首中

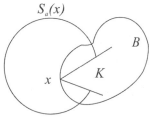

图 11-1

时,由 §11.3 定理 2

$$P_x(x(h_a) \in B \bigcap S_a(x)) = U_a(B \bigcap S_a(x)) \geqslant U_a(K \bigcap S_a(x)).$$

注意 $U_a(K \bigcap S_a(x)) = \beta > 0$ 与 $a > 0$ 无关. 由于

$$(x(h_a) \in B) \subset (h_B \leqslant h_a),$$

h_B 为 B 的首中时,故

$$P_x(h_B \leqslant h_a) \geqslant P_x(x(h_a) \in B) \geqslant P_x(x(h_a) \in B \bigcap S_a(x)) \geqslant \beta > 0.$$

由 §11.3 定理 1(ii), $P_x(\lim\limits_{a \to 0} h_a = 0) = 1$. 在上式中令 $a \to 0$,得 $P_x(h_B = 0) \geqslant \beta > 0$. 根据 0-1 律, $P_x(h_B = 0) = 1$. 故 $x \in B^r$. ■

锥法虽只给出充分条件,但简单好用. 至于充分必要条件则有维纳判别法:

设 $B \in \mathcal{B}^n (n \geqslant 3)$. $B_m = (y; y \in B, \lambda^{m+1} < |y - x| \leqslant \lambda^m)$,其中常数 $0 < \lambda < 1$,又 $x \in \mathbf{R}^n$ 为定点,则 $x \in B^r$ 的充分必要条件是 $\sum\limits_{m=1}^{+\infty} \lambda^{m(2-n)} C(B_m) = +\infty$, $C(B_m)$ 表 B_m 的容度.(见文献[12]及[17]). $n = 2$ 时也有类似结果.

(三)球的 D-问题

设 $n \geqslant 3$, A 为开球 $\mathring{B}_r$, $r > 0$. 一方面,由微分方程知, D-问题的解由下列泊松(Poisson)公式给出:

$$h(x) = \int_{S_r} r^{n-2} \frac{|r^2 - |x|^2|}{|x - z|^n} f(z) U_r(\mathrm{d}z), \quad |x| < r. \quad (14)$$

今考虑外 D-问题[①]:求 $h(x)$,它在 $B_r^c = (x; |x| > r)$ 中调和,在 S_r 上, $h(x) = f(x)$, f 连续,而且满足

$$\lim_{|x| \to +\infty} h(x) = 0. \quad (15)$$

则在微分方程中也证明了:此时外 D-问题有唯一解 $h(x)$,它仍然由(14)给出,但其中 $|x| > r$.

---

① 参看文献[6]卷 2,第 4 章, §2.2 及[20]第 4 章 §2, §4.

现在转到概率方面. 以 e 表 S_r 的首中时, 由定理 1 知, 此 D-问题的解为

$$h(x)=E_xf(x_e)=E_x(f(x_e),e<+\infty), \qquad |x|<r. \quad (16)$$

现在证明, 外 D-问题的解 $h(x)$ 也由 (16) 给出, 但 $|x|>r$. 实际上, 由注 2 已知 (16) 中 $h(x),(|x|>r)$ 是一解; 其次, 由方程论知在附加条件 (15) 下, 外 D-问题的解唯一. 因此, 只需验证 (16) 中 $h(x),(|x|>r)$ 满足 (15). 为此, 先注意由 §11.4 (15)

$$\lim_{|x|\to+\infty}P_x(e=+\infty)=1.$$

故

$$\lim_{|x|\to+\infty}|h(x)|\leqslant \lim_{|x|\to+\infty}E_x(|f(x_e)|,e<+\infty)$$
$$\leqslant \|f\|\lim_{|x|\to+\infty}P_x(e<+\infty)=0.$$

综合上述两方面, 得

$$E_xf(x_e)=\int_{S_r}r^{n-2}\frac{|r^2-|x|^2|}{|x-z|^n}f(z)U_r(\mathrm{d}z), \quad x\bar\in S_r. \quad (17)$$

由此推知, 球面 S_r 的首中点有分布为

$$P_x(x_e\in A)=\int_A\frac{r^{n-2}|r^2-|x|^2|}{|x-z|^n}U_r(\mathrm{d}z), \quad x\bar\in S_r. \quad (18)$$

其中 $A\subset S_r$ 为可测集. 特别取 $x=0$, 此式化为 §11.3, (18).

注 4 我们已看到, (17) 右方所定义的 x 的函数在 $\mathring{B}_r$ 中调和. 将此式再推进一步, 就得出 $\mathring{B}_r$ 中一切调和函数的泊松积分表示. 这就是, $H(x)$ 为非负、在 $\mathring{B}_r$ 中调和函数的充分必要条件是: 存在 S_r 上测度 μ, 使

$$H(x)=\int_{S_r}\frac{r^{n-2}(r^2-|x|^2)}{|x-z|^n}\mu(\mathrm{d}z), \qquad x\in\mathring{B}_r, \quad (19)$$

其中测度 μ 有穷而且被 H 唯一决定 (见文献[17] §4.4). 至于在一般开集中调和、非负函数, 也有积分表示; 为此, 需引进所谓马丁 (Martin) 边界, 它起着类似于 (19) 中 S_r 的作用.

§11.6　禁止概率与常返集

（一）三个重要函数

设 $B \in \mathcal{B}^n$，$\mathcal{B}$ 的首中时为 h_B，首中点为 $x(h_B)$. 如 §3 所述，有首次通公式

$$P_x(x_t \in A) - \int_0^t \int_{\bar{B}} P_x(h_B \in \mathrm{d}s, x(h_B) \in \mathrm{d}z) P_z(x_{t-s} \in A)$$
$$= P_x(h_B > t, x_t \in A). \tag{1}$$

作为 A 的测度，左方有密度为

$$p(t,x,y) - \int_0^t \int_{\bar{B}} P_x(h_B \in \mathrm{d}s, x(h_B) \in \mathrm{d}z) \cdot$$
$$p(t-s,z,y) \equiv q_B(t,x,y). \tag{2}$$

简写左方的二重积分为 $\Phi(y)$. 取 $y_n \to y$，由法图引理，

$$\varliminf_{y_n \to y} \Phi(y_n) \geqslant \Phi(y).$$

故 $\Phi(y)$ 下连续，从而由（2）定义的 $q_B(t,x,y)$ 对 y 上连续. 既然（1）之右方非负，$q_B(t,x,y)$ 关于勒贝格测度几乎处处非负；由上连续性，它对一切 y 非负. 由（1）知，作为 A 的测度 $P_x(h_B > t, x_t \in A)$ 有密度，可取它为 $q_B(t,x,y)$. 由于 $P_x(h_B > t, x_t \in A)$ 是自 x 出发，在首中 B（或首出 B^c）以前，于 t 时到达 A 之概率，故可称 $q_B(t,x,y)$ 为禁止密度.

今引入三个重要函数，它们分别是三个密度的拉东（Radon）变换. 对 $\lambda \geqslant 0$，定义

$$g^\lambda(x) = \int_0^{+\infty} \mathrm{e}^{-\lambda t} p(t,x) \mathrm{d}t, \tag{3}$$

$$g_B^\lambda(x,y) = \int_0^{+\infty} \mathrm{e}^{-\lambda t} q_B(t,x,y) \mathrm{d}t, \tag{4}$$

$$H_B^\lambda(x,\mathrm{d}z) = \int_0^{+\infty} \mathrm{e}^{-\lambda t} P_x(h_B \in \mathrm{d}t, x(h_B) \in \mathrm{d}z). \quad (5)$$

如 $\lambda=0$，简记 $g^0(x)$ 为 $g(x)$ 等. 它们有性质：

(i) $g^\lambda(0) = \int_0^{+\infty} \mathrm{e}^{-\lambda t} \dfrac{1}{(2\pi t)^{\frac{n}{2}}} \mathrm{d}t = +\infty, \qquad n>1,$

$g^\lambda(x)$ 在 $x \neq 0$ 处连续，而且 $\lim\limits_{x \to +\infty} g^\lambda(x) = 0.$

(ii) $g^\lambda(y-x) \geqslant g_B^\lambda(x,y).$

此因 $p(t,y-x) \geqslant q_B(t,x,y).$

(iii) 测度 $H_B^\lambda(x,\mathrm{d}z)$ 集中在 $\overline{B}$ 上，而且

$$E_x \mathrm{e}^{-\lambda h_B} f(x(h_B)) = \int_{\overline{B}} \int_0^{+\infty} \mathrm{e}^{-\lambda t} f(z) P_x(h_B \in \mathrm{d}t, x(h_B) \in \mathrm{d}z)$$

$$= \int_{\overline{B}} H_B^\lambda(x,\mathrm{d}z) f(z). \quad (6)$$

(iv) $E_x \int_0^{h_B} f(x_t) \mathrm{e}^{-\lambda t} \mathrm{d}t = \int g_B^\lambda(x,y) f(y) \mathrm{d}y. \quad (7)$

实际上，左方等于

$$E_x \int_0^{+\infty} f(x_t) \mathrm{e}^{-\lambda t} \chi_{(h_B>t)} \mathrm{d}t = \iint_0^{+\infty} \mathrm{e}^{-\lambda t} P_x(h_B > t, x_t \in \mathrm{d}y) f(y) \mathrm{d}t$$

$$= \iint_0^{+\infty} \mathrm{e}^{-\lambda t} q_B(t,x,y) f(y) \mathrm{d}y \mathrm{d}t.$$

(v) $g^\lambda(x) = g^\lambda(-x). \quad (8)$

(vi) $g_B^\lambda(x,y) = g_B^\lambda(y,x). \quad (9)$

这是由于

$$q_B(t,x,y) = q_B(t,y,x). \quad (10)$$

后者的证明见文献[17]第 2 章定理 4.3 或[8]引理 14.1.

(vii) 若 $x \in B^r$ 或 $y \in B^r$，则

$$g_B^\lambda(x,y) = 0. \quad (11)$$

实际上，若 $x \in B^r$，则 $P_x(h_B=0, x(h_B)=x)=1$，故由(2)得 $q_B(t, x, y)=0$，从而 $q_B^\lambda(x,y)=0$，$(x \in B^r)$. 由对称性(9)即得 $g_B^\lambda(x,$

$y)=0(y\in B^r).$

今取首次通过公式的拉东变换形式，以便于应用. 以 $e^{-\lambda t}$ 乘 (2)两边，对 t 积分，得

$$g^{\lambda}(y-x)=\int_{\bar{B}}\int_0^{+\infty}e^{-\lambda t}\left[\int_0^t P_x(h_B\in\mathrm{d}s,x(h_B)\in\mathrm{d}z)\cdot\right.$$

$$\left. p(t-s,y-z)\right]\mathrm{d}t+g_B^{\lambda}(x,y).$$

利用拉东变换的卷积公式，得

$$g^{\lambda}(y-x)=\int_{\bar{B}}H_B^{\lambda}(x,\mathrm{d}z)g^{\lambda}(y-z)+g_B^{\lambda}(x,y). \quad (12)$$

由首尾两项关于 x,y 的对称性，得

$$\int_{\bar{B}}H_B^{\lambda}(x,\mathrm{d}z)g^{\lambda}(y-z)=\int_{\bar{B}}H_B^{\lambda}(y,\mathrm{d}z)g^{\lambda}(x-z). \quad (13)$$

在(12)中令 $\lambda\to0$，利用(6)及单调收敛定理，得**势的基本公式**

$$g(y-x)=\int_{\bar{B}}H_B(x,\mathrm{d}z)g(y-z)+g_B(x,y),$$

$$B\in\mathcal{B}^n,n\geqslant3. \quad (14)$$

此式有概率意义：自 x 出发，在 y 点附近的平均停留时间，等于首中 B 以前在 y 附近的平均停留时间，加上首中 B 以后在 y 附近的平均停留时间. 后者由(14)中积分项给出.

(二) 常返集

定理 1　设 $f(x),x\in\mathbf{R}^n$ 为有界可测函数，满足 $f=T_t f$（对某 $t>0$），则 f 恒等于一常数.

证　先证一事实：关于任一紧集中的 x,y，均匀地有

$$\lim_{t\to+\infty}(T_t f(x)-T_t f(y))=0.$$

实际上，

$$|T_t f(x)-T_t f(y)|=\left|\int(p(t,x,z)-p(t,y,z))f(z)\mathrm{d}z\right|$$

$$\leqslant\|f\|\int|p(t,x,z)-p(t,y,z)|\mathrm{d}z$$

$$= \parallel f \parallel \int \left| p(1,z) - p\left(1, z + \frac{x-y}{\sqrt{t}}\right) \right| \mathrm{d}z.$$

由于 $p(1,z)$ 连续、可积，所以当 $t \to +\infty$ 时，右方关于紧集中的 x, y 均匀地趋于 0.

由 $T_t f = f$，利用 $\{T_t\}$ 的半群性得 $T_{mt} f = f$ 对一切正整数 m 成立. 于是由上述事实，对任意 x, y，

$$f(x) - f(y) = \lim_{m \to +\infty} (T_{mt} f(x) - T_{mt} f(y)) = 0. \quad \blacksquare$$

定理 2 设 $B \in \mathcal{B}^n, (n \geq 1)$，只有两种可能：

(i) 或者 $P_x(h_B < +\infty) \equiv 1$；

(ii) 或者对一切 x，当 $t \to +\infty$ 时，

$$P_x(\theta_t(h_B < +\infty)) \equiv P_x(x_s \in B \text{ 对某 } s > t) \to 0.$$

证 令 $\varphi(x) = P_x(h_B < +\infty)$，$T_t \varphi$ 对 t 不增（参看(18)），故

$$\varphi(x) \geq T_t \varphi(x) \downarrow r(x) \quad (t \to +\infty). \tag{15}$$

在 $T_t T_s \varphi(x) = T_{t+s} \varphi(x)$ 中，令 $s \to +\infty$，由控制收敛定理及定理 1

$$T_t r(x) = r(x) = c \geq 0 \quad (c \text{ 为常数}). \tag{16}$$

在

$$P_x(t < h_B < +\infty) = \int q_B(t,x,y) \varphi(y) \mathrm{d}y \geq c P_x(h_B > t)$$

中，令 $t \to +\infty$，得

$$0 = c P_x(h_B = +\infty). \tag{17}$$

于是或者 $P_x(h_B = +\infty) \equiv 0$，此即(i)；或者 $c = 0$，此时在

$$T_t \varphi(x) = E_x \varphi(x_t) = E_x P_{x(t)}(h_B < +\infty)$$
$$= P_x(\theta_x(h_B < +\infty)) = P_x(x_s \in B, \text{对某 } s > t) \tag{18}$$

中，令 $t \to +\infty$，并利用(15)(16)即得(ii). $\blacksquare$

在情况(i)，称 B 为常返集；在(ii)为暂留集（勿与 §11.4 中过程的常返性等混淆）. 由 §11.4(15)，当 $n \geq 3$ 时，一切球，从而一切有界可测集，是暂留集. 由(18)知(i)等价于 $P_x(\theta_t(h_B < +\infty)) \equiv 1, t \geq 0$. 又 $T_t \varphi \uparrow \varphi, t \downarrow 0$.

对一、二维布朗运动,定理 2 可加强(比较 §11.4(三)(iii)).

系 1　对 $B \in \mathcal{B}^n (n = 1, 2)$,只有两种可能:

(i) 或者 $P_x(h_B < +\infty) \equiv 1$;

(ii) 或者 $P_x(h_B < +\infty) \equiv 0$.

证　由 §11.2 定理 1,$\int_0^{+\infty} p(s, x, y) \mathrm{d}s = +\infty$. 故对任意可测、非负、不几乎处处(关于 L)为 0 的 $f(x)$,有

$$\int_0^t T_s f(x) \mathrm{d}s = \int \left(\int_0^t p(s, x, y) \mathrm{d}s \right) f(y) \mathrm{d}y \to +\infty, \qquad t \to +\infty. \tag{19}$$

令 $\varphi(x) = P_x(h_B < +\infty)$,由 $T_s \varphi \leqslant \varphi \leqslant 1$,对 $h > 0$ 有

$$0 \leqslant \int_0^t T_s(\varphi - T_h \varphi) \mathrm{d}s = \int_0^t T_s \varphi \mathrm{d}s - \int_h^{t+h} T_s \varphi \mathrm{d}s \leqslant 2h.$$

对照(19),可见 $\varphi = T_h \varphi (L\text{-a. e. } x)$;于是 $T_t \varphi = T_t(T_h \varphi)$. 再令 $t \downarrow 0$,即得 $\varphi = T_h \varphi$ 对一切 x 成立. 从而得知 $\varphi(x)$ 等于(15)中的 $r(x)$;由(16),$\varphi \equiv c (\geqslant 0)$ 为常数,并且(17)成立. 当 $c = 0$ 时即是情况(ii). ∎

系 1 也可改述为:当 $n = 1$ 或 2 时,除极集外,一切非空可测集都是常返集.

然而,当 $n = 1$ 时,在 §11.4(三)中已证明非空极集不存在,故此时只有一种可能(i),即一切非空可测集皆常返.

至于判断一个集是否常返,也有锥判别法. 直观地想,如 $n \geqslant 3$,集必须充分大才能常返.

定理 3　设 $B \in \mathcal{B}^n, n \geqslant 3$,若存在锥 K 及 $r > 0$,使 $(x: x \in K, |x| \geqslant r) \subset B$,则 B 常返.

证　由平移不变性,不妨设 K 的顶点在 O,于是 $K = (x: |x \cdot u| \geqslant \alpha |x|)$,$u$ 为某单位向量,$\alpha > 0$. 显然,对任意常数 $c > 0$,$\sqrt{c} K = K$. 由尺度不变性

$$P_0(x(t) \in K) = P_0\left(\frac{x(ct)}{\sqrt{c}} \in K\right) = P_0(x(ct) \in K),$$

故 $P_0(x(t) \in K) = d > 0, d$ 为常数. 由 $\lim\limits_{t \to +\infty} P_0(|x(t)| \geqslant r) = 1$, 得

$$\lim_{t \to +\infty} P_0(\theta_t(h_B < +\infty)) \geqslant \lim_{t \to +\infty} P_0(x(t) \in B)$$

$$\geqslant \lim_{t \to +\infty} P_0(x(t) \in K, |x(t)| \geqslant r) = d > 0.$$

由定理 2 知 B 常返. ∎

注 1 设 $B \in \mathscr{B}^n, n \geqslant 3, \lambda > 1$, 令 $B_m = (x : x \in B, \lambda^m \leqslant |x| < \lambda^{m+1})$, 则 B 为常返的充分必要条件是

$$\sum_{m=1}^{+\infty} \lambda^{m(2-n)} C(B_m) = +\infty,$$

$C(B_m)$ 表 B_m 的容度. 证见 [17].

（三）收敛引理

下两引理很有用，特别，引理 2 可用来研究无界开集.

引理 1 设 B 及 B_m 皆为闭集，又 $\mathring{B}_m$ 表 B_m 的内点集，

$$B_1 \supset \mathring{B}_1 \supset B_2 \supset \mathring{B}_2 \supset \cdots \supset B = \bigcap_m B_m = \bigcap_m \mathring{B}_m,$$

则对 $x \in B^c \bigcup B^r$, 有

$$P_x(h_{B_m} \uparrow h_B) = 1, \qquad m \to +\infty.$$

证 显然 h_{B_m} 不降，$0 \leqslant h_{B_m} \uparrow h \leqslant h_B$. 若 $h = +\infty$, 则引理成立. 若 $x \in B^r$, 则 $P_x(h_B = 0) = 1$, 引理也成立. 故只要考虑 $h < +\infty, x \in B^c$ 的情形. 由于 B 及 B_m 闭，轨道连续，

$$B_m \ni x(h_{B_m}) \to x(h) \in \bigcap_m B_m = B.$$

故若 $h > 0$, 则必[①]$h \geqslant h_B$. 但当 $x \in B^c$ 时，$P_x(h > 0) = 1$, 故 $P_x(h = h_B) = 1$. ∎

注 2 若 $x \overline{\in} B^c \bigcup B^r$, 即若 $x \in B \bigcap (B^r)^c$, 则 $P_x(h_{B_m} = 0) =$

---

① 但如 $h = 0$, 由 $x(h) \in B$ 未必有 $h \geqslant h_B = \inf(t > 0, x_t \in B)$, 注意此中 $t > 0$, 而非 $t \geqslant 0$. 例如，设 $x_0 = x$ 对 B 非规则，$x \in B$, 则 $P_x(h = 0) = 1$, 但 $P_x(h_B > 0) = 1$.

$1,P_x(h_B>0)=1$,故 $P_x(h_{B_m}\uparrow h_B)=0$,而引理 1 结论不成立.

引理 2　设 G 为非空开集,则存在一列上升开集 G_m,其紧闭包含于 G,使

(i) $G_1\subset\bar{G}_1\subset G_2\subset\bar{G}_2\subset\cdots,\bigcup_m G_m=G$;

(ii) ∂G_m 的每一点对 G_m^c 规则;

(iii) $P_x(h_{\partial G_m}\uparrow h_{\partial G})=1,x\in G.$

证　取一列紧集 K_m,使 $K_1\subset K_2\subset\cdots,\bigcup_m K_m=G.$ 用有限多个开球遮盖 K_1,并使这些开球之和 D 满足 $\bar{D}\subset G.$ 有必要时改变某些球的半径. 用锥判别法(§11.5 定理 2)知,∂D 的每一点对 D^c 规则. 取 $G_1=D$,于是 $\bar{G}_1\subset G$ 而且 ∂G_1 的点对 G_1^c 规则. 同样手续施之于 $\bar{G}_1\bigcup K_2$ 可得 $G_2,\cdots.$ $\{G_m\}$ 满足(i)与(ii),故

$$G_1^c\supset(G_1^c)^0\supset G_2^c\supset\cdots,\bigcap_m G_m^c=G^c.$$

由引理 1,$P_x(h_{G_m^c}\uparrow h_{G^c})=1(x\in G).$ 但 $P_x(h_{\partial G}=h_{G^c})=1(x\in G)$; $P_x(h_{\partial G_m}=h_{G_m^c})=1(x\in G_m).$ 故由上式得 $P_m(h_{\partial G_m}\uparrow h_{\partial G})=1(x\in G).$ ∎

§11.7　测度的势与投影问题

（一）唯一性

$n \geqslant 3$ 维布朗运动的势核 $g(x,y) = g(y-x)$ 取为

$$g(y-x) = c_n |x-y|^{2-n}, \quad c_n = \frac{\Gamma\left(\dfrac{n}{2}-1\right)}{2\pi^{\frac{n}{2}}}. \tag{1}$$

对 $\mathscr{B}^n$ 可测函数 f，如下列积分存在，定义 f 的牛顿势为 Gf，

$$Gf(x) = \int g(y-x) f(y) \mathrm{d}y. \tag{2}$$

对 $\mathscr{B}^n$ 上的测度 μ，定义 μ 的牛顿势为 $G\mu$，

$$G\mu(x) = \int g(y-x) \mu(\mathrm{d}y), \tag{3}$$

其中 $\int = \int_{\mathbf{R}^n}$，如 $f \geqslant 0$，可视（2）为（3）的特殊情形，故主要考虑（3），它把测度 μ 变为函数 $G\mu(x)$.

由 §1 引理 3，若 $\mu(\mathbf{R}^n) < +\infty$，则 $G\mu(x) < +\infty$，　L-a. e..

引理 1　若 $G\mu(x) < +\infty$，则

$$G\mu(x) - T_t G\mu(x) = \int_0^t T_s \mu(x) \mathrm{d}s. \tag{4}$$

证

$$T_t G\mu(x) = \iint g(y-z) \mu(\mathrm{d}y) p(t, z-x) \mathrm{d}z$$

$$= \iiint_0^{+\infty} p(s, y-z) \mathrm{d}s \mu(\mathrm{d}y) p(t, z-x) \mathrm{d}z$$

$$= \iint_0^{+\infty} p(s+t, y-x) \mathrm{d}s \mu(\mathrm{d}y) = \iint_t^{+\infty} p(s, y-x) \mathrm{d}s \mu(\mathrm{d}y);$$

$$\int_0^t T_s \mu(x) \mathrm{d}s = \int_0^t \int p(s, y-x) \mu(\mathrm{d}y) \mathrm{d}s.$$

所以

$$T_t G\mu(x) + \int_0^t T_s\mu(x)\mathrm{d}s = \iint_0^{+\infty} p(s, y - x)\mathrm{d}s\mu(\mathrm{d}y)$$

$$= \int g(y - x)\mu(\mathrm{d}y) = G\mu(x). \quad \blacksquare$$

定理 1　设 μ 为有限测度,则 $G\mu$ 唯一决定 μ.

证　(i) 设有两测度 μ 与 ν 使

$$G\mu = G\nu < +\infty \qquad L\text{-a. e.}.$$

若在点 x 上此式成立,则由引理 1

$$\int_0^t T_s\mu(x)\mathrm{d}s = \int_0^t T_s\nu(x)\mathrm{d}s. \tag{5}$$

(ii) 取任意非负、连续于 $\mathbf{R}^n$ 且有紧支集的函数 f,利用 $p(s, x, y)$ 对 x, y 的对称性,有

$$\int\left(\frac{1}{t}\int_0^t T_s f\mathrm{d}s\right)\mathrm{d}\mu = \int\left(\frac{1}{t}\int_0^t \int p(s, x, y) f(y)\mathrm{d}y\mathrm{d}s\right)\mu(\mathrm{d}x)$$

$$= \int \frac{1}{t}\int_0^t T_s\mu(y)\mathrm{d}s f(y)\mathrm{d}y$$

$$= \int \frac{1}{t}\int_0^t T_s\nu(y)\mathrm{d}s f(y)\mathrm{d}y$$

$$= \int\left(\frac{1}{t}\int_0^t T_s f\mathrm{d}s\right)\mathrm{d}\nu.$$

由 §11.2 引理 3,对 $x \in \mathbf{R}^n$ 均匀地有 $T_s f \to f$ $(s \to 0)$,利用 ε-δ 方法及测度有限,易见 $\int f\mathrm{d}\mu = \int f\mathrm{d}\nu$. 由 f 的任意性, $\mu = \nu$. $\quad\blacksquare$

(二) 极大值原理

定理 2　设 μ 为有限测度,其支集为 B,又 $N \subset B, \mu(N) = 0$. 若 $G\mu(x) \leqslant M < +\infty$,一切 $x \in N^c \bigcap B$,则

$$\sup_{x \in \mathbf{R}^n} G\mu(x) \leqslant M. \tag{6}$$

证　(i) 由 §11.6(14)

$$g(y - x) = \int_{\bar{B}} H_B(x, \mathrm{d}z) g(y - z) + g_B(x, y). \tag{7}$$

对任意 $\varepsilon>0$，令 $A=(x:G\mu(x)<M+\varepsilon)$．以 A 代入（7）中的 B，双方对 $\mu(\mathrm{d}y)$ 积分，因 μ 有支集 B，得

$$
\begin{aligned}
G\mu(x) &= \int_{\overline{A}} H_A(x,\mathrm{d}z)G\mu(z) + \int_B g_A(x,y)\mu(\mathrm{d}y) \\
&= \int_{\overline{A}} H_A(x,\mathrm{d}z)G\mu(z) + \int_{B\cap N^c} g_A(x,y)\mu(\mathrm{d}y). \quad (8)
\end{aligned}
$$

（ii）下证 $g_A(x,y)=0$，一切 $y\in B\cap N^c$，从而最后一积分为 0．由于 $B\cap N^c\subset A$，由 §11.6,7，只要证 A 中点皆对 A 规则，从而 $g_A(x,y)=0,(y\in A)$．用反证法，设 $a\in A,a\,\overline{\in}\,A^r$，则

$$
\lim_{t\to 0} P_a(x_t\in A)\leqslant\lim_{t\to 0} P_a(h_A\leqslant t)=P_a(h_A=0)=0. \quad (9)
$$

由引理

$$
\begin{aligned}
G\mu(a) &\geqslant T_t G\mu(a) \geqslant \int_{A^c} p(t,y-a)G\mu(y)\mathrm{d}y \\
&\geqslant (M+\varepsilon)P_a(x_t\,\overline{\in}\,A).
\end{aligned}
$$

令 $t\to 0$，由（9）得 $G\mu(a)\geqslant M+\varepsilon$，此与 $a\in A$ 矛盾．

（iii）于是由（8）及（ii）

$$
G\mu(x) = \int_{\overline{A}} H_A(x,\mathrm{d}z)G\mu(z), \qquad x\in\mathbf{R}^n. \quad (10)
$$

若能证在 $\overline{A}$ 上，$G\mu(z)\leqslant M+\varepsilon$，则由上式立得（6）．下面会证明 $G\mu(x)$ 下连续，故 $(x:G\mu(x)\leqslant M+\varepsilon)$ 闭．既然它包含 A，故也包含 $\overline{A}$．

（iv）今证 $G\mu(x)$ 下连续，由法图引理

$$
\begin{aligned}
\varliminf_{x\to a} G\mu(x) &= \varliminf_{x\to a}\iint_0^{+\infty} p(t,x,y)\mathrm{d}t\mu(\mathrm{d}y) \\
&\geqslant \iint_0^{+\infty} \varliminf_{x\to a} p(t,x,y)\mathrm{d}t\mu(\mathrm{d}y) \\
&= \iint_0^{+\infty} p(t,a,y)\mathrm{d}t\mu(\mathrm{d}y) = G\mu(a). \quad\blacksquare
\end{aligned}
$$

注 1 极大值原理可以如下直观解释．由于 μ 之支集为 B，故

$$
G\mu(x) = \int_B g(y-x)\mu(\mathrm{d}y), \qquad x\in\mathbf{R}^n. \quad (11)
$$

$G\mu(x)$ 可视为自 x 出发,在 B 中的关于 μ 加权平均的停留时间. 今如自 $x \in B^c$ 出发,此时间自应从进入 B 时开始算起. 设由点 $b \in B$ 进入 B,则

$$G\mu(x) \approx G\mu(b).$$

回忆 $g^\lambda(x)$ 的定义(§11.6(3)),令

$$G^\lambda \mu(x) = \int g^\lambda(y-x)\mu(\mathrm{d}y). \tag{12}$$

定理 2′　设 μ 为有限测度,其支集为 B. 则

$$G^\lambda \mu(x) \leqslant \sup_{y \in B} G^\lambda \mu(y), \qquad x \in \mathbf{R}^n. \tag{13}$$

证明与定理 2 之证明类似,只要以 $\mathrm{e}^{-\lambda t} T_t$ 代替那里的 T_t.

(三) 投影(Balayage)问题(简称 B-问题)

以 **M** 表所有使势 $G\mu(x)$ 为局部可积的有限测度 μ 之集. 所谓 B-问题是:设已给集 $B \in \mathcal{B}^n$ 及 $\mu \in \mathbf{M}$. 试求 $\mu' \in \mathbf{M}$,其支集含于 B^r,并且使

$$G\mu'(x) = G\mu(x), \qquad x \in B^r, \tag{14}$$

$$G\mu'(x) \leqslant G\mu(x), \qquad x \in \mathbf{R}^n, n \geqslant 3. \tag{15}$$

下面试解决此问题. 以 $H_B(x, A) = P_x(x(h_B) \in A)$ 表 B 的首中点分布,定义测度 μ'

$$\mu'(A) = \mu H_B(A) = \int H_B(x, A)\mu(\mathrm{d}x). \tag{16}$$

定理 3　设 B 为紧集,则 μ' 是 B-问题的唯一解.

证　$H_B(x, \cdot)$ 集中在 $\overline{B} = B$ 上,但 $B \cap (B^r)^c$ 为极集(见 §11.3 定理 4),故 $H_B(x, \cdot)$,因而 μ' 集中在 B^r 上. 在 §11.6 (13)中令 $\lambda \downarrow 0$,得

$$\int_{B^r} H_B(x, \mathrm{d}z) g(y-z) = \int_{B^r} H_B(y, \mathrm{d}z) g(x-z). \tag{17}$$

又

$$G\mu'(x) = G\mu H_B(x) = \int_{B_r} g(x-z)\mu H_B(\mathrm{d}z)$$

$$= \int_{B^r} g(x-z) \int H_B(y, \mathrm{d}z) \mu(\mathrm{d}y)$$

$$= \int \left[\int_{B^r} g(x-z) H_B(y, \mathrm{d}z) \right] \mu(\mathrm{d}y)$$

$$\overset{(17)}{=} \int \left[\int_{B^r} g(y-z) H_B(x, \mathrm{d}z) \right] \mu(\mathrm{d}y)$$

$$= \int_{B^r} H_B(x, \mathrm{d}z) G\mu(z) = H_B G\mu(x) \leqslant G\mu(x). \quad (18)$$

最后不等式是由于 §11.6(14). 由(18)知 $\mu' \in \mathsf{M}$ 而且满足(15). 若 $x \in B^r$，则 $H_B(x, \cdot)$ 集中在点 $\{x\}$ 上，故由(18)的中间推演，有

$$G\mu H_B(x) = \int_{B^r} H_B(x, \mathrm{d}z) G\mu(z) = G\mu(x),$$

此得证(14). 最后证解的唯一性. 设 ν 也是解，则 ν 之支集含于 B^r. 由 §11.6(14)，并注意 $g_B(x, y) = 0, y \in B^r$（参看 §11.6,7），得

$$G\nu(x) = \int_{B^r} \int_{B^r} H_B(x, \mathrm{d}z) g(y-z) \nu(\mathrm{d}y)$$

$$= \int_{B^r} H_B(x, \mathrm{d}z) G\nu(z) \overset{(14)}{=} \int_{B^r} H_B(x, \mathrm{d}z) G\mu(z)$$

$$= H_B G\mu(x) \overset{(18)}{=} G\mu H_B(x), \qquad x \in \mathbf{R}^n.$$

由唯一性，即得 $\nu = \mu H_B$. ∎

近年来提出了反 B-问题：设 B 为紧集，已给 ∂B 上之概率测度 ν，试求概率测度 μ，使

$$\mu H_{B^c} = \nu, \qquad (19)$$

其中 $\mu H_{B^c}(\cdot) = P_\mu(x(e_B) \in \cdot), e_B \equiv h_{B^c}$ 为首出 B（或首中 B^c）的时间. 满足(19)的一切概率测度记为 $M(\nu)$. 在[14]中证明了： $\mu \in M(\nu)$ 等价于下列三条件中的任何一个：

(i) $G\mu \geqslant G\nu$；而且 $G\mu(x) = G\nu(x), x \in B^c$.

(ii) $\int h \mathrm{d}\mu = \int h \mathrm{d}\nu$ 对一切调和于 $\overset{\circ}{B}$ 连续于 B 的函数 h 成立.

(iii) $\int f \mathrm{d}\mu \geqslant \int f \mathrm{d}\nu$ 对一切上调和于 $\overset{\circ}{B}$（定义见 §11.13）连续于 B 的函数 f 成立.

§11.8 平衡测度

(一) 定义

设 F_m 与 F 为 $\mathcal{B}^n$ 上的测度,如果

$$\sup_{A\in\mathcal{B}^n}|F_m(A)-F(A)|\to0,\qquad m\to+\infty,$$

那么说 F_m 强收敛到 F. 因而强收敛关于 A 是均匀的.

设 $n\geqslant3$, B 为相对紧集. 取 $r>0$ 充分大,使 $B\subset\mathring{B}_r$. 又 S_r 为球面 $(x:|x|=r)$. 对球外的点 x, $|x|>r$,由强马氏性有

$$H_B(x,A)=\int_{S_r}H_{S_r}(x,\mathrm{d}\xi)H_B(\xi,A),\tag{1}$$

其中 $H_D(x,\cdot)$ 为自 x 出发,集 D 的首中点分布. 由(1)

$$\frac{H_B(x,A)}{g(x)}=\int_{S_r}\frac{H_{S_r}(x,\mathrm{d}\xi)}{g(x)}H_B(\xi,A).\tag{2}$$

引理 1 在强收敛下,有

$$\lim_{|x|\to+\infty}\frac{H_{S_r}(x,\mathrm{d}\xi)}{g(x)}=\frac{r^{n-2}}{c_n}U_r(\mathrm{d}\xi),\tag{3}$$

其中 U_r 为 S_r 上均匀分布,常数 c_n 由 §11.2(9)定义.

证 由 §11.5(18)

$$\lim_{|x|\to+\infty}\sup_A\left|\int_A\frac{H_{S_r}(x,\mathrm{d}\xi)}{g(x)}-\int_A\frac{r^{n-2}}{c_n}U_r(\mathrm{d}\xi)\right|$$

$$\leqslant\lim_{|x|\to+\infty}\sup_A\int_A\frac{r^{n-2}}{c_n}\left|\frac{||x|^2-r^2||x|^{n-2}}{|\xi-x|^n}-1\right|U_r(\mathrm{d}\xi)$$

$$\leqslant\lim_{|x|\to+\infty}\int_{S_r}\frac{r^{n-2}}{c_n}\left|\frac{||x|^2-r^2||x|^{n-2}}{|\xi-x|^n}-1\right|U_r(\mathrm{d}\xi)=0.$$

这里可在积分号下取极限,因为当 $|x|\to+\infty$ 时被积函数有界. ∎

由(1)及引理,对任意 $A\in\mathcal{B}^n$,有

$$\lim_{|x| \to +\infty} \frac{H_B(x,A)}{g(x)} = \int_{S_r} \frac{r^{n-2}}{c_n} U_r(\mathrm{d}\xi) H_B(\xi,A). \tag{4}$$

这样便证明了

定理 1　设 B 为相对紧集，则测度

$$\mu_B(\mathrm{d}y) = \lim_{|x| \to +\infty} \frac{H_B(x,\mathrm{d}y)}{g(x)} \tag{5}$$

在强收敛下存在，而且对任一球面 S_r，$\mathring{B}_r \supset \overline{B}$，有

$$\mu_B(\mathrm{d}y) = \int_{S_r} \frac{r^{n-2}}{c_n} U_r(\mathrm{d}\xi) H_B(\xi,\mathrm{d}y), \tag{6}$$

称 μ_B 为 B 的平衡测度. 由（6）及轨道的连续性，知 μ_B 集中在 B 的外边界上. 此外，μ_B 在任何极集 N 上无质量，此因

$$H_B(x,N) \leqslant P_x(h_N < +\infty) \equiv 0,$$

故 $\mu_B(N) = 0$.

称 μ_B 的全质量 $\mu_B(\overline{B})$ 为 B 的容度，记为 $C(B)$.

平衡测度有下列概率意义. 由（5）得

$$\mu_B(A) = \lim_{|x| \to +\infty} \frac{P_x(x(h_B) \in A, h_B < +\infty)}{g(x)},$$

$$C(B) = \mu_B(\overline{B}) = \lim_{|x| \to +\infty} \frac{P_x(h_B < +\infty)}{g(x)}.$$

故对 $A \in \mathcal{B}^n$ 有

$$\lim_{|x| \to +\infty} P_x(x(h_B) \in A \mid h_B < +\infty) = \frac{\mu_B(A)}{C(B)} \tag{7}$$

因此，规范化后的平衡测度，可理解为自无穷远出发，B 的首中点的条件分布.

平衡测度 μ_B 的势 $G\mu_B$ 称为平衡势.

（二）平衡势的概率意义

定理 2　设 B 为相对紧集，则

$$G\mu_B(x) = P_x(h_B < +\infty), \qquad x \in \mathbf{R}^n. \tag{8}$$

注 1　若 $x \in B^r$，则上式右方、因而左方等于 1，可见 $G\mu_B$ 相

当于物理中的平衡势(参看 §11.1(二)). 这也许就是为何称 μ_B 为 B 的平衡测度的原因.

证　(i) 由 §6(14)

$$\frac{g(y-x)}{g(y)} = \int_{\bar{B}} \frac{H_B(x,\mathrm{d}z)\,g(y-z)}{g(y)} + \frac{g_B(x,y)}{g(y)}. \tag{9}$$

当 $|y| \to +\infty$ 时, $\dfrac{g(y-x)}{g(y)}$ 在紧集上均匀趋于 1, 故

$$1 = P_x(h_B < +\infty) + \lim_{|y| \to +\infty} \frac{g_B(x,y)}{g(y)}$$

即在紧集上均匀地有

$$\lim_{|y| \to +\infty} \frac{g_B(x,y)}{g(y)} = P_x(h_B = +\infty). \tag{10}$$

利用对称性

$$\lim_{|x| \to +\infty} \frac{g_B(x,y)}{g(x)} = P_y(h_B = +\infty). \tag{11}$$

设 f 为任意非负有界可测函数, 有紧支集 C, 则由 §11.1 引理 2

$$Gf(z) \equiv \int_C g(y-z) f(y)\,\mathrm{d}y$$

是有界函数. 由 (11)

$$\lim_{|x| \to +\infty} \int \frac{g_B(x,y)}{g(x)} f(y)\,\mathrm{d}y = \int P_y(h_B = +\infty) f(y)\,\mathrm{d}y. \tag{12}$$

(ii)　由 (5)

$$
\begin{aligned}
\int_{\bar{B}} \mu_B(\mathrm{d}z) Gf(z) &= \lim_{|x| \to +\infty} \int_{\bar{B}} \frac{H_B(x,\mathrm{d}z) Gf(z)}{g(x)} \\
&= \lim_{|x| \to +\infty} \iint_{\bar{B}} \frac{H_B(x,\mathrm{d}z)\, g(y-z) f(y)\,\mathrm{d}y}{g(x)} \\
&\overset{(9)}{=} k \lim_{|x| \to +\infty} \left\{ \iint \left[\frac{g(y-x)}{g(x)} - \frac{g_B(x,y)}{g(x)} \right] f(y)\,\mathrm{d}y \right\} \\
&\overset{(12)}{=} \int [1 - P_y(h_B = +\infty)] f(y)\,\mathrm{d}y \\
&= \int P_y(h_B < +\infty) f(y)\,\mathrm{d}y. \tag{13}
\end{aligned}
$$

但另一方面，

$$\int_{\bar{B}}\mu_B(\mathrm{d}z)Gf(z)=\int\left[\int_{\bar{B}}g(y-z)\mu_B(\mathrm{d}z)\right]f(y)\mathrm{d}y$$

$$=\int G\mu_B(y)f(y)\mathrm{d}y.$$

综合此两方面

$$\int G\mu_B(y)f(y)\mathrm{d}y=\int P_y(h_B<+\infty)f(y)\mathrm{d}y.$$

由 f 的任意性

$$G\mu_B(y)=P_y(h_B<+\infty).\qquad L\text{-a. e.}\qquad(14)$$

（iii）下证（14）对一切 $y\in\mathbf{R}^n$ 成立. 将（14）双方乘 $p(t,x,y)$
后对 $y\in\mathbf{R}^n$ 积分,得

$$T_tG\mu_B(x)=T_tP_x(h_B<+\infty).$$

由 §11.7 引理 1,左方等于

$$G\mu_B(x)-\int_0^t T_s\mu_B(x)\mathrm{d}s\uparrow G\mu_B(x)\qquad(t\downarrow0,\text{一切 }x).$$

右方为

$$T_tP_x(h_B<+\infty)=T_tP_x(\text{对某 }s>0,x_s\in B)$$

$$=P_x(\text{对某 }s>t,x_s\in B)\uparrow P_x(h_B<+\infty)\qquad(t\downarrow0,\text{一切 }x).$$

因此

$$G\mu_B(x)=P_x(h_B<+\infty),\qquad x\in\mathbf{R}^n.\quad\blacksquare$$

系 1 相对紧集 B 为极集的充分必要条件是 $C(B)=0$.

证 如容度 $C(B)=\mu_B(\bar{B})=0$,由（8）知 $P_x(h_B<+\infty)\equiv0$,
故 B 为极集.反之,若 B 为极集,由（8）,$G\mu_B(x)\equiv0$;据 §11.7 唯
一性定理,$C(B)=0$. $\blacksquare$

例 1 考虑球面 S_r,由（5）（3）,S_r 的平衡测度为

$$\mu_{S_r}(\mathrm{d}y)=\frac{r^{n-2}}{c_n}U_r(\mathrm{d}y)=\frac{2\pi^{\frac{n}{2}}r^{n-2}U_r(\mathrm{d}y)}{\Gamma\left(\frac{n}{2}-1\right)},$$

$$C(S_r) = \frac{2\pi^{\frac{n}{2}} r^{n-2}}{\Gamma\left(\frac{n}{2}-1\right)} = \frac{n-2}{2r}|S_r|, \qquad n \geqslant 3.$$

故 $C(S_r)$ 比面积 $|S_r|$ 低一维. 又由(8)及 §11.4(15),

$$G\mu_{S_r}(x) = P_x(h_{S_r} < +\infty) = \begin{cases} 1, & |x| \leqslant r; \\ \left(\dfrac{r}{|x|}\right)^{n-2}, & |x| > r. \end{cases}$$

$$\lim_{|x| \to +\infty} P_x(x(h_{S_r}) \in A \mid h_{S_r} < +\infty) = U_r(A), \text{(参看(7)).}$$

例 2　考虑球 B_r 及球层 $B_{a,r} = (x; a \leqslant |x| \leqslant r)$. 由于它们的外边界为 S_r, 或者由于

$$P_x(h_{B_r} < +\infty) = P_x(h_{B_{a,r}} < +\infty) = P_x(h_{S_r} < +\infty),$$

由(5)知 $B_r, B_{a,r}$ 与 S_r 有相同的平衡测度、容度及平衡势.

(三) 平衡测度的另一刻画

对 $B \in \mathcal{B}^n$, 以 $\mathsf{M}(B)$ 表如下测度之集:

$$\mathsf{M}(B) = (\mu; \text{有穷、非 0、有紧支集含于 } B, G\mu \leqslant 1). \tag{15}$$

定理 3　设 B 为紧集, 则

$$P_x(h_B < +\infty) = \sup_{\mu \in \mathsf{M}(B)} G\mu(x). \tag{16}$$

证　(i) 取一列紧集 $\{B_m\}$, 使

$$B \subset \mathring{B}_m; B_1 \supset \mathring{B}_1 \supset B_2 \supset \mathring{B}_2 \supset \cdots; \bigcap_m B_m = \bigcap_m \mathring{B}_m = B.$$

由 §11.6 引理 1, 对 $x \in B^c \cup B^r$, 有 $P_x(h_{B_m} \uparrow h_B) = 1$. 试证

$$P_x(h_{B_m} < +\infty) \downarrow P_x(h_B < +\infty) \quad L\text{-a. e.}. \tag{17}$$

实际上, 取 f 为有紧支集的连续函数, 对 $x \in B^c \cup B^r$, 有

$$\lim_{m \to +\infty} H_{B_m} f(x) = \lim_{m \to +\infty} \int_{\mathring{B}_m} H_{B_m}(x, \mathrm{d}y) f(y) = \lim_{m \to +\infty} E_x f(x(h_{B_m}))$$

$$= \lim_{m \to +\infty} E_x[f(x(h_{B_m})), h_{B_m} < +\infty, h_B < +\infty] +$$

$$\lim_{m \to +\infty} E_x[f(x(h_{B_m})), h_{B_m} < +\infty, h_B = +\infty].$$

由于轨道及 f 的连续性, 右方第一极限等于

$$\lim_{m \to +\infty} E_x[f(x(h_{B_m})), h_B < +\infty] = E_x[f(x(h_B)), h_B < +\infty]$$

$$= H_B f(x).$$

因为 $f(+\infty) \equiv \lim\limits_{|x| \to +\infty} f(x) = 0$，所以第二极限等于

$$E_x[f(x(h_B)), h_B = +\infty] = 0.$$

故得

$$\lim_{m \to +\infty} H_{B_m} f(x) = H_B f(x). \tag{18}$$

特别，取 f 连续，有紧支集，在 B_1 上等于 1，即得(17)对一切 $x \in B^c \cup B^r$ 成立. 再由 §11.3 定理 4，(17)对 L-a.e. x 成立.

(ii) 取 $\mu \in \mathcal{M}(B)$. 由 §6(14)

$$G\mu(x) = \int_{B_m} H_{B_m}(x, dz) G\mu(z) + \int g_{B_m}(x, y) \mu(dy). \tag{19}$$

后一积分

$$\int g_{B_m}(x, y) \mu(dy) = \left(\int_B + \int_{B^c} \right) g_{B_m}(x, y) \mu(dy). \tag{20}$$

因 $B \subset \mathring{B}_m$，B 中的点对 B_m 规则，故 $g_{B_m}(x, y) = 0, (y \in B)$. 又因 μ 之支集为 B，故(20)右方两积分皆为 0. 由(19)

$$G\mu(x) = \int_{B_m} H_{B_m}(x, dz) G\mu(z) \leqslant \int_{B_m} H_{B_m}(x, dz)$$

$$= H_{B_m}(x, B_m) = P_x(h_{B_m} < +\infty).$$

由此及(17)

$$G\mu(x) \leqslant P_x(h_B < +\infty) \qquad L\text{-a.e. } x, \tag{21}$$

$$T_t G\mu(x) \leqslant T_t P_x(h_B < +\infty).$$

令 $t \downarrow 0$，即知(21)对一切 $x \in \mathbf{R}^n$ 成立. 由此及定理 2 即得证 (16). ■

注 2 在势论中已知(见文献[25])：若 B 是紧集，则存在唯一测度 γ_B，其支集为 B，而且

$$G\gamma_B = \sup_{\mu \in \mathcal{M}(B)} G\mu, \tag{22}$$

通常称 γ_B 为容量测度. 由定理 2，3，立得

$$G\mu_B = G\gamma_B. \tag{23}$$

再由 §11.7 唯一性定理,有 $\mu_B = \gamma_B$. 因此,对紧集 B,平衡测度即是容量测度.

系 2　设 B 紧,则对任意 $\mu \in \mathcal{M}(B)$,有

$$\mu(\mathbf{R}^n) \leqslant C(B). \tag{24}$$

证　由 (16)(8)

$$\int_{\overline{B}} \frac{g(y-x)}{g(x)} \mu(\mathrm{d}y) \leqslant \int_{\overline{B}} \frac{g(y-x)}{g(x)} \mu_B(\mathrm{d}y).$$

由于在紧集上,均匀地有 $\displaystyle\lim_{|x| \to +\infty} \frac{g(y-x)}{g(x)} = 1$,故在上式中令 $|x| \to +\infty$,即得

$$\mu(\mathbf{R}^n) = \mu(\overline{B}) \leqslant \mu_B(\overline{B}) = C(B). \quad \blacksquare$$

系 3　对开集 B,(16) 也成立.

证　取一列紧集 $\{K_m\}$,使

$$K_m \subset B, K_1 \subset K_2 \subset \cdots, \bigcup_m K_m = B.$$

由于 $x_t \in B$ 等价于对一切充分大的 m,$x_t \in K_m$,故

$$P_x(h_{K_m} \downarrow h_B) = 1, \qquad x \in \mathbf{R}^n, \tag{25}$$

$$\chi(h_{K_m} < +\infty) \uparrow \chi(h_B < +\infty) \qquad P_x\text{-a.e.},$$

χ_A 表 A 的示性函数. 将此式双方对 $P_x(\mathrm{d}w)$ 积分,由单调收敛定理得

$$P_x(h_{K_m} < +\infty) \uparrow P_x(h_B < +\infty). \tag{26}$$

由定理 2,$G\mu_{K_m}(x) \uparrow P_x(h_B < +\infty)$. 既然 $\mu_{K_m} \in \mathcal{M}(B)$,故

$$P_x(h_B < +\infty) \leqslant \sup_{\mu \in \mathcal{M}(B)} G\mu(x). \tag{27}$$

另一方面,如 $\mu \in \mathcal{M}(B)$,μ 有紧支集 K,由 (16)(用于 $\mu(K)$)及 (8) 得

$$G\mu(x) \leqslant G\mu_K(x) = P_x(h_K < +\infty) \leqslant P_x(h_B < +\infty). \tag{28}$$

由 (27)(28) 即得 (16) 对开集 B 成立.　∎

§11.9 容 度

（一）性质

在 §11.8 中，已对相对紧集 B 定义了容度 $C(B)=\mu_B(\overline{B})$，故 $C(B)$ 是全体相对紧集类上的集合函数. 由 §11.8(5)(6)

$$C(B) = \lim_{|x|\to+\infty} \frac{P_x(h_B<+\infty)}{g(x)} = \int_{S_r} DP_\xi(h_B<+\infty)U_r(\mathrm{d}\xi),$$
(1)

其中 $D>0$ 为某常数，S_r 为 $\mathring{B}_r \supset B$ 之球面，此式把 $C(B)$ 与 $P_x(h_B<+\infty)$ 联系起来，故可通过 $P_x(h_B<+\infty)$ 来研究 $C(B)$.

首先注意，若 $N \subset M$，则 $h_N \geqslant h_M$，又

$$h_{A\cap B}\geqslant h_A \vee h_B; \quad h_{A\cup B}=h_A \wedge h_B.$$
(2)

简记 $(h_A<+\infty)$ 为 H_A.

(i) 若 $A \subset B$，则 $C(A)\leqslant C(B)$. 此因 $P_x(H_A)\leqslant P_x(H_B)$.

(ii) $C(A\cup B)\leqslant C(A)+C(B)-C(A\cap B)$.

实际上，利用(2)及 $H_A \cup H_B = H_{A\cup B}$，得

$$P_x(H_{A\cap B})\leqslant P_x(H_A H_B) = P_x(H_A)+P_x(H_B)-P_x(H_{A\cup B}).$$

(iii) 设点 $a \in \mathbf{R}^n$，令 $A+a=(x+a:x\in A)$，则

$$C(A+a)=C(A).$$

此因 $P_x(H_A)=P_{x+a}(H_{A+a})$，又 $g(x)=c_n|x|^{2-n}$，故

$$C(A+a) = \lim_{|x+a|\to+\infty} \frac{P_{x+a}(H_{A+a})}{g(x+a)} = \lim_{|x|\to+\infty} \frac{P_x(H_A)}{g(x)} = C(A).$$

(iv) $C(-A)=C(A)$.

因此 $P_x(H_A)=P_{-x}(H_{-A})$，由 $g(x)=g(-x)$，

$$C(A) = \lim_{|x|\to+\infty} \frac{P_x(H_A)}{g(x)} = \lim_{|-x|\to+\infty} \frac{P_{-x}(H_{-A})}{g(-x)} = C(-A).$$

(v) 设 $a>0$ 为常数,则 $C(aA)=a^{n-2}C(A)$.

实际上,由尺度不变性,对 $a>0$ 有

$$P_x\left(\frac{x(a^2t)}{a}\in B\right)=P_{\frac{x}{a}}(x(t)\in B),$$

或

$$P_{ax}\left(\frac{x(a^2t)}{a}\in B\right)=P_x(x(t)\in B),$$

故

$$P_{ax}(H_{aB})=P_{ax}\left(存在\ s>0,\frac{x(s)}{a}\in B\right)$$

$$=P_{ax}\left(存在\ t>0,\frac{x(a^2t)}{a}\in B\right)$$

$$=P_x(存在\ t>0,x(t)\in B)=P_x(H_B).$$

于是

$$C(aA)=\lim_{|x|\to+\infty}\frac{P_x(H_{aA})}{g(x)}=\lim_{|ax|\to+\infty}\frac{P_{ax}(H_{aA})}{g(ax)}$$

$$=\lim_{|x|\to+\infty}\frac{a^{n-2}P_{ax}(H_{aA})}{g(x)}$$

$$=a^{n-2}\lim_{|x|\to+\infty}\frac{P_x(H_A)}{g(x)}=a^{n-2}C(A).$$

(vi) 若 B 为相对紧开集,则

$$C(B)=\sup\{C(K):K\subset B,K\ 紧\}. \tag{3}$$

实际上,令 $K_m\subset B,K_m$ 紧,$K_1\subset K_2\subset\cdots,\bigcup_m K_m=B$. 则由 § 11.8(26)

$$P_x(H_{K_m})\uparrow P_x(H_B).$$

由此即可推知 $C(K_m)\uparrow C(B)$,从而(3)成立. 为证此,令 D 为相对紧开集,$D\supset\bar{B}$. 显然 $P_x(H_D)=1,x\in K_m$. 由于 μ_{K_m} 的支集含于 K_m,故

$$C(K_m)=\int_{K_m}P_x(H_D)\mu_{K_m}(\mathrm{d}x)=\int_{K_m}G\mu_D(x)\mu_{K_m}(\mathrm{d}x)$$

$$=\int_{K_m}\int_{\bar{D}}g(y-x)\mu_D(\mathrm{d}y)\mu_{K_m}(\mathrm{d}x)=\int_{\bar{D}}G\mu_{K_m}(y)\mu_D(\mathrm{d}y)$$

$$=\int_{\bar{D}}P_y(H_{K_m})\mu_D(\mathrm{d}y)\uparrow\int_{\bar{D}}P_y(H_B)\mu_D(\mathrm{d}y)=C(B).$$

（vii）若 B 紧，则
$$C(B)=\inf(C(U):U\supset B,U \text{ 开},\bar{U} \text{ 紧}). \tag{4}$$
实际上，取 U_m 为相对紧开集，
$$U_1\supset\bar{U}_2\supset U_2\supset\cdots; \quad \bigcap_m U_m=\bigcap_m \bar{U}_m=B.$$
取 r 充分大，使 $\mathring{B}_r\supset\bar{U}_1$，则对 $\xi\in S_r$，有
$$P_\xi(H_{U_m})\downarrow P_\xi(H_B),$$
（参看 §11.8(17)）. 由(1)得
$$C(U_m)=\int_{S_r}DP_\xi(H_{U_m})U_r(\mathrm{d}\xi)\downarrow\int_{S_r}DP_\xi(H_B)U_r(\mathrm{d}\xi)=C(B).$$

（二）

至此我们只对相对紧集定义了容度，现在希望把它的定义域扩大到一切波莱尔集上去. 为此，需利用绍凯容度理论.

设 E 为局部紧的可分距离空间，K 是 E 中一切紧子集的类. 定义在 K 上的实值集函数 φ 称为绍凯容度，如果

（i）若 $A\in K,B\in K,A\subset B$，则 $\varphi(A)\leqslant\varphi(B)$；

（ii）对一切 $A\in K,B\in K$，有
$$\varphi(A\bigcup B)+\varphi(A\bigcap B)\leqslant\varphi(A)+\varphi(B);$$

（iii）设 $A\in K$，则对任意 $\varepsilon>0$，存在开集 $U\supset A$，使对任意 $B\in K,A\subset B\subset U$，有
$$\varphi(B)-\varphi(A)<\varepsilon.$$

利用已给的 $\varphi(A),A\in K$，可以对 E 的任意子集 A 定义内容度 $\varphi_*(A)$ 及外容度 $\varphi^*(A)$：
$$\varphi_*(A)=\sup\{\varphi(B):B\in K,B\subset A\}, \tag{5}$$
$$\varphi^*(A)=\inf\{\varphi_*(B):U \text{ 为开集},A\subset U\}. \tag{6}$$
若对某 $A\subset E$，有
$$\varphi_*(A)=\varphi^*(A), \tag{7}$$
则称 A 为可容的，并以此公共值作为 A 的绍凯容度，记为

$\widetilde{C}(A)(=\varphi^*(A))$. 由 (iii), 紧集 B 是可容的, 而且 $\widetilde{C}(B)=C(B)$.

绍凯容度扩张定理 每一波莱尔集可容.

此定理之证可见文献 $[1;24]$. 所谓波莱尔集类是指含一切开集的最小 σ 代数. 其实不仅波莱尔集, 更一般的解析集也是可容的. 利用此定理可证明对相当广泛的过程, 解析集的首中时是马氏时间. 还可证明: 若 A_n, A 可容, $A_n \uparrow A$, 则 $\widetilde{C}(A_n) \uparrow \widetilde{C}(A)$.

现在回到 §11.8(一) 中所定义的容度 $C(B)$, B 为相对紧集. 当限制在 K 上考虑 $C(B)$ 时, 由 (i)(ii)(vi)(vii) 知它是一绍凯容度. 根据扩张定理, 可把它的定义域扩大到一切波莱尔集上而得 $\widetilde{C}(B)$.

今证如 B 为相对紧集, 则 $\widetilde{C}(B)=C(B)$; 因而新定义与原定义在相对紧集上一致. 一方面
$$\widetilde{C}(B)=\sup\{C(A):A \in K, A \subset B\} \leqslant C(B);$$
另一方面, 若 U 为相对紧开集, 则由 (vi) 及 (5), $\widetilde{C}(U)=C(U)$, 故对相对紧集 B,
$$\widetilde{C}(B)=\inf\{\widetilde{C}(U):U \text{ 为相对紧开集}, U \supset B\}$$
$$=\inf\{C(U):U \text{ 为相对紧开集}, U \supset B\} \geqslant C(B),$$
从而 $\widetilde{C}(B)=C(B)$.

注 对具体的 B, 要求出它的容度并非容易. 因为由 (1), 这相当于要求出 $P_\xi(H_B)$. 有时可以利用逼近定理: 若 $B_m \in \mathcal{B}^n, B_m \uparrow B, B$ 有界, 则 $C(B_m) \uparrow C(B)$; 或者 B_m 紧, $B_m \downarrow B$, 则 $C(B_m) \downarrow C(B)$. 对有些集, 可以找到容度的估值. 例如 (见 $[17]$), 设
$$C_L = \left(x:0 \leqslant x_1 < L, \sum_{i=2}^{n} x_i^2 \leqslant 1\right) \qquad L > 0.$$
它是底为 $n-1$ 维单位球高为 L 的圆柱. 则对 $L_0 > 0$, 存在常数 M 及 N, 使
$$ML \leqslant C(C_L) \leqslant NL \qquad (L > L_0, n > 3);$$
$$\frac{ML}{\lg L} \leqslant C(C_L) \leqslant \frac{NL}{\lg L} \qquad (L > L_0, n = 3).$$

§11.10　暂留集的平衡测度

（一）

在 §11.8 中，对相对紧集定义了平衡测度，并证明了两个重要的结果，即 (8) 与 (16)．本节将推广这些结果到某些无界集上，即 §11.6 中所定义的暂留集上，它们依赖于布朗运动本身．相对紧集都是暂留集（$n \geqslant 3$ 时）．回忆暂留集 $B(\in \mathcal{B}^n)$ 的定义是：对一切 x，有

$$\lim_{t \to +\infty} P_x(x_s \in B. \text{ 对某 } s > t) = 0. \tag{1}$$

称 $\mathcal{B}^n$ 上的任一测度 μ 为拉东测度，如对任一紧集 K，有 $\mu(K) < +\infty$．

设 $\mu_n(n \geqslant 1)$ 及 μ 皆为拉东测度，称 μ_n 淡收敛于 μ（Converges vaguely），如对任一有紧支集的连续函数 φ，有

$$\lim_{n \to +\infty} \int \varphi \mathrm{d}\mu_n = \int \varphi \mathrm{d}\mu. \tag{2}$$

淡收敛记为 $\mu_n \xrightarrow{v} \mu$，$\left(\int = \int_{\mathbf{R}^n} \right)$．

设 $\mu_n(n \geqslant 1)$ 为一列拉东测度，若对每紧集 K，有 $\sup_n \mu_n(K) < +\infty$，则必存在一列严格上升的整数 $\{n_j\}$ 及拉东测度 μ，使 $\mu_{n_j} \xrightarrow{v} \mu$．

定理 1　设 B 为暂留集．则

（i）存在唯一拉东测度 μ_B，其支集含于 ∂B，使

$$G\mu_B(x) = P_x(h_B < +\infty); \tag{3}$$

（ii）若 $B_m(m \geqslant 1)$ 是任一列相对紧集，满足

$$B_1 \subset B_2 \subset \cdots; \bigcup_m B_m = B,$$

则当 $m \to +\infty$ 时,有

$$G\mu_{B_m} \uparrow G\mu_B; \quad \mu_{B_m} \xrightarrow{v} \mu_B.$$

证 i) 设 $\{B_m\}$ 满足定理条件,则

$$\bigcup_m (h_{B_m} < +\infty) = (h_B < +\infty);$$

$$P_x(h_{B_m} < +\infty) \uparrow P_x(h_B < +\infty).$$

由 §8(8),

$$G\mu_{B_m}(x) = P_x(h_{B_m} < +\infty) \leqslant P_x(h_B < +\infty) \overset{(\text{设})}{\equiv} \varphi_B(x). \tag{4}$$

设 K 为任一紧集,因 $\inf\limits_{y \in K} g(y-x) = c(x) > 0$,由上式得

$$P_x(h_B < +\infty) \geqslant \int_K g(y-x)\mu_{B_m}(\mathrm{d}y) \geqslant c(x)\mu_{B_m}(K).$$

故 $\sup\limits_m \mu_{B_m}(K) < +\infty$. 根据上述,存在子列 $\mu_{B'_m} \xrightarrow{v} \mu_B$. 其中 μ_B 为某拉东测度.

ii) 设 $f \geqslant 0$ 连续,有紧支集. 由 §11.1 引理 4, Gf 有界连续. 以 B_r 表半径为 r,中心为 0 的闭球,当 Gf 限制在 B_r 上时,由 $\mu_{B'_m} \xrightarrow{v} \mu_B$ 得

$$A \overset{(\text{设})}{\equiv} \lim_{r \to +\infty} \left[\lim_{m \to +\infty} \int_{B_r} Gf(x)\mu_{B'_m}(\mathrm{d}x) \right] = \lim_{r \to +\infty} \int_{B_r} Gf(x)\mu_B(\mathrm{d}x)$$

$$= \int Gf(x)\mu_B(\mathrm{d}x) = \int G\mu_B(x)f(x)\mathrm{d}x. \tag{5}$$

再由 $G\mu_{B'_m} \uparrow \varphi_B$ 得

$$B \overset{(\text{设})}{\equiv} \lim_{m \to +\infty} \int Gf(x)\mu_{B'_m}(\mathrm{d}x) = \lim_{m \to +\infty} \int G\mu_{B'_m}(x)f(x)(\mathrm{d}x)$$

$$= \int \varphi_B(x)f(x)\mathrm{d}x. \tag{6}$$

利用最后将证明的一个结果:对任意 $\varepsilon > 0$,存在 $r_0 > 0$,使当 $r \geqslant r_0$ 时,有

$$\sup_m \int_{B_r^c} \mu_{B'_m}(\mathrm{d}x)Gf(x) < \varepsilon; \tag{7}$$

容易看出，当 r 充分大时，A 与 B 之值皆在

$$\lim_{m \to +\infty} \int Gf(x)\mu_{B'_m}(\mathrm{d}x) \pm \varepsilon$$

之间，从而 $A=B$，于是 (5)(6) 之右方值也相等而有

$$\iint G\mu_B(x)f(x)\mathrm{d}x = \int \varphi_B(x)f(x)\mathrm{d}x.$$

由 f 的任意性得

$$G\mu_B(x) = \varphi_B(x) \qquad \text{a.e.},$$

利用 §11.8 定理 2 中的同样证法，即知上式对一切 x 成立．此得证 (3) 及 ii) 中第一结论．

iii）若 $\{\mu_{B'_m}\}$ 为 $\{\mu_{B_m}\}$ 的另一淡收敛于某测度 μ'_B 的子列，则同样推理可得 $G\mu'_B(x) = \varphi_B(x) = G\mu_B(x)$．由唯一性定理（§11.7.定理 1）即得 $\mu'_B = \mu_B$，因而 $\mu_{B_m} \xrightarrow{v} \mu_B$．唯一性定理还表明 μ_B 是唯一的有势为 φ_B 的测度．下证支集 $\mathrm{supp}\,\mu_B \subset \partial B$．取球列 $\{B_m\}$．令 $C_m = B \cap B_m$，则 $C_1 \subset C_2 \subset \cdots$，$\bigcup_m C_m = B$．于是 $\mu_{C_m} \xrightarrow{v} \mu_B$．但 $\mathrm{supp}\,\mu_{C_m} \subset \partial C_m$，而且 B 之每一内点必为 C_m（m 充分大）的内点，故 $\mathrm{supp}\,\mu_B \subset \partial B$．

iv）剩下要证 (7)．若 $x \in B_r^c$，则 $H_{B_r^c}(x, \mathrm{d}y)$ 集中在点 x 上，故

$$\int_{B_r^c} \mu_{B'_m}(\mathrm{d}x)Gf(x) = \int_{B_r^c} \mu_{B'_m}(\mathrm{d}x)H_{S_r^c}Gf(x)$$

$$\leqslant \int \mu_{B'_m}(\mathrm{d}x)H_{B_r^c}Gf(x). \tag{8}$$

在 §11.6(13) 中令 $\lambda \to 0$，得

$$\int H_{B_r^c}(x, \mathrm{d}z)g(y-z) = \int H_{B_r^c}(y, \mathrm{d}z)g(x-z).$$

由此及 (4) 得

$$\int \mu_{B'_m}(\mathrm{d}x)H_{B_r^c}Gf(x) = \iint \mu_{B'_m}(\mathrm{d}x)H_{B_r^c}(x, \mathrm{d}z)g(y-z)f(y)\mathrm{d}y$$

$$= \iiint \mu_{B'_m}(\mathrm{d}x) f(y) \mathrm{d}y H_{B^c_r}(y, \mathrm{d}z) g(x-z)$$

$$= \int H_{B^c_r} G_{\mu_{B'_m}}(y) f(y) \mathrm{d}y$$

$$\leqslant \int H_{B^c_r} \varphi_B(y) f(y) \mathrm{d}y.$$

联合(8)即得

$$\int_{B^c_r} Gf(x) \mu_{B'_m}(\mathrm{d}x) \leqslant \int H_{B^c_r} \varphi_B(y) f(y) \mathrm{d}y. \tag{9}$$

简写 $h_{B^c_r}$ 为 h. 注意 $\varphi_B \leqslant 1$；对 $t > 0$，有

$$\begin{aligned}
H_{B^c_r} \varphi_B(y) &= E_y[\varphi_B(x(h))] \\
&= E_y[\varphi_B(x(h)), h \leqslant t] + E_y[\varphi_B(x(h)), h > t] \\
&\leqslant P_y(h \leqslant t) + T_t \varphi_B(y). \tag{10}
\end{aligned}$$

因 B 为暂留集，故

$$T_t \varphi_B(y) = P_y(x(s) \in B, \text{对某 } s > t) \downarrow 0, \qquad t \to +\infty.$$

又因 $P_y(\lim_{r \to +\infty} h = \infty) = 1$，故 $\lim_{r \to +\infty} P_y(h \leqslant t) = 0$，于是由(10)，

$\lim_{r \to +\infty} H_{B^c_r} \varphi_B(y) = 0$. 既然 f 有紧支集，由控制收敛定理，当 r 充分大时，(9)的右方积分小于任意给定的 $\varepsilon > 0$；于是左方对一切 m 也如此，此得证(7).　∎

我们称定理 1 中的 μ_B 为 B 的平衡测度，其势称为平衡势.

(二)

在 §11.9 中，对任一波莱尔集 B，定义了容度 $\tilde{C}(B)$，它是由相对紧集的容度经扩张后而来的. 自然要问：当 B 为暂留集时，其平衡测度的全部质量 $\mu_B(\mathbf{R}^n)$ 是否等于 $\tilde{C}(B)$？为此，需要下列引理.

引理 1　设 B 为暂留集，又 $A \subset B$，则

$$\mu_A(\mathbf{R}^n) \leqslant \mu_B(\mathbf{R}^n). \tag{11}$$

证　以 $\{D_m\}$ 表一列上升的相对紧集，其和为 $\mathbf{R}^n$. 由定理 1 得

$$\int \mu_A(\mathrm{d}x)G\mu_{D_m}(x)=\int \mu_{D_m}(\mathrm{d}x)G\mu_A(x)=\int \mu_{D_m}(\mathrm{d}x)P_x(h_A<+\infty)$$

$$\leqslant \int \mu_{D_m}(\mathrm{d}x)P_x(h_B<+\infty)=\int \mu_{D_m}(\mathrm{d}x)G\mu_B(x)$$

$$=\int \mu_B(\mathrm{d}x)G\mu_{D_m}(x).$$

由于

$$G\mu_{D_m}(x)=P_x(h_{D_m}<+\infty)\uparrow 1,$$

故由单调收敛定理得证(11). ∎

定理 2 设 B 为暂留集,

(i) 若 $\{B_m\}$ 为相对紧集列, $B_1\subset B_2\subset\cdots,\bigcup_m B_m=B$, 则 $C(B_m)\uparrow \widetilde{C}(B)$;

(ii) $\widetilde{C}(B)=\mu_B(\mathbf{R}^n)$.

证 i) 由 $C(B_m)=\mu_{B_m}(\mathbf{R}^n)$ 及(11),得

$$C(B_1)\leqslant C(B_2)\leqslant\cdots\leqslant\mu_B(\mathbf{R}^n). \tag{12}$$

以 $f_r(r\geqslant 1)$ 表有紧支集的连续函数. $0\leqslant f_r\leqslant 1, f_r\uparrow 1$ $(r\to +\infty)$,有

$$C(B_m)\geqslant \int f_r(x)\mu_{B_m}(\mathrm{d}x).$$

既然 $\mu_{B_m}\xrightarrow{v}\mu_B$,得 $\lim\limits_{m\to+\infty}C(B_m)\geqslant \int f_r(x)\mu_B(\mathrm{d}x).$

再令 $r\to+\infty$,有 $\lim\limits_{m\to+\infty}C(B_m)\geqslant\mu_B(\mathbf{R}^n)$.结合(12)得

$$C(B_m)\uparrow\mu_B(\mathbf{R}^n). \tag{13}$$

ii) 下面分两种情况. 先设 $\mu_B(\mathbf{R}^n)=+\infty$, 对任意 $N>0$, 必有 m 使 $C(B_m)\geqslant 2N$. 由于

$$C(B_m)=\sup\{C(K):K\subset B_m,K \text{ 紧}\}, \tag{14}$$

故必有紧集 $K\subset B_m\subset B$ 使 $C(K)>N$;从而

$$\widetilde{C}(B)=\sup\{C(K):K\subset B,K \text{ 紧}\}=+\infty=\mu_B(\mathbf{R}^n).$$

次设 $\mu_B(\mathbf{R}^n)<+\infty$. 对 $\varepsilon>0$,存在 m 使 $C(B_m)\geqslant\mu_B(\mathbf{R}^n)-\varepsilon$. 由

(14),有紧集 $K \subset B_m \subset B$,使
$$C(K) \geqslant C(B_m) - \varepsilon \geqslant \mu_B(\mathbf{R}^n) - 2\varepsilon.$$
故 $\widetilde{C}(B) \geqslant \mu_B(\mathbf{R}^n)$. 联合(13)即得 $\widetilde{C}(B) = \mu_B(\mathbf{R}^n)$. ■

(三)

现在来推广 §11.8(16),它是概率论与势论间的一重要联系.

定理 3 设 B 为闭集,则
$$P_x(h_B < +\infty) = \sup_{\mu \in \mathcal{M}(B)} G\mu(x). \tag{15}$$

证 因 B 闭,可以找到紧集 $B_n \subset B, B_1 \subset B_2 \subset \cdots, \bigcup_n B_n = B$. 由 §11.8 定理 2
$$G\mu_{B_n}(x) = P_x(h_{B_n} < +\infty) \uparrow P_x(h_B < +\infty) \qquad (n \to +\infty). \tag{16}$$

另一方面,设 $\mu \in \mathcal{M}(B)$,其紧支集含于 B_n. 由 §11.8(22)(23)
$$G\mu(x) \leqslant G\mu_{B_n}(x) = P_x(h_{B_n} < +\infty) \leqslant P_x(h_B < +\infty).$$
由此及(16)即得(15). ■

系 1 闭集 B 为暂留集的充分必要条件是:存在拉东测度 μ_B,其支集含于 ∂B,使
$$G\mu_B(x) = \sup\{G\mu(x) : \mu \in \mathcal{M}(B)\}. \tag{17}$$

证 必要性 由定理 1 与定理 3 得
$$G\mu_B(x) = P_x(h_B < +\infty) = \sup\{G\mu(x) : \mu \in \mathcal{M}(B)\}.$$

充分性 由(17)及定理 3
$$G\mu_B(x) = \sup\{G\mu(x) : \mu \in \mathcal{M}(B)\} = P_x(h_B < +\infty).$$
$$T_t G\mu_B(x) = T_t P_x(h_B < +\infty) = P_x(x_s \in B, 对某 s > t).$$
令 $t \to +\infty$,仿 §11.8 定理 2 之证,知左方趋于 0. 故 B 暂留. ■

对暂留集 B 称定理 1 中的 μ_B 为 B 的平衡测度,已证明 $\mathrm{supp}\ \mu_B \subset \partial B, \mu_B(\mathbf{R}^n) = \widetilde{C}(B)$,故它与容度的扩张理论是相容的.

§11.11 极 集

(一) λ-势

本节讨论集为极集的条件. 回忆集 $B \in \mathcal{B}^n$ 称为极集, 如 $P_x(h_B < +\infty) \equiv 0$. 以下看到, 此条件可通过容度、规则点或势来表达. 对 $\lambda > 0$, 令

$$H_B^\lambda(x, A) = \int_0^{+\infty} e^{-\lambda t} P_x(h_B \in \mathrm{d}t, x(h_B) \in A), \qquad (1)$$

$$\mu_B^\lambda(A) = \lambda \int H_B^\lambda(x, A) \mathrm{d}x. \qquad (2)$$

下引理表明: $E_x e^{-\lambda h_B}$ 是 μ_B^λ 的 λ-势. 即

引理 1 对任意 $B \in \mathcal{B}^n$, 有

$$E_x e^{-\lambda h_B} = \int g^\lambda(y - x) \mu_B^\lambda(\mathrm{d}y) (\equiv G^\lambda \mu_B^\lambda(x)). \qquad (3)$$

证 将 §11.6(12) 双方对 $x \in \mathbf{R}^n$ 积分, 并利用

$$\int g^\lambda(x) \mathrm{d}x = \int_0^{+\infty} e^{-\lambda t} \int p(t, x) \mathrm{d}x \mathrm{d}t = \int_0^{+\infty} e^{-\lambda t} \mathrm{d}t = \frac{1}{\lambda}, \qquad (4)$$

得

$$1 = \int_{\bar{B}} \mu_B^\lambda(\mathrm{d}z) g^\lambda(y - z) + \lambda \int g_B^\lambda(x, y) \mathrm{d}x. \qquad (5)$$

由 g_B^λ 的对称性及 §11.6(7)

$$\int g_B^\lambda(x, y) \mathrm{d}x = \int g_B^\lambda(y, x) \mathrm{d}x = E_y \int_0^{h_B} e^{-\lambda t} \mathrm{d}t = \frac{1}{\lambda} [1 - E_y e^{-\lambda h_B}].$$

$$(6)$$

代入 (5) 并利用 g^λ 的对称性即得 (3). ∎

系 1 设 $n \geq 2$, 可列点集为极集.

证 利用 $P_x(h_{\underset{m}{\cup} A_m} < +\infty) \leqslant \sum_m P_x(h_{A_m} < +\infty)$ 知, 可列

多个极集的和为极集. 故只要证单点集为极集. 在(3)中取 $B=\{a\}$,得

$$E_x \mathrm{e}^{-\lambda h_a} = g^\lambda(a-x)\mu_a^\lambda(a), \quad (a=\{a\}), \tag{7}$$

令 $x \to a$,左方界于 0 与 1 之间,而由 $n \geqslant 2$, $\lim\limits_{x \to a} g^\lambda(a-x) = g^\lambda(0) = +\infty$,故必 $\mu_a^\lambda(a)=0$. 于是 $E_x \mathrm{e}^{-\lambda h_a} \equiv 0$,从而 $P_x(h_a < +\infty) \equiv 0$. ■

注意　μ_B^λ 集中在 $\overline{B}$ 上,又 $g^\lambda(x)$ 当 x 在紧集上变动时,下界大于 0. 故由(3)知,若 $\overline{B}$ 紧,则 $\mu_B^\lambda(\overline{B}) < +\infty$. 令

$$C^\lambda(B) = \mu_B^\lambda(\overline{B}). \tag{8}$$

引理 2　设 B 与 B_m 皆紧,又

$$B_1 \supset \mathring{B}_1 \supset B_2 \supset \mathring{B}_2 \supset \cdots, \bigcap_m \mathring{B}_m = \bigcap_m B_m = B.$$

则有

$$\lim_{m \to +\infty} C^\lambda(B_m) = C^\lambda(B). \tag{9}$$

证　将(3)双方对 $x \in \mathbf{R}^n$ 积分,利用(4)

$$\int E_x \mathrm{e}^{-\lambda h_B} \mathrm{d}x = \iint g^\lambda(y-x)\mathrm{d}x\mu_B^\lambda(\mathrm{d}y)$$

$$= \frac{1}{\lambda}\int \mu_B^\lambda(\mathrm{d}y) = \frac{1}{\lambda}\mu_B^\lambda(\overline{B}) = \frac{1}{\lambda}C^\lambda(B),$$

故得

$$C^\lambda(B) = \lambda\int E_x \mathrm{e}^{-\lambda h_B} \mathrm{d}x, \quad C^\lambda(B_m) = \lambda\int E_x \mathrm{e}^{-\lambda h_{B_m}} \mathrm{d}x. \tag{10}$$

故由 §11.6 引理 1 及 §11.3 定理 4

$$E_x \mathrm{e}^{-\lambda h_{B_m}} \downarrow E_x \mathrm{e}^{-\lambda h_B} \quad L\text{-a. e. } x.$$

由此及(10)即得(9). ■

(二) 充分必要条件

定理 1　设 K 为紧集,又 $\sup\limits_x E_x \mathrm{e}^{-\lambda h_K} = \beta < 1$,则 K 为极集.

证　取一列紧集 $K_m \supset K$,使

$$K_1 \supset \mathring{K}_1 \supset K_2 \supset \mathring{K}_2 \supset \cdots, \bigcap_m K_m = \bigcap_m \mathring{K}_m = K.$$

由 $y \in K \subset \mathring{K}_m \subset K_m^r$，得

$$E_y \mathrm{e}^{-\lambda h_{K_m}} = 1. \tag{11}$$

一方面

$$\iint g^\lambda(y-x)\mu_K^\lambda(\mathrm{d}y)\mu_{K_m}^\lambda(\mathrm{d}x)$$

$$= \int_{K_m} (E_x \mathrm{e}^{-\lambda h_K})\mu_{K_m}^\lambda(\mathrm{d}x) \leqslant \beta C^\lambda(K_m).$$

另一方面，由(11)

$$\iint g^\lambda(y-x)\mu_K^\lambda(\mathrm{d}y)\mu_{K_m}^\lambda(\mathrm{d}x) = \int_K (E_y \mathrm{e}^{-\lambda h_{K_m}})\mu_K^\lambda(\mathrm{d}y) = C^\lambda(K).$$

由此及引理 2

$$C^\lambda(K) \leqslant \beta C^\lambda(K_m) \downarrow \beta C^\lambda(K).$$

故 $C^\lambda(K) = 0$. 由(3)，$E_x \mathrm{e}^{-\lambda h_K} \equiv 0$；$P_x(h_K < +\infty) \equiv 0$. ∎

在 §11.3 中，我们称可测集 B 为疏集，如 $B^r = \varnothing$ (空集). 直观地说，疏集是自任一点都不能立刻命中的集. 下定理表示：如果一紧集自任一点都不能立刻击中，那么它自任一点都永远不能击中.

定理 2 设 A 紧，则 A 为极集的充分必要条件是它为疏集.

证 必要性 由 $P_x(h_A = 0) \leqslant P_x(h_A < +\infty)$ 知极集必疏.

充分性 i) 先证 $E_x \mathrm{e}^{-\lambda h_A}$ 对 x 下连续. 由 §11.3 定理 3，$P_x(h_A \leqslant t)$ 下连续. 由法图引理及分部积分，得

$$\varliminf_{x \to a} E_x \mathrm{e}^{-\lambda h_A} = \varliminf_{x \to a} \int_0^{+\infty} \mathrm{e}^{-\lambda t} \mathrm{d}P_x(h_A \leqslant t)$$

$$\geqslant \varliminf_{x \to a} \lambda \int_0^{+\infty} P_x(h_A \leqslant t)\mathrm{e}^{-\lambda t} \mathrm{d}t$$

$$\geqslant \lambda \int_0^{+\infty} \varliminf_{x \to a} P_x(h_A \leqslant t)\mathrm{e}^{-\lambda t} \mathrm{d}t$$

$$\geqslant \lambda \int_0^{+\infty} P_a(h_A \leqslant t)\mathrm{e}^{-\lambda t} \mathrm{d}t = E_a \mathrm{e}^{-\lambda h_A}.$$

ii) 令 $A_m = \left(x : E_x \mathrm{e}^{-\lambda h_A} \leqslant 1 - \dfrac{1}{m} \right) \bigcap A \subset A$；由 i) 知 A_m 紧. 根据引理 1，对 $x \in A_m$，有

$$G^\lambda \mu_{A_m}^\lambda (x) = E_x \mathrm{e}^{-\lambda h_{A_m}} \leqslant E_x \mathrm{e}^{-\lambda h_A} \leqslant 1 - \frac{1}{m}.$$

由 §11.7 极大原理(定理 $2'$)，上式对一切 $x \in \mathbf{R}^n$ 成立. 由定理 1 知 A_m 为极集. 因 $A^r = \varnothing$，故 $A = \bigcup_m A_m$ 也是极集. ∎

定理 3　若 B 紧，则 $B \bigcap (B^r)^c$ 为极集.

证　注意若 $N \supset M$，$x \in N^r$，则显然 $x \in M^r$. 对正整数 m，令

$$B_m = B \bigcap \left(x : E_x \mathrm{e}^{-\lambda h_B} \leqslant 1 - \frac{1}{m} \right) \equiv B \bigcap D_m.$$

任取 $x \in \mathbf{R}^n$. 或者 $x \in B^r$，由上述事实知 $x \in B_m^r$. 或者 $x \in B^r$，因之 $P_x(h_B = 0) = 1$ 而 $x \in D_m$. 既然 $E_x \mathrm{e}^{-\lambda h_B}$ 对 x 下连续，D_m 闭，故 $x \in D_m^r$. 再利用上事实，$x \in B_m^r$. 于是得知 $B_m^r = \varnothing$. 由定理 2，B_m 为极集. 从而

$$B \bigcap (B^r)^c = \bigcup_m B_m$$

也是极集. ∎

定理 4　设 $B \in \mathcal{B}^n$，$(n \geqslant 3)$，则 B 为极集的充分必要条件是下两者之一：

(i) B 的任一紧子集为极集；

(ii) 容度 $\widetilde{C}(B) = 0$.

证　(i) 必要性显然. 反之，设紧子集 $K \subset B$ 为极集，由 §11.8 系 1，$C(K) = 0$. 于是对 B 的任意相对紧子集 A，有

$$C(A) = \widetilde{C}(A) = \sup\{C(K) : K \subset A, K \text{ 紧}\} = 0.$$

再由 §11.8 系 1，A 为极集. 特别，$B \bigcap B_m$ 为极集，其中 $B_m = (x : |x| \leqslant m)$. 由 $B = \bigcup_m (B \bigcap B_m)$ 知 B 为极集.

(ii) 若 B 为极集，则其紧子集为极集. 由 §11.8 系 1

$$\widetilde{C}(B) = \sup\{C(K): K \subset B, K \text{ 紧}\} = 0.$$

反之，若 $\widetilde{C}(B) = 0$，则对其任意紧子集 K，有 $C(K) = 0$，故 K 为极集. 由 (i) 即知 B 为极集. ∎

回忆 §11.8(三) 中 $\mathcal{M}(B)$ 的定义，

定理 5 设 $B \in \mathcal{B}^n$，$(n \geq 3)$，则 B 为极集的充分必要条件是 $\mathcal{M}(B) = \varnothing$；或等价地，对任意测度 μ，其支集 $K \subset B$，$0 < \mu(B) < +\infty$，有 $\sup\limits_{x} G\mu(x) = +\infty$.

证 只需证后一结论. 设有如上之 μ，使 $\sup\limits_{x} G\mu(x) \leq M < +\infty$，则 $\dfrac{\mu}{M} \in \mathcal{M}(K) \subset \mathcal{M}(B)$. 显然，由 §11.8(16)，

$$P_x(h_B < +\infty) \geq P_x(h_K < +\infty) \geq \frac{G\mu(x)}{M}.$$

因 μ 非 0，由 §11.7 唯一性定理，至少有一 x，使 $G\mu(x) > 0$. 对此 x，$P_x(h_B < +\infty) > 0$，故 B 非极集.

反之，如 B 非极集，由定理 4(i)，B 必有某紧子集 K，它非极集，即 $P_x(h_K < +\infty) > 0$，对某 x 成立. 考虑 K 的平衡测度 μ_K，由 §11.8 定理 2

$$0 < P_x(h_K < +\infty) = G\mu_K(x) \leq 1.$$

故 μ_K 使 $\sup\limits_{x} G\mu_K(x) = +\infty$ 不成立. ∎

§11.12　末遇分布

(一) 末遇时与末遇点

对 $B \in \mathcal{B}^n$, $n \geqslant 3$, 定义 B 的末遇时为

$$l_B(\omega) = \begin{cases} \sup(t > 0, x_t(\omega) \in B), & \text{右集非空}, \\ 0, & \text{否则}. \end{cases} \tag{1}$$

并称 $x(l_B)$ 为 B 的末遇点. 由于

$$(l_B > t) = (\theta_t h_B < +\infty), \tag{2}$$

故 l_B 是一随机变量.

本节中, 设 B 为暂留集, μ_B 表 §11.10 定理 1 中的拉东测度. 当 B 为相对紧集时, μ_B 即 B 的平衡测度.

定理 1　自 $x \in \mathbf{R}^n$ 出发, l_B 的分布在 $(0, +\infty)$ 绝对连续, 而且有密度为

$$\int p(t, x, z) \mu_B(\mathrm{d}z), \qquad t > 0.$$

证　由 (1) 及 §11.10 定理 1

$$\begin{aligned}
P_x(l_B > t) &= P_x(\theta_t h_B < +\infty) = E_x P_{x(t)}(h_B < +\infty) \\
&= \int p(t, x, y) P_y(h_B < +\infty) \mathrm{d}y \\
&= \int p(t, x, y) G\mu_B(y) \mathrm{d}y \\
&= \int p(t, x, y) \int g(y, z) \mu_B(\mathrm{d}z) \mathrm{d}y \\
&= \int p(t, x, y) \iint_0^{+\infty} p(s, y, z) \mathrm{d}s \mu_B(\mathrm{d}z) \mathrm{d}y \\
&= \int_0^{+\infty} \int p(s+t, x, z) \mu_B(\mathrm{d}z) \mathrm{d}s \\
&= \int_t^{+\infty} \left[\int p(s, x, z) \mu_B(\mathrm{d}z) \right] \mathrm{d}s. \quad \blacksquare
\end{aligned}$$

系 1

$$E_x(\mathrm{e}^{-\lambda l_B}, l_B > 0) = \int g^\lambda(x,y)\mu_B(\mathrm{d}y), \qquad (\lambda \geqslant 0). \quad (3)$$

证 左方等于

$$\int_{0+}^{+\infty} \mathrm{e}^{-\lambda t} P_x(l_B \in \mathrm{d}t) = \int_{0+}^{+\infty} \mathrm{e}^{-\lambda t} \int p(t,x,z)\mu_B(\mathrm{d}z)\mathrm{d}t$$

$$= \int g^\lambda(x,z)\mu_B(\mathrm{d}z). \quad \blacksquare$$

以 $L_B(x,A) = P_x(x(l_B) \in A, l_B > 0)$ 表末遇点分布，则有下列定理，它由钟开莱（Chung）[3] 得到.

定理 2

$$L_B(x,A) = \int_A g(x,y)\mu_B(\mathrm{d}y), \qquad x \in \mathbf{R}^n, A \subset \mathcal{B}^n. \quad (4)$$

证 取 $f \geqslant 0$ 为 $\mathbf{R}^n$ 上连续函数，有紧支集，且在 x 之某邻域为 0. 因为在 $(l_B > t)$ 上，有 $l_B = t + \theta_t l_B$，所以对 $\lambda \geqslant 0$ 有

$$\int_0^{+\infty} \mathrm{e}^{-\lambda t} E_x[f(x(l_B - t); l_B > t)]\mathrm{d}t = E_x\left[\int_0^{l_B} \mathrm{e}^{-\lambda t} f(x(l_B - t))\mathrm{d}t\right]$$

$$= E_x\left[\int_0^{l_B} \mathrm{e}^{-\lambda(l_B - t)} f(x(t))\mathrm{d}t\right] = E_x\left[\int_0^{l_B} \mathrm{e}^{-\lambda\theta_t l_B} f(x(t))\mathrm{d}t\right]$$

$$= \int_0^{+\infty} E_x[\mathrm{e}^{-\lambda\theta_t l_B} f(x(t)); l_B > t]\mathrm{d}t$$

$$= \int_0^{+\infty} E_x[f(x(t)) E_{x(t)}(\mathrm{e}^{-\lambda l_B}; l_B > 0)]\mathrm{d}t$$

$$= \int_0^{+\infty} \int f(z) E_z(\mathrm{e}^{-\lambda l_B}, l_B > 0) p(t,x,z)\mathrm{d}z\mathrm{d}t$$

$$= \int g(x,z) f(z)\left[\int g^\lambda(z,y)\mu_B(\mathrm{d}y)\right]\mathrm{d}z \quad (\text{由}(3))$$

$$= \int g(x,z) f(z)\left[\int\int_0^{+\infty} \mathrm{e}^{-\lambda t} p(t,z,y)\mathrm{d}t\mu_B(\mathrm{d}y)\right]\mathrm{d}z$$

$$= \int_0^{+\infty} \mathrm{e}^{-\lambda t}\left[\int\int p(t,z,y) f(z) g(x,z)\mathrm{d}z\mu_B(\mathrm{d}y)\right]\mathrm{d}t.$$

两边取反拉东变换可知，对 L-a. e. $t \in (0, +\infty)$，有

$$E_x[f(x(l_B - t); l_B > t)] = \iint p(t, z, y) f(z) g(x, z) \mathrm{d}z \mu_B(\mathrm{d}y).$$

$$(5)$$

注意 $f(\cdot) g(x, \cdot)$ 连续而且有紧支集. 由于(5)中两方皆对 t 连续,故(5)对一切 $t > 0$ 成立. 在(5)中令 $t \to 0$,得

$$E_x[f(x(l_B)); l_B > 0] = \int f(y) g(x, y) \mu_B(\mathrm{d}y).$$

故

$$P_x(l_B > 0, x(l_B) \in A) = \int_A g(x, y) \mu_B(\mathrm{d}y). \qquad (6)$$

对 $A \subset \mathbf{R}^n \backslash \{x\}$ 成立. 因

$$P_x(l_B > 0) = P_x(h_B < +\infty) = \int g(x, y) \mu_B(\mathrm{d}y),$$

故(6)对一切 $A \in \mathbf{R}^n$ 成立. ∎

系 2

$$P_x(l_B > t, x(l_B \in A)) = \int_A \left[\int_t^{+\infty} p(s, x, z) \mathrm{d}s \right] \mu_B(\mathrm{d}z). \qquad (7)$$

证　左式等于

$$P_x(\theta_t(l_B > 0, x(l_B) \in A))$$

$$= E_x P_{x(t)}(l_B > 0, x(l_B) \in A)$$

$$= \int p(t, x, y) P_y(l_B > 0, x(l_B) \in A) \mathrm{d}y$$

$$= \int p(t, x, y) \int_A g(y, z) \mu_B(\mathrm{d}z) \mathrm{d}y$$

$$= \int_A \left(\int_t^{+\infty} p(s, x, z) \mathrm{d}s \right) \mu_B(\mathrm{d}z). \qquad ∎$$

系 3　对相对紧集 B,有

$$L_B(x, \mathrm{d}y) = g(x, y) \lim_{|z| \to +\infty} \frac{H_B(z, \mathrm{d}y)}{g(z, y)}, \qquad (8)$$

其中 $H_B(z, A) = P_z(x(h_B) \in A)$ 为首中点分布.

证　由(6)及 §11.8(5)

$$\frac{L_B(x,\mathrm{d}y)}{g(x,y)} = \mu_B(\mathrm{d}y) = \lim_{|z|\to+\infty} \frac{H_B(z,\mathrm{d}y)}{g(z)}.$$

再注意 $\lim\limits_{|z|\to+\infty} \dfrac{g(z,y)}{g(z)} = 1$ 即得(8). ■

因之末遇点分布可通过首中点分布来表达.

（二）球的情形

自 x 出发，$|x|<r$，则 B_r 与 S_r 之末遇时同分布，末遇点也同分布. 以下的定理 3～定理 7 皆首见于文献[21,22]，定理 3 也在文献[10]中得到.

定理 3 自 0 出发，球面 S_r 之末遇时 l_{S_r} 的分布 $P_0(l_{S_r}\leqslant t)$ 对 $t>0$ 绝对连续，有密度为

$$f(t) = \frac{r^{n-2}}{2^{\frac{n}{2}-1}\Gamma\left(\frac{n}{2}-1\right)} t^{-\frac{n}{2}} \mathrm{e}^{-\frac{r^2}{2t}} \qquad (t>0). \tag{9}$$

证 由定理 1 及 §11.8 例 1

$$f(t) = \int p(t,x,z)\mu_{S_r}(\mathrm{d}z) = \frac{r^{n-2}}{c_n}\int_{S_r} \frac{1}{(2\pi t)^{\frac{n}{2}}} \mathrm{e}^{-\frac{|y|^2}{2t}} U_r(\mathrm{d}y)$$

$$= \frac{r^{n-2}}{c_n\,|S_r|\,(2\pi t)^{\frac{n}{2}}} \int_{S_r} \mathrm{e}^{-\frac{|y|^2}{2t}} L_{n-1}(\mathrm{d}y). \tag{10}$$

将 §11.1(12) 对 r 微分，得

$$\int_{S_r} f(|y|) L_{n-1}(\mathrm{d}y) = \frac{2\pi^{\frac{n}{2}}}{\Gamma\left(\frac{n}{2}\right)} r^{n-1} f(r).$$

特别

$$\int_{S_r} \mathrm{e}^{-\frac{|y|^2}{2t}} L_{n-1}(\mathrm{d}y) = \frac{2\pi^{\frac{n}{2}}}{\Gamma\left(\frac{n}{2}\right)} r^{n-1} \mathrm{e}^{-\frac{r^2}{2t}}. \tag{11}$$

以此代入(10)，并注意

$$c_n |S_r| = \frac{\Gamma\left(\frac{n}{2}-1\right) r^{n-1}}{\Gamma\left(\frac{n}{2}\right)},$$

即得证(9). ■

至于球面 S_r 的末遇点分布,则有

$$L_{S_r}(x,\mathrm{d}y)=\frac{r^{n-2}}{|y-x|^{n-2}}U_r(\mathrm{d}y)\qquad(x\in\mathbf{R}^n).\qquad(12)$$

实际上,由(4)

$$L_{S_r}(x,\mathrm{d}y)=g(x,y)\mu_{S_r}(\mathrm{d}y)=\frac{c_n}{|y-x|^{n-2}}\cdot\frac{r^{n-2}}{c_n}U_r(\mathrm{d}y)$$

$$=\frac{r^{n-2}}{|y-x|^{n-2}}U_r(\mathrm{d}y).$$

特别,由(12)及 §11.3 定理 2,知

$$P_0(x(h_r)\in A)=U_r(A)=P_0(x(l_{S_r})\in A).$$

即自 0 出发,S_r 之首中点与末遇点同分布,即球面上之均匀分布.

定理 4 对 $n(\geqslant 3)$ 维布朗运动,当且仅当 $m<\dfrac{n}{2}-1$ 时,
$E_0(l_{S_r})^m<+\infty$,而且

$$E_0(l_{S_r})^m=\frac{r^{2m}}{(n-4)(n-6)\cdots(n-2m-2)}\qquad(n>4).\qquad(13)$$

证 由(9)

$$E_0(l_{S_r})^m=\frac{r^{n-2}}{2^{\frac{n}{2}-1}\Gamma\left(\dfrac{n}{2}-1\right)}\int_0^{+\infty}s^{m-\frac{n}{2}}\mathrm{e}^{-\frac{r^2}{2s}}\mathrm{d}s$$

$$=\frac{r^{2m}}{2^m\Gamma\left(\dfrac{n}{2}-1\right)}\int_0^{+\infty}u^{\frac{n}{2}-m-2}\mathrm{e}^{-u}\mathrm{d}u.$$

后一积分当且仅当 $\dfrac{n}{2}>m+1$ 时收敛,其值为 $\Gamma\left(\dfrac{n}{2}-m-1\right)$. 利

用等式 $\Gamma\left(\dfrac{n}{2}-1\right)=\Gamma\left(\dfrac{n}{2}-m-1\right)\prod_{i=1}^{m}\left(\dfrac{n}{2}-i-1\right)$,即得(13).

■

于是此矩有成双性质:$n=3,4$ 时,$E_0(l_{S_r})=+\infty$;$n=5,6$
时,$E_0(l_{S_r})<+\infty$,一阶以上矩皆无穷;$n=7,8$ 时,$E_0(l_{S_r})^2<$

$+\infty$，二阶以上矩皆无穷，等.

关于矩还有一有趣性质：由 §11.3 注 2、§11.3 定理 1 以及本节(13)，以 $l_r^{(n)}$，$h_r^{(n)}$ 及 $T_r^{(n)}$ 分别表 n 维空间中布朗运动对 S_r 的末遇时、首中时及在 B_r 中的停留时间

$$T_r^{(n)} = \int_0^{+\infty} \chi_{B_r}(x_t)\,\mathrm{d}t,$$

（χ_A 表 A 的示性函数），则有

$$E_0[h_r^{(n)}] = E_0[T_r^{(n+2)}] = E_0[l_r^{(n+4)}] = \frac{r^2}{n}, \qquad n \geqslant 1. \quad (14)$$

在 §11.3 注 2 中已知 $h_r^{(n)}$ 与 $T_r^{(n+2)}$ 关于 P_0 同分布；上式可视为此事实在矩的方面的延拓.(14)式还反映布朗粒子逃逸速度随维数 n 增高而加大.

以下固定 $n \geqslant 3$，简写 $l_r^{(n)}$ 为 $l_r (\equiv l_{S_r})$，$h_r^{(n)}$ 为 h_r，并定义

$$M_r = \max_{0 \leqslant t \leqslant l_r} |x(t)|, \alpha_r = \min_t(|x_t| = M_r, t \leqslant l_r). \quad (15)$$

M_r 是 n 维布朗运动粒子在末遇球面 S_r 前所走的极大游程，即与原点的最大距离，而 α_r 为首达极大的时刻.

定理 5 对 $x, |x| \leqslant r$，有

$$P_x(M_r \leqslant a) = \begin{cases} 0, & a \leqslant r, \\ 1 - \left(\dfrac{r}{a}\right)^{n-2}, & a > r. \end{cases} \quad (16)$$

证 先设 $a > r$.

$$P_x(M_r \geqslant a) = P_x(l_r > h_a) = \int_{S_a} P_x(x(h_a) \in db)P_b(l_r > 0).$$

当 $b \in S_a$ 时，$|b| = a > r$，由 §11.4(15)，得

$$P_b(l_r > 0) = P_b(h_r < +\infty) = \left(\frac{r}{a}\right)^{n-2};$$

$$P_x(M_r \geqslant a) = \int_{S_a} P_x(x(h_a) \in db)\left(\frac{r}{a}\right)^{n-2} = \left(\frac{r}{a}\right)^{n-2};$$

$$P_x(M_r > a) = \lim_{\varepsilon \downarrow 0} P_x(M_r \geqslant a + \varepsilon) = \left(\frac{r}{a}\right)^{n-2}.$$

次设 $a<r$. 由 M_r 之定义,显然有 $P_x(M_r \leqslant a)=0$. 最后设 $a=r$. 由已证明的两个结果得

$$P_x(M_r=r)=\lim_{\varepsilon \downarrow 0} p_x(r-\varepsilon<M_r \leqslant r+\varepsilon)$$

$$=\lim_{\varepsilon \downarrow 0}\left[P_x(M_r \leqslant r+\varepsilon)-P_x(M_r \leqslant r-\varepsilon)\right]$$

$$=\lim_{\varepsilon \downarrow 0}\left[1-\left(\frac{r}{r+\varepsilon}\right)^{n-2}\right]=0,$$

$$P_x(M_r \leqslant r)=\lim_{\varepsilon \downarrow 0} P_x(M_r \leqslant r-\varepsilon)+P_x(M_r=r)=0. \quad\blacksquare$$

由(16)知 $P_x(M_r \leqslant a)$ 不依赖于 x, $|x| \leqslant r$. 它有密度

$$g_r(a)=\begin{cases} 0, & a \leqslant r, \\ \dfrac{(n-2)r^{n-2}}{a^{n-1}}, & a>r. \end{cases} \quad (17)$$

其 m 阶矩为

$$E_x(M_r^m)=(n-2)r^{n-2}\int_r^{+\infty} a^m a^{1-n}\,\mathrm{d}a$$

$$=\begin{cases} +\infty, & m \geqslant n-2, \\ \dfrac{n-2}{n-m-2}r^m, & m<n-2, \end{cases} \quad (|x| \leqslant r). \quad (18)$$

由此知:$n=3$ 时,$E_x(M_r)=+\infty$;$n=4$ 时,$E_x(M_r)<+\infty$,但二阶矩不存在;$n=5$ 时,$E_x(M_r^2)<+\infty$,但三阶矩不存在;等.

今引入两个特征数 C_l 及 C_M:

$$C_l=\max\{整数\ m \geqslant 0, E_0(l_r^m)<+\infty\},$$

$$C_M=\max\{整数\ m \geqslant 0, E_0(M_r^m)<+\infty\}.$$

由(13)及(18)知它们依赖于空间维数 n,但不依赖于球的半径 $r>0$;而且还有表 11-1.

表 11-1

n	3	4	5	6	...	$2k-1$	$2k$
C_l	0	0	1	1		$k-2$	$k-2$
C_M	0	1	2	3		$2k-4$	$2k-3$

这说明 $2k-1$ 与 $2k$ 维布朗运动,虽有相同的 $C_l=k-2$,却有不同的 C_M,分别为 $2k-4$ 与 $2k-3$. 用 C_l 可以把各维布朗运动按维数一对一对地区别开来,而用 C_M 则可一一地分开. 在此意义上,C_M 比 C_l 更精确些.

现在讨论 M_r 的修正变量 N_r

$$M_r = \frac{M_r - r}{\sqrt{D_x M_r}} \qquad (n > 4). \tag{19}$$

N_r 依赖于 n,又 D 表方差. 由(18),当 $|x| \leqslant r$ 时,

$$E_x(M_r) = \frac{n-2}{n-3} r, \quad D_x(M_r) = \frac{n-2}{(n-3)^2(n-4)} r^2. \tag{20}$$

定理 6 当 $|x| \leqslant r$ 时,

$$\lim_{n \to +\infty} P_x(N_r \leqslant a) = \begin{cases} 0 & a \leqslant 0, \\ 1 - e^{-a}, & a > 0. \end{cases} \tag{21}$$

证

$$P_x(N_r > a) = P_x\left(\frac{M_r - r}{\frac{r}{n-3}\sqrt{\frac{n-2}{n-4}}} > a\right) = P_x\left(M_r > \frac{ar}{n-3}\sqrt{\frac{n-2}{n-4}} + r\right).$$

由定理 5,当 $\dfrac{ar}{n-3}\sqrt{\dfrac{n-2}{n-4}} + r \leqslant r$ 时,亦即当 $a \leqslant 0$ 时,有 $P_x(N_r > a) = 1$. 由此得(21)中第一结论. 当 $a > 0$ 时,仍由定理 5,

$$P_x(N_r > a) = \left[\frac{r}{\frac{ar}{n-3}\sqrt{\frac{n-2}{n-4}} + r}\right]^{n-2}$$

$$= \frac{1}{\left[1 + \frac{a}{n-3}\sqrt{\frac{n-2}{n-4}}\right]^{n-3}} \left(1 + \frac{a}{n-3}\sqrt{\frac{n-2}{n-4}}\right) \to e^{-a}$$

$$(n \to +\infty).$$ ■

令以 q_{ni} 表贝塞尔函数 $J_v(z)\left(v = \frac{n}{2} - 1\right)$ 的正零点,又

$$\xi_{ni}=\frac{q_{ni}^{v-1}}{2^{v-1}}\Gamma(v+1)J_{v+1}(q_{ni}).$$

定理 7

(i) $P_0(\alpha_r>t)=(n-2)r^{n-2}\sum\limits_{i=1}^{+\infty}\xi_{ni}\cdot\int_r^{+\infty}\frac{1}{a^{n-1}}\mathrm{e}^{-\frac{q_{ni}^2 t}{2a^2}}\mathrm{d}a$;

(ii) $E_0\alpha_r=\dfrac{n-2}{n(n-4)}r^2$, $\qquad n>4.$

证　α_r 是首中随机球面 S_{M_r} 的时间,亦即 $\alpha_r=h_{M_r}$. 由此及 (17)得[①]

$$P_0(\alpha_r>t)=P_0(h_{M_r}>t)=\int_r^{+\infty}P_0(h_a>t)P_0(M_r\in\mathrm{d}a)$$

$$=\int_r^{+\infty}P_0(h_a>t)\frac{(n-2)r^{n-2}}{a^{n-1}}\mathrm{d}a.$$

以 §11.3(10)代入上式即得证(i). 其次

$$E_0\alpha_r=\int_0^{+\infty}P_0(\alpha_r>t)\mathrm{d}t$$

$$=\int_r^{+\infty}\left[\int_0^{+\infty}P_0(h_a>t)\mathrm{d}t\right]\frac{(n-2)r^{n-2}}{a^{n-1}}\mathrm{d}a,$$

但由(14)

$$\int_0^{+\infty}P_0(h_a>t)\mathrm{d}t=E_0(h_a)=\frac{a^2}{n}.$$

故

$$E_0\alpha_r=\frac{(n-2)r^{n-2}}{n}\int_r^{+\infty}\frac{\mathrm{d}a}{a^{n-3}}=\frac{n-2}{n(n-4)}r^2.\quad\blacksquare$$

于是对同一 n,同一半径 r,由上式及(14)得

$$E_0h_r=\frac{r^2}{n}<E_0T_r=\frac{r^2}{n-2}<E_0\alpha_r=\frac{n-2}{n(n-4)}r^2<E_0l_r=\frac{r^2}{n-4}.$$

其中 $E_0T_r<E_0\alpha_r$ 不是直观上可以预料的. 有关文献见[25][26].

---

①　可以证明:当 $r<a\leqslant b$ 时,有
$$P_0(h_a>t,M_r\geqslant b)=P_0(h_0>t)\cdot P_0(M_r\geqslant b).$$

§11.13　格林函数

（一）上调和(Superharmonic)函数

设 $G \subset \mathbf{R}^n$ 为一开集,取值于 $(-\infty, +\infty]$,但在 G 的任一连通成分中都不恒等于 $+\infty$ 的函数 $f(x)$,$(x \in G)$ 称为在 G 内上调和,如果

（i）f 下连续于 G；

（ii）对每 $x \in G$,存在 $\delta > 0$,使当球 $B_\delta(x) \subset G$ 时,对每 $0 < r < \delta$,有

$$\int_{S_r(x)} f(y) U_r(\mathrm{d}y) \leqslant f(x) \tag{1}$$

U_r 表 $S_r(x)$ 上的均匀分布.

利用布朗运动,条件(1)可改写为

$$E_r f(x_e) \leqslant f(x) \tag{2}$$

e 为 $\mathring{B}_r(x)$ 的首出时,亦即 $S_r(x)$ 的首中时,

称函数 f 在 G 内下调和(Subharmonic),如 $-f$ 在 G 内上调和.

显然,常数在 $\mathbf{R}^n$ 内上（下）调和；在 G 内调和的函数在 G 内上（下）调和.

以下皆设 $n \geqslant 3$.

由 §11.4 例 1,$g(y-x) = \dfrac{c_n}{|y-x|^{n-2}}$ 作为 y 的函数,在 $\mathbf{R}^n \setminus \{x\}$ 调和,在 $\mathbf{R}^n$ 为上调和.

容易证明,势 $G\mu(x) = \displaystyle\int g(y-x)\mu(\mathrm{d}y)$ 若不恒等于 $+\infty$,则它在任一开集 D 内为上调和.实际上,在 §11.7 定理 2 之证中,已

证明 $G\mu(x)$ 下连续.其次,利用 $g(y-x)$ 的上调和性,有

$$\int_{S_r(x)} G\mu(y)U_r(\mathrm{d}y) = \int_{S_r(x)}\int g(z-y)\mathrm{d}\mu(z)U_r(\mathrm{d}y)$$

$$= \iint_{S_r(x)} g(z-y)U_r(\mathrm{d}y)\mathrm{d}\mu(z)$$

$$\leqslant \int g(z-x)\mathrm{d}\mu(z) = G\mu(x). \qquad (3)$$

由于上调和函数的非负线性组合也上调和,故若 $h(x)$ 为开集 D 中调和函数,则

$$f(x)=G\mu(x)+h(x) \qquad (x\in D) \qquad (4)$$

也在 D 中为上调和.

有趣的是反面的结果也成立:设 $f(x)$ 在开集 D 内上调和,则 f 可表为

$$f(x)=G_D\mu(x)+h(x), \qquad (5)$$

其中 $h(x)$ 在 D 内调和,而且是在 D 内不超过 f 的最大调和函数;$G_D\mu(x)$ 为格林势,即

$$G_D\mu(x) = \int g^*_D(x,y)\mu(\mathrm{d}y), \qquad (6)$$

其中 $g^*_D(x,y)$ 是下面即将定义的 D 的格林函数,而 μ 为支集含于 D 的拉东测度,而且 μ 被 f 唯一决定.

(5)式称为 f 的里斯(Riesz)分解,它与以下诸结论之证可见文献[17].

调和函数有很好的解析性质,而上调和函数则不然,甚至连续性也不能保证.但它却可被很好的函数列所逼近:设 $f(x)$ 在开集 D 内为上调和,D_m 为相对紧开集列,$D_m\uparrow D$,则存在有界、无穷次可微、在 D_m 为上调和的函数 f_m,使在 D_m 内,$f_r\geqslant f_m(r>m)$,而且在 D 内有 $\lim_{m\to+\infty} f_m=f$;若 $f\geqslant 0$,则也可取 $f_m\geqslant 0$.

上调和函数与极集有下列关系:设 f 在开集 D 内上调和,则 $(x\in D:f(x)=+\infty)$ 的每一紧子集是极集;反之,设 D 开,$B\subset$

D,B 为极集，又 $x \in D \backslash B$，则存在于 D 内为上调和的函数 f，使在 B 上 $f = +\infty$，又 $f(x) < +\infty$.（因使 $f(x) = +\infty$ 之点 x 通常称为 f 的极点，这也许是极集命名的原因）.

称定义在开集 D 内的非负函数 f 为在 D 内过分，如果它在 D 之任一连通成分内不恒等于 $+\infty$，而且

$$E_x(f(x_t), t < e_D) \leqslant f(x), \qquad \text{任意 } t > 0;$$

$$\lim_{t \to 0} E(f(x_t), t < e_D) = f(x), \qquad e_D \text{ 为 } D \text{ 的首出时},$$

可以证明：设 $f \geqslant 0$，D 为开集，那么 f 上调和于 D 的充分必要条件是它在 D 内过分.

此结果把上调和函数与布朗运动联系起来.

（二）函数 $g_B(x, y)$ 的性质

对 $B \in \mathcal{B}^n, (n \geqslant 3)$，在 §11.6 中定义了

$$g_B(x, y) = \int_0^{+\infty} q_B(t, x, y) \mathrm{d}t, \tag{7}$$

其中 $q_B(t, x, y)$ 为禁止转移密度. 直观上，$g_B(x, y) \mathrm{d}y$ 可理解为自 x 出发在到达 B 之前在 $(y, y + \mathrm{d}y)$ 中的平均停留时间. 由 §11.6(14)

$$g(y - x) = \int_{\bar{B}} H_B(x, \mathrm{d}z) g(y - z) + g_B(x, y)$$

$$= E_x g(y - x(h_B)) + g_B(x, y). \tag{8}$$

上面已叙及 $g(y - x)$ 有关调和的性质，故为研究 $g_B(x, y)$，只需先研究

$$F_B(x, y) \equiv \int_{\bar{B}} H_B(x, \mathrm{d}z) g(y - z) = E_x g(y - x(h_B)). \tag{9}$$

以 $F(x, \cdot)$ 表 $F(x, y)$ 中，x 固定，y 流动.

引理 1 $F_B(x, \cdot)$ 在 $\mathbf{R}^n$ 为上调和，在 $(\bar{B})^c$ 调和.

证 由法图引理

$$\varliminf_{y \to a} F_B(x, y) = \varliminf_{y \to a} \int_{\bar{B}} H_B(x, \mathrm{d}z) g(y - z)$$

$$\geqslant \int_{\bar{B}} H_B(x,dz) \varliminf_{y\to a} g(y-z)$$

$$\geqslant \int_{\bar{B}} H_B(x,dz) g(a-z) = F_B(x,a). \quad (10)$$

故 $F_B(x,\cdot)$ 下连续. 次对 $a\in \mathbf{R}^n$ 及球 $B_r(a)$, 有

$$\int_{S_r(a)} F_B(x,z) U_r(dz) = \int_{S_r(a)} \int_{\bar{B}} H_B(x,dv) g(z-v) U_r(dz)$$

$$= \int_{\bar{B}} H_B(x,dv) \int_{S_r(a)} g(z-v) U_r(dz)$$

$$\leqslant \int_{\bar{B}} H_B(x,dv) g(a-v)$$

$$= F_B(x,a). \quad (11)$$

此得证第一结论. 下证在 $(\bar{B})^c$ 之调和性.

先证在 $a\in\bar{B}, F_B(x,\cdot)$ 有球面平均性. 取 $S_r(a)\subset(\bar{B})^c$, 推理如 (11), 但 (11) 中不等号应为等号, 此因 $g(\cdot-v)$ 在 $\mathbf{R}^n\setminus\{v\}$ 为调和, 而 $v\in\bar{B}$, 故它在 $(\bar{B})^c$ 调和. 再证 $F_B(x,\cdot)$ 的局部可积性. 由于 $\bar{B}$ 闭, 当 $z\in\bar{B}$ 而 y 属于紧集 $K\subset(\bar{B})^c$ 时, $g(y-z)$ 对 z 有界; 由 (9) $F_B(x,y)$ 对 $y\in K$ 也有界, 从而它在 $(\bar{B})^c$ 局部可积. 于是由 §11.4 定理 (2), $F(x,\cdot)$ 在 $(\bar{B})^c$ 调和. ∎

引理 2　设 G_m 及 G 皆开, 又

$$G_1\subset\bar{G}_1\subset G_2\subset\bar{G}_2\subset\cdots, \bigcup_m G_m=G. \quad (12)$$

则对 $x\in G, y\in G$, 有

$$\lim_{m\to+\infty} F_{G_m^c}(x,y) = F_{G^c}(x,y). \quad (13)$$

证　当 m 充分大时, $x\in G_m, y\in G_m$,

$$F_{G_m^c}(x,y) = E_x g(y-x(h_{G_m^c})) = E_x g(y-x(h_{\partial G_m}))$$

$$= E_x[g(y-x(h_{\partial G_m})); h_{\partial G}<+\infty] +$$

$$E_x[g(y-x(h_{\partial G_m})); h_{\partial G}=+\infty]. \quad (14)$$

注意 $x(h_{\partial G_m})\in G_m^c$; 当 $y\in G_m$ 固定时, $g(y-z)$ 对 $z\in G_m^c$ 有界连续; 又在 $h_{\partial G}<+\infty$ 上, 由 §11.6 引理 2, 对 $x\in G, P_x$ 几乎处处有

$x(h_{\partial G_m}) \to x(h_{\partial G})$. 由于这些原因，(14)中最右方的第一项趋于

$$E_x\left[g(y-x(h_{\partial G})); k_{\partial G} < +\infty\right] = E_x\left[g(y-x(h_{G^c})); h_{G^c} < +\infty\right]$$
$$= F_{G^c}(x,y). \tag{15}$$

在 $h_{\partial G} = +\infty$ 上，$P_x(x \in G)$ 几乎处处有 $h_{\partial G_m} \uparrow +\infty$，

$$\lim_{m \to +\infty} |x(h_{\partial G_m})| = +\infty;$$

再注意 $\lim\limits_{|x| \to +\infty} g(y-x) = 0$，并利用控制收敛定理，知右方第二项趋于 0. ∎

关于 $g_B(x,y)$ 的性质，在 §11.6 中已有叙述，今再补充如下：

(i) $g_B(x,y) < +\infty, (x \neq y)$；$g_B(x,x) = +\infty, x \overline{\in} \bar{B}$.

事实上，由 $q_B(t,x,y) \leqslant p(t,x,y)$ 得

$$g_B(x,y) \leqslant g(x,y) < +\infty, \qquad x \neq y.$$

次如 $x \overline{\in} \bar{B}$，由(8)

$$g_B(x,x) = g(0) - \int_{\bar{B}} H_B(x,\mathrm{d}z) g(x-z),$$

$g(0) = +\infty$；又当 $x \overline{\in} \bar{B}$ 时，$g(x-z)$ 对 $z \in \bar{B}$ 有界连续，故上式中积分有穷，于是 $g_B(x,x) = +\infty$.

由(8)及引理 1，立得

(ii) $g_B(x, \cdot)$ 上连续，在 $\mathbf{R}^n \setminus \{x\}$ 为下调和.

(iii) $g_B(x,y)$ 对 $y \in (\bar{B})^c \setminus \{x\}$ 调和.

(iv) $g_B(x,y) - g(y-x)$ 对 $y \in (\bar{B})^c$ 调和.

(v) 如 $a \in B^r, \lim\limits_{y \to a} g_B(x,y) = g_B(x,a) = 0$.

事实上，由(ii)及 §11.6,(vii)

$$0 \leqslant \overline{\lim_{y \to a}} g_B(x,y) \leqslant g_B(x,a) = 0.$$

（三）格林函数

设 G 为非空开集，定义在 $G \times G$ 上的非负函数 $g_G^*(x,y)$ 称为 G 的格林函数，如果

(i) $g_G^*(x,y) - g(y-x)$ 对 y 在 G 内调和；

(ii) 若另一个 $u(x,y)\geqslant0(x\in G,y\in G)$ 也使 $u(x,y)-g(y-x)$ 对 y 在 G 内调和,则

$$u(x,y)\geqslant g_G^*(x,y). \tag{16}$$

下定理是布朗运动与势论间的一重要联系.

定理 1　开集 G 的格林函数 g_G^* 等于 g_{G^c} 在 $G\times G$ 上的限制,即

$$g_G^*(x,y)=g_{G^c}(x,y), \qquad x\in G,y\in G. \tag{17}$$

证　i) 由性质(iv)立得证 $g_{G^c}(x,y)$ 满足 G 的格林函数条件(i).

ii) 任取一个满足 G 的格林函数条件(ii)中条件的 $u(x,y)$,往证

$$u(x,y)\geqslant g_{G^c}(x,y), \qquad x\in G,y\in G. \tag{18}$$

先设 G 有界而且 $\partial G\subset(G^c)^r$. 由性质(v),对 $a\in\partial G$,

$$\varliminf_{y\to a}[u(x,y)-g_{G^c}(x,y)]=\varliminf_{y\to a}u(x,y)\geqslant0.$$

由性质(iv),既然

$$u(x,y)-g_{G^c}(x,y)$$
$$=[u(x,y)-g(y-x)]-[g_{G^c}(x,y)-g(y-x)]$$

对 $y\in G$ 调和,故由 §11.4 极大原理,即得(18).

iii) 设 G 为任意开集. 由 §11.6 引理 2,存在有界开集列 $\{G_m\}$,使

$$G_m\subset G,G_1\subset\bar{G}_1\subset G_2\subset\bar{G}_2\subset\cdots,\bigcup_m G_m=G,$$

而且 $\partial G_m\subset(G_m^c)^r$. 由于 G_m 有界,由 ii)有

$$u(x,y)\geqslant g_{G_m^c}(x,y), \qquad x\in G_m,y\in G_m. \tag{19}$$

因此,若能证 $g_{G_m^c}(x,y)\to g_{G^c}(x,y),(x\in G,y\in G)$,则(18)成立而定理证完.

为此,先设 $x=y\in G$. 对充分大的 $m,x=y\in G_m$. 由 G 的格林函数的条件(i)

$$+\infty = g_{G_m^c}(x,x) \uparrow g_{G^c}(x,x) = +\infty.$$

次设 $x \in G, y \in G, x \neq y$. 对充分大的 $m, y \in G_m$. 由(8)

$$g_{G_m^c}(x,y) = g(y-x) - F_{G_m^c}(x,y),$$

$$g_{G^c}(x,y) = g(y-x) - F_{G^c}(x,y).$$

由此及引理 2 即得所欲证. ∎

作为用概率方法求格林函数之例, 考虑开球 $G = \mathring{B}_r$, 试证它的格林函数为

$$g_G^*(x,y) = g(y-x) - \left(\frac{r}{|y|}\right)^{n-2} g(y^*-x) \qquad (n \geqslant 3), \qquad (20)$$

其中 $x \in G, 0 \neq y \in G$, 又 y^* 由 y 经凯尔文(Kelvin)变换(相对于圆周 S_r 的反演)而来, 即

$$y^* = \frac{r^2 y}{|y|^2}, \qquad y \neq 0. \qquad (21)$$

实际上, 由定理及(8)

$$g_G^*(x,y) = g(y-x) - E_x g(y - x(h_{G^c})). \qquad (22)$$

设 $z = x(h_{G^c}) \in S_r$. 利用关系式: $z \in S_r$, 有

$$\frac{|z-y^*|}{|z-y|} = \frac{r}{|y|}, \qquad y \neq 0,$$

得

$$g(y-z) = \frac{c_n}{|y-z|^{n-2}} = \left(\frac{r}{|y|}\right)^{n-2} g(y^*-z).$$

由于 $g(y^*-x)$ 对 $x \in \mathbf{R}^n - \{y^*\}$ 调和, 由 §11.4(5)

$$E_x g(y - x(h_{G^c})) = \left(\frac{r}{|y|}\right)^{n-2} E_x g(y^* - x(h_{G^c}))$$

$$= \left(\frac{r}{|y|}\right)^{n-2} g(y^*-x).$$

由此及(22)即得(20).

同理可证 $G = (B_r)^c$ 的格林函数也由(20)给出.

第 12 章   二维布朗运动与对数位势

§12.1   对数位势的基本公式

对于一、二维布朗运动,$g(x,y)=+\infty$(见§11.2,(8)),故需考虑另一势核$k(x,y)$;结果发现,$k(x,y)$是对数函数,由它而建立对数位势.对数势与牛顿势的理论在许多问题上是平行的.

本章中无特别声明时,恒设$n=2$.仍令

$$g^{\lambda}(x) = \int_0^{+\infty} \mathrm{e}^{-\lambda t} p(t,x)\mathrm{d}t, \quad p(t,x) = \frac{1}{2\pi t}\mathrm{e}^{-\frac{|x|^2}{2t}}.$$

任意固定一点$u\in\mathbf{R}^2$,使$|u|=1$.(例如,可取$u=(1,0)$). 对任意$x\in\mathbf{R}^2$,$y\in\mathbf{R}^2$,定义

$$k^{\lambda}(x)=g^{\lambda}(u)-g^{\lambda}(x); \quad k^{\lambda}(x,y)=k^{\lambda}(y-x). \tag{1}$$

显见$k^{\lambda}(x,y)=k^{\lambda}(y,x)$,又

$$k^{\lambda}(x) = \int_0^{+\infty} \mathrm{e}^{-\lambda t}\big[p(t,u) - p(t,x)\big]\mathrm{d}t$$

$$= \frac{1}{2\pi}\int_0^{+\infty} \mathrm{e}^{-\lambda t}\left(\mathrm{e}^{-\frac{1}{2t}} - \mathrm{e}^{-\frac{|x|^2}{2t}}\right)\frac{\mathrm{d}t}{t}. \tag{2}$$

由此知

$$k^\lambda(x)\begin{cases} =0, & |x|=1; \\ >0, & |x|>1, \text{此时 } k^\lambda(x) \text{随} \lambda \downarrow 0 \text{而上升}; \\ <0, & |x|<1, \text{此时 } k^\lambda(x) \text{随} \lambda \downarrow 0 \text{而下降}. \end{cases} \qquad (3)$$

于是存在极限

$$\lim_{\lambda \downarrow 0} k^\lambda(x) \equiv k(x). \qquad (4)$$

这一收敛性具有下列性质：

（i）单调性：当 $\lambda \downarrow 0$ 时

$$k^\lambda(x) \uparrow k(x), \qquad |x| \geqslant 1;$$

$$-k^\lambda(x) \uparrow -k(x), \quad |x| \leqslant 1.$$

（ii）$k^\lambda(x)$ 及 $k(x)$ 在 $x \neq 0$ 连续（这由下面 $k(x)$ 的表达式可见），故在不含 0 的紧集上，收敛是均匀的.

现在来求 $k(x)$. 交换积分次序，得

$$k(x) = \frac{1}{2\pi} \int_0^{+\infty} \left(e^{-\frac{1}{2t}} - e^{-\frac{|x|^2}{2t}} \right) \frac{dt}{t} = \frac{1}{2\pi} \int_0^{+\infty} \left(e^{-t} - e^{-|x|^2 t} \right) \frac{dt}{t}$$

$$= \frac{1}{2\pi} \int_0^{+\infty} \left(\int_t^{|x|^2 t} e^{-s} ds \right) \frac{dt}{t} = \frac{1}{2\pi} \int_0^{+\infty} \left(\int_0^{+\infty} \chi_{[t, |x|^2 t]}(s) \frac{dt}{t} \right) e^{-s} ds$$

$$= \frac{1}{2\pi} \int_0^{+\infty} \left(\int_{\frac{s}{|x|^2}}^s \frac{dt}{t} \right) e^{-s} ds, \qquad (5)$$

故

$$k(x) = \frac{1}{\pi} \lg |x| \qquad (x \in \mathbf{R}^2), \qquad (6)$$

$$k(x, y) = \lim_{\lambda \downarrow 0} k^\lambda(x, y) = \frac{1}{\pi} \lg |x - y| \qquad (x, y \in \mathbf{R}^2). \qquad (7)$$

称 $k(x, y)(=k(y-x)=k(x-y))$ 为对数势的核.

对 $B \in \mathcal{B}^2$，由 §11.6, (6)

$$E_x e^{-\lambda h_B} = H_B^\lambda(x, \overline{B}), \qquad (8)$$

$$g^\lambda(u) = \int_{\overline{B}} H_B^\lambda(x, dz) g^\lambda(u) + g^\lambda(u)[1 - E_x e^{-\lambda h_B}]. \qquad (9)$$

又首次通过公式的拉东变换为

$$g^\lambda(y-x) = \int_{\overline{B}} H_B^\lambda(x, dz) g^\lambda(y-z) + g_B^\lambda(x, y). \qquad (10)$$

自(10)减(9),得

$$k^\lambda(y-x) = \int_{\bar{B}} H_B^\lambda(x, \mathrm{d}z) k^\lambda(y-z) - g_B^\lambda(x,y) + L_B^\lambda(x),$$

$$x, y \in \mathbf{R}^2, \tag{11}$$

其中

$$L_B^\lambda(x) = g^\lambda(u)[1 - E_x \mathrm{e}^{-\lambda h_B}]. \tag{12}$$

显然,$L_B^\lambda(x) \geqslant 0$,而且当 $x \in B^r$ 时,$L_B^\lambda(x) = 0$.本节的主要目的是证明:若 B 非极集,则可在(11)中令 $\lambda \downarrow 0$ 而得(13),称它为**对数势的基本公式**.

定理 1　设 B 为非极集.则

(i) $g_B(x,y) < +\infty \qquad (x \neq y)$;

(ii) 存在极限 $\lim\limits_{\lambda \downarrow 0} L_B^\lambda(x) = L_B(x) < +\infty, \qquad x \in \mathbf{R}^2$;

(iii) 对 $x \neq y$,有

$$k(y-x) = \int_{\bar{B}} H_B(x, \mathrm{d}z) k(y-z) - g_B(x,y) + L_B(x). \tag{13}$$

为了证明,须先证若干引理.我们先作一些说明.要在积分号下取极限,可以用单调收敛定理或被积函数列在紧集上的均匀收敛性.因此,我们先对相对紧集证明该定理,然后考虑一般的 B.对 $A \in \mathcal{B}^n$,令

$$g_B^\lambda(x, A) = \int_A g_B^\lambda(x, y) \mathrm{d}y, \qquad \lambda \geqslant 0. \tag{14}$$

引理 1　设 $B \in \mathcal{B}^n (n \geqslant 1)$ 为非极集,又 A 为相对紧集,则

$$g_B^\lambda(x, A) \uparrow g_B(x, A) = E_x \int_0^{h_B} \chi_A(x_t) \mathrm{d}t, \qquad \lambda \downarrow 0; \tag{15}$$

$$\sup_{x \in \mathbf{R}^n} E_x \int_0^{h_B} \chi_A(x_t) \mathrm{d}t < +\infty. \tag{16}$$

证　由单调收敛定理及

$$g_B^\lambda(x, A) = \int_A \int_0^{+\infty} \mathrm{e}^{-\lambda t} q_B(t, x, y) \mathrm{d}t \mathrm{d}y$$

$$= \int_0^{+\infty} e^{-\lambda t} P_x(h_B > t, x_t \in A) dt,$$

即得(15)中前式. 又

$$g_B(x, A) = \int_0^{+\infty} P_x(h_B > t, x_t \in A) dt = E_x \int_x^{h_B} \chi_A(x_t) dt.$$

设 $n \geqslant 3$. 取球 $B_r \supset A$. 由 §11.1 引理 2, 知

$$g_B(x, A) \leqslant \int_0^{+\infty} P_x(x_t \in A) dt \leqslant \int_0^{+\infty} \int_{B_r} p(t, x, y) dy dt$$

$$= \int_{B_r} \frac{c_n}{|x - y|^{n-2}} dy < A_n,$$

其中 c_n, A_n 为常数, 故此时(16)成立.

今设 $n \leqslant 2$. 任取 $a \in \mathbf{R}^2$, 必存在 $t_0 > 1$, 使

$$P_a(x_s \in B, 对某 s \in (1, t_0))$$

$$= \int p(1, y - a) P_y(h_B \leqslant t_0 - 1) dy > 0, \tag{17}$$

其中 $\int = \int_{\mathbf{R}^2}$. 否则, 若说上式对一切 $t_0 > 1$ 都为 0, 则

$$P_a(h_B < +\infty) = \int p(1, y - a) P_y(h_B < +\infty) dy$$

$$= \lim_{t \to +\infty} \int P(1, y - a) P_y(h_B \leqslant t - 1) dy = 0.$$

故由 §11.6 系 1 知 $P_x(h_B < +\infty) \equiv 0$. 此与 B 非极集矛盾.

由(17), 存在紧集 F, 有正勒贝格测度, 使

$$P_y(h_B \leqslant t_0 - 1) > 0 \qquad (y \in F). \tag{18}$$

因 $p(1, x)$ 连续而且严格大于 0, 故 $p(1, y - x)$ 对 $y \in F, x \in A$ 的下确界大于 0. 于是由(18), 得

$$\inf_{x \in A} P_x(h_B \leqslant t_0) \geqslant \inf_{x \in A} \int_F p(1, y - x) P_y(h_B \leqslant t_0 - 1) dy$$

$$= \delta > 0, \tag{19}$$

其中 δ 为某正数. 令

$$C = (t: x_t \in A, h_B > t), I_j = [jt_0, (j+1)t_0].$$

定义下标集 $D=(j:I_j\bigcap C$ 非空). 故若 $j'\in D$, 则必存在 $t\in[j't_0,$ $(j'+1)t_0]$, $t<h_B$, 使 $x_t\in A$. 把 D 排为 $j_1<j_2<\cdots$. 定义时刻 $T_1<T_2<\cdots$:

$T_1=\inf(t:t\in C)$, 如右方集非空, 否则令 $T_1=+\infty$;

$T_{n+1}=\inf(t:t\in C;t\geqslant j_nt_0)$, 如右方集非空, 否则令 $T_{n+1}=+\infty$.

由定义知, 若 $T_{n+1}<+\infty$, 则 T_{n+1} 是 $[j_nt_0,h_B]$ 中首中 A 的时刻. 以 $N(\leqslant+\infty)$ 表 D 中元的个数. 则

$$\begin{aligned}
P_x(n<N\leqslant n+2)&=P_x(T_n<+\infty,T_{n+2}=+\infty)\\
&\geqslant P_x(T_n<+\infty,h_B\leqslant T_n+t_0)\\
&=\int_A P_x(T_n<+\infty,X(T_n)\in\mathrm{d}z)P_z(h_B\leqslant t_0)\\
&\geqslant \delta P_x(T_n<+\infty)=\delta P_x(N>n);
\end{aligned}$$

$$P_x(N>n+2)\leqslant(1-\delta)P_x(N>n);$$

$$\begin{aligned}
E_xN&=\sum_{n=0}^{+\infty}P_x(N>n)\\
&=\sum_{n=0}^{+\infty}P_x(N>2n)+\sum_{n=1}^{+\infty}P_x(N\geqslant 2n+1)<\frac{2}{\delta}<+\infty.
\end{aligned}$$

以 $|C|$ 表 C 的勒贝格测度, 得

$$\begin{aligned}
\sup_x E_x\int_0^{h_B}\chi_A(x_t)\mathrm{d}t&=\sup_x E_x\,|\,C\,|\leqslant\sup_x E_x\Big|\bigcup_{j\in D}I_j\Big|\\
&=\sup_x t_0E_xN<+\infty. \qquad\blacksquare
\end{aligned}$$

注 1　由 §11.6(二), 当 $n=1$ 时, 引理 1 对任意非空的 $B\in\mathcal{B}^1$ 正确.

引理 2　设两可测集 $C\subset B$, 则

$$g_C(x,y)\geqslant g_B(x,y),\qquad x,y\in\mathbf{R}^2. \tag{20}$$

证　$h_C\geqslant h_B$, 故对任意 $A\in\mathcal{B}^2$, 有

$$P_x(h_C>t,x_t\in A)=P_x(h_B>t,x_t\in A).$$

因而

$$q_C(t,x,y) \geqslant q_B(t,x,y) \qquad (\text{a. e. } y), \qquad (21)$$

$$\int q_C(t-\varepsilon,x,z)p(\varepsilon,y-z)\mathrm{d}z \geqslant \int q_B(t-\varepsilon,x,z)p(\varepsilon,y-z)\mathrm{d}z.$$

令 $\varepsilon \downarrow 0$，即得知(21)对一切 y 成立. 将(21)两边对 t 自 0 至 $+\infty$ 积分即得(20). ■

引理 3 设 $B \in \mathcal{B}^2$，则

$$\lim_{\lambda \downarrow 0}\int_{\bar{B}} H_B^{\lambda}(x,\mathrm{d}z)k^{\lambda}(y-z) = \int_{\bar{B}} H_B(x,\mathrm{d}z)k(y-z). \qquad (22)$$

证 若 B 为极集，则 $H_B^{\lambda}(x,A) = H_B(x,A) = 0 (A \in \mathcal{B}^2)$而不须证. 设 B 为非极集. 令 $D = (z: |y-z| \leqslant 1)$，则

$$\int_{\bar{B}} H_B^{\lambda}(x,\mathrm{d}z)k^{\lambda}(y-z) = E_x \mathrm{e}^{-\lambda h_B} k^{\lambda}(y-x(h_B))\chi_{D^c}(x(h_B)) -$$

$$E_x \mathrm{e}^{-\lambda h_B}[-k^{\lambda}(y-x(h_B))\chi_D(x(h_B))]$$

$$= (\mathrm{I}) - (\mathrm{II}), (\text{设})$$

当 $\lambda \downarrow 0$ 时，由上述单调收敛性，$(\mathrm{I})(\mathrm{II})$分别收敛于对应于 $\lambda = 0$ 的类似式$(k^0(y) = k(y))$，故得证(22). ■

注 2 若 B 为相对紧集，则

$$-\infty < \int_{\bar{B}} H_B(x,\mathrm{d}z)k(y-z) < +\infty. \qquad (23)$$

（以下简记 $\int_F H_B(x,\mathrm{d}z)k(y-z)$ 为 $\int_F$ ）.

实际上，因 $k(y-z)$ 对 $z \in \bar{B} \bigcap D^c$ 有界，故 $\int_{\bar{B} \bigcap D^c}$ 有限；其次，当 $\lambda \downarrow 0$ 时，$(\mathrm{II}) \uparrow -\int_{\bar{B} \bigcap D} \leqslant +\infty$，而 $(\mathrm{II}) > -\infty$，故 $-\infty \leqslant \int_{\bar{B} \bigcap D} < +\infty$. 于是 $-\infty \leqslant \int_{\bar{B}} < +\infty$；又由下面引理 4 之证，"$-\infty \leqslant$"可改为"$-\infty <$".

引理 4 设 B 为相对紧集，非极集，则定理 1 成立.

证　取紧集 A,使 $A\cap\overline{B}=\varnothing$ 而且在正勒贝格测度 $|A|$. 将 (11)两方对 $y\in A$ 积分,得

$$|A|L_B^\lambda(x) = \int_A k^\lambda(y-x)\mathrm{d}y - \int_{\overline{B}} H_B^\lambda(x,\mathrm{d}z)\int_A k^\lambda(y-z)\mathrm{d}z + g_B^\lambda(x,A). \tag{24}$$

令 $\lambda\downarrow 0$ 而分别考虑各项,由引理 1,

$$g_B^\lambda(x,A)\uparrow g_B(x,A)<+\infty. \tag{25}$$

又由

$$\int_A k^\lambda(y-x)\mathrm{d}y = \frac{1}{2\pi}\int_0^{+\infty}\mathrm{e}^{-\lambda t}\cdot\left[\iint_A(\mathrm{e}^{-\frac{1}{2t}}-\mathrm{e}^{-\frac{|y-x|^2}{2t}})\mathrm{d}y\right]\frac{\mathrm{d}t}{t} \tag{26}$$

及对 $\int_A k(y-x)\mathrm{d}y$ 之类似展式,可见

$$\lim_{\lambda\downarrow 0}\int_A k^\lambda(y-x)\mathrm{d}y = \int_A k(y-x)\mathrm{d}y. \tag{27}$$

在紧集上均匀成立. 因 $\overline{B}$ 紧,有

$$\lim_{\lambda\downarrow 0}\int_{\overline{B}} H_B^\lambda(x,\mathrm{d}z)\int_A k^\lambda(y-x)\mathrm{d}y = \int_{\overline{B}} H_B(x,\mathrm{d}z)\int_A k(y-x)\mathrm{d}y. \tag{28}$$

由(25)(27)(28)知(24)右方有有限极限,故存在有限极限

$$\lim_{\lambda\downarrow 0}L_B^\lambda(x)\equiv L_B(x). \tag{29}$$

再由(11),对 $x\neq y$,知存在有限极限

$$\lim_{\lambda\downarrow 0}\left[-g_B^\lambda(x,y)+\int_{\overline{B}} H_B^\lambda(x,\mathrm{d}z)k^\lambda(y-z)\right]$$
$$= k(y-x)-L_B(x). \tag{30}$$

令 $0\leqslant g_B^\lambda(x,y)\uparrow g_B(x,y)\leqslant+\infty$,而由(22)(23)得

$$-\infty\leqslant\lim_{\lambda\downarrow 0}\int_{\overline{B}} H_B^\lambda(x,\mathrm{d}z)k^\lambda(y-z) = \int_{\overline{B}} H_B(x,\mathrm{d}z)k(y-z)<+\infty.$$

故对 $x\neq y$ 必有

$$g_B(x,y)<+\infty;\quad \int_{\overline{B}} H_B(x,\mathrm{d}z)k(y-z)>-\infty$$

以及(13)成立.　■

定理 1 之证　因 B 非极集，必有相对紧子集 $A \subset B$ 而且 A 也非极集. 由引理 2 及引理 4，

$$g_B(x,y) \leqslant g_A(x,y) < +\infty \qquad (x \neq y). \tag{31}$$

$$L_B^\lambda(x) = g^\lambda(u)[1 - E_x e^{-\lambda h_B}] \leqslant g^\lambda(u)[1 - E_x e^{-\lambda h_A}] = L_A^\lambda(x),$$

$$0 \leqslant \overline{\lim_{\lambda \downarrow 0}} L_B^\lambda(x) \leqslant L_A(x) < +\infty. \tag{32}$$

由(11)，对 $x \neq y$，存在有限极限

$$\lim_{\lambda \downarrow 0} \left[\int_{\bar{B}} H_B^\lambda(x,\mathrm{d}z) k^\lambda(y-z) + L_B^\lambda(x) \right] = k(y-x) + g_B(x,y)$$

由此及(32)(22)，必存在有限极限

$$\lim_{\lambda \downarrow 0} \int_{\bar{B}} H_B^\lambda(x,\mathrm{d}z) k^\lambda(y-z) = \int_{\bar{B}} H_B(x,\mathrm{d}z) k(y-z). \tag{33}$$

因而也必存在有限极限

$$\lim_{\lambda \downarrow 0} L_B^\lambda(x) = L_B(x), \qquad x \in \mathbf{R}^2, \tag{34}$$

并且(13)成立.　■

注 3　若 $E_x h_B < +\infty \qquad (x \in \mathbf{R}^2)$，则有

$$L_B(x) \equiv 0. \tag{35}$$

实际上

$$L_B^\lambda(x) = \lambda g^\lambda(u) E_x \left(\frac{1 - e^{-\lambda h_B}}{\lambda} \right). \tag{36}$$

当 $\lambda > 0$ 充分小时，括号中函数被 h_B 所控制，故当 $\lambda \downarrow 0$ 时，

$$E_x \left(\frac{1 - e^{-\lambda h_B}}{\lambda} \right) \to E_x h_B < +\infty; \qquad \lambda g^\lambda(u) \to 0.$$

故 $L_B(x) \equiv 0$. 特别，知 B^c 为相对紧集，则由 §11.3 系 1，有 $E_x h_B < +\infty (x \in \mathbf{R}^2)$. 其次，由(36)知

$$L_B^\lambda(x) = 0, \qquad L_B(x) = 0 \qquad (x \in B^r). \tag{37}$$

第三，若 B 紧，又 $x \in B$，则由(36)知 $L_B^\lambda(x) = L_{\partial B}^\lambda(x)$，故此时

$$L_B(x) = L_{\partial B}(x). \tag{38}$$

注 4　如 $B \in \mathcal{B}^2$ 为极集，因而 $P_x(h_B = +\infty) \equiv 1$. 由(36)，令 $\lambda \downarrow 0$，自然应定义 $L_B(x) \equiv +\infty$.

§12.2　平面格林函数

(一)

利用 §12.1 定理,容易讨论 $g_B(x,y)$ 的一些性质,其中 $B \in \mathcal{B}^2$ 为非极集.由 §12.1(13)

$$g_B(x,y) = \int_{\bar{B}} H_B(x,\mathrm{d}z)k(y-z) - k(y-x) + L_B(x), \quad (1)$$

$$k(x,y) = \frac{1}{\pi}\lg|x-y|. \quad (2)$$

由 §11.4 例 1,$k(x,y)$ 对 y 在 $\mathbf{R}^2 - \{x\}$ 中调和,在 $\mathbf{R}^2$ 内下调和.令

$$F_B(x,y) \equiv \int_{\bar{B}} H_B(x,\mathrm{d}z)k(y-z) = E_x k(y-x(h_B)). \quad (3)$$

引理 1　函数 $F_B(x,\cdot)$ 在 $\mathbf{R}^2$ 为下调和,在 $(\bar{B})^c$ 调和.

此引理 1 的证全同于 §11.13 引理 1 之证,因为 $k(y-z)$ 具有那里对 $g(y-z)$ 所需的相应性质.

定理 1　设 $B \in \mathcal{B}^2$ 非极集,则

(i) $0 \leqslant g_B(x,y) < +\infty,(x \neq y)$.

(ii) $g_B(x,y)$ 对 $y \in \mathbf{R}^2 - \{x\}$ 上连续、下调和.

(iii) $g_B(x,y)$ 对 $y \in (\bar{B})^c - \{x\}$ 调和.

(iv) $g_B(x,y) + k(y-x)$ 对 $y \in (\bar{B})^c$ 调和.

(v) $\lim\limits_{y \to a} g_B(x,y) = g_B(x,a) = 0$,如 $a \in B^r$.

证　由 §12.1 定理得(i).对 $y \in \mathbf{R}^2 - \{x\}$,$k(x,y)$ 调和,而 $F_B(x,y)$ 下调和,故由(1)得(ii).同样证明(iii)(iv).(v)之证同 §11.13(v)之证.　■

(二)

称开集 G 为格林集,如存在 $G \times G$ 上之函数 $h(x,y)$ 使

$h(x,y)+k(y-x)$ 对 $y\in G$ 调和. 此时说函数 $h(x,y)$ 具有性质 $H(G)$. 如 G 为格林集，具有性质 $H(G)$ 的最小函数称为 G 的格林函数.

在 §11.13 中已知当 $n\geq 3$ 时，任一开集有格林函数；而且限制在 $G\times G$ 上的 g_{G^c} 是它的格林函数. 下定理表示，对 $n=2$，只当 G^c 相当"大"（或 G 相当"小"）时，G 才是格林集.

定理 2 开集 G 为格林集的充分必要条件是 G^c 为非极集. 这时限制在 $G\times G$ 上的函数 g_{G^c} 是 G 的格林函数.

证 充分性 由定理 1(iv)，$g_{G^c}(x,y)+k(y-x)$ 对 $y\in G^c$ 调和，故只要证 g_{G^c} 是具有性质 $H(G)$ 的最小函数.

先考虑 G 有界、并且每点 $x\in\partial G$ 对 G^c 规则的情形. 设 h 为任一具 $H(G)$ 的函数，由定理 1(v)

$$\varliminf_{y\to a}[h(x,y)-g_{G^c}(x,y)]=\varliminf_{y\to a}g(x,y)\geq 0, a\in\partial G\subset(G^c)^r,$$

故由 §11.4 极小原理，$h(x,y)\geq g_{G^c}(x,y)\geq 0, y\in G$.

今考虑任意开集 G. 由 §11.6 引理 2，存在有界开集列 $\{G_n\}$，使

$$G_1\subset\bar G_1\subset G_2\subset\cdots,\bigcup_n G_n=G;$$

又 ∂G_n 之点对 G_n^c 规则，而有 $P_x(h_{\partial G_n}\uparrow h_{\partial G})=1,(x\in G)$.

由 §12.1 引理 2，存在极限 $g^*(x,y)$：

$$g_{G_n^c}(x,y)\uparrow g^*(x,y)\leq g_{G^c}(x,y), \tag{4}$$

因 G^c 非极集，$g^*(x,y)\leq g_{G^c}(x,y)<+\infty,(x\neq y)$. 下证

$$g^*(x,y)=g_{G^c}(x,y). \tag{5}$$

任取可测函数 $f\geq 0$. 对 $x\in G$，$P_x(h_{G_n^c}=h_{\partial G_n})=1,P_x(h_{G^c}=h_{\partial G})=1,(n$ 充分大)，故 $P_x(h_{G_n^c}\uparrow h_{G^c})=1$，而有

$$E_x\int_0^{h_{G_n^c}}f(x_t)\mathrm dt\uparrow E_x\int_0^{h_{G^c}}f(x)\mathrm dt=\int_{\mathbf R^2}g_{G^c}(x,y)f(y)\mathrm dy;$$

另一方面，由单调收敛定理

$$E_x \int_0^{h_{G_n^c}} f(x_t) \mathrm{d}t = \int_{\mathbf{R}^2} g_{G_n^c}(x,y) f(y) \mathrm{d}y \uparrow \int_{\mathbf{R}^2} g^*(x,y) f(y) \mathrm{d}y,$$

$$(6)$$

比较此两式即知(5)对 a.e. y 成立. 下证(5)对一切 y 也成立.

根据定理 1(iv), $g_{G_n^c}(x,y) + k(y-x)$ 对 $y \in G_n$ 调和; 又 $g_{G_n^c}(x,y) \uparrow g^*(x,y)$, $g^*(x,y) < +\infty$, $(x \neq y)$. 故由哈纳克 (Harnack) 定理, $g^*(x,y) + k(y-x)$ 对 $y \in G$ 调和, 因而连续. 另一方面, 定理 1(iv) 表明 $g_{G^c}(x,y) + k(y-x)$ 对 $y \in G$ 也调和、连续, 故由(5)几乎处处成立即得其对一切 $(x,y) \in G \times G$ 成立. 下面利用此结果以证 g_{G^c} 的最小性.

任取具有性质 $H(G)$ 的函数 $h(x,y)(x,y) \in G \times G$. 因在 G_n 上, h 也有性质 $H(G_n)$, 故由上面对有界开集之证明, 知

$$g_{G_n^c}(x,y) \leqslant h(x,y), (x,y) \in G_n \times G_n.$$

由(5), 对 $(x,y) \in G \times G$, 有

$$g_{G^c}(x,y) = g^*(x,y) = \lim_{n \to +\infty} g_{G_n^c}(x,y) \leqslant h(x,y).$$

必要性　即要证若 G^c 为极集, 则 G 非格林集. 否则, 若说 G 为格林集, 则如上所述, 对任一具性质 $H(G)$ 的函数 $h(x,y)$, 有

$$g^*(x,y) \leqslant h(x,y) < +\infty, \qquad x \neq y. \qquad (7)$$

任取不恒为 0、非负的连续函数 $f(x)$. 因 G^c 为极集, 由二维布朗运动的常返性可见

$$E_x \int_0^{h_{G_n^c}} f(x_t) \mathrm{d}t \uparrow E_x \int_0^{h_{G^c}} f(x_t) \mathrm{d}t = E_x \int_0^{+\infty} f(x_t) \mathrm{d}t = +\infty,$$

由此与(6)得

$$\int_{\mathbf{R}^2} g^*(x,y) f(y) \mathrm{d}y = +\infty.$$

既然 $f(x)$ 任意, $g^*(x,y) = +\infty$, a.e. y. 此与(7)矛盾. ∎

§12.3 对数势

设 μ 为有界测度,有紧支集为 C. 函数

$$K\mu(x) \equiv -\int_C k(y-x)\mu(\mathrm{d}y) = \frac{1}{\pi}\int_C \lg\frac{1}{|y-x|}\mu(\mathrm{d}y) \quad (1)$$

称为 μ 的势.

由 §11.4 例 1 知,$-k(y-x)$ 作为 y 的函数,在 $\mathbf{R}^2-\{x\}$ 调和,在 $\mathbf{R}^2$ 为上调和,故仿照 §11.13 引理 1 之证,知 $K\mu(x)$ 在 $\mathbf{R}^2$ 为上调和,在 C^c 为调和.

设 B 为任一相对紧集,但非极集,自 z 出发,其首中点分布记为

$$H_B(z,\mathrm{d}y) = P_z(x(h_B)\in\mathrm{d}y). \quad (2)$$

令 $B_r=(x:|x|\leqslant r)$,$S_r=(x:|x|=r)$,$r>0$. 取 r 充分大,使 $\mathring{B}_r \supset B$. 以 U_r 表 S_r 上的均匀分布,定义测度 μ_B:

$$\mu_B(\mathrm{d}y) = \int_{S_r} H_B(z,\mathrm{d}y)U_r(\mathrm{d}z). \quad (3)$$

由轨道的连续性及(3)可知,若 B 紧,则 $\mu_B=\mu_{\partial B}$.

定理 1 设 B 为相对紧集,非极集,则

$$\lim_{|y|\to+\infty} g_B(x,y)=L_B(x), \quad (4)$$

$$\lim_{|x|\to+\infty} g_B(x,y)=L_B(y), \quad (5)$$

又在强收敛意义下,有

$$\lim_{|y|\to+\infty} H_B(x,\mathrm{d}y)=\mu_B(\mathrm{d}y). \quad (6)$$

证 在任意紧集上,对 x 均匀地有

$$k(y-x)-k(y)=\frac{1}{\pi}\lg\left|\frac{y-x}{y}\right|\to 0, \qquad |y|\to+\infty. \quad (7)$$

由 §12.1 定理 1,对 $x\neq y$ 有

$$k(y-x)-\int_{\bar{B}} H_B(x,\mathrm{d}z)k(y-z) = -g_B(x,y)+L_B(x). \quad (8)$$

左方对任意紧集中的 x,均匀地有

$$[k(y-x)-k(y)]-\int_{\overline{B}}H_B(x,\mathrm{d}z)[k(y-z)-k(y)]\to 0,$$
$$|y|\to +\infty.$$

故左边同样地也趋于 0 而得证(4).由对称性 $g_B(x,y)=g_B(y,x)$ 得(5)

由 §11.5(18),

$$H_{S_r}(x,\mathrm{d}y)=\frac{|x|^2-r^2}{|y-x|^2}U_r(\mathrm{d}y),\qquad x\overline{\in}S_r. \tag{9}$$

仿 §11.8 引理 1 之证,知在测度的强收敛下有

$$\lim_{|x|\to +\infty}H_{S_r}(x,\mathrm{d}y)=U_r(\mathrm{d}y). \tag{10}$$

由强马氏性及(3),对 $x\overline{\in}B_r$,有

$$|H_B(x,A)-\mu_B(A)|$$

$$=\left|\int_{S_r}H_{S_r}(x,\mathrm{d}y)H_B(y,A)-\int_{S_r}U_r(\mathrm{d}y)H_B(y,A)\right|$$

$$\leqslant \int_{S_r}|H_{S_r}(x,\mathrm{d}y)-U_r(\mathrm{d}y)|. \tag{11}$$

对一切 $A\in\mathscr{B}^2$ 成立,故由(10)知(6)在强收敛意义下正确. ■

直观地,(10)式可理解为自 $+\infty$ 出发,首中 S_r(或 B_r)的点的分布为均匀分布,这与自 0 出发,S_r(或 B_r^c)的首中点的分布相同.而(6)则表示:自 $+\infty$ 出发,B 的首中点的分布为 μ_B(比较 §11.8(7)).又(4)可理解为:自 x 出发,在首中 B 以前,在"$+\infty$ 远的单位面积的邻域"中的平均停留时间约为 $L_B(x)$,对(5)也可作类似的解释:自 $+\infty$ 出发,在首中 B 以前,在 y 的单位面积的邻域中的平均停留时间约为 $L_B(y)$.

以后还会看到,在位势论中,应把 μ_B 看成 B 的平衡分布.

定理 2　设 B 为相对紧集,则存在有限极限

$$\lim_{|x|\to +\infty}[L_B(x)-k(x)]=R(B), \tag{12}$$

而且 μ_B 的势 $K\mu_B$ 满足

$$K\mu_B(x) = R(B) - L_B(x). \tag{13}$$

证 由 §12.1 定理 1

$$k(y-x) - k(x) - \int_{\bar{B}} H_{\bar{B}}(x, dz)k(y-z) + g_B(x, y)$$

$$= L_B(x) - K(x). \tag{14}$$

右方与 y 无关. 若 $\bar{B}$ 紧, $y \in \bar{B}$, 则 $k(y-z)$ 对 $z \in \bar{B}$ 有界, 故由定理 1

$$\lim_{|x| \to +\infty} \int_{\bar{B}} H_B(x, dz)k(y-z) = \int_{\bar{B}} \mu_B(dz)k(y-z) = K\mu_B(y).$$

令 $|x| \to +\infty$, 由此式及 (5), 得知 (14) 左方趋于 $K\mu_B(y) + L_B(y)$. 因此, (14) 右方也有有限极限, 记为 $R(B)$, 即得 (12). 并且

$$K\mu_B(y) + L_B(y) = R(B), \qquad y \in \bar{B}.$$

这得证 (13) 对 $x \in \bar{B}$ 成立. 下证它对 $x \in \bar{B}$ 也成立.

取 $y \in \bar{B}$. 由 (14) 及 (12)

$$\lim_{|x| \to +\infty} \int_{\bar{B}} H_B(x, dz)k(y-z) = L_B(y) - R(B). \tag{15}$$

另一方面, 取 r 充分大, 使开圆 $\mathring{B}_r \supset \bar{B}$. 当 $|x| > r$ 时, 由强马氏性有

$$\int_{\bar{B}} H_B(x, dz)k(y-z) = \int_{S_r} H_{S_r}(x, d\xi) \int_{\bar{B}} H_B(\xi, dz)k(y-z).$$

若能证明 $\int_{\bar{B}} H_B(\xi, dz)k(y-z)$ 对 $|\xi| > r$ 有界, 则由定理 1(6) 及上式立得

$$\lim_{|x| \to +\infty} \int_{\bar{B}} H_B(x, dz)k(y-z) = \int_{S_r} U_r(d\xi) \int_{\bar{B}} H_B(\xi, dz)k(y-z)$$

$$= \int_{\bar{B}} \mu_B(dz)k(y-z) = -K\mu_B(y). \tag{16}$$

(15)(16) 的右方应相等, 故得证 (13) 对 $x \in \bar{B}$ 也成立. 剩下要证

当 $y \in \overline{B}$ 时,$\int_{\overline{B}} H_{\overline{B}}(\xi, \mathrm{d}z) k(y-z)$ 对 $|\xi| > r$ 有界. 为此,改写 (14) 为

$$\int_{\overline{B}} H_{\overline{B}}(\xi, \mathrm{d}z) k(y-z) = g_B(\xi, y) + k(y-\xi) - L_B(\xi). \quad (17)$$

因 $\lim\limits_{|\xi| \to +\infty} \dfrac{k(y-\xi)}{k(\xi)} = 1$,故由 (12),对 $y \in \overline{B}$,当 $|\xi| > r$,r 充分大后,$k(y-\xi) - L_B(\xi)$ 有界,又由 §12.2 定理 1(iii),$g_B(\xi, y)$ 对 $y \in \overline{B}$,$|\xi| > r$ 有界. 故 (17) 的右方对 $|\xi| > r$ 有界. 因之其左方也如此. ∎

对非极集的相对紧集 B,称测度 μ_B 为 B 的平衡测度,其势 $K\mu_B$ 称为 B 的平衡势,称常数 $R(B)$ 为 B 的罗宾(Robin)常数.

若 B 为相对紧的极集,则定义 $R(B) = +\infty$. 以后会看到,这样的定义是合理的.

当 B 为紧集时,由于 $\mu_B = \mu_{\partial B}$;$L_B(x) = L_{\partial B}(x)$,$(x \overline{\in} B)$(见 §12.1(38)),自 (13) 立得

$$R(B) = R(\partial B). \quad (18)$$

例 1 考虑圆 B_r 及圆周 S_r. 由 (10) 及上所述得两者的平衡测度都是 S_r 上的均匀分布 U_r

$$\mu_{B_r} = \mu_{S_r} = U_r. \quad (19)$$

还可证明

$$L_{B_r}(x) = \begin{cases} 0, & |x| \leqslant r, \\ \dfrac{1}{\pi} \lg\left(\dfrac{|x|}{r}\right), & |x| > r. \end{cases} \quad (20)$$

实际上,如 $|x| \leqslant r$,由 §12.1(37) 得 $L_{B_r}(x) = 0$. 今设 $|x| > r$,在对数势的基本公式(§12.1(13))中,取 $y = 0$ 得

$$L_{B_r}(x) = k(-x) + g_{B_r}(x, 0) - \int_{B_r} H_{B_r}(x, \mathrm{d}z) k(-z). \quad (21)$$

由 §12.2 定理 1(v),$g_{B_r}(x, 0) = 0$. 当 $|x| > r$ 时

$$\int_{B_r} H_{B_r}(x, \mathrm{d}z) k(-z) = \int_{S_r} H_{S_r}(x, \mathrm{d}z) k(-z)$$

$$= \int_{S_r} H_{S_r}(x, dz) \frac{1}{\pi} \lg r = \frac{1}{\pi} \lg r. \quad (22)$$

于是由（21）得

$$L_{B_r}(x) = \frac{1}{\pi} \lg\left(\frac{|x|}{r}\right) = L_{S_r}(x), \qquad |x| > r. \quad (23)$$

由（12）（20）及（18），得罗宾常数为

$$R(B_r) = \frac{1}{\pi} \lg\left(\frac{1}{r}\right) = R(S_r). \quad (24)$$

由（13）（24）（20），得平衡势为

$$K_{\mu_{B_r}}(x) = K_{\mu_{S_r}}(x) = \left(\frac{1}{\pi}\right) \lg\left(\frac{1}{|x| \vee r}\right), \quad (25)$$

其中 $a \vee b = \max\{a, b\}$.

§12.4　平面上的容度

(一)

试研究罗宾常数的一些性质.

引理 1　设 A,B 为相对紧集,则

$$R(A\cup B)+R(A\cap B)\geqslant R(A)+R(B). \qquad (1)$$

又若 $A\subset B$,则

$$R(A)\geqslant R(B). \qquad (2)$$

证　设 $A\subset B$. 若 B 为极集,则 A 必为极集,于是 $R(A)=R(B)=+\infty$. 若 B 为非极集,A 为极集,则(2)显然成立. 如两者皆非极集,由 $L_B^\lambda(x)$ 的定义(§12.1(12))以及 $h_A\geqslant h_B$,得

$$L_B^\lambda(x)\leqslant L_A^\lambda(x);\quad L_B(x)\leqslant L_A(x). \qquad (3)$$

于是由 §12.3(12)得证(2).

今证(1),只需对 A,B 皆非极集证明. 由于 $h_{A\cup B}=h_A\wedge h_B$,有[①]

$$P_x(h_{A\cup B}\leqslant t)\leqslant P_x((h_A\leqslant t)\cup(h_B\leqslant t)), \qquad (4)$$

$$P_x(h_A\leqslant t,h_B\leqslant t)$$
$$=P_x(h_A\leqslant t)+P_x(h_B\leqslant t)-P_x((h_A\leqslant t)\cup(h_B\leqslant t))$$
$$\leqslant P_x(h_A\leqslant t)+P_x(h_B\leqslant t)-P_x(h_{A\cup B}\leqslant t). \qquad (5)$$

由 §12.1(12)得

$$L_{A\cap B}^\lambda(x)\geqslant L_A^\lambda(x)+L_B^\lambda(x)-L_{A\cup B}^\lambda(x). \qquad (6)$$

令 $\lambda\downarrow 0$,得

$$L_{A\cap B}(x)\geqslant L_A(x)+L_B(x)-L_{A\cup B}(x). \qquad (7)$$

---

① $h_{A\cap B}\geqslant h_A\vee h_B$.

由 §12.3(12) 即得(1). ∎

定理 1 (i) 设 B 为紧集，则

$$R(B) = \sup(R(U); U \text{ 开}, U \supset B, \bar{U} \text{ 紧}). \tag{8}$$

(ii) 设 U 为相对紧开集，则

$$R(U) = \inf(R(A); A \text{ 紧}, A \subset U). \tag{9}$$

证 (i) 设 B 紧. 取一列相对紧开集 $\{B_n\}$，

$$B_1 \supset \bar{B}_2 \supset B_2 \supset \cdots, \quad \bigcap_n B_n = \bigcap_n \bar{B}_n = B.$$

由 §11.6 引理 1，

$$P_x(h_{B_n} \uparrow h_B) = 1, \text{ 一切 } x \in B^c \bigcup B^r. \tag{10}$$

先对 B 为极集的情况证明(8). 此时 $R(B) = +\infty$. 只要证 (8) 之右方也等于 $+\infty$. 任取 $f \geqslant 0$; 有紧支集为 $D, D \bigcap \bar{B}_1 = \varnothing$; 又 f 在 $\mathbf{R}^2$ 上之积分为 1. 令

$$Af(z) = \int k(y-z)f(y)\mathrm{d}y = \int_D k(y-z)f(y)\mathrm{d}y.$$

$\int = \int_{\mathbf{R}^2}$. 若 §12.3 开头时所述，$Af(z)$ 对 $z \in D^c \supset \bar{B}_1$ 连续，则在 B_1 上有界. 从而

$$\left| \int_{\bar{B}_n} H_{B_n}(x, \mathrm{d}z) Af(z) \right| \leqslant \sup_{z \in \bar{B}_1} |Af(z)| = M < +\infty. \tag{11}$$

由 §12.3(13)，并注意 $\int f(x)\mathrm{d}x = 1$，

$$\int K_{\mu_{B_n}}(x)f(x)\mathrm{d}x + \int L_{B_n}(x)f(x)\mathrm{d}x = R(B_n). \tag{12}$$

今欲令 $n \to +\infty$，若能证左方第一积分有界，第二积分上升到 $+\infty$，则 $R(B_n) \to +\infty (n \to +\infty)$ 而(8)得证. 为此，先有

$$\left| \int K_{\mu_{B_n}}(x)f(x)\mathrm{d}x \right| \leqslant \left| \int Af(x)^{\mu_{B_n}}(\mathrm{d}x) \right|$$

$$= \left| \int_{\bar{B}_n} Af(x)^{\mu_{B_n}}(\mathrm{d}x) \right| \leqslant M < +\infty. \tag{13}$$

其次,为证第二积分 $\uparrow +\infty$,只要证 $L_{B_n}(x)\uparrow +\infty$.

利用 §12.1(13) 及 (11),有

$$\left|-\int g_{B_n}(x,y)f(y)\mathrm{d}y + L_{B_n}(x)\right|$$

$$= \left|Af(x) - \int_{\bar{B}_n} H_{B_n}(x,\mathrm{d}z)Af(z)\right|$$

$$\leqslant |Af(x)| + M < +\infty. \tag{14}$$

但当 $x\in B^c$ 时,由(10)

$$\int g_{B_n}(x,y)f(y)\mathrm{d}y = E_x\int_0^{h_{B_n}} f(x_t)\mathrm{d}t \uparrow E_x\int_0^{h_B} f(x_t)\mathrm{d}t. \tag{15}$$

因 B 为极集,$P_x(h_B=+\infty)\equiv 1$;利用二维布朗运动的常返性,得

$$E_x\int_0^{h_B} f(x_t)\mathrm{d}t = E_x\int_0^{+\infty} f(x_t)\mathrm{d}t = +\infty. \tag{16}$$

在(14)中令 $n\to +\infty$,由(15)(16)可见 $L_{B_n}(x)\uparrow +\infty$.

次对非极集 B 证明(8).此时(12)仍成立.又

$$\int K_{\mu_B}(x)f(x)\mathrm{d}x + \int L_B(x)f(x)\mathrm{d}x = R(B).$$

故为证 $R(B_n)\to R(B)$,只要证(12)左方两积分分别趋于上式左方两积分.此时由于 $R(B_n)\leqslant R(B_{n+1})$,故必 $R(B_n)\uparrow R(B)$.

对 $x\in B^c\cup B^r$,仿(15)(16),有

$$\int g_{B_n}(x,y)f(y)\mathrm{d}y \uparrow \int g_B(x,y)f(y)\mathrm{d}y. \tag{17}$$

因 $P_x(x(h_{B_n})\in \bar{B}_1)=1$,$Af(z)$ 在 $\bar{B}_1$ 中连续,故由(11)右方及控制收敛定理,得

$$\lim_{n\to +\infty}\int_{\bar{B}_n} H_{B_n}(x,\mathrm{d}z)Af(z) = \lim_{n\to +\infty} E_x Af(x(h_{B_n}))$$

$$= E_x Af(x(h_B))$$

$$= \int_{\bar{B}} H(x,\mathrm{d}z)Af(z). \tag{18}$$

由 §12.1(13) 及 (17)(18)得

$$\lim_{n \to +\infty} L_{B_n}(x)$$

$$= \lim_{n \to +\infty} \left[Af(x) - \int_{\overline{B}_n} H_{B_n}(x, \mathrm{d}z) Af(z) + \int g_{B_n}(x, y) f(y) \mathrm{d}y \right]$$

$$= Af(x) - \int_{\overline{B}} H_B(x, \mathrm{d}z) Af(z) + \int g_B(x, y) f(y) \mathrm{d}y$$

$$= L_B(x). \tag{19}$$

而且由 $L_A \geqslant L_B$（如 $A \subset B$）知，$L_{B_n}(x) \uparrow L_B(x)$. 又因 $B \bigcap (B^r)^c$ 的勒贝格测度为 0，得

$$\int L_{B_n}(x) f(x) \mathrm{d}x = \int_{B^c \cup B^r} L_{B_n}(x) f(x) \mathrm{d}x$$

$$\uparrow \int_{B^c \cup B^r} L_B(x) f(x) \mathrm{d}x = \int L_B(x) f(x) \mathrm{d}x. \tag{20}$$

剩下要考虑(12)中第一积分. 取圆 $D_r \supset \overline{B}$. 由 §12.3(3) 及控制收敛定理

$$\lim_{n \to +\infty} \int K\mu_{B_n}(x) f(x) \mathrm{d}x = \lim_{n \to +\infty} \int_{\overline{B}_n} \mu_{B_n}(\mathrm{d}x) Af(x)$$

$$= \lim_{n \to +\infty} \int_{\overline{B}_n} \left[\int_{S_r} H_{B_n}(\xi, \mathrm{d}x) U_r(\mathrm{d}\xi) \right] Af(x)$$

$$= \lim_{n \to +\infty} \int_{S_r} \left[\int_{\overline{B}_n} Af(x) H_{B_n}(\xi, \mathrm{d}x) \right] U_r(\mathrm{d}\xi)$$

$$= \lim_{n \to +\infty} \int_{S_r} E_\xi Af(x(h_{B_n})) U_r(\mathrm{d}\xi)$$

$$= \int_{S_r} E_\xi Af(x(h_B)) U_r(\mathrm{d}\xi)$$

$$= \int K\mu_B(x) f(x) \mathrm{d}x.$$

(ii) 只需考虑 U 为非极集情形. 仿 §11.6，可找到紧集 $A_n \subset U, A_1 \subset A_2 \subset \cdots, \bigcup_n A_n = U$，而且 $P_x(h_{A_n} \downarrow h_U) = 1$. 取紧集 D，使 $D \bigcap \overline{U}^c = \varnothing$. 又取连续函数 $f \geqslant 0$，有紧支集 D，又 $\int f(x) \mathrm{d}x = 1$. 然后仿上述 i) 中对非极集情况之证，以 A_n 代 B_n，以 U 代 B，以

↓ 代 ↑,即可得证(9). ∎

细看定理 1 的证明(或稍加修改),我们实际上已证明了:

系 1 (i) 若 B_n 紧,$B_n \downarrow B$,则对 $x \in B^r \bigcup B^c$,

$$L_{B_n}(x) \uparrow L_B(x); \quad R(B_n) \uparrow R(B).$$

(ii) 若 B_n 紧,$B_n \uparrow B$,B 为相对紧,则对一切 x,有

$$L_{B_n}(x) \downarrow L_B(x); \quad 又 R(B_n) \downarrow R(B).$$

(二)

以 **C** 表 $\mathbf{R}^2$ 中全体紧集之集. 定义

$$R^*(c) = -R(c), \quad c \in \mathbf{C}. \tag{21}$$

由(1)(2)及定理 1,知 $R^*(\cdot)$ 是 **C** 上的绍凯容度(参看 §11.9). 由容度的扩张定理,可把 R^* 的定义域扩大到 $\mathcal{B}^2$ 上(甚至全体解析集上),使对任意 $B \in \mathcal{B}^2$,有

$$R^*(B) = \sup(R^*(c) : c \subset B, c \text{ 紧}) = \inf(R^*(0) : 0 \supset B, 0 \text{ 开}). \tag{22}$$

并且对任意波莱尔集 A, B,有

$$R^*(A \bigcup B) + R^*(A \bigcap B) \leqslant R^*(A) + R^*(B). \tag{23}$$

又若 $A \subset B$,则

$$R^*(A) \leqslant R^*(B). \tag{24}$$

它们是(1)(2)的延拓.

在 §12.3 中我们已对相对紧集 A 定义了罗宾常数 $R(A)$. 今证明 $-R(A)$ 与扩张而得的 $R^*(A)$ 相等. 实际上,对任意紧集 $c \subset A$,任意相对紧开集 $0 \supset A$,有 $-R(c) \leqslant -R(A) \leqslant -R(0)$,故

$$R^*(A) \leqslant -R(A) \leqslant R^*(A),$$

即 $R^*(A) = -R(A)$ 对相对紧集 A 成立.

利用 R^* 的扩张自然得到罗宾常数的扩张:对任意 $B \in \mathcal{B}^2$,定义

$$R(B) = -R^*(B). \tag{25}$$

于是关于 $R^*(B)$，$(B\in\mathcal{B}^2)$ 的结果，可以通过 $R(B)$，$(R\in\mathcal{B}^2)$ 来表达. 特别，如（22）可改写为

对任意 $B\in\mathcal{B}^2$，有

$$\inf\{R(c):c\subset B,c\ \text{紧}\}=R(B)=\sup\{R(0):0\supset B,0\ \text{开}\} \quad (26)$$

今对任意 $B\in\mathcal{B}^2$，定义 B 的容度 $C(B)$ 为

$$C(B)=\exp\{-R(B)\}. \quad (27)$$

例如，由 §12.3(24)，圆 B_r 及圆周 S_r 的容度为

$$C(B_r)=C(S_r)=r^{\frac{1}{\pi}} \quad (r>0). \quad (28)$$

容度有下列性质：

(i) 若 $A\subset B$，则 $C(A)\leqslant C(B)$.

(ii) 若 A 紧，则 $C(A)=C(\partial A)$.

(iii) 若 B_n 紧，$B_n\downarrow B$，则 $C(B_n)\downarrow C(B)$.

(iv) 若 B_n 紧，$B_n\uparrow B$，B 相对紧，则 $C(B_n)\uparrow C(B)$.

实际上，由（24）得（i）. 由 §12.1(12)，对 $x\overline{\in}A$，有 $L_A^\lambda(x)=L_{\partial A}^\lambda(x)$，故 $L_A(x)=L_{\partial A}(x)$. 于是由 §12.3(12) 得（ii）. 而（iii）（iv）则由系 1 推出.

显然，$C(B)=0$ 等价于 $R(B)=+\infty$.

（三）

定理 2 设 $B\in\mathcal{B}^2$. 则 B 为极集的充分必要条件是 $C(B)=0$；换言之，$P_x(h_B<+\infty)\equiv 1$ 或 $\equiv 0$，视 $C(B)>0$ 或 $=0$ 而定.

证 如 B 为相对紧集，由 $R(B)$ 的定义及 §12.3 定理 2，知 $R(B)=+\infty$ 与 B 为极集等价. 以下设 B 为非相对紧集. 设 $R(B)=+\infty$. 由（26）知，$R(c)=+\infty$ 对紧集 $c\subset B$ 成立；再由（26），$R(D)=+\infty$ 对相对紧集 $D\subset B$ 也成立，于是由上所证知 D 为极集. 由于 B 可表为可列多个相对紧集之和，故 B 为极集. 反之，设 B 为极集，则 B 的每个紧子集 c 为极集，由上所证 $R(c)=+\infty$. 再由（26）得 $R(B)=+\infty$. ∎

与 §11.11 定理 5 相应,有

定理 3　设 B 为相对紧集,则 B 为极集的充分必要条件是

$$\sup_x K\mu(x) = +\infty, \tag{29}$$

其中 μ 为任意非 0 有限测度,支集含于 B.

证　任取相对紧开集 $A \supset \overline{B}$. 对 $N > 0$,定义

$$k_N(x) = \begin{cases} k(x), & k(x) \geqslant -N; \\ -N, & k(x) < -N. \end{cases}$$

则有

$$-\int \mu(\mathrm{d}x) \int k_N(y-x)\mu_A(\mathrm{d}y) = -\int \mu_A(\mathrm{d}y) \int k_N(y-x)\mu(\mathrm{d}x).$$

令 $N \uparrow +\infty$,由单调收敛定理

$$\int_{\overline{B}} \mu(\mathrm{d}x) K\mu_A(x) = \int_{\overline{A}} \mu_A(\mathrm{d}x) K\mu(x). \tag{30}$$

由 §12.1(12),若 $x \in \mathring{B}$,则 $L_B^\lambda(x) = L_B(x) = 0$. 因 $\overline{B} \subset A$,由 §12.3(13),左方等于

$$\int_{\overline{B}} R(A)\mu(\mathrm{d}x) - \int_{\overline{B}} L_A(x)\mu(\mathrm{d}x) = R(A)\mu(\overline{B}).$$

据此式及(30),得

$$R(A)\mu(\overline{B}) \leqslant \sup_x K\mu(x) \cdot \mu_A(\overline{A}) = \sup_x K\mu(x).$$

由(26)

$$R(B)\mu(\overline{B}) \leqslant \sup_x K\mu(x).$$

今若 B 为极集,则 $R(B) = +\infty$,故 $\sup_x K\mu(x) = +\infty$.

反之,设 $\sup_x K\mu(x) = +\infty$ 对满足定理条件的一切 μ 成立,则 B 必为极集. 否则,如说 B 为非极集,即 $R(B) < +\infty$;取 B 的平衡测度 μ_B,它满足定理条件. 但由 §12.3(13)

$$K\mu_B(x) \leqslant R(B) < +\infty, \quad 一切 \ x.$$

此与假设矛盾.　■

§12.5 补　充

（一）

布勒洛(M. Brelot)认为：势论中有三大问题：狄利克雷问题、投影问题与平衡问题. 在牛顿势与对数势的情况，我们对这些问题作了简要论述，阐明了它们与布朗运动的关系以及其概率解法. 但势论中还有许多问题，如可加泛函、能、马丁边界等，则未涉及.

（二）

牛顿势的一般化是格林(Green)势. 设 D 为 $\mathbf{R}^n (n \geqslant 3)$ 中的开集，其格林函数为 $G_D^*(x,y),(x,y \in D)$. 如 $D = \mathbf{R}^n, G_D^*(x,y)$ 等于牛顿势核 $g(y-x)$. 在一般情况，可以仿照牛顿势而在 D 上建立格林势：

$$G_D \mu(x) = \int G_D^*(x,y) \mu(\mathrm{d}y) \qquad (\mathrm{supp}\,\mu \subset D).$$

它所对应的过程是首出 D 以前的布朗运动 $\{x_t(\omega), t < e_D\}, e_D$ 为 D 的首出时. 于是也可以研究格林势的平衡问题等.

（三）

受布朗运动的启发，亨特等发展了一般马氏过程（主要是所谓亨特过程）与势论的联系. 为此，必须给出"势论"的一般定义；讨论那些可以用马氏过程的术语来表达的势论对象和运算. 例如，联系于每一马氏过程有它的"调和函数""过分函数"，当此过程为布朗运动时，它们就分别化为本书中的调和函数与非负上调和函数.

主要参考文章为[15,16]；关于上述发展可见文献[11,1,8,17,18]以及新近的有关文献. 特别是杜布的大作：Classical Potential Theory and Its Probabilistic Cunterpart, Springer, 1984, 2001.（有中文译本，周性伟，等译）

参考文献

〔1〕Blumenthal R M,Getoor R K. Markov Processes and Potential Theory. Academic Press,New York. 1968.

〔2〕Burkholder D L. Brownian motion and classical analysis. Proceedings of Symp. in Pure Mathmatics,Probability,1977,31:5-14.

〔2₁〕Burkholder D L. Exit times of Brownian motion,harmonic majorization and Hardy Spaces. Adv. in Math. ,1977,26:182-205.

〔3〕Chung K L. Probabilistic approach in potential theory to the equilibrium problem. Ann. Inst. Fourier,Grenoble,1973,23(3):313-322.

〔4〕Ciesielski Z and Taylor S J. First passage times and sojourn times for Brownian motion in space and the exact Hausdorv measure of the Sample path. Trans. Amer. Math. Soc. ,1962,103:434-450.

〔5〕Гихман И И,Скороход А В. Теория Слуцайных Процессов. Том. 2, Hayka,1973.

〔6〕Courant R,Hilbert D. Methods of Mathematical Physics. 2nd ed. (有中译本). Interscience Publishers,New York. London,1962.

〔7〕Doob J L. Semimartinggales and subharmonic functions. Trans. Amer. Math. Soc. ,1954,77:86-121.

〔8〕Dynkin E B. Markov Processes. Springer-Verlag,Berlin,1965.

〔9〕Ikeda N. Watanabes. Stochastic Equations and Diffusion Processes,2nded. North-Holland and Kodansha,Amsterdam and Tokyo,1989.

〔10〕Getoor R K. The Brownian escape process. Ann. of Probability,1979, 7(5):864-867.

〔10₁〕Getoor R K,Sharpe M J. Excursions of Brownian motions and Bessel processes. Z. Wahrscheinlichkeitstheorie,1979,47(1):83-106.

〔11〕Hunt G A. Markov processes and potentials,I,II,III. Illinois J. Math. ,

1957,1:44-93;316-369;1958,2:151-213.

[12] Itô K, Mckean H P. Diffusion Processes and Their Sample Path. Springer-Verlag,Berlin,1965.

[13] Kakutani S. Two-dimensional Brownian motion and harmonic functions. Proc. Imp. Acad. Tokyo,1944,20:706-714.

[14] Kaar A F,Pittenger A O. An inverse Balayage problem for Brownian motion. Ann. of Probability,1979,7(1):186-191.

[15] Port S,Stone C. Classical potential theory and Brownian motion. Proc. Sixth Berkeley Symp. Math. Stat. and Probability,1972,143-176.

[16] Port S,Stone C. Logarithmic potential and planar Brownian motion. Proc. Sixth Berkeley Symp. Math. Stat. and Probability,1972,177-192.

[17] Port S C,Stone C J. Brownian Motion and Classical Potential Theory. Academic Press,New York,London,1978.

[18] Rao M. Brownian Motion and Classical Potential Theory. Aarhus Universitet,1977.

[19] Spitzer F L. Electrostatic capacity, heat flow, and Brownian motion. Z. Wahrscheinlichkeitheorie,1964,3:110-121.

[20] 彭桓武,徐锡申. 数理物理基础. 北京:北京大学出版社,2001.

[21] 王梓坤. 布朗运动的末遇分布与极大游程. 中国科学,1980,10(10):933-940.

[22] 王梓坤. 对称稳定过程与布朗运动的随机波. 中国科学,1982,12(9):801-806.

[23] Дынкин Е Б. Основания Теории Марковских Процессов. фиzмаТгцz(有中译本:马尔可夫过程论基础),1959.

[24] La Vallée Poussin,De CH J. Léxtension de la médode du balayage de Poincaré et problème de Dirichlet. Ann. Inst. H. Poincaré, 1932, 2:169-232.

[25] 吴荣. d 维布朗运动末离时的分布. 科学通报,1984,29(11):647-650.

[26] 周性伟,吴荣. 关于布朗运动的某些极值定理. 中国科学,1983,13A(2):128-133.

[27] Wang Zikun(王梓坤). The joint distributions of first hitting and last exit for Brownian motion. Chinese Science Bulletin, 1995，40（6）：451-457.

[28] 齐民友，徐超江.线性编微分算子引论.（上）1986,（下）1991.北京:科学出版社.

第 11 章和第 12 章内容的历史的注

关于马尔可夫过程论与位势关系的研究,先行者为卡图坦尼,见第 12 章末的关于布朗运动与位势的参考文献[13],他发现平面上狄利克雷问题的解可由二维布朗运动的概率特征来表达,详见§11.5.稍后有杜布(Doob J. L.)的工作[7].一般理论的建立则应归功于亨特（Hunt G. A.）[11].1965 年,邓肯(Dynkin E. B.)把微分方程的概率解法严谨地写入书[8](俄文版).1968 年,出现了专著[1].此后许多概率书中都有关于位势的章节,而集大成者,当推杜布的专著《Classical Potential Theory and Its Probabilistic Counterpart》,1984,(有中译本).此项研究现仍继续中.§11.12 中定理 3~定理 7 源出王梓坤[21].

附篇 测度论的基本知识[①]

(一)

设 Ω 是抽象点 ω 的集, $\Omega=(\omega)$. Ω 的某些子集所成的集 $\mathcal{F}=\{A\}$ 称为 Ω 中的 **σ 代数**[②], 如果

(i) $\Omega\in\mathcal{F}$;

(ii) 若 $A\in\mathcal{F}$, 则 $\overline{A}=\Omega\backslash A\in\mathcal{F}$;

(iii) 若 $A_i\in\mathcal{F}, i\in\mathbf{N}^*$, 则 $\bigcup\limits_{i-1}^{+\infty}A_i\in\mathcal{F}$.

由此可以推知:

(iv) $\varnothing=\Omega\backslash\Omega\in\mathcal{F}$;

(v) 若 $A_i\in\mathcal{F}, i\in\mathbf{N}^*$, 则 $\bigcap\limits_{i=1}^{+\infty}A_i=\overline{\bigcup\limits_{i=1}^{+\infty}\overline{A}_i}\in\mathcal{F}$.

称集 Ω 为**可测空间**, 如果在 Ω 上已确定了一 σ 代数 $\mathcal{F}$; 通常记此可测空间为 $(\Omega,\mathcal{F})$. $\mathcal{F}$ 中的集称为 $\mathcal{F}$-**可测集**; 如果没有其他的 σ 代数足以混淆时, 就简称为**可测集**.

---

① 本篇叙述本书要用到的测度论知识. 凡是在参考书目[20]中能找到证明的定理, 这里都不重新证明.

② 若事先假定 $\mathcal{F}$ 不空, 则条件(i)可自(ii)与(iii)推出. 又集 $(\omega;\omega\in A,\omega\in B)$ 记为 $A\bigcap B$ 或 AB. 集 $\overline{A}$ 称为 A 的补集.

定义在 $\mathcal{F}$ 上的集函数 $P(A)(A\in\mathcal{F})$，取实数及两个无穷 $+\infty$ 及 $-\infty$ 之一为值，如果 $P(\varnothing)=0$；而且具有**完全可加性**，即如

i) 对有穷或可列多个集 $A_i\in\mathcal{F},i\in\mathbf{N}^*,A_iA_j=\varnothing,i\neq j$，有

$$P\Big(\bigcup_{i=1}A_i\Big)=\sum_{i=1}P(A_i),\tag{1}$$

就称 P 为 $\mathcal{F}$ 上的**广义测度**；非负的广义测度称为**测度**，满足条件：

ii) $P(\Omega)=1$ 的测度称为**概率测度**，或简称**概率**.

把三个对象 $\Omega,\mathcal{F}$ 及 P 写在一起，称 $(\Omega,\mathcal{F},P)$ 为**测度空间**；特别，当 P 为 $\mathcal{F}$ 上的概率时，称 $(\Omega,\mathcal{F},P)$ 为**概率空间**.

比 σ 代数较宽的概念是所谓代数. 称 Ω 的某子集系 $\mathcal{F}$ 为 Ω 上的**代数**，如果 $\mathcal{F}$ 满足条件

(i$'$) $\Omega\in\mathcal{F}$；

(ii$'$) 若 $A\in\mathcal{F}$，则 $\overline{A}\in\mathcal{F}$；

(iii$'$) 若 $A_i\in\mathcal{F},i=1,2,\cdots,n$，则 $\bigcup_{i=1}^{n}A_i\in\mathcal{F}$，这里 n 为任意正整数.

显然任何 σ 代数是一代数，而且上述 (iv) 及 (v) 也对代数成立，但此时 (v) 中 i 只取有限多个值.

类似地可以定义代数 $\mathcal{F}$ 上的广义测度与测度 P，只是 i) 应修改为

i$'$) 对 $A_i\in\mathcal{F},i\in\mathbf{N}^*,A_iA_j=\varnothing,i\neq j$，又 $\bigcup_{i=1}^{+\infty}A_i\in\mathcal{F}$，有

$$P\Big(\bigcup_{i=1}^{+\infty}A_i\Big)=\sum_{i=1}^{+\infty}P(A_i).$$

设 P 是代数 $\mathcal{F}$ 上的测度，$A\in\mathcal{F}$. 如 $P(A)<+\infty$，就说 A **有有穷测度**；如存在一列集 $\{A_n\}\subset\mathcal{F}$，使

$$A\subset\bigcup_{n=1}^{+\infty}A_n,P(A_n)<+\infty,n\in\mathbf{N}^*,$$

就说 A 的测度是 σ 有穷的. 如 $\mathcal{F}$ 中每一集 A（等价地，空间 Ω）的测度有穷（或 σ 有穷），就说测度 P 是有穷的（或 σ 有穷的）. 称 P 是**完全的**，如果 $A \in \mathcal{F}, P(A) = 0, B \subset A$，那么 $B \in \mathcal{F}$，因而 $P(B)$ 必等于 0.

以后我们称每个测度为 0 的集为**零测集**.

完全可加性条件有时很难验证，试给出与它等价的条件.

定理 1 为使定义在 σ 代数（或代数）$\mathcal{F}$ 上的非负，有穷函数 $P(A)$ 具有完全可加性 i'），充分必要条件是

（i）**可加性** 即对任意有穷多个 $A_i \in \mathcal{F}$, $A_i A_j = \varnothing$, $i \neq j$, $i = 1, 2, \cdots, n$，则

$$P\left(\bigcup_{i=1}^{n} A_i\right) = \sum_{i=1}^{n} P(A_i).$$

（ii）**连续性** 即对任一列 $\{A_n\} \in \mathcal{F}$, $A_1 \supset A_2 \supset \cdots$，如果 $\bigcap_n A_n = \varnothing$，那么

$$\lim_{n \to +\infty} P(A_n) = 0.$$

条件（ii）称为**连续性公理**.

设 Ω 的子集系为 $\mathcal{A} = (A)$，它本身未必是一代数或 σ 代数. Ω 中一切包含 $\mathcal{A}$ 的 σ 代数的交仍然是包含 $\mathcal{A}$ 的 σ 代数，记此交所成的 σ 代数为 $\mathcal{F}\{\mathcal{A}\}$. 显然，$\mathcal{F}\{\mathcal{A}\}$ 具有如下的最小性：若 $\mathcal{F}$ 为任一含 $\mathcal{A}$ 的 σ 代数，则 $\mathcal{F} \supset \mathcal{F}\{\mathcal{A}\}$. 因此，称 $\mathcal{F}\{\mathcal{A}\}$ 为**含 $\mathcal{A}$ 的最小 σ 代数**，有时也称**由 $\mathcal{A}$ 所产生的 σ 代数**.

下面两个定理非常重要，在实际中，起初常常是在一代数上定义一 σ 有穷测度，然后扩大它的定义域到某些更大的 σ 代数上去.

定理 2（测度的扩张） 设 P 是代数 $\mathcal{A}$ 上的 σ 有穷测度，则在 $\mathcal{F}\{\mathcal{A}\}$ 上存在唯一的 σ 有穷测度 $\bar{P}$，使对任意 $A \in \mathcal{A}$，有

$$\bar{P}(A) = P(A).$$

$\bar{P}(A)$ 称为 P 的**扩张**.

定理 3(测度的完全化)　设 μ 是 σ 代数 $\mathcal{F}$ 上的测度,则一切形如[①] $A \Delta \mathcal{N}$ 的集构成含 $\mathcal{F}$ 的 σ 代数 $\widetilde{\mathcal{F}}$,其中 $\mathcal{N}$ 是 $\mathcal{F}$ 中某零测集的子集,$A \in \mathcal{F}$;若定义集函数 $\bar{\mu}(A \Delta \mathcal{N}) = \mu(A)$,则 $\bar{\mu}$ 是 $\widetilde{\mathcal{F}}$ 上的完全化测度.

$\bar{\mu}$ 称为 μ 的完全化测度,而 $\widetilde{\mathcal{F}}$ 称为 $\mathcal{F}$ 关于 μ 的**完全化 σ 代数**. 注意 $\widetilde{\mathcal{F}}$ 不仅依赖于 $\mathcal{F}$,而且依赖于 μ. 显然,$\widetilde{\mathcal{F}} \supset \mathcal{F}$.

比代数及 σ 代数稍宽的概念是**环与 σ 环**. 称非空集系 R 为环,如果由 $A_1 \in R, A_2 \in R$,可推出 $A_1 \bigcup A_2 \in R, A_1 \setminus A_2 \in R$. 称非空集系 S 为 σ 环,如果由 $A_i \in S, i = 1, 2$,可推出 $A_1 \setminus A_2 \in S$;而且由 $A_i \in S, i \in \mathbf{N}^*$,有穷或可列多个,可推出 $\bigcup\limits_{i=1}^{+\infty} A_i \in S$.

环(或 σ 环)是代数(或 σ 代数)的充分必要条件是它包含 Ω.

完全一样地可在环(或 σ 环)上定义广义测度与测度. 类似地定义测度的有穷性、σ 有穷性及完全性. 定理 $1, 2, 3$ 中,以"环""σ 环"分别替换"代数"与"σ 代数"后,结论仍然成立.

然而,以后我们很少遇到环或 σ 环.

(二)

作为可测空间的重要特例是 **n 维波莱尔可测空间**$(\mathbf{R}^n, \mathcal{B}_n)$,这里 $\mathbf{R}^n$ 是 n 维实数空间,即 $\mathbf{R}^n$ 中每一点是 n 维点$(\lambda_1, \lambda_2, \cdots, \lambda_n)$,其中每一坐标 $\lambda_i \in \mathbf{R}$(全体实数空间),而 $\mathcal{B}_n$ 是 $\mathbf{R}^n$ 中全体开集所成的子集系 $\mathcal{F}_0$ 所产生的 σ 代数,即

$$\mathcal{B}_n = \mathcal{F}\{\mathcal{F}_0\}.$$

考虑 $\mathbf{R}^n$ 中以下各子集系:

$\mathcal{F}_1 = \{全体闭集\}$;

$\mathcal{F}_2 = \{全体 n 维开或闭区间\}$;

---

①　$A \Delta B$ 表集 A, B 的对称差,即集 $(A \setminus B) \bigcup (B \setminus A)$.

$$\mathcal{F}_3 = \left\{ \text{全体 } n \text{ 维半无穷区间} \prod_{j=1}^{n} (-\infty, \mu_j] \right\};$$

$$\mathcal{F}_4 = \left\{ \text{全体如下形集的有穷和} \prod_{j=1}^{n} (\lambda_j, \mu_j] \right\}^{①}.$$

（在 $\mathcal{F}_3, \mathcal{F}_4$ 中，λ_i, μ_i 可取无穷值，但若 $\mu_j = +\infty$，则 $(-\infty, \mu_j]$ 及 $(\lambda_j, \mu_j]$ 应改为 $(-\infty, \mu_j)$ 及 (λ_j, μ_j).）可以证明

$$\mathcal{B}_n = \mathcal{F}\{\mathcal{F}_j\}, \quad j = 0, 1, 2, 3, 4.$$

注意 $\mathcal{F}_4$ 是 $\mathbf{R}^n$ 中的代数.

以后称 $\mathcal{B}_n$ 中每一集为 **n 维波莱尔可测集**，当 $n = 1$ 时，常将"一维"两字省去.

利用 n 维分布函数，可以在 $\mathcal{B}_n$ 上造出一概率测度. 称 n 元实值函数 $F(\lambda_1, \lambda_2, \cdots, \lambda_n)$，$\lambda_i \in \mathbf{R}$，为 **$n$ 维分布函数**，如果它具有下列性质[②]：

(i″) 关于每个 λ_i 是不下降右连续函数.

(ii″)

$$\lim_{\lambda_j \to -\infty} F(\lambda_1, \lambda_2, \cdots, \lambda_n) = 0, j = 1, 2, \cdots, n; \tag{2}$$

$$\lim_{\lambda_1, \lambda_2, \cdots, \lambda_n \to +\infty} F(\lambda_1, \lambda_2, \cdots, \lambda_n) = 1. \tag{3}$$

(iii″) 若 $\lambda_j \leqslant \mu_j (j = 1, 2, \cdots, n)$，则

$$F(\mu_1, \mu_2, \cdots, \mu_n) - \sum_{j=1}^{n} F(\mu_1, \mu_2, \cdots, \mu_{j-1}, \lambda_j, \mu_{j+1}, \cdots, \mu_n) +$$

$$\sum_{\substack{j,k=1 \\ j<k}}^{n} F(\mu_1, \mu_2, \cdots, \mu_{j-1}, \lambda_j, \mu_{j+1}, \cdots, \mu_{k-1}, \lambda_k, \mu_{k+1}, \cdots, \mu_n) - \cdots +$$

---

① $\prod_{j=1}^{n} (\lambda_j, \mu_j]$ 表 n 维点集 $\{(x_1, x_2, \cdots, x_n): \lambda_1 < x_1 \leqslant \mu_1, \lambda_2 < x_2 \leqslant \mu_2, \cdots, \lambda_n < x_n \leqslant \mu_n\}$.

② 如 $F(\lambda_1, \lambda_2, \cdots, \lambda_n)$ 只满足 (i″) 及 (iii″)，便称为 n 维广义分布函数，它也在 $\mathcal{B}_n$ 上唯一决定测度 P_F，满足 (5)（只是 P_F 未必是概率测度），证明见关肇直. 泛函分析讲义. 北京：高等教育出版社，1958，第 619 页.

$$(-1)^n F(\lambda_1,\lambda_2,\cdots,\lambda_n) \geqslant 0. \qquad (4)$$

可以证明，在 $\mathcal{B}_n$ 上存在唯一概率测度 P_F，满足条件

$$P_F\Big(\prod_{j=1}^{n}(-\infty,\mu_j]\Big) = F(\mu_1,\mu_2,\cdots,\mu_n). \qquad (5)$$

P_F 产生的步骤如下：对 $\mathcal{F}_3$ 中的集，用（5）定义 P_F；对集 $\prod_{j=1}^{n}(\lambda_j,\mu_j]$，用（4）中左方值定义 P_F. 对 $\mathcal{F}_4$ 中任一集 A，可表为有穷个互不相交的形如 $\prod_{j=1}^{n}(\lambda_j,\mu_j]$ 的集的和，然后用加法定义 $P_F(A)$ 的值为诸 $P_F\Big(\prod_{j=1}^{n}(\lambda_j,\mu_j]\Big)$ 的和. 在 $\mathcal{F}_4$ 上，P_F 是有穷测度（其实，$P_F(\mathbf{R}^n)=1$). 由扩张定理，可以将 P_F 唯一地开拓到 $\mathcal{B}_n$ 上，使（5）成立.

$\mathcal{B}_n$ 关于 P_F 的完全化 σ 代数记为 $\mathcal{B}_{n,F}$. 定义在 $\mathcal{B}_{n,F}$ 上的完全化测度仍记为 P_F，并称为**由 F 产生的勒贝格-斯蒂尔切斯(Lebesgue-Stieltjes)测度**，$\mathcal{B}_{n,F}$ 中的集称为**关于 F 的可测集**. 有时候，简记完全化测度 P_F 为 F，因此，F 或表分布函数，或表测度，这由上下文来看是不难区别的.

这样，便得到了测度空间 $(\mathbf{R}^n,\mathcal{B}_n,F)$ 及它的完全化 $(\mathbf{R}^n,\mathcal{B}_{n,F},F)$，$F(\mathbf{R}^n)=1$.

进一步可考虑**无穷维波莱尔可测空间**. 设 T 为任一实数集[①]，试定义可测空间 $(\mathbf{R}^T,\mathcal{B}_T)$.

令 $\lambda(t)(t\in T)$ 是以 T 为定义域的实值函数，全体这样的函数构成空间 $\mathbf{R}^T$，即

$$\mathbf{R}^T=\{\lambda(t),t\in T\},$$

因此，$\mathbf{R}^T$ 中的一个点是 T 上的一个实值函数. 任取 n 个实值 λ_1，

------

① 由下述 $(\mathbf{R}^T,\mathcal{B}_T)$ 的造法可见，若 $T=(1,2,\cdots,n)$，则 $(\mathbf{R}^T,\mathcal{B}_T)$ 化为 $(\mathbf{R}^n,\mathcal{B}_n)$.

$\lambda_2,\cdots,\lambda_n$，考虑 $\mathbf{R}^T$ 的子集

$$W_n=(\lambda(t):\lambda(t_1)\leqslant\lambda_1,\lambda(t_2)\leqslant\lambda_2,\cdots,\lambda(t_n)\leqslant\lambda_n), \qquad (6)$$

这里 $t_j\in T$ 任意固定，$j=1,2,\cdots,n$（λ_j 可取为 $+\infty$，但此时 $\lambda(t_j)\leqslant\lambda_j$ 应改为 $\lambda(t_j)<\lambda_j$），可见 $W_n=W_n(t_1,t_2,\cdots,t_n;\lambda_1,\lambda_2,\cdots,\lambda_n)$ 实际上依赖于 $t_1,t_2,\cdots,t_n;\lambda_1,\lambda_2,\cdots,\lambda_n$，因为 W_n 是由如下的函数 $\lambda(t)(t\in T)$ 所成的集，它在 t_j 上的值，或者说，它的"第 t_j 个"坐标，不超过 λ_j（小于 λ_j，如 $\lambda_j=+\infty$）. 现在令 n,t_j 及 λ_j 分别在正整数集、T 及 $\mathbf{R}\bigcup\{+\infty\}$ 中变动，$j=1,2,\cdots,n$，便得到 $\mathbf{R}^T$ 中一子集系 $W=(W_n)$，我们定义 $\mathcal{B}_T=\mathcal{F}\{W\}$. 称 $\mathcal{B}_T$ 中任一集为 $\mathbf{R}^T$ 中波莱尔可测集.

$\mathcal{B}_T$ 也可以由其他集系产生. 任意取一正整数 n，n 维 Borel 集 B_n 及 $t_j\in T,1\leqslant j\leqslant n$. $\mathbf{R}^T$ 中子集

$$C_n=(\lambda(t):(\lambda(t_1),\lambda(t_2),\cdots,\lambda(t_n))\in B_n) \qquad (7)$$

称为以 $\boldsymbol{B_n}$ 为底的 $\boldsymbol{n}$ 维柱集，显然，(6) 中的 W_n 是以 $\prod\limits_{j=1}^n(-\infty,\lambda_j]$ 为底的 n 维柱集.

当 n,B_n 及 $t_j(1\leqslant j\leqslant n)$ 变动时，所得的全体柱集的集记为 $C,C=(C_n)$. 容易看出 $\mathcal{B}_T=\mathcal{F}\{C\}$.

上面我们利用分布函数 $F(\lambda_1,\lambda_2,\cdots,\lambda_n)$，产生了 $\mathcal{B}_n$ 上一个概率测度 F，对 $\mathcal{B}_T$，自然会想到与此相当的问题. 然而，这时情况复杂得多.

我们先从反面的问题想起.

假定在 $\mathcal{B}_T$ 上已有一概率测度 P，对 T 中任意 n 个元 $t_1,t_2,\cdots,t_n$，定义 n 元 $\lambda_1,\lambda_2,\cdots,\lambda_n$ 的实值函数 $F_{t_1,t_2,\cdots,t_n}(\lambda_1,\lambda_2,\cdots,\lambda_n)$ 为

$$F_{t_1,t_2,\cdots,t_n}(\lambda_1,\lambda_2,\cdots,\lambda_n)=P(W_n), \qquad (8)$$

这里 W_n 由 (6) 定义而 $t_1,t_2,\cdots,t_n$ 为参数. 容易看出，作为 λ_1，

$\lambda_2, \cdots, \lambda_n$ 的函数, $F_{t_1, t_2, \cdots, t_n}(\lambda_1, \lambda_2, \cdots, \lambda_n)$ 满足条件 (i″) ~ (iii″)

(iii″) 成立是因为 (4) 中左方值等于 $P(\bigcap_{j=1}^{n}(\lambda(t): \lambda_j < \lambda(t_j) \leqslant \mu_j))$.

因此, 它是一个 n 维分布函数. 当 n 在正整数集而 t_j 在 $T (1 \leqslant j \leqslant n)$ 中变动时, 由 P 通过 (8) 便得到一族有穷维分布函数

$$F = \{F_{t_1, t_2, \cdots, t_n}(\lambda_1, \lambda_2, \cdots, \lambda_n)\}. \tag{9}$$

分布函数集 F 显然满足下列两条件 i″) 及 ii″), 以后称它们为**相容性条件**:

i″) 对 $(1, 2, \cdots, n)$ 的任一排列 $(\alpha_1, \alpha_2, \cdots, \alpha_n)$, 有

$$F_{t_1, t_2, \cdots, t_n}(\lambda_1, \lambda_2, \cdots, \lambda_n) = F_{t_{\alpha_1}, t_{\alpha_2}, \cdots, t_{\alpha_n}}(\lambda_{\alpha_1}, \lambda_{\alpha_2}, \cdots, \lambda_{\alpha_n}). \tag{10}$$

ii″) 若 $m < n$, 则

$$F_{t_1, t_2, \cdots, t_m}(\lambda_1, \lambda_2, \cdots, \lambda_m) = \lim_{\lambda_{m+1}, \lambda_{m+2}, \cdots, \lambda_n \to +\infty} F_{t_1, t_2, \cdots, t_n}(\lambda_1, \lambda_2, \cdots, \lambda_n). \tag{11}$$

实际上, 由 (8)(6)(10) 式左方值等于

$$P(\lambda(t): \lambda(t_1) \leqslant \lambda_1, \lambda(t_2) \leqslant \lambda_2, \cdots, \lambda(t_n) \leqslant \lambda_n)$$
$$= P(\lambda(t): \lambda(t_{\alpha_1}) \leqslant \lambda_{\alpha_1}, \lambda(t_{\alpha_2}) \leqslant \lambda_{\alpha_2}, \cdots, \lambda(t_{\alpha_n}) \leqslant \lambda_{\alpha_n})$$
$$= F_{t_{\alpha_1}, t_{\alpha_2}, \cdots, t_{\alpha_n}}(\lambda_{\alpha_1}, \lambda_{\alpha_2}, \cdots, \lambda_{\alpha_n}),$$

此得证 i″); 而 (11) 则因为

$$\lim_{\lambda_{m+1}, \lambda_{m+2}, \cdots, \lambda_n \to +\infty} P(\lambda(t): \lambda(t_1) \leqslant \lambda_1, \lambda(t_2) \leqslant \lambda_2, \cdots, \lambda(t_n) \leqslant \lambda_n)$$
$$= P(\lambda(t): \lambda(t_1) \leqslant \lambda_1, \lambda(t_2) \leqslant \lambda_2, \cdots, \lambda(t_m) \leqslant \lambda_m).$$

这样, 我们从 $\mathcal{B}_T$ 上已给的概率测度 P 出发, 得到了满足相容性条件的有穷维分布函数族 F.

现在回到原来的问题. 由于上述反面的分析, 自然地想到: 设已给一族满足相容性的有穷维分布函数族 F

$$F = \{F_{t_1, t_2, \cdots, t_n}(\lambda_1, \lambda_2, \cdots, \lambda_n), n > 0, t_i \in T\}, \tag{12}$$

试问在 $(\mathbf{R}^T, \mathcal{B}_T)$ 上是否存在概率测度 P_F, 使对一切可能的正整数 $n, t_i \in T, i = 1, 2, \cdots, n$, 有

$$F_{t_1,t_2,\cdots,t_n}(\lambda_1,\lambda_2,\cdots,\lambda_n)=P_F(W_n). \tag{13}$$

如果 P_F 存在,它又是否唯一? 下述定理断定,答案都是肯定的,因而得到了与 n 维情形完全类似的结果,只是 P_F 此时不是由一个分布函数而由一族相容的有穷维分布函数所产生.

定理 4[柯尔莫哥洛夫(A. H. Колмогоров)] 设已给一族满足相容性的有穷维分布函数族 F(见(12)),则在 $(\mathbf{R}^T,\mathcal{B}_T)$ 上必存在唯一概率测度 P_F,使(13)成立.

证 (i) 为明确计,记(7)中柱集 C_n 为 $C_{t_1,t_2,\cdots,t_n}(B_n)$. 当 t_1, $t_2,\cdots,t_n$ 固定时,诸 n 维柱集 $C_{t_1,t_2,\cdots,t_n}(B_n)$ $(B_n\in\mathcal{B}_n)$ 构成 $\mathbf{R}^T$ 中一 σ 代数,这由"$\mathcal{B}_n$ 是 $\mathbf{R}^n$ 中的 σ 代数"立即推出,记此 σ 代数为 $C_{t_1,t_2,\cdots,t_n}$. 令 $\mathbf{C}$ 为全体有穷维柱集所成的集族,即

$$\mathbf{C}=\bigcup_{\substack{t_i\in T\\n>0}}C_{t_1,t_2,\cdots,t_n} \tag{14}$$

试证 $\mathbf{C}$ 是 $\mathbf{R}^T$ 中的代数.实际上,$\mathbf{C}$ 显然具有性质(i′)(ii′).由于

$$C_{t_1,t_2,\cdots,t_n}\subset C_{t_1,t_2,\cdots,t_n,s_1,s_2,\cdots,s_m} \tag{15}$$

(增多足指数只会扩大 σ 代数),因此,对 $\mathbf{C}$ 中有穷多个集 A_1, $A_2,\cdots,A_l$,总存在 $t_1,t_2,\cdots,t_n$,使

$$A_i\in C_{t_1,t_2,\cdots,t_n}(i=1,2,\cdots,l),$$

从而由于 $C_{t_1,t_2,\cdots,t_n}$ 是 σ 代数,即知

$$\bigcup_{i=1}^l A_i\in C_{t_1,t_2,\cdots,t_n}\subset\mathbf{C},$$

故(iii′)满足.

(ii) 已给的 n 维分布函数 $F_{t_1,t_2,\cdots,t_n}(\lambda_1,\lambda_2,\cdots,\lambda_n)$ 在 $\mathcal{B}_n$ 上所产生的概率测度记为 $F_{t_1,t_2,\cdots,t_n}(B_n)$. 今在 $C_{t_1,t_2,\cdots,t_n}$ 上定义一概率测度 $P_{t_1,t_2,\cdots,t_n}$ 为

$$P_{t_1,t_2,\cdots,t_n}(C_{t_1,t_2,\cdots,t_n}(B_n))=F_{t_1,t_2,\cdots,t_n}(B_n). \tag{16}$$

条件 i″ 保证 $P_{t_1,t_2,\cdots,t_n}$ 只与 $\{t_1,t_2,\cdots,t_n\}$ 中的元有关,而与元的次序无关.再在 $\mathbf{C}$ 上定义一集函数 P_F:如 $A\in\mathbf{C}$,由 $\mathbf{C}$ 的定义,至少

存在一组 $(t_1, t_2, \cdots, t_n) \subset T, B_n \in \mathcal{B}_n$，使

$$A = C_{t_1, t_2, \cdots, t_n}(B_n). \tag{17}$$

定义

$$P_F(A) = P_{t_1, t_2, \cdots, t_n}(C_{t_1, t_2, \cdots, t_n}(B_n)). \tag{18}$$

以下为了简化记号，缩写 $(t_1, t_2, \cdots, t_n)$ 为 t_n；$(s_1, s_2, \cdots, s_m)$ 为 s_m；$(t_1, t_2, \cdots, t_n, s_1, s_2, \cdots, s_m)$ 为 (t_n, s_m). 为了使定义 (18) 合理，必须证明 $P_F(A)$ 是单值的，即若 A 除 (17) 外，还有另一表达式

$$A = C_{s_m}(B_m),$$

则必 $P_{t_n}(C_{t_n}(B_n)) = P_{s_m}(C_{s_m}(B_m))$. 实际上，由 (15)，必存在一 $n+m$ 维波莱尔集 B_{n+m}，使

$$C_{t_n}(B_n) = C_{s_m}(B_m) = C_{t_n, s_m}(B_{n+m}) = A.$$

根据相容性条件易见

$$P_{t_n}(C_{t_n}(B_n)) = P_{t_n, s_m}(C_{t_n, s_m}(B_{n+m})) = P_{s_m}(C_{s_m}(B_m)).$$

故得证 $P_F(A)$ 在 $\mathbf{C}$ 上的单值性. 由 (16)(18) 可见 (13) 成立.

(iii) 在 $\mathbf{C}$ 上，显然 $P_F(A) \geqslant 0, P_F(\mathbf{R}^T) = 1$，如果还能证明 P_F 在 $\mathbf{C}$ 上完全可加，因而 P_F 在 $\mathbf{C}$ 上是一测度，那么由扩张定理，可把 P_F 的定义域扩大到 $\mathcal{B}_T$ 上，使保持 (13)，而且这样的扩张是唯一的. 于是定理就会完全得以证明.

为了证明 P_F 在 $\mathbf{C}$ 上的完全可加性，首先注意它在 $\mathbf{C}$ 上是可加的. 实际上，设 $A_1 \in \mathbf{C}, A_2 \in \mathbf{C}$，由 (15) 可设它们属于同一 σ 代数 C_{t_n}. 若 $A_1 A_2 = \varnothing$，则存在两 n 维波莱尔集 $B_n^{(1)}$ 与 $B_n^{(2)}, B_n^{(1)} B_n^{(2)} = \varnothing$，使

$$A_1 = C_{t_n}(B_n^{(1)}), \quad A_2 = C_{t_n}(B_n^{(2)}).$$

由于 P_{t_n} 是 C_{t_n} 上的概率测度，故

$$\begin{aligned}
P_F(A_1 \bigcup A_2) &= P_{t_n}(C_{t_n}(B_n^{(1)}) \bigcup C_{t_n}(B_n^{(2)})) \\
&= P_{t_n}(C_{t_n}(B_n^{(1)})) + P_{t_n}(C_{t_n}(B_n^{(2)})) \\
&= P_F(A_1) + P_F(A_2).
\end{aligned}$$

因此，为证 P_F 在 C 上完全可加，由定理 1 只要证明它在 $\mathbf{C}$ 上的连续性，即只要证若 $A_m \in \mathbf{C}, A_m \supset A_{m+1}$，$\bigcap\limits_m A_m = \varnothing$，则 $P_F(A_m) \to 0$（$m \to +\infty$）；或者，等价地，只要证明：若 $P_F(A_m) > \varepsilon, m \in \mathbf{N}^*$，则 $\bigcap\limits_m A_m$ 不空，这时 ε 是任一固定正数.

不失一般性，可设存在一列 $t_1, t_2, \cdots$，使 $A_m \in C_{t_1, t_2, \cdots, t_m}$. 实际上，由 $A_m \in \mathbf{C}$，知 $A_m \in C_{t_1^{(m)}, t_2^{(m)}, \cdots, t_{n_m}^{(m)}}$. $t_1^{(m)}, t_2^{(m)}, \cdots, t_{n_m}^{(m)}$ 为 T 中某 n_m 个数. 把全体 $t_1^{(m)}, t_2^{(m)}, \cdots, t_{n_m}^{(m)}$（$m \in \mathbf{N}^*$）排成任何一个序列 t_1，$t_2, \cdots$. 由（15）必存在一正整数 p_m，使 $A_m \in C_{t_1, t_2, \cdots, t_{p_m}}$. 仍然根据（15），可以假定 $p_m \geqslant m$. 再注意下列一般事实：如果下降集列的某子列的交不空，那么原集列的交也不空. 在这个子列中，还不妨加进元 $\mathbf{R}^T$ 或将某个元重复有穷次. 这样就可假定 $A_m \in C_{t_1, t_2, \cdots, t_m}$（有必要时只考虑某个经上述改变后的满足此关系的子列，这种子列必定存在）. 从而有 m 维波莱尔集 B_m，使 $A_m = C_{t_m}(B_m)$.

对每个 $B_m \in \mathcal{B}_m$，必存在有界闭集 $B_m' \subset B_m$，使 $F_{t_m}(B_m - B_m') < \dfrac{\varepsilon}{2^{m+1}}$，于是若令 $A_m' = C_{t_m}(B_m')$，则

$$P_F(A_m - A_m') = F_{t_m}(B_m - B_m') < \frac{\varepsilon}{2^{m+1}}.$$

可惜未必 $A_m' \supset A_{m+1}'$，故需再造 $D_m = A_1' \bigcap A_2' \bigcap \cdots \bigcap A_m'$，则 $D_m \supset D_{m+1}$，而且 $D_m \subset A_m' \subset A_m$. 由 $A_m \setminus D_m \subset \bigcup\limits_{i=1}^m (A_i \setminus A_i')$，得

$$P_F(A_m \setminus D_m) \leqslant \sum_{i=1}^m P_F(A_i \setminus A_i') < \frac{\varepsilon}{2}，或$$

$$P_F(D_m) > P_F(A_m) - \frac{\varepsilon}{2} > \frac{\varepsilon}{2}，$$

故知每 D_m 非空. 由此即可证明 $\bigcap\limits_m A_m$ 不空.

实际上，既然 D_n 不空，故可在其中选一点 $x^{(n)} = (x_1^{(n)}, x_2^{(n)}, \cdots)$，精确地说，$x^{(n)}$ 是这样的函数 $x^{(n)}(t), t \in T$，满足

$x^{(n)}(t_i) = x_i^{(n)}$. 由于 $D_1 \supset D_2 \supset \cdots$, 对每一 $q \in \mathbf{N}$, $x^{(m+q)} \in D_m \subset A_m'$, 从而 $(x_1^{(m+q)}, x_2^{(m+q)}, \cdots, x_m^{(m+q)}) \in B_m'$. 因为每个 B_m' 有界, 可选一列正整数 $\{m_{1k}\}$, 使 $x_1^{m_{1k}} \to x_1$, $k \to +\infty$. 在 $\{m_{1k}\}$ 中又可选一子列 $\{m_{2k}\}$, $x_2^{m_{2k}} \to x_2$, $k \to +\infty$ 等. 用对角线手续可见点列 $x^{(m_{kk})} = (x_1^{(m_{kk})}, x_2^{(m_{kk})}, \cdots)$ 收敛于点 $x = (x_1, x_2, \cdots)$, 并且 $(x_1^{(m_{kk})}, x_2^{(m_{kk})}, \cdots, x_n^{(m_{kk})}) \to (x_1, x_2, \cdots, x_n) \in B_n' = \mathbf{N}^*$. 因此, 点

$$x = (x_1, x_2, \cdots) \in A_n' \subset A_n, x \in \bigcap_{n=1}^{+\infty} A_n,$$

这里所谓点 x 是指函数 $x(t)$, $t \in T$, 它满足条件 $x(t_i) = x_i$, $i \in \mathbf{N}^*$. 从而得证 $\bigcap_{n=1}^{+\infty} A_n$ 不空. ■

注　适当改变叙述方式后, 定理 4 对较一般的乘积空间 $(\mathbf{R}^T, \mathcal{B}_T)$ 也成立, 这里 $(R, \mathcal{B})$ 是任意 σ 紧的距离可测空间(定义见本附篇(七)段), 而 $(\mathbf{R}^T, \mathcal{B}_T)$ 是 $(R, \mathcal{B})$ 的乘积空间(见本附篇(六)段). 详见参考书[5]定理 1.2 及邓永录的论文: 一类拓扑可测空间, 中山大学学报(自然科学版), 1963, (1-2): 21-27 页.

$\mathcal{B}_T$ 关于 P_F 的完全化 σ 代数记为 $\mathcal{B}_{T,F}$. 有时简记 P_F 的完全化测度为 F, 于是便得到了测度空间 $(\mathbf{R}^T, \mathcal{B}_T, F)$ 及它的完全化

$$(\mathbf{R}^T, \mathcal{B}_{T,F}, F), F(\mathbf{R}^T) = 1.$$

$\mathcal{B}_{T,F}$ 上的概率测度有时也称为**概率分布**(或**分布**).

一般地, 设 P 为 σ 代数(或代数)$\mathcal{F}_1$ 上的测度, $\mathcal{F}_2 \subset \mathcal{F}_1$ 也是 σ 代数(或代数), 则 P 在 $\mathcal{F}_2$ 上也是一测度, 它称为原测度的**在** $\mathcal{F}_2$ **上的限制**.

(三)

定义在 Ω 上的实值函数 $x(\omega)$(可取 $\pm\infty$ 为值)称为 $\mathcal{F}$ 可测的($\mathcal{F}$ 为 Ω 中 σ 代数)[①]如对任意实数 $\lambda \in \mathbf{R}$,

---

① 同样可定义对代数 $\mathcal{F}$ 可测的函数.

$$(\omega : x(\omega) \leqslant \lambda) \in \mathscr{F}; \tag{19}$$

这条件等价于：对任意 $B \in \overline{\mathcal{B}}_1$（$\overline{\mathcal{B}}_1$ 表含 $\mathcal{B}_1$ 中一切集及 $\{+\infty\}$，$\{-\infty\}$ 的最小 σ 代数，它是 $\overline{\mathbf{R}} = [-\infty, +\infty]$ 中的 σ 代数），有

$$(\omega : x(\omega) \in B) \in \mathscr{F}; \tag{20}$$

也等价于：对任意 $\lambda \in \mathbf{R}$

$$(\omega : x(\omega) < \lambda) \in \mathscr{F}. \tag{21}$$

以后 ω 集 $(\omega : x(\omega) \in B)$ 简记为 $(x(\omega) \in B)$.

最简单的可测函数是可测集 $A \in \mathscr{F}$ 的**示性函数** $\chi_A(\omega)$：

$$\chi_A(\omega) = \begin{cases} 1, & \omega \in A, \\ 0, & \omega \in \overline{A}. \end{cases}$$

有穷个可测集 A_i 的示性函数的线性组合

$$f(\omega) = \sum_{i=1}^{n} a_i \chi_{A_i}(\omega)$$

称为**简单函数**，$f(\omega)$ 可表为形式

$$f(\omega) = \sum_{j=1}^{m} b_j \chi_{B_j}(\omega),$$

其中 $B_j \in \mathscr{F}, B_i B_j = \varnothing$.

下述定理可看作可测函数的另一定义：

定理 5 $f(\omega)$ 可测的充分必要条件是：它是简单函数列的极限.

在非负情形，则有下面的

定理 6 非负可测函数是不下降的非负简单函数列的极限.

如果 $\{f_n(\omega)\}$ 是一列可测函数，那么

$$h(\omega) = \sup\{f_n(\omega) : n \in \mathbf{N}^*\},$$

$$g(\omega) = \inf\{f_n(\omega) : n \in \mathbf{N}^*\},$$

$$\overline{f}(\omega) = \varlimsup_{n} f_n(\omega),$$

$$\underline{f}(\omega) = \varliminf_{n} f_n(\omega)$$

都是可测函数；使 $\{f_n(\omega)\}$ 收敛的 ω 所成的集 A，即集 $(\overline{f}(\omega)=\underline{f}(\omega))$，是可测集.

若 f_1, f_2 是可测函数，则 $\sum_{i=1}^{2} a_i f_i, f_1 f_2, |f|^a$ 都可测（$a_i, a\in \mathbf{R}$）.

作为可测函数的例是 n **元波莱尔可测函数**及 $\boldsymbol{n}$ **元勒贝格可测函数**，前者是定义在 $\mathbf{R}^n$ 上的 $\mathcal{B}_n$ 可测函数，后者如下定义：

广义分布函数 $F(\lambda_1,\lambda_2,\cdots,\lambda_n)=\prod_{i=1}^{n}\lambda_i$ 在 $\mathcal{B}_n$ 上产生一测度 L，$\mathcal{B}_n$ 对 L 的完全化 σ 代数记为 $\mathcal{B}_{n,L}$，在 $\mathcal{B}_{n,L}$ 上的测度 L 叫 n 维勒贝格测度，定义在 $\mathbf{R}^n$ 上的 $\mathcal{B}_{n,L}$ 可测函数叫 n 元勒贝格可测函数.

关于不同 σ 代数可测的函数间有下列常用的定理：

定理 7　设 R 为代数，含 R 的最小 σ 代数 $\mathcal{F}\{R\}$ 关于有穷测度 P 的完全化 σ 代数记为 $\widetilde{\mathcal{F}}\{R\}$，则

(i) 对任意 $B\in\widetilde{\mathcal{F}}\{R\}$ 及 $\varepsilon>0$，必存在 $B_\varepsilon\in R$，使 $P(B\Delta B_\varepsilon)<\varepsilon$；

(ii) 对任意 $\widetilde{\mathcal{F}}\{R\}$ 可测函数 $f(\omega)$ 及 $\varepsilon>0$，必存在 R 可测的简单函数 $f_\varepsilon(\omega)$，使

$$P(|f(\omega)-f_\varepsilon(\omega)|\geqslant\varepsilon)\leqslant\varepsilon.$$

考虑测度空间 $(\Omega,\mathcal{F},P)$，可测函数 $f(\omega)$ 及可测函数列 $\{f_n(\omega)\}$，以后设 $P(\Omega)=1$. 如果

$$P(\omega: \lim_{n\to+\infty} f_n(\omega)=f(\omega))=1, \tag{22}$$

就说 $\{f_n(\omega)\}$ **几乎处处**[①]收敛于 $f(\omega)$，并记作 $f_n(\omega)\to f(\omega)$, a.s.，或 $\lim\limits_{n\to+\infty} f_n(\omega)=f(\omega)$,　a.s.. 对有穷的可测函数列，这种收敛成立的充分必要条件是：对每个 $\varepsilon>0$

---

① 一般地，如存在可测集 $\mathcal{N}$，$P(\mathcal{N})=0$，使某涉及 ω 的性质 A 对一切 $\omega\overline{\in}\mathcal{N}$ 都成立，就说 A 几乎处处成立，并记作 A(a.s.).

$$\lim_{n \to +\infty} P\{\sup_{m \geqslant n} |f_m(\omega) - f(\omega)| \geqslant \varepsilon\} = 0. \tag{23}$$

如果下列较弱的条件满足：对每 $\varepsilon > 0$

$$\lim_{n \to +\infty} P\{|f_n(\omega) - f(\omega)| \geqslant \varepsilon\} = 0. \tag{24}$$

那么说 $\{f_n(\omega)\}$ **依测度**收敛于 $f(\omega)$，并记作 $f_n(\omega) \xrightarrow{P} f(\omega)$ 或

$$P \lim_{n \to +\infty} f_n(\omega) = f(\omega). \tag{25}$$

另一种收敛如下：以 Ef 表积分 $\int_\Omega f(\omega)P(\mathrm{d}\omega)$，积分的定义见下段。考虑常数 $r > 0$. 若 $E|f_n|^r < +\infty, E|f|^r < +\infty$，而且

$$\lim_{n \to +\infty} E\{|f_n - f|^r\} = 0, \tag{26}$$

则说 $\{f_n(\omega)\}$ r **方收敛**于 $f(\omega)$，并记作 $f_n \xrightarrow{r} f$. 特别，$r=2$ 时也称**均方收敛**.

关于这三种收敛间的关系有下列事实：

i) 若 $f_n \to f$(a.s.) 或 $f_n \xrightarrow{r} f$，则必 $f_n \xrightarrow{P} f$.

ii) $f_n \xrightarrow{P} f$ 的充分必要条件是：$\{f_n(\omega)\}$ 的每一子列 $\{f'_n(\omega)\}$ 必含一几乎处处收敛于 $f(\omega)$ 的子子列 $\{f'_{k_n}(\omega)\}$.

为了叙述 r 方收敛与依测度收敛间的关系，先引入几个概念：

称可测函数列 $\{f_n(\omega)\}$ 的积分**均匀连续**，如果对每个 $\varepsilon > 0$，存在一个与 n 无关的常数 $\delta = \delta(\varepsilon) > 0$，使对任一满足 $P(B) < \delta$ 的可测集 B，有 $\int_B |f_n(\omega)|P(\mathrm{d}\omega) < \varepsilon$，对一切 n. 称 $\{f_n(\omega)\}$ **均匀可积**，如果对每个 $\varepsilon > 0$，存在一个与 n 无关的常数 $A = A(\varepsilon) > 0$，使 $a > A$ 时，对一切 n，有 $\int_{(|f_n| \geqslant a)} |f_n(\omega)|P(\mathrm{d}\omega) < \varepsilon$.

定理 8 $\{f_n(\omega)\}$ 均匀可积的充分必要条件是它们的积分均

匀有界而且均匀连续[①].

iii) 设 $E|f_n|^r < +\infty, n \in \mathbf{N}^*$. 于是 $f_n(\omega) \xrightarrow{r} f(\omega)$ 的充分必要条件是 $f_n(\omega) \xrightarrow{P} f(\omega)$ 而且 $\{|f_n(\omega)|^r\}$ 的积分均匀连续;此时 $E|f|^r < +\infty$.

注意　若 $f_n \xrightarrow{r} f$,则 $E|f_n|^r \to E|f|^r$.

(四)

现在来建立积分理论. 定义积分的函数类是逐步扩大的. 考虑测度空间 $(\Omega, \mathcal{F}, P)$.

如 $f = \sum_{i=1}^{n} a_i \chi_{A_i}$ 是非负的简单函数,f 的积分定义为[②]

$$\int_\Omega f(\omega) P(\mathrm{d}\omega) = \sum_{i=1}^{n} a_i P(A_i); \tag{27}$$

如 f 是非负的有穷可测函数,积分定义为

$$\int_\Omega f(\omega) P(\mathrm{d}\omega) = \lim_{n \to +\infty} \int_\Omega f_n(\omega) P(\mathrm{d}\omega), \tag{28}$$

其中 $\{f_n(\omega)\}$ 是一列不下降的收敛于 $f(\omega)$ 的非负简单函数.

一般的可测函数 f 可表为两个非负可测函数 f^+, f^- 的差,即 $f = f^+ - f^-$,其中 $f^+ = f\chi\ (f \geqslant 0), f^- = -f\chi\ (f < 0)$,如果两个积分 $\int_\Omega f^+(\omega) P(\mathrm{d}\omega)$ 及 $\int_\Omega f^-(\omega) P(\mathrm{d}\omega)$ 中至少有一个有穷,就说 f 的积分存在,并定义

$$\int_\Omega f(\omega) P(\mathrm{d}\omega) = \int_\Omega f^+(\omega) P(\mathrm{d}\omega) - \int_\Omega f^-(\omega) P(\mathrm{d}\omega). \tag{29}$$

最后,如 $f(\omega)$ 只是几乎处处有定义但可测时,即存在可测函数 $\overline{f}(\omega)$ 及某零测集 $\mathcal{N}$,当 $\omega \overline{\in} \mathcal{N}$ 有 $f(\omega) = \overline{f}(\omega)$ 时定义

---

① 定理 8 与下面 (iii) 的证明见 [21],162-163 页.

② 约定 $(\pm\infty) \cdot 0 = 0 \cdot (\pm\infty) = 0$.

$$\int_{\Omega} f(\omega) P(\mathrm{d}\omega) = \int_{\Omega} \overline{f}(\omega) P(\mathrm{d}\omega), \tag{30}$$

只要右方的积分存在. 这时仍说 $f(\omega)$ 的积分存在. 如果此积分有穷, 就说 $f(\omega)$ **可积**.

这样, 我们便对一般的可测函数的积分下了定义. 注意, 上述定义是合理的, 因为可以证明:(27)中的积分值不依赖于 f 的表现;(28)中的不依赖于上述的 $\{f_n(\omega)\}$ 的选择(这种序列的存在见定理 6);(30)中的 $\int_{\Omega} f(\omega) P(\mathrm{d}\omega)$ 与上述 $\overline{f}(\omega)$ 的取法也没有关系.

设 $\int_{\Omega} f(\omega) P(\mathrm{d}\omega)$ 存在, 又 $A \in \mathcal{F}$, 定义

$$\int_{A} f(\omega) P(\mathrm{d}\omega) = \int_{\Omega} f(\omega) \chi_{A}(\omega) P(\mathrm{d}\omega). \tag{31}$$

积分有下列性质: 设 f_i, f 可积, a_i 为常数, 则

(i) $\int_{\Omega} \left(\sum_{i=1}^{n} a_i f_i \right) P(\mathrm{d}\omega) = \sum_{i=1}^{n} a_i \int_{\Omega} f_i P(\mathrm{d}\omega);$

(ii) $\int_{A_1 \cup A_2} f(\omega) P(\mathrm{d}\omega) = \sum_{i=1}^{2} \int_{A_i} f(\omega) P(\mathrm{d}\omega)$
$(A_i \in \mathcal{F}, A_1 A_2 = \varnothing);$

(iii) 若 $f_1 \geqslant f_2$, 则 $\int_{\Omega} f_1(\omega) P(\mathrm{d}\omega) \geqslant \int_{\Omega} f_2(\omega) P(\mathrm{d}\omega);$

(iv) f 可积的充分必要条件是 $|f|$ 可积, 此时 f 几乎处处有穷;

(v) 若 f 可测, g 可积, 又 $|f| \leqslant |g|$ a.s., 则 f 可积;

(vi) 若 f 可积, $P(A) = 0$, 则 $\int_{A} f(\omega) P(\mathrm{d}\omega) = 0;$

(vii) 设 f 为可积函数, $A \in \mathcal{F}$, f 在 A 上几乎处处为正,
则由 $\int_{A} f(\omega) P(\mathrm{d}\omega) = 0$ 可得 $P(A) = 0;$

(viii) 若 f 可积, 且对每 $A \in \mathcal{F}$, $\int_{A} f(\omega) P(\mathrm{d}\omega) = 0,$

则 $f(\omega)=0$(a.s.).

以上性质(i)(ii)表达积分的线性,性质(iii)表序性,性质(iv)(v)为可积性,性质(vi)~(viii)表示积分对 A 的依赖性,特别,性质(vi)表积分的绝对连续性.

关于积分的极限性质,则有下列著名的三个结果:

单调收敛定理　设 $\{f_n\}$ 是一列不减的非负可测函数,若 $\lim\limits_{n\to+\infty}f_n(\omega)=f(\omega)$ 　a.s.,则

$$\lim_{n\to+\infty}\int_\Omega f_n(\omega)P(\mathrm{d}\omega)=\int_\Omega f(\omega)P(\mathrm{d}\omega);$$

条件"非负可测"改为"可积"时,以上结论仍成立.

法图引理　设 $\{f_n\}$,g,h 都是可积函数,

若 $h\leqslant f_n$ 　a.s.,则 $\int_\Omega\varliminf f_nP(\mathrm{d}\omega)\leqslant\varliminf\int_\Omega f_nP(\mathrm{d}\omega);$

若 $f_n\leqslant g$ 　a.s.,则 $\varlimsup\int_\Omega f_nP(\mathrm{d}\omega)\leqslant\int_\Omega\varlimsup f_nP(\mathrm{d}\omega).$

控制收敛定理　设 $\{f_n\}$ 为可积函数列,$\lim\limits_{n\to+\infty}f_n(\omega)=f(\omega)$ (a.s.)或 $P(\lim\limits_{n\to+\infty}f_n(\omega))=f(\omega)$,如果存在可积函数 $g(\omega)$ 使 $|f_n(\omega)|\leqslant|g(\omega)|$ 　a.s.,$n\in\mathbf{N}^*$,那么 $f(\omega)$ 可积而且

$$\lim_{n\to+\infty}\int_\Omega f_n(\omega)P(\mathrm{d}\omega)=\int_\Omega f(\omega)P(\mathrm{d}\omega),$$

甚至有

$$\int_\Omega|f_n(\omega)-f(\omega)|P(\mathrm{d}\omega)\to0,$$

即 $\{f_n\}$ 平均收敛(一次方收敛)于 f.

(五)

下面叙述广义测度的几个定理.设 P 为 σ 代数 $\mathcal{F}$ 上的广义测度,称集 $E(\subset\Omega)$ 为**正的**(关于 P),如对任一可测集 A,$EA\in\mathcal{F}$ 而且 $P(EA)\geqslant0$;类似地称 E 为**负的**,如对任一可测集 A,$EA\in\mathcal{F}$ 而且 $P(EA)\leqslant0$.

哈恩(Hahn)分解定理 对任一广义测度 P，存在两不相交集 Ω_1，Ω_2，使 $\Omega_1 \bigcup \Omega_2 = \Omega$，而且关于 P，Ω_1 是正集，Ω_2 是负集.

称 Ω_1，Ω_2 构成 Ω 关于 P 的**哈恩分解**，这分解一般不唯一. 若 P 为测度. 则可取 $\Omega_2 = \emptyset$.

在 $\mathcal{F}$ 上定义两测度 P^+ 及 P^-.

$$P^+(A) = P(\Omega_1 A), P^-(A) = -P(\Omega_2 A), A \in \mathcal{F} \qquad (32)$$

（P^+ 及 P^- 的值不依赖于哈恩分解的选择），则

$$P(A) = P^+(A) - P^-(A), A \in \mathcal{F}. \qquad (33)$$

称上式为 P 的**若尔当分解**.

今设 $(\Omega, \mathcal{F})$ 上有两广义测度 μ 及 P，令

$$|P|(A) = P^+(A) + P^-(A) \qquad (34)$$

称 μ 关于 P **绝对连续**，并记为 $\mu \ll P$，如果对任一可测集 A，$|P|(A) = 0$，那么 $\mu(A) = 0$.

称 μ 关于 P（或 P 关于 μ）为**奇异的**，如存在 Ω_1，Ω_2，$\Omega_1\Omega_2 = \emptyset$，$\Omega_1 \bigcup \Omega_2 = \Omega$，使对任一可测集 A，有 $\Omega_1 A \in \mathcal{F}$，$\Omega_2 A \in \mathcal{F}$，而且

$$|\mu|(\Omega_1 A) = |P|(\Omega_2 A) = 0. \qquad (35)$$

以下定理刻画了不定积分：

拉东-尼可丁(Radon-Nikodym)定理 设 $(\Omega, \mathcal{F}, P)$ 是一测度空间，P 为 σ 有穷测度，又 μ 为 $\mathcal{F}$ 上 σ 有穷广义测度[①]，而且 $\mu \ll P$，则存在一有穷可测函数 $f(\omega)$，$\omega \in \Omega$，使

$$\mu(A) = \int_A f(\omega) P(\mathrm{d}\omega), A \in \mathcal{F};$$

设另有一函数 g 也满足上述条件，则关于 P 几乎处处有 $f(\omega) = g(\omega)$. 记 $f = \dfrac{\mathrm{d}\mu}{\mathrm{d}P}$.

---

① 关于广义测度 P，说集 A 是 P 有穷的，如 $|P(A)| < +\infty$；称集 $A \in \mathcal{F}$ 是 σ 有穷的，如存在一列 $A_n \in \mathcal{F}$，使 $A \subset \bigcup_n A_n$，而且 $|P(A_n)| < +\infty$，$n \in \mathbf{N}^*$，如 $\mathcal{F}$ 中每一集都是 σ 有穷的，就说 P 是 σ 有穷的. 类似地定义有穷广义测度.

关于广义测度的分解还有

勒贝格分解定理 设 $(\Omega,\mathcal{F})$ 为可测空间,μ 及 P 为 $\mathcal{F}$ 上两 σ 有穷广义测度,则必唯一地存在两 σ 有穷广义测度 μ_1 及 μ_2,它们的和是 μ,而且 μ_1 关于 P 奇异,μ_2 关于 P 绝对连续.

计算积分时改变积分区域有时会带来很大方便.为此先引进可测变换的观念,它是可测函数的一般化.设 $(\Omega_1,\mathcal{F}_1)(\Omega_2,\mathcal{F}_2)$ 是两个可测空间,定义在 Ω_1 上而取值于 Ω_2 的交换(或者说,抽象函数)T 称为 $\mathcal{F}_1$-$\mathcal{F}_2$ **可测的**,或简称**可测的**,如对任一 $F\in\mathcal{F}_2$,ω_1 集

$$T^{-1}(F)=(\omega_1:T(\omega_1)\in F)\in\mathcal{F}_1.$$

容易看出,如果 G 是自 $(\Omega_2,\mathcal{F}_2)$ 到另一可测空间 $(\Omega_3,\mathcal{F}_3)$ 的可测变换,那么变换

$$GT=G(T)$$

是自 $(\Omega_1,\mathcal{F}_1)$ 到 $(\Omega_3,\mathcal{F}_3)$ 的可测变换.

设 $(\Omega_1,\mathcal{F}_1)$ 上定义了测度 P_1,定义

$$P_2(F)=P_1(T^{-1}(F))(F\in\mathcal{F}_2),$$

则 P_2 是 $\mathcal{F}_2$ 上的测度.我们有下列重要的

积分变换定理 设 T 是自测度空间 $(\Omega_1,\mathcal{F}_1,P_1)$ 到可测空间 $(\Omega_2,\mathcal{F}_2)$ 的可测变换,又 g 是定义在 Ω_2 上的可测函数,则

$$\int_{\Omega_2} g(\omega_2)P_2(\mathrm{d}\omega_2) = \int_{\Omega_1} (gT)(\omega_1)P_1(\mathrm{d}\omega_1). \tag{36}$$

上式的意义是:若一方的积分存在,则另一方的也存在,而且两者相等.

(六)

现在来研究 n 维乘积空间,它的特殊情形是(二)中的 n 维波莱尔可测空间.设 $n=2$,因为对一般 n,情况完全类似.

设有两测度空间 $(X,S,\mu),(Y,T,\nu),X=(x),Y=(y),\mu,\nu$ 分别为 σ 代数,S,T 上的 σ 有穷测度.造乘积空间 $(X\times Y,S\times T,\mu\times\nu)$,其中

$$X \times Y = ((x,y), x \in X, y \in Y). \qquad (37)$$

$$S \times T = \mathcal{F}\{A \times B : A \in S, B \in T\}. \qquad (38)$$

对任一集 $E \in S \times T$，任意固定的点 $x \in X, y \in Y$，定义

$$E_x = \{y : (x,y) \in E\}, \quad E^y = \{x : (x,y) \in E\},$$

它们分别称为 E 的 x **截**与 y **截**，是 T 与 S 中的集. 定义

$$\mu \times \nu(E) = \int_X \nu(E_x) \mu(\mathrm{d}x) = \int_Y \mu(E^y) \nu(\mathrm{d}y), \qquad (39)$$

则 $\mu \times \nu$ 是 $S \times T$ 上的测度，而且是满足条件

$$\mu \times \nu(A \times B) = \mu(A) \times \nu(B) (A \in S, B \in T) \qquad (40)$$

的唯一测度.

可以证明，若 μ, ν 都是 σ 有穷的，则 $\mu \times \nu$ 也是 σ 有穷的. 还可证明，E 有 $\mu \times \nu$ 测度为零的充分必要条件是几乎一切 x 截（或几乎一切 y 截）有 ν（或 μ）零测度.

现在来定义函数的截. 设 $f(x,y)$ 为 E 上的函数. 对固定的 x，函数 $f_x(y)$：

$$f_x(y) = f(x,y)$$

是 E_x 上的函数，称为 $f(x,y)$ **在 E 上的 x 截**. 同样可以定义 $f(x,y)$ 在 E 上的 y 截为

$$f^y(x) = f(x,y),$$

它是 E^y 上的函数.

如 $E = X \times Y$，简称在 $X \times Y$ 上的截为截.

可测函数的任一截是可测函数[①].

关于截的可积性及积分序的改变有下面的

富比尼（Fubini）定理　设 $f(x,y)$ 是 $X \times Y$ 上的 $S \times T$ 可测函数，如果它非负或可积，那么它的几乎一切截都是可积的. 令

_____

① 参看本篇后面的引理 5.

$$h(x) = \int_Y f(x,y)\nu(\mathrm{d}y), \quad g(y) = \int_X f(x,y)\mu(\mathrm{d}x), \quad (41)$$

则 h 与 g 都是可积的,而且

$$\int_{X\times Y} f(x,y)\mu\times\nu(\mathrm{d}x,\mathrm{d}y) = \int_X h(x)\mu(\mathrm{d}x) = \int_Y g(y)\nu(\mathrm{d}y).$$

$$(42)$$

自然想到要考虑无穷维乘积空间. 它的重要的特殊情形是(二)中已详细讨论过的 $(\mathbf{R}^T, \mathcal{B}_T, F)$,我们以后主要用到的也是这个空间.

设有参数集 T,对每 $t\in T$,存在可测空间 $(\Omega_t, \mathcal{F}_t), \Omega_t = (\omega_t)$. 考虑定义在 T 上的抽象函数 $\lambda(t), t\in T$. 当 t 固定时,$\lambda(t)$ 是 Ω_t 中的元. 全体这样的函数构成空间 $\prod\limits_{t\in T}\Omega_t$. 在这空间中,包含一切具下列形状的有穷维柱集.

$$(\lambda(t):\lambda(t_i)\in B_i, i=1,2,\cdots,n) \quad n>0, t_i\in T, B_i\in\mathcal{F}_i$$

的最小 σ 代数记为 $\prod\limits_{t\in T}\mathcal{F}_t$. 我们称可测空间 $\left(\prod\limits_{t\in T}\Omega_t, \prod\limits_{t\in T}\mathcal{F}_t\right)$ 为 $(\Omega_t, \mathcal{F}_t), t\in T$ 的**乘积空间**.

当 $T = \mathbf{N}^*$,此空间也记为 $(\Omega_1\times\Omega_2\times\cdots, \mathcal{F}_1\times\mathcal{F}_2\times\cdots)$.

特别,当 $(\Omega_t, \mathcal{F}_t) = (\Omega, \mathcal{F})$ 与 t 无关时,此乘积空间也记为 $(\Omega^T, \mathcal{F}^T)$.

在 $\left(\prod\limits_{t\in T}\Omega_t, \prod\limits_{t\in T}\mathcal{F}_t\right)$ 上如何产生测度?当 $(\Omega_t, \mathcal{F}_t) = (\mathbf{R}, \mathcal{B}_1)$ 时,定理 4 给出了一个方法. 对一般的空间,定理 4 未必能用,因为证明中要求此空间具有拓扑结构(涉及收敛性的缘故). 然而我们却有下面的定理.

考虑 $(\Omega_1\times\Omega_2\times\cdots, \mathcal{F}_1\times\mathcal{F}_2\times\cdots)$. 设对每正整数 n,已给一函数[①] $p_n(\omega_1,\omega_2,\cdots,\omega_{n-1};A_n)(\omega_i\in\Omega_i, A_n\in\mathcal{F}_n)$,它当 $\omega_i\in\Omega_i(i=$

---

① $p_1(A_1)$ 是 $\mathcal{F}_1$ 上的概率测度,不含 ω_i.

王梓坤文集（第7卷）随机过程通论及其应用（下卷）

$1,2,\cdots,n-1$）固定时，关于 A_n 是 $\mathscr{F}_n$ 上的概率测度，当 $A_n\in\mathscr{F}_n$ 固定时，它是（$\omega_1,\omega_2,\cdots,\omega_{n-1}$）的 $\mathscr{F}_1\times\mathscr{F}_2\times\cdots\times\mathscr{F}_{n-1}$ 可测函数. 以 B_n 表 $\mathscr{F}_1\times\mathscr{F}_2\times\cdots\times\mathscr{F}_n$ 中的集，以 $C(B_n)$ 表 $\mathscr{F}_1\times\mathscr{F}_2\times\cdots$ 中以 B_n 为底的柱集. 在 $\mathscr{F}_1\times\mathscr{F}_2\times\cdots\times\mathscr{F}_n$ 上，定义概率测度 Q_n：

$$Q_n(B_n)=\int p_1(\mathrm{d}\omega_1)\cdot\int p_2(\omega_1;\mathrm{d}\omega_2)\cdots$$
$$\int p_n(\omega_1,\omega_2,\cdots,\omega_{n-1};\mathrm{d}\omega_n)\chi_{B_n}(\omega_1,\omega_2,\cdots,\omega_n),$$

其中 χ_{B_n} 是 B_n 的示性函数，即当（$\omega_1,\omega_2,\cdots,\omega_n$）$\in B_n$ 时，其值为 1，否则为 0. 然后在全体柱集 $\{C(B_n)\}$ 上，定义一集函数 P：

$$PC(B_n)=Q_n(B_n)\quad(n\geqslant1).$$

图尔恰（Tulcea）定理 P 决定 $\mathscr{F}_1\times\mathscr{F}_2\times\cdots$ 上唯一的概率测度（仍记为 P）.

证 记 $\mathbb{C}=\{C(B_n)\}$. 由于 Q_i 是概率测度，故如 $C(B_n)=C(B_m)$，$m<n$，又 ω_k 不属于 B_m 所在的因子空间时，$Q_n(B_n)$ 定义中的积分对 $\omega_k\in\Omega_k$ 进行后只出现 1，故 $Q_n(B_n)=Q_m(B_m)$ 而 P 之值不随柱集的表现而异.

在 $\mathbb{C}$ 上 P 显然是可加的，非负，而且 $P(\Omega_1\times\Omega_2\times\cdots)=1$. 由定理 1，只要证 P 在 $\mathbb{C}$ 上的连续性. 取一列收敛于 ϕ 的柱集，由定理 4 证明中的考虑，不妨设此列为 $C(B_n)\downarrow\phi$. 由 $PC(B_n)$ 的定义有

$$PC(B_n)=\int p_1(\mathrm{d}\omega_1)P^{(1)}C(B_n)_{\omega_1},$$

其中 $(B_n)_{\omega_1}$ 表集 B_n 在 ω_1 的截，而

$$P^{(1)}C(B_n)_\omega$$
$$=\int p_2(\omega_1;\mathrm{d}\omega_2)\cdots\int p_n(\omega_1,\omega_2,\cdots,\omega_{n-1},\mathrm{d}\omega_n)\chi_{B_n}(\omega_1,\omega_2,\cdots,\omega_n).$$

$PC(B_n)$ 对 n 不上升，$P^{(1)}C(B_n)_{\omega_1}$ 也不上升而趋于极限 $Y_1(\omega_1)\geqslant0$. 由控制收敛定理

$$\lim_{n\to+\infty} PC(B_n) = \int p_1(\mathrm{d}\omega_1) Y_1(\omega_1).$$

如果说右方值大于 0,那么必存在 $\bar\omega_1$ 使 $Y_1(\bar\omega_1)>0$. 于是我们回到原来的情况,只要以 $P^{(1)}C(B_n)_{\bar\omega_1}$ 代替上面的 $PC(B_n)$,并类似地定义 $P^{(2)}C(B_n)_{\bar\omega_1,\bar\omega_2}$ 以代替 $P^{(1)}C(B_n)_{\bar\omega_1}$. 这样重复下去,便得点列 $\bar\omega=(\bar\omega_1,\bar\omega_2,\cdots)$,使 $\bar\omega_n\in\Omega_n$ 而且

$$P^{(n)}C(B_n)_{\bar\omega_1,\bar\omega_2,\cdots,\bar\omega_n} \downarrow Y_n(\bar\omega_n)>0.$$

这表示 $C(B_n)$ 至少包含形如 $(\bar\omega_1,\bar\omega_2,\cdots,\bar\omega_n,\omega_{n+1},\cdots)$ 的点,因而 $\bar\omega\in\bigcap_{n=1}^{+\infty}C(B_n)$. 于是得证 P 是代数 $\mathfrak{C}$ 上的概率测度,再由定理 2 即知本定理正确. ∎

重要的特殊情形是

$$p_n(\omega_1,\omega_2,\cdots,\omega_{n-1};A_n)=p_n(A_n),$$

即与 $\omega_1,\omega_2,\cdots,\omega_{n-1}$ 无关时,此时所产生的测度 P 称为**独立乘积测度**.

(七)

这一段中叙述若干辅助定理,它们在一般测度论中难以找到,故这里给以证明. 这些结果在过程论中非常有用.

如前所述,设 A 为基本空间 $\Omega=(\omega)$ 的某子集. 包含 A 的一切 σ 代数的交 $\mathcal{F}\{A\}$ 显然是一 σ 代数,而且是含 A 的最小 σ 代数,于是我们得到下面的

引理 1　若 σ 代数 $\mathcal{K}\supset A$,则 $\mathcal{K}\supset\mathcal{F}\{A\}$.

这一简单引理的典型用法见以下引理之证.

引理 2　设 α_i 为自可测空间 $(\Omega,\mathcal{F})$ 到可测空间 $(\Omega_i,\mathcal{F}_i)$ 的可测变换 $(i=1,2,\cdots,n$ 或 $i\in\mathbf{N}^*)$,则

$$\alpha(\omega)=\{\alpha_1(\omega),\alpha_2(\omega),\cdots\}$$

是自 $(\Omega,\mathcal{F})$ 到乘积空间 $(\Omega_1\times\Omega_2\times\cdots,\mathcal{F}_1\times\mathcal{F}_2\times\cdots)$ 的可测变换.

证　为明确计,设 $i\in\mathbf{N}^*$. 考虑集系

$$\mathcal{K}=\{B:B\in\mathcal{F}_1\times\mathcal{F}_2\times\cdots;(\omega:\alpha(\omega)\in B)\in\mathcal{F}\},$$

则 $\mathcal{K}$ 是 $\Omega_1\times\Omega_2\times\cdots$ 中的 σ 代数. 显然 $\mathcal{K}$ 包含一切柱集

$$B=B_1\times B_2\times\cdots\times B_n\times\Omega_{n+1}\times\Omega_{n+2}\times\cdots(B_i\in\mathcal{F}_i)$$

所成的集 $\mathcal{A}$. 由引理 1 即得

$$\mathcal{K}\supset\mathcal{F}\{\mathcal{A}\}=\mathcal{F}_1\times\mathcal{F}_2\times\cdots. \quad\blacksquare$$

然而在许多问题中,要验证 $\mathcal{K}$ 是 σ 代数,常常很不容易. 于是邓肯将对 $\mathcal{K}$ 的条件放宽,而对 $\mathcal{A}$ 稍加条件,从而引进了 λ-系与 π-系的概念.

Ω 中的子集系 Π 称为 π-**系**,如果 $A_1\in\Pi,A_2\in\Pi$,那么 $A_1A_2\in\Pi$.

Ω 中的子集系 Λ 称为 λ-**系**,如果

(i) $\Omega\subset\Lambda$;

(ii) 自 $A_1\in\Lambda,A_2\in\Lambda,A_1A_2=\varnothing$,可得 $A_1\bigcup A_2\in\Lambda$;

(iii) 自 $A_1\in\Lambda,A_2\in\Lambda,A_1\supset A_2$,可得 $A_1\backslash A_2\in\Lambda$;

(iv) 自[①] $A_n\in\Lambda,A_n\uparrow A,n\in\mathbf{N}^*$,可得 $A\in\Lambda$.

引理 3 (i) Ω 的子集系 $\mathcal{M}$ 若既是 π-系又是 λ-系,则必是一 σ 代数;

(ii) 若 λ-系 Λ 包含 π-系 Π,则 Λ 包含 $\mathcal{F}\{\Pi\}$.

证 (i) 由 λ-系(i) $\Omega\in\mathcal{M}$. 由此及 λ-系(iii),知若 $A\in\mathcal{M}$,则 $\overline{A}\in\mathcal{M}$. 若 $A_1\in\mathcal{M},A_2\in\mathcal{M}$,由 π-系的定义,知 $A_1A_2\in\mathcal{M}$,由 λ-系(iii),$A_2\backslash A_1A_2\in\mathcal{M}$,再由 λ-系(ii)知 $A_1\bigcup A_2=A_1\bigcup(A_2\backslash A_1A_2)\in\mathcal{M}$. 由归纳法,知如 $A_1,A_2,\cdots,A_n$ 均属于 $\mathcal{M}$,则 $\bigcup\limits_{i=1}^{n}A_i\in\mathcal{M}$,再由 λ-系(iv)知

$$\bigcup_{i=1}^{+\infty}A_i=\lim_{n\to+\infty}\bigcup_{i=1}^{n}A_i\in\mathcal{M}.$$

---

① $A_n\uparrow A$ 表 $A_n\subset A_{n+1},A=\bigcup\limits_{n=1}^{+\infty}A_n$.

（ii）包含 π-系 Π 的一切 λ-系的交 $\mathcal{F}'$ 显然是含 Π 的最小 λ-系，故若能证 $\mathcal{F}'$ 也是 π-系，则由（i）即得证所需结论。令

$$\mathcal{F}_1 = \{A : AB \in \mathcal{F}' \text{ 对一切 } B \in \Pi \text{ 成立}\},$$

易见 $\mathcal{F}_1$ 是 λ-系。既然 $\mathcal{F}_1 \supset \Pi$，故 $\mathcal{F}_1 \supset \mathcal{F}'$。这表示若 $A \in \mathcal{F}'$，$B \in \Pi$，则 $AB \in \mathcal{F}'$。令

$$\mathcal{F}_2 = \{B : AB \in \mathcal{F}' \text{ 对一切 } A \in \mathcal{F}' \text{ 成立}\},$$

易见 $\mathcal{F}_2$ 是 λ-系。按上所证，$\mathcal{F}_2 \bigcap \Pi$，因而 $\mathcal{F}_2 \supset \mathcal{F}'$。这表示若 A，$B \in \mathcal{F}'$，则 $AB \in \mathcal{F}'$，于是得证 $\mathcal{F}'$ 为 π-系。∎

现在来考虑函数。设 $\mathcal{L}$ 是定义在 Ω 上的一族函数，满足条件

i）若 $\xi(\omega) \in \mathcal{L}$，又

$$\eta(\omega) = \begin{cases} \xi(\omega), & \xi(\omega) \geqslant 0, \\ 0, & \xi(\omega) < 0, \end{cases}$$

则 $\eta(\omega)$ 及 $\eta(\omega) - \xi(\omega)$ 均属于 $\mathcal{L}$。

函数集 L 称为 $\mathcal{L}$-系，如它满足条件

i'）$1 \in L$（1 表恒等于 1 的函数）；

ii'）L 中任两函数的线性组合仍属于 L；

iii'）若 $\xi_n(\omega) \in L$，$0 \leqslant \xi_n(\omega) \uparrow \xi(\omega)$，而且 $\xi(\omega)$ 有界或属于 $\mathcal{L}$，则 $\xi(\omega) \in L$。

引理 4 若 $\mathcal{L}$-系 L 包含某一 π-系 Π 中任一集 A 的示性函数 $\chi_A(\omega)$，则 L 包含一切属于 $\mathcal{L}$ 中的关于 $\mathcal{F}\{\Pi\}$ 可测的函数。

证 使 $\chi_A(\omega) \in L$ 的全体集 A 构成 λ-系 Λ。既然 $\Lambda \supset \Pi$，故由引理 3，$\Lambda \supset \mathcal{F}\{\Pi\}$；换言之，$\chi_A(\omega) \in L$ 对任意集 $A \in \mathcal{F}\{\Pi\}$ 成立。

设 $\xi(\omega)$ 为 $\mathcal{L}$ 中非负、关于 $\mathcal{F}\{\Pi\}$ 可测的函数。令

$$\Gamma_{kn} = \left\{ \frac{k}{2^n} \leqslant \xi(\omega) < \frac{k+1}{2^n} \right\} \in \mathcal{F}\{\Pi\},$$

$$\xi_n = \sum_{k=0}^{2^{2n}} \frac{k}{2^n} \chi_{\Gamma_{kn}}.$$

于是由 $\chi_{\Gamma_{kn}} \in L$ 及 (A_2)，$\xi_n \in L$. 因 $0 \leqslant \xi_n \uparrow \xi$，由 iii$'$) 即得 $\xi \in L$.

按 i)，任一 $\mathcal{F}\{\Pi\}$ 可测函数 $\eta \in \mathcal{L}$ 可表为 $\mathcal{L}$ 中两非负的 $\mathcal{F}\{\Pi\}$ 可测函数的差，而后两者已证明属于 L，故由 ii$'$)，$\eta \in L$. $\blacksquare$

引理 3、引理 4 非常有用，典型用法如下：

有时需要证明某一集系 S 具有某性质 A_0，为此令 Λ 为具有 A_0 的一切集所成的集系，然后证明 Λ 包含某一集系 Π，实际中常常容易看出 Λ 是一 λ-系而 Π 是一 π-系，并且 $\mathcal{F}\{\Pi\} \supset S$，于是由引理 3 (ii)，$\Lambda \supset S$，即证明了 S 中的集都有性质 A_0. 这种方法今后称为 **λ-系方法**.

另外一些时候需要证明某一函数集 F 具有某性质 $\widetilde{A}_0$. 为此引入满足 (i) 的函数集 $\mathcal{L}$，使全体具有 $\widetilde{A}_0$ 的函数集 L 是一 $\mathcal{L}$-系；再引进一 π-系 Π，使 $\mathcal{F}\{\Pi\}$ 可测函数集包含 F. 于是根据引理 4，只要证明 $\chi_A(\omega) \in L$ 对一切 $A \in \Pi$ 成立就够了. 这种方法以后称为 **$\mathcal{L}$-系方法**.

下列引理就是用这些方法证明的.

引理 5　设 $(\Omega_i, \mathcal{F}_i)$ 为可测空间 $(i=1,2)$. $f(\omega_1, \omega_2) (\omega_i \in \Omega_i)$ 是 $\mathcal{F}_1 \times \mathcal{F}_2$ 可测函数. 于是对任意固定的 $\omega_2 \in \Omega_2$，$f(\omega_1, \omega_2)$ 是 ω_1 的 $\mathcal{F}_1$ 可测函数.

证　以 $\mathcal{L}$ 表 $\Omega_1 \times \Omega_2$ 上全体函数所成的集，$\mathcal{L}$ 满足 i). 使引理结论正确的全体函数集 L 显然是一 $\mathcal{L}$-系. 既然 L 包含一切 $\chi_{A_1 \times A_2}(\omega) (A_i \in \mathcal{F}_i, i=1,2)$，而一切形如 $A_1 \times A_2$ 的集又构成 π-系，故由引理 4，L 包含一切关于 $\mathcal{F}_1 \times \mathcal{F}_2$ 可测的函数. $\blacksquare$

现在引进今后常用的一个记号. 设对每一 $t \in T$ 存在一取值于可测空间 $(E, \mathcal{B})$ 的抽象函数 $x_t(\omega) (\omega \in \Omega)$，称 σ 代数 $\mathcal{F}\{\omega: x_t(\omega) \in \Gamma, \Gamma \in \mathcal{B}, t \in T\}$ 为 $\{x_t(\omega), t \in T\}$ **所产生的 σ 代数**，并记为

$$\mathcal{F}\{x_t, t \in T\}.$$

显然,若每 $x_t(\omega)$ 是 $\mathcal{F}-\mathcal{B}$ 可测的,则

$$\mathcal{F}\{x_t,t\in T\}\subset\mathcal{F},$$

从而可考虑 $\mathcal{F}\{x_t,t\in T\}$ 关于 P 的完全化 σ 代数 $\mathcal{F}'\{x_t,t\in T\}$.

引理 6 设对每 $t\in T$ 存在一取值于可测空间 $(E,\mathcal{B})$ 的抽象函数 $x_t(\omega)(\omega\in\Omega)$. 为使函数 $\xi(\omega)$ 关于 σ 代数 $\mathcal{F}\{x_t,t\in T\}$ 可测,充分必要条件是存在某个定义在 $E^{+\infty}=E\times E\times\cdots$ 中的 $\mathcal{B}^{+\infty}=\mathcal{B}\times\mathcal{B}\times\cdots$ 可测函数 $f(x_1,x_2,\cdots)(x_i\in E)$,使

$$\xi(\omega)=f(x_{t_1}(\omega),x_{t_2}(\omega),\cdots). \tag{43}$$

证 既然每 $x_{t_i}(\omega)$ 是自 $(\Omega,\mathcal{F}\{x_t,t\in T\})$ 到 $(E,\mathcal{B})$ 的可测变换,故由引理 2

$$\alpha(\omega)=(x_{t_1}(\omega),x_{t_2}(\omega),\cdots)$$

是 $(\Omega,\mathcal{F}\{x_t,t\in T\})$ 到 $(E^{+\infty},\mathcal{B}^{+\infty})$ 的可测变换,从而 $\xi(\omega)=[f\alpha](\omega)$ 是 $(\Omega,\mathcal{F}\{x_t,t\in T\})$ 到 $(\mathbf{R},\mathcal{B}_1)$ 即一维波莱尔可测空间的可测变换,于是充分性得证.

令

$$\mathcal{L}=\{\text{全体定义在 }\Omega\text{ 上的函数 }\xi(\omega)\};$$
$$L=\{\text{全体可表为}(43)\text{形的函数}\};$$
$$\Pi=\{\text{全体柱集}(x_{t_1}\in\Gamma_1,x_{t_2}\in\Gamma_2,\cdots,x_{t_n}\in\Gamma_n)\}$$

$(n>0,t_i\in T,\Gamma_i\in\mathcal{B})$. 注意上式中的柱集的示性函数

$$\chi_{\Gamma_1}[x_{t_1}(\omega)]\chi_{\Gamma_2}[x_{t_2}(\omega)]\cdots\chi_{\Gamma_n}[x_{t_n}(\omega)]$$

具有(43)的形状,故属于 L. 运用 $\mathcal{L}$-系方法,即可证明必要性. 事实上,因 L 是 $\mathcal{L}$-系,Π 是 π-系,既然 Π 中任一集的示性函数属于 L,故由引理 4,知 L 包含一切 $\mathcal{F}\{\Pi\}=\mathcal{F}\{x_t,t\in T\}$ 可测函数. ∎

引理 7 设 $(U,\mathcal{F}_U)(V,\mathcal{F}_V)(Z,\mathcal{F}_Z)$ 为三个可测空间,$F(u,z)(u\in U,z\in Z)$ 为关于 $\mathcal{F}_U\times\mathcal{F}_Z$ 可测的函数;又设对每一 $v\in V$,$P_v(\Gamma)$ 是 $\mathcal{F}_Z$ 上的测度 $(\Gamma\in\mathcal{F}_Z)$,而且当 Γ 固定时,函数 $P_v(\Gamma)$ 为 $\mathcal{F}_V$ 可测. 如果积分

$$G(u,v) = \int_Z F(u,z) P_v(\mathrm{d}z) \qquad (44)$$

对一切 $u \in U, v \in V$ 有穷，那么它是 $\mathcal{F}_U \times \mathcal{F}_V$ 可测函数.

证 令

$$\mathcal{L} = \{F(u,z): \text{它为} \mathcal{F}_U \times \mathcal{F}_V \text{ 可测，而且它由(44)定义的}$$
$$G(u,v) \text{对一切} u \in U, v \in V \text{ 有穷}\},$$

$$L = \{F(u,z): \text{它对应的} G(u,v) \text{为} \mathcal{F}_U \times \mathcal{F}_V \text{ 可测}\},$$

$$\Pi = \{A_U \times A_Z\}(A_U \in \mathcal{F}_U, A_Z \in \mathcal{F}_Z).$$

由积分的单调收敛定理，L 是 $\mathcal{L}$-系，又显然

$$\chi_{A_U \times A_Z}(u,z) \in L.$$

运用 $\mathcal{L}$-系方法即得所欲证. ■

有时需要在相空间 E 中考虑收敛性，故要引入拓扑. 设 $(E, \mathfrak{C})$ 为拓扑空间，这里 $\mathfrak{C}$ 是 E 中全体开集所成的集系. 取 E 中 σ 代数 $\mathcal{F}\{\mathfrak{C}\}$，即含 $\mathfrak{C}$ 的最小 σ 代数，于是 $(E, \mathcal{F}\{\mathfrak{C}\})$ 为可测空间. 称三元组合 $(E, \mathfrak{C}, \mathcal{F}\{\mathfrak{C}\})$ 为**拓扑可测空间**. 设 $f(x)(x \in E)$ 是（关于 $\mathfrak{C}$）连续函数，则因 $(x: f(x) < a)(a \in \mathbf{R})$ 是开集 $(-\infty, a)$ 在 f 下的原像的集，故也是开集而属于 $\mathcal{F}\{\mathfrak{C}\}$. 这样便证明了连续函数关于 $\mathcal{F}\{\mathfrak{C}\}$ 可测.

设 A 为 E 的子集. 称一组开集为 A 的**开覆盖**，如果这组开集的和包含 A；称 A 为**紧的**，如果自它的任一开覆盖可挑出一个由有穷多个开集组成的开覆盖；称空间 E 为 σ-**紧的**，如果存在一列紧集 $\{C_n\}$，使 $E = \bigcup\limits_{n=1}^{+\infty} C_n$.

一种重要的拓扑可测空间是**距离可测空间**，以 $\rho(x,y)$ 表两点 $x, y \in E$ 间的距离，有时为了强调距离 ρ，也记此空间为

$$(E, \rho, \mathcal{F}\{\rho\}), \mathcal{F}\{\rho\} = \mathcal{F}\{\mathfrak{C}\}.$$

引理 8 设 $(E, \rho, \mathcal{F}\{\rho\})$ 为距离可测空间，如果定义于其上的某些函数所构成的 $\mathcal{L}$-系 L 包含一切有界连续函数，那么 L 包含

$\mathcal{L}$ 中一切可测函数.

证　E 中全体开集所成的集 $\mathbb{G}$ 是 π-系,既然 $\mathcal{F}\{\mathbb{G}\}=\mathcal{F}\{\rho\}$,利用 $\mathcal{L}$-系方法,只要证明 $\chi_U(x)\in L,U\in\mathbb{G}$.

任取连续函数 $f(x)$,使当且仅当 $x\in U$ 时,$f(x)\neq 0$(例如,可取 $f(x)=\inf\limits_{y\in \bar{U}}\rho(x,y)$). 再令

$$q_n(v)=\begin{cases}1, & |v|\geqslant\dfrac{1}{n},\\[2mm] n|v|, & |v|<\dfrac{1}{n}.\end{cases}$$

$q_n(v)\uparrow\chi_{\overline{\{0\}}}(v)$,而

$$f_n(x)=q_n[f(x)]\uparrow\chi_U(x).$$

由于 q_n,f 都连续,故 f_n 连续而且有界. 由假定 $f_n\in L$. 既然 $0\leqslant f_n\uparrow\chi_U$ 由 (A_3),$\chi_U\in L$. ■

以下引理不能由富比尼定理推出,因广义测度中包含变量.

引理 9　设 $(U,\mathcal{F}_U),(V,\mathcal{F}_V)$ 为两可测空间,$\mu(A)$ 是 $\mathcal{F}_U$ 上有穷广义测度;又 $\nu(x,B)$ 当 $x\in U$ 固定时是 $\mathcal{F}_V$ 上的有穷广义测度,当 $B\in\mathcal{F}_V$ 固定时是 $\mathcal{F}_U$ 可测函数,而且是有界的,即

$$\sup_{B\in\mathcal{F}_V,x\in U}|\nu(x,B)|<C,$$

C 是某常数. 如果 $f(y)(y\in V)$ 是有界的 $\mathcal{F}_V$ 可测函数,那么

$$\int_U\mu(\mathrm{d}x)\left\{\int_V\nu(x,\mathrm{d}y)f(y)\right\}=\int_V f(y)\left\{\int_U\mu(\mathrm{d}x)\nu(x,\mathrm{d}y)\right\}.\quad(45)$$

证　以 $\mathcal{L}$ 表全体有界 $\mathcal{F}_V$ 可测函数 $f(y)$ 的集,以 L 表全体使上式成立的函数 $f(y)$ 的集,由所给条件知 L 是 $\mathcal{L}$-系. 因此,由引理 4,只要证明(45)对示性函数 $f(y)=\chi_B(y),B\in\mathcal{F}_V$ 正确.

对 $f(y)=\chi_B(y)$,(45)左方化为

$$\int_U\mu(\mathrm{d}x)\nu(x,B)\equiv\lambda(B);$$

而右则化为

$$\int_V f(y)\lambda(\mathrm{d}y) = \int_V \chi_B(y)\lambda(\mathrm{d}y) = \lambda(B),$$

故(45)对 $f(y) = \chi_B(y)$ 成立. ∎

现在引进推移变换的概念,它将一个函数变到另一函数.

设 $(E,\mathcal{B})$ 为可测空间, $e(t)$ $(t \in T)$ 是定义在 T 上而取值于 E 的抽象函数.这个函数的整体最好简记为 $e(\cdot)$,点"$\cdot$"表在 T 上流动的坐标.记号的好处是可以避免把整个函数与此函数在定点 t 上的单个值 $e(t)$ 混淆.

为确定计,设 $T = [0, +\infty)$.对每个固定的 $s \geqslant 0$,在全体函数集 $E^T = \{e(\cdot)\}$ 上,定义一个 s 推移变换 T_s:

$$T_s e(\cdot) = e(s + \cdot),$$

它把 E^T 变到自身.这里 $e(s + \cdot)$ 表函数 $e(s+t)$, $t \in T$;换言之,新函数在 t 点上的值,等于原来函数在 $s+t$ 点上的值.

考虑定义在乘积空间 E^T 上的实值函数 $f = f(e(\cdot))$,它的自变元是 $e(\cdot)$.作为无穷维波莱尔可测函数的一般化,我们称 f 为 $\mathcal{B}^T$ 可测的,如对任一一维波莱尔集 A,有

$$(e(\cdot): f(e(\cdot)) \in A) \in \mathcal{B}^T.$$

设对每一 $t \in T$,有一取值于 $(E,\mathcal{B})$ 的抽象函数 $x_t(\omega) = x(t, \omega)$ 和它对应, $\omega \in \Omega$.注意当 ω 固定时, $x(s+\cdot, \omega)$ 是 E^T 中的元.简记 Ω 中 σ 代数 $\mathcal{F}\{x_{s+t}(\omega), t \in T\}$ 为 $\mathcal{N}^s$.

引理 10 实值函数 $\xi(\omega)$ 为 $\mathcal{N}^s$ 可测的充分必要条件是:存在 $\mathcal{B}^T$ 可测函数 $f = f(e(\cdot))$,使

$$\xi(\omega) = f(x(s+\cdot, \omega)).$$

证 充分性 设 f 为 $\mathcal{B}^T$ 可测而要证对任一 $A \in \mathcal{B}_1$,

$$\widetilde{A} = (\omega: f(x(s+\cdot, \omega)) \in A) \in \mathcal{N}^s.$$

由于 f 的 $\mathcal{B}^T$ 可测性, $f^{-1}(A) = (e(\cdot): f(e(\cdot)) \in A) \in \mathcal{B}^T$. 既然

$\widetilde{A} = (\omega : x(s+\cdot, \omega) \in f^{-1}(A))$，故只要证明：对任意 $B \in \mathcal{B}^T$

$$(\omega : x(s+\cdot, \omega) \in B) \in \mathcal{N}^s. \tag{46}$$

显然，使(46)成立的 B 的全体构成 E^T 中一 σ 代数 $\widetilde{\mathcal{B}}$. 当 B 为柱集

$$W_n = (e(\cdot) : e(t_1) \in B_1, e(t_2) \in B_2, \cdots, e(t_n) \in B_n) \quad (B_i \in \mathcal{B})$$

时，

$$(\omega : x(s+\cdot) \in W_n) = (\omega : x(s+t_i) \in B_i, i = 1, 2, \cdots, n) \in \mathcal{N}^s,$$

故 $\widetilde{\mathcal{B}} \supset \{W_n\}$，从而 $\widetilde{\mathcal{B}} \supset \mathcal{F}\{W_n\} = \mathcal{B}^T$.

必要性 注意若 $T_1 \subset T$，则任一定义在 E^{T_1} 上的 $\mathcal{B}^{T_1}$ 可测函数可看成定义在 E^T 上的 $\mathcal{B}^T$ 可测函数. 故结论由引理 6 直接推出. ∎

上面考虑了 $T = [0, +\infty)$ 的情况，同样可考虑 $T = \mathbf{R}, \mathbf{N}, \mathbf{Z}$，只是"$s \geqslant 0$"应分别换为"$s \in \mathbf{R}$"，"$s$ 为非负整数"及"s 为任意整数".

有时需要考虑某可测空间 $(E, \mathcal{B})$ 上的测度列 $\{P_n\}$. 称 $\mathcal{B}$ 上的测度列 $\{P_n\}$ 收敛于测度 P，如对任一 $B \in \mathcal{B}$

$$\lim_{n \to +\infty} P_n(B) = P(B).$$

引理 11 设有穷测度列 $\{P_n\}$ 收敛于有穷测度 P，又 $g(x)$ $(x \in E)$ 为有界 $\mathcal{B}$ 可测函数，则

$$\lim_{n \to +\infty} \int_E g(x) P_n(\mathrm{d}x) = \int_E g(x) P(\mathrm{d}x).$$

证 对任意 $\varepsilon > 0$，存在简单函数 $\widetilde{g}(x) = \sum_{j=1}^m x_j \chi_{E_j}(x)$，使 $|g(x) - \widetilde{g}(x)| < \varepsilon$，而且 $\widetilde{g}$ 为有穷数 C 所囿[1]. 先令 $n \to +\infty$，次令 $\varepsilon \to 0$ 即得

---

① 参看[20]，§ 20，习题 2.

$$\left| \int gP_n(\mathrm{d}x) - \int gP(\mathrm{d}x) \right|$$

$$\leqslant \int |g - \widetilde{g}| \, P(\mathrm{d}x) + \left| \int \widetilde{g} P(\mathrm{d}x) - \int \widetilde{g} P_n(\mathrm{d}x) \right| + \int |\widetilde{g} - g| \, P_n(\mathrm{d}x)$$

$$\leqslant \varepsilon P(E) + C\sum_{j=1}^{m} |P(E_j) - P_n(E_j)| + \varepsilon P_n(E) \to 0. \quad \blacksquare$$

引理 12 设 $\{f_n(\omega)\}$ 是一列自可测空间 $(\Omega, \mathcal{F})$ 到距离可测空间 $(E, \mathfrak{C}, \mathcal{B})$ 中的可测变换，如果对每 $\omega \in \Omega$，有 $f_n(\omega) \to f(\omega)$ $(n \to +\infty)$，那么 $f(\omega)$ 也是 $(\Omega, \mathcal{F})$ 到 $(E, \mathfrak{C}, \mathcal{B})$ 的可测变换.

证 对任一 $U \in \mathfrak{C}$，取有界连续函数 $g(x)$，使满足 $U = (x: g(x) \neq 0)$（例如，可令 $g(x) = \dfrac{\rho(x, \overline{U})}{1 + \rho(x, \overline{U})}$，这里 $\rho(x, \overline{U})$ 表点 x 到补集 $\overline{U}$ 的距离，即 $\inf_{v \in \overline{U}} \rho(x, v))$，则

$$\{f(\omega) \in U\} = \bigcup_{m=1}^{+\infty} \bigcup_{k=1}^{+\infty} \bigcap_{n=m}^{+\infty} \left\{ |g[f_n(\omega)]| > \frac{1}{k} \right\} \in \mathcal{F}.$$

以 $\mathcal{K}$ 表使 $\{f(\omega) \in A\} \in \mathcal{F}$ 成立的集 $A(\subset E)$ 所成的集系，则 $\mathcal{K}$ 是 E 中一个 σ 代数；既然 $\mathcal{K} \supset \mathfrak{C}$，故由引理 1，并注意 $\mathcal{B}$ 是含 $\mathfrak{C}$ 的最小 σ 代数，即得 $\mathcal{K} \supset \mathcal{B}$. $\quad \blacksquare$

参考书目

[1] 复旦大学数学系主编. 概率论与数理统计（第 2 版）. 上海：上海科技出版社，1961.

[2] Itô K（伊藤清）. 概率论. 刘璋温，译. 北京：科学出版社，1961.

[3] Itô K（伊藤清）. 随机过程. 刘璋温，译. 上海：上海科技出版社，1961.

[4] Гнеденко Б В. 概率论教程（第 2 版）. 丁寿田，译. 北京：高等教育出版社，1954.

[5] Дынкин Е Б. 马尔可夫过程论基础. 王梓坤，译. 北京：科学出版

社,1959.

[6] Дынкин Е Б. Марковские Процессы. 1963.

[7] Романовский В И. 疏散的马尔可夫链. 梁文骐,译. 北京:科学出版社,1958.

[8] Сарымсаков Т А. Основы Теории Процессов Маркова. 1954.

[9] Скороход А В. Исследования по Теории Случайных Процессов. 1961.

[10] Alrey N. On the Theory of Stochastic Processes and Their Applications to the Theory of Cosmic Radiation. Copenhagen(Dissertation),1943.

[11] Barlett M S. An Introduction to Stochastic Processes with Special Reference to Methods and Applications. London:Cambridge University Press,1955.

[12] Bharucha-Reid A T. Elements of the Theory of Markov Processes and Their Applications. McGraw-Hill,1960.

[13] Blanc-Lapierre A. Fortet R. Théorie des Fonctions. Aléatoires,Paris,1953.

[14] Chung K L. Markov Chains with Stationary Transition Probabilities. Springer-Verlag,1960.

[15] Cramer H. Mathematical Methods of Statistics. Springer-Verlag,1946.

[16] Doob J L. Stochastic Processes. New York:John Wiley and Sons,1953.

[17] Feller W. An Introduction to Probability Theory and Its Applications, Vol. 1 2nd ed. 1957.

[18] Grenander U. 随机过程与统计推断. 王寿仁,译. 上海:上海科技出版社,1962.

[19] Grenander U,Rosenblatt M. 平稳时间序列的统计分析. 郑绍濂,等译. 上海:上海科技出版社,1962.

[20] Halmos P R. Measure Theory. van Nostrand,1950.

[21] Loève M. Probability Theory,2nd ed. van Nostrand,1960.

关于生灭过程与
马尔可夫链的参考文献

王梓坤

[1] 生灭过程停留时间与首达时间的分布. 中国科学,1980,10 (2):109-117.

[2] Классификация всех процессов размножения и гибели, Научные доклады высшей школы. Физ.-Матем. Науки, 1958,4:19-25.

[3] On a birth and death process. Science Record, New Ser., 1959,3(8):331-334.

[4] On distributions of functionals of brith and death processes and their applications in the theory of queues. Scientia Sinica,1961,10(2):160-170.

[5] 生灭过程构造论. 数学进展,1962,5(2):137-179.

[6] 马尔可夫过程的 0-1 律. 数学学报,1965,15(3):342-353.

[7] 常返马尔可夫过程的若干性质. 数学学报,1966,16(2): 166-178.

[8] The Martin boundary and limit theorems for excessive functions. Scientia Sinica,1965,14(8):1 118-1 129.

[9] 生灭过程的遍历性与 0-1 律. 南开大学学报（自然科学版），1964,5(5):93-102.

王梓坤、杨向群

[1] 中断生灭过程的构造. 数学学报，1978,21(1):66-71.

刘文

[1] 可列齐次马氏链转移概率的频率解释. 河北工学院学报，1976,(1):69-74.

[2] 关于可列齐次马氏链转移概率的强大数定律. 数学学报，1978,21(3):231-242.

朱成熹

[1] 非齐次马尔可夫链样本函数的性质. 南开大学学报（自然科学版），1964,5(5):95-104.

[2] 非齐次转移函数的分析性质. 数学进展，1965,8(1):34-54.

许宝騄

[1] 欧氏空间上纯间断的时齐马尔可夫过程的概率转移函数的可微性. 北京大学学报（自然科学版），1958,(3):257-270.

孙振祖

[1] 一类马氏过程的一般表示式. 郑州大学学报，1962,(2):17-23.

吴立德

[1] 齐次可数马尔可夫过程积分型泛函的分布. 数学学报，1963,13(1):86-93.

[2] 关于连续参数的马尔可夫链的离散骨架. 复旦大学学报，1964,9(4):483-489.

[3] 可数马尔可夫过程状态的分类. 数学学报，1965,15(1):32-41.

李志阐

[1] 半群与马尔可夫过程齐次转移函数的微分性质. 数学进展，

1965,8(2):153-160.

李漳南

[1] 一类相依变数的强大数定律. 南开大学学报（自然科学版），
1964,5(5):41-50.

李漳南、吴荣

[1] 可列状态马尔可夫链可加泛函的某些极限定理. 南开大学学
报（自然科学版），1964,5(5):121-140.

杨超群（杨向群）

[1] 可列马氏过程的积分型泛函和双边生灭过程的边界性质. 数
学进展，1964,7(4):397-424.

[2] 一类生灭过程. 数学学报，1965,15(1):9-31.

[3] 关于生灭过程构造论的注记. 数学学报，1965,15(2):
174-187.

[4] 生灭过程的性质. 数学进展，1966,9(4):365-380.

[5] 柯氏向后微分方程组的边界条件. 数学学报，1966,16(4):
429-452.

[6] 双边生灭过程. 南开大学学报（自然科学版），1964,5(5):
9-40.

[7] 可列马尔可夫过程的不变换. 湘潭大学学报，1978,29-43.

施仁杰

[1] 可列马尔可夫过程的随机时间替换. 南开大学学报（自然科
学版），1964,5(5):51-88.

[2] 马尔可夫过程对于随机时间替换的不变性质. 南开大学学报
（自然科学版），1964,5(5):199-204.

郑曾同

[1] 测度的弱收敛与强马氏过程. 数学学报，1961,11(2):
126-132.

梁之舜

[1] Об условных Марковских процессах. Теория Вероятностей и её Применения,1960,5(2):227-228.

[2] Инвариантность строго Марковского свойства при преобразования Дынкина. Теория Вероятностей и её Применения,1961,6(2):228-231.

[3] Интегралъное представление одного класса эксцессивных случайных величин. Вестник Московского Университета, Серии,1961,1:36-37.

胡迪鹤

[1] 抽象空间中的 q-过程的构造理论.数学学报,1966,16(2): 150-165.

[2] 度量空间中的转移函数的强连续性、Feller 性和强马尔可夫性.数学学报,1977,20(4):298-300.

[3] 可数的马尔可夫过程的构造理论.北京大学学报(自然科学版),1965,(2):111-143.

[4] 关于某些随机阵的调和函数.数学学报,1979,22(3): 276-290.

侯振挺

[1] Q 过程的唯一性准则.中国科学,1974,(2):115-130.

[2] 齐次可列马尔可夫过程中的概率-分析法(1).科学通报, 1973,18(3):115-118.

[3] 齐次可列马尔可夫过程的样本函数的构造.中国科学,1975, (3):259-266.

侯振挺、郭青峰

[1] 齐次可列马尔可夫过程.北京:科学出版社,1978.

[2] 齐次可列马尔可夫过程构造论中的定性理论.数学学报,

1976,19(4):239-262.

侯振挺、汪培庄

［1］可逆的时齐马尔可夫链—时间离散情形.北京师范大学学报
（自然科学版），1979,(1):23-44.

钱敏平

［1］平稳马氏链的可逆性.北京大学学报（自然科学版），1978,
(4):1-9.

墨文川

［1］齐次可列马尔可夫过程的可加泛函.山东大学学报（自然科
学版），1978,(2):1-10.

Austin D G

［1］Some differentiation properties of Markov transition proba-
bility functions. Proc. Amer. Math. Soc. ,1956,7:756-761.

［2］Note on differentiating Markov transition functions with
stable terminal states. Duke Math. J. ,1958,25:625-629.

Chung K L

［1］Markov Chains with Stationary Transition Probabilities.
Springer – Verlag,Berlin. Gottingen. Heidelberg,1960.

［2］On the boundary theory for Markov chains. Acta Math-
ematica,1963,110(1~2):19-77;1966,115(1~2):111-163.

Гихман И И,Скороход А Н

［1］Введение в Теорию Случайных Процессов. Uzgatenbctvo
《Наука》,1977.

［2］Теория Случайных Процессов,I, 1971；Ⅱ, 1973；Ⅲ, 1975.
Иzgatenbctvo,《Наука》.

Добрушин Р Л

[1] Об условиях регулярности однородных по времени Марковских процессов со счетным чеслом возможных состояхий. Успех Матем. Наук,1952,7(6):185-191.

[2] Некоторие классы однородных счетных Марковских процессов. Теорця Вероям . и её Прим. ,1957,2(3):377-380.

Doob J L

[1] Stochastic Processes. Wiley,New York,1953.

[2] Topics in the theory of Markov chains. Trans. Amer. Math. Soc. ,1942,52:37-64.

[3] Markov chains-denumerable case. Trans. Amer. Math. Soc. , 1945,58:455-473.

[4] Discrete potential theory and boundaries. Journ. Math. Mech. ,1959,8:433-458.

[5] State spaces for Markov chains. Trans. Amer. Math. Soc. , 1970,149:279-305.

Дынкин Е Б

[1] Марковские Процессы. фuzMaтruz,1963.

[2] Основания Теории Марковских Процессов. фuzMaтruz, 1959,(汉译本:马尔可夫过程论基础. 王梓坤,译. 北京:科学出版社,1962).

Dynkin E B,Yushkevich A A

[1] Markov Processes: Theorems and Problems. Plenum Press,1969.

Feller W

[1] An Introduction to Probability Theory and Its Applications. 1957,1;1971,2. Wiley,New York.

[2] On the integro-differential equations of purely discontinuous Markov processes. Trans. Amer. Math. Soc. ,1940,48:488-575;Errata,1945,58:474.

[3] The birth and death processes as diffusion process. Journ. Math. Pures. Appl. ,1959,9:301-345.

Hunt G A

[1] Markov chains and Martin boundaries. Illinois J. Math. , 1960,4:313-340.

Johansen S

[1] Some results on the imbedding problem for finite Markov chains. J. London Math. Soc. ,1974,8(S2):345-351.

Karlin S,McGregor J L

[1] The classification of birth and death processes. Trans. Amer. Math. Soc. ,1957,86:366-400.

[2] Linear growth,birth and death processes. J. Mach. Mech. , 1958,1:643-662.

Keilson J

[1] Log-concavity and log-convexity in passage time densities of birth and death processes. J. Applied Probability,1971,8: 391-398.

Kendall D G

[1] On the generalized and death process. Ann. Math. Statist. , 1948,19:1-15.

[2] Some recent developments in the theory of denumerable Markov processes. Trans. Fourth Prague Conference, Prague,1965,11-17.

[3] On the behaviour of a standard Markov transition function

near $t=0$. Zs. f. Wahrsch. ,1965,3:276-278.

Kingman J F C

[1] Markov transition probabilities,Zs. f. Wahrsch. ,(I). 1967, 7:248-270;(Ⅱ). 1967,9:1-9,(Ⅲ). 1968,10:87-101;(Ⅳ). 1969,11:9-17.

Lamb C

[1] Decomposition and construction of Markov chains. Zs. f. Wahrsch. ,1971,19:213-224.

Ledermann W,Reuter G E H

[1] Spectral theory for the differential equations of simple birth and death processes. Phil. Trans. Roy. Soc. London,Ser. A, 1954,246:321-369.

Lévy P

[1] Systémes Markoviens et stationnaires. Cas dénombrable. Ann. Sci. École Norm. Super. 1951,69:327-381.

Ornstein D

[1] The differentiability of transition functions. Bull. Amer. Math. Soc. ,1960,66:36-39.

Reuter G E H

[1] Denumerable Markov processes and the associated contraction semi-groups on 1. Acta Math. ,1957,97:1-46.

[2] Denumerable Markov processes (Ⅳ). on C. T. Hou's uniqueness theorem for Q-semigroups. Zs. f. Wahrsch. , 1976,33:309-315.

Smith G

[1] Instantaneous states of Markov processes. Trans. Amer. Math. Soc. ,1964,110:185-195.

Soloviev A D

[1] Asymptotic distribution of the moment of first crossing of a high level by a birth and death process. Proc. Sixth Berkeley Symp. Math. Stat. and Probability, 1972:71-86.

Speakman J M O

[1] Two Markov chains with a common skeleton. Zs. f. Wahrsch. ,1967,7:224.

Юшкевич А А

[1] Некоторые замечания о граничных услобиях для процессов размножения и гибели. Trans. Fourth Prague Conference, Prague,1965:381-388.

[2] О дифференцируемости переходных вероятностей однородного Марковского процесса со счетным числом состояний. Уч. Зап. Мгу. ,1959,186:Математика 9:141-160.

Walsh J

[1] The Martin boundary and completion of Markov chains. Zs. f. Wahrsch. ,1970,14:169-188.

Watanabe T

[1] On the theory of Martin boundaries induced by countable Markov processes. Mem. Coll. Sci. Univ. Kyoto, Series A, Math. , 1960,33:39-108.

William D

[1] On the construction problem for Markov chains. Zs. f. Wahrsch. ,1964,3:227-246;1966,5:296-299.

[2] Fictitious states, coupled laws and local time. Zs. f. Wahrsch. ,1969,11:288-310.

新参考书目

[1] 王寿仁. 概率论基础和随机过程. 北京:科学出版社,1986.

[2] 邓集贤,许刘俊. 随机过程,北京:高等教育出版社,1992.

[3] 卢同善. 随机泛函分析及其应用. 青岛:中国海洋大学出版社,1990.

[4] 帅元祖. 整体随机过程. 成都:四川科学技术出版社,1989.

[5] 朱成熹. 随机极限引论. 天津:南开大学出版社,1989.

[6] 朱成熹. 测度论基础. 北京:科学出版社,1986.

[7] 刘文. 测度论基础. 沈阳:辽宁教育出版社,1985.

[8] 李漳南,吴荣. 随机过程教程. 北京:高等教育出版社,1987.

[9] Wu Rangquan(吴让泉). Stochastic Differential Equations. Pitman Advanced Publishing Program Boston, London, Melbourne,1985.

[10] 严加安. 鞅与随机积分引论. 上海:上海科学技术出版社,1981.

[11] 严士健. 无穷粒子马尔可夫过程引论. 北京:北京师范大学出版社,1989.

[12] 严士健,王隽骧,刘秀芳. 概率论基础. 北京:科学出版社,1982.

[13] 何声武. 随机过程导论. 上海：华东师范大学出版社,1989.

[14] 吴智泉,王向忱. 巴氏空间上的概率论. 长春：吉林大学出版社,1990.

[15] Yang Xiang-Qun（杨向群）, The Construction Theory of Denumerable Markov Processes. Hunan Science and Technology Publishing House,John Wiley and Sons,Chichester,New York,1990.

[16] 杨向群. 可列马尔可夫过程构造论（第2版）. 长沙：湖南科学技术出版社,1986.

[17] 陈木法. 跳过程与粒子系统. 北京：北京师范大学出版社,1986.

[18] Chen Mu-Fa（陈木法）. From Markov Chains to Non-equilibrium Particle Systems. World Scientific,Singapore,New Jersey,London,Hong Kong,1992.

[19] 张文修. 集值测度与随机集. 西安：西安交通大学出版社,1989.

[20] 胡迪鹤. 随机过程概论. 武昌：武汉大学出版社,1986.

[21] Hou Zhenting,Guo Qingfeng（侯振挺、郭青峰）, Homogeneous Denumerable Markov Processes, Springer-Verlag, Science Press,1988.

[22] 林正炎、陆传荣. 强极限定理. 北京：科学出版社,1992.

[23] Chung Kai Lai（钟开莱）. Lectures from Markov Processes to Brownian Motion. Springer-Verlag,New York,1980.

[24] 施仁杰,卢科学. 时间序列分析引论. 西安：西安电子科学大学出版社,1988.

[25] 胡宣达. 随机微分方程稳定性理论. 南京：南京大学出版社,1986.

[26] 钱敏平. 随机过程引论. 北京:北京大学出版社,1990.

[27] 黄志远. 随机分析学基础. 武昌:武汉大学出版社,1988.

[28] Ioannis Karatzas, Steven E. Shreve. Brownian Motion and Stochastic Calculus(布朗运动和随机计算). Springer-Verlag, New York, 1988.

[29] 龚光鲁. 随机微分方程引论. 北京:北京大学出版社,1987.

[30] 熊大国. 随机过程理论与应用. 北京:国防工业出版社,1991.

[31] 戴永隆. 随机点过程. 广州:中山大学出版社,1984.

[32] Yuan Shih Chow, Henry Teicher. Probability Theory, Independence, Interchangeability, Martingales, Second edition. Springer-Verlag, World Publishing Corporation, 1989.

[33] 邓肯 E B,尤什凯维奇 A A. 马尔可夫过程(定理与问题). 张饴慈,刘吉江,译. 北京:科学出版社,1988.

[34] 基赫曼 И И,斯科罗霍德 A B. 随机过程论. 北京:科学出版社. 第 1 卷,邓永录、邓集贤、石北源,译,1986. 第 2 卷,周概容,刘喜琨,译,1986. 第 3 卷,石北源,区景祺,译,1992.

[35] 伊·帕尔逊. 随机过程. 邓永录、杨振明,译. 北京:高等教育出版社,1987.

[36] 王梓坤. 概率论基础及其应用. 北京:科学出版社,1986.

[37] 袁震东. 近代概率引论. 北京:科学出版社,1991.

[38] Wang Zikun(王梓坤),Yang Xiangqun(杨向群),Birth and Death Process and Markov Chains. Science Press, Springer-Verlag,1992.

[39] 施仁杰. 马尔可夫链基础及其应用. 西安:西安电子科技大学出版社,1992.

[40] 胡迪鹤. 分析概率论. 北京:科学出版社,1984.

［41］邓永录，梁之舜. 随机点过程及其应用. 北京：科学出版社，1992.

［42］戴永隆. 随机点过程. 广州：中山大学出版社，1984.

［43］侯振挺，等. 马尔可夫过程的 Q-矩阵问题. 长沙：湖南科学技术出版社，1994.

［44］戴永隆. 马尔可夫振荡问题. 广州：广东科学技术出版社，1993.

［45］Chung K L. Lectures from Markov Processes to Brownian Motion. New York, Springer, 1982.

［46］Doob J L. Classical Potential Theory and Its Probabilistic Counterpart. Springer, New York, 1984.

［47］Ethier S N, Kurtz T G. Markov Processes-Characterization and Convergence. John Wiley and Sons, New York, 1986.

［48］Sharpe M. General Theory of Markov Processes. Academic Press Inc. , New York, 1989.

［49］Revuz D, Yor M. Continuous Martingales and Brownian Motion. Springer-Verlag, New York, London, 1991.

［50］Rozanov Yu A. Markov Random Fields. New York, Springer-Verlag, 1982.

［51］Karatzas I, Shreve S E. Brownian Motion and Stochastic Calculus. Springer-Verlag, World Publishing Corporation, 1988.

［52］Williams D. Diffusions, Markov Processes and Martingales. Vol. 1, Vol. 2. J. Wiley and Sons, Chichester, England, 1979.

［53］Stroock D W. Probability Theory, An analytic view. Cambridge University Press, 1999.

［54］Kallenberg O. Foundations of Modern Probability (Second edition). Beijing，Science Press，2006.

［55］Ширяев Вероятност－ⅠА Н．Ⅱ. Uzgaнue Третье，Мцнмо. МосквА，《нАукА》，2004.（英译本 Shiryayer A N. Probability.）

［56］Hou Zhenting，Liu Guoxin(侯振挺，刘国欣). Markov Skeleton Processes and Their Applications. Beijing, Science Press，2005.

［57］龚光鲁，钱敏平. 应用随机过程教程. 北京：清华大学出版社，2004.

［58］龚光鲁. 随机微分方程引论（第 2 版）. 北京：北京大学出版社，1995.

［59］何声武，汪嘉冈，严加安. 半鞅与随机分析. 北京：科学出版社，1995.

［60］杨向群，李应求. 两参数马尔可夫过程. 长沙：湖南科学技术出版社，1995.

［61］王梓坤. 马尔可夫过程和今日数学. 长沙：湖南科学技术出版社，1999.

［62］赵学雷. 测度值分支过程引论. 北京：科学出版社，2000.

［63］南开大学数学系统计预报组. 概率与统计预报及其在地震与气象中的应用. 北京：科学出版社，1978.

［64］Klebaner F C. Introduction to Stochastic Calculus with Applications. 世界图书出版公司北京公司，2004.

随机过程通论(下卷)名词索引

---

[1] 指首次出现于"附篇第一段"

概率与统计预报
及在地震与气象中的应用

内容简介

　　本书前两章概要地叙述了概率论的基本知识及其在计算方法中的一些应用;后两章介绍了地震和气象的统计预报的若干方法,这些方法大都是在地震和气象工作的实践中总结出来的.

　　本书可供数学、计算数学及地震、气象等方面的同志参考.

序　言

本书的目的是简要地叙述概率论的基本概念及其在地震与气象统计预报等问题中的一些应用.

第1章简略地叙述概率论及数理统计中的基本概念与内容,介绍一些基本思想,并为以后的应用做些准备.

第2章讲概率论在计算方法中的应用,叙述了蒙特卡罗(Monte Carlo)方法的一些思路,可供计算数学专业或搞计算方法的同志参考.

第3章叙述我国在地震统计预报方面的部分研究成果.在党的领导和关怀下,我国地震预报及预防工作取得了很大成绩,在统计预报地震方面,也做了很多工作,限于我们的水平和能力,不可能作全面介绍.这里所叙述的一些内容,大多是我组在国家地震局的帮助下,在天津地震队、中国科学院地质研究所等单位的协作下,所得到的一些结果.

第4章概要地介绍天气预报中的几种统计方法.天气的统计预报内容非常丰富,这里只选述了几种既适用于天气预报、又对地震统计预报有参考意义的方法.本章涉及的应用实例是在天津市气象局的帮助下,由天津市气象台预报组和我组共同协作完成的.

　　我们的工作是在党组织的正确领导和广大群众的热情支持下进行的；此外，我们还不断地得到上述各单位及中国科学院地球物理研究所、国家海洋局地震预报组等的帮助，特此敬致谢意．

　　由于我们实践经验不足，理论水平有限，特别是第 3、第 4 章中一些内容不够成熟，错误和缺点一定不少，请读者提出宝贵意见．

南开大学数学系统计预报组

第1章　概率论的基本概念

§1.1　事件的概率

（一）研究的对象

概率论与数理统计研究的对象是偶然事件（或称为随机事件）的数量规律性. 自然界许多事件是具有必然性的, 例如, "在标准大气压下, 水到 100℃ 时会沸腾", 这件事是必然会发生的, 而"同性的电互相吸引"则必然不会发生. 但自然界也有许多事件是偶然性的, 例如"投掷五分硬币出现正面""抽查 10 件产品时发现有一件次品""电话交换台在 1 h 内得到 50 次呼唤""7 月间某河流的最高水位不超过 6 m"等. 这两类事件有很大的差别, 前一类必然事件在固定的条件下必然会发生（或必然不会发生）, 而后一类偶然事件即使在同样的条件下, 却可能发生, 也可能不发生, 当我们不断掷硬币时, 不管条件如何固定（同一硬币, 同样的掷法, 同时、同地等）, 总有时会得正面, 而另些时候却得反面, 谁也不能事先肯定下次会得哪一面. 所以说这些事件是随机的.

在数学里, 必然现象的因果关系, 大都通过代数方程、微分方程、函数论等来研究, 而探讨随机事件的数量关系, 则主要是概率论与数理统计的任务.

人们通过对客观事物的观察或试验,获得大量的数据,然后运用数理统计来处理这些数据,从中建立描述客观事物的数学模型,这时所用的方法主要是归纳法;概率论则主要从所得的数学模型出发,运用演绎法,进一步讨论客观事物的性质,揭示它们的规律性,从而达到改造世界的目的.

在一次试验里,虽然不能预言某随机事件是否必定出现,但如果把这个试验重复做许多次,就可从中找出规律性来.例如,把硬币掷一万次,那么大概有 5 000 次、也就是半数左右得正面;于是,人们利用这个多次的经验,来预言下面一次的结果,说:下次掷出正面的可能性是 $\frac{1}{2}$. 同样,根据过去长期的气象资料,我们可以预报明天的天气.

（二）随机事件

任一随机事件(简称事件),我们总可把它和某个随机试验联系起来,一个试验,如果它的结果有许多个,而且可以在相同的条件下不断地重复做下去,就称为随机试验,记为 E;它的任一可能出现的结果称为基本事件,记为 ω;它的全体基本事件构成一个集合 $\Omega=(\omega)$,称为该试验 E 的基本事件空间.

例 1 E:观察所掷硬币的正反面;这里共有两个基本事件: ω_1:正面; ω_2:反面, $\Omega=(\omega_1,\omega_2)$.

例 2 E:检查 10 件产品中的次品个数;这里共有 11 个基本事件: ω_i:发现 i 个次品, $i=0,1,2,\cdots,10$;

$$\Omega=(\omega_0,\omega_1,\omega_2,\cdots,\omega_{10}).$$

例 3 E:记录电话交换台在 1 h 内所得呼唤次数; ω_i:计有 i 次呼唤, $i=0,1,2,\cdots,\Omega=(\omega_0,\omega_1,\omega_2,\cdots)$.

例 4 E:观察某河流在 7 月间的最高水位; ω_a:最高水位为 a m, $0 \leqslant a < +\infty$; $\Omega=(\omega_a;0 \leqslant a < +\infty)$. 上面所说的"最高水位

不超过 6 m"也是一事件,它是由许多基本事件 $\omega_a(0 \leqslant a \leqslant 6)$ 所构成的,因而是一复合事件,我们把它记为 A,显然,$A = (\omega_a : 0 \leqslant a \leqslant 6)$,它是 Ω 中的子集合,即 $A \subset \Omega$.见图 1-1.

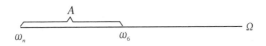

图 1-1

于是,我们从一个随机试验 E 出发,得到它的基本事件空间 $\Omega = (\omega)$;这个试验可能出现的事件(包括基本事件及复合事件),不是别的,无非是 Ω 的一些子集合.

任何随机试验里都有下列两个事件:一是必然事件,记为 Ω;另一是不可能事件,记为 $\varnothing$.例如,"扔硬币出现正面或反面""10 件产品中次品个数不超过 10"等都是必然事件;而"扔硬币既不出现正面又不出现反面""10 件产品中次品个数超过 10"等都是不可能事件.

现在来讨论事件间的关系和运算.当我们谈到许多事件时,如果没有特别声明,说的都是同一个随机试验的事件,也就是说,它们都是同一个基本事件空间的子集合.以下设 $A,B,C\cdots$ 都是事件.

(i) 包含与相等:如果 A 发生必导致 B 发生,就说 B 包含 A(见图 1-2),记作

$$A \subset B.$$

例如:(某河最高水位为 5 m)$\subset$(某河最高水位不超过 7 m).如果 $A \subset B, B \subset A$,就说 A, B 相等,记为

$$A = B.$$

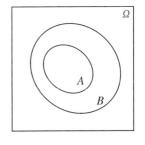

图 1-2　$A \subset B$

例如:(电话交换台所得到的呼唤次数不超过 5 次)=(所得呼唤次数或为 0 次,或为 1 次、或为 2 次$\cdots$或为 5 次).

（ii）事件的和："A,B 中至少有一出现"也是一个事件，称为 A,B 的和（见图 1-3），记为

$$A\cup B\quad（或 A+B）.$$

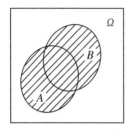

图 1-3　$A\cup B$

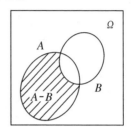

图 1-4　$A-B$

例如：（次品个数不超过 1）＝（没有次品）$\cup$（1 件次品）.

类似可以定义多个事件的和

$$A\cup B\cup C\cup\cdots$$

（iii）事件的差："A 出现而 B 不出现"也是一事件，称为 A 与 B 的差（见图 1-4），记为

$$A-B.$$

例如：（呼唤次数不超过 7）$-$（呼唤次数不超过 6）＝（呼唤次数为 7）.

（iv）事件的交："A 与 B 同时出现"，也是一事件，称为 A,B 的交（见图 1-5），记为

$$A\cap B\quad（或 AB）.$$

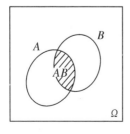

图 1-5　$A\cap B$

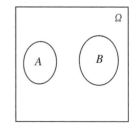

图 1-6　A 与 B 互斥

例如：（呼唤次数为偶数）$\bigcap$（呼唤次数不超过 3）＝（呼唤次数为 2）．类似定义 $A\bigcap B\bigcap C\bigcap\cdots$

（v）互斥：如果 A 与 B 不可能同时出现，也就是说，如果 A，B 的交是不可能事件，即 $AB=\varnothing$，就称 A 与 B 是互斥的（或互不相容的）（见图 1-6）．例如，（呼唤次数为 3）与（呼唤次数为偶数）是互斥的．

（vi）互逆：如果 A 与 B 互斥，但 A 与 B 必出现一个亦即

$$A\bigcap B=\varnothing, A\bigcup B=\Omega,$$

就说 A 与 B 互逆（见图 1-7），或者说 A 是 B（或 B 是 A）的对立事件；记为

$$A=\bar{B}.$$

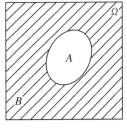

图 1-7 A 与 B 互逆

（三）概率

我们虽然不能预言某事件在一次试验中是否必定出现，但从经验中，常常可以发现一些事件出现的可能性比另一些大．例如，"天津冬季最低气温不低于 $-30\,\text{℃}$"的可能性比"低于 $-30\,\text{℃}$"的可能性大．这种可能性是客观存在的，自然应该用一个数字来表示，这样，我们就得到下列概念：表示事件 A 出现可能性大小的数字 $P(A)$ 称为 A 的概率．

这个定义是直观的、定性的，它只说明概率的作用，没有给出 $P(A)$ 的具体数值，那么怎样合理地求出 $P(A)$ 的值呢？这需要根据实验的条件作具体的分析．以下由浅入深，逐步讨论．

（Ⅰ）等可能型 设随机试验 E 只有有限多个（n 个）基本事件

$$\Omega=(\omega_1,\omega_2,\cdots,\omega_n),$$

而且每个基本事件都处于平等的地位，任何 ω_i 都不比别的 ω_j 特别些，因而一切基本事件出现的可能性都是一样的，称这种随机

试验为等可能型的. 这时, 自然合理地定义

$$P(\omega_i)=\frac{1}{n},\qquad(1)$$

或者更一般地, 定义

$$P(A)=\frac{k}{n},\qquad(2)$$

这里 k 是事件 A 所含基本事件的个数 $(k\leqslant n)$.

例 1(续) 扔硬币时出现正面 (ω_1) 与反面 (ω_2) 是等可能的, 这时

$$P(\omega_i)=\frac{1}{2}\qquad(i=1,2).$$

例 5(随机取数) 在 10 张同样的卡片上, 分别写上 $0,1,2,\cdots,9$ 十个数字, 一张上写一个数, 然后把卡片搅混, 再任意取出一张, 并以 x 表示上面的数字. 由于卡片是同样的, 抽取方法又是没有倾向性的, 故可认为抽得每个数字的可能性是相等的, 因而

$$P(x=i)=\frac{1}{10}\qquad(i=0,1,2,\cdots,9);$$

$$P(x\text{ 是奇数})=\frac{5}{10}=\frac{1}{2},$$

因为这里只有 5 个奇数.

关于概率的性质有

定理 1 (i) $0\leqslant P(A)\leqslant 1$;

(ii) $P(\Omega)=1$;

(iii) 设 $A_1,A_2,\cdots$ 是两两互斥的事件, 则

$$P\Big(\bigcup_{i=1}^{\infty}A_i\Big)=\sum_{i=1}^{\infty}P(A_i).$$

证 由(2)直接得到(i)及(ii), 设 A_i 共含 a_i 个基本事件, 由互斥性 $A_1,A_2,\cdots$ 不含公共的基本事件, 因之 $\bigcup\limits_{i=1}^{\infty}A_i$ 共含 $\sum\limits_{i=1}^{\infty}a_i$ 个

基本事件,由(2)得

$$P\Big(\bigcup_{i=1} A_i\Big) = \frac{\sum\limits_{i=1} a_i}{n} = \sum_{i=1} \frac{a_i}{n} = \sum_{i=1} P(A_i).$$

（Ⅱ）几何型　设 Ω 是 k 维空间中的集,它具有有限的体积 $L(\Omega) > 0$（一维时 L 是长度,二维时 L 是面积）,今向 Ω 中投掷一质点 M,如果 M 在 Ω 中均匀分布,就说这个试验（掷点）是几何型的.所谓"M 在 Ω 中均匀分布"的意义是:M 必须落在 Ω 中,而且落在某集 A 中的可能性大小与 A 的体积成正比,而与 A 的位置及形状无关.

仍然用字母 A 表示事件:"点落在 A 中",则由均匀分布性,应定义

$$P(A) = \frac{L(A)}{L(\Omega)}. \tag{3}$$

根据(3),容易证明定理 1 中的结论对几何型情况也正确.

例 6　在边长为 1 的正方形 Ω 中作一内切圆 A,并向 Ω 中掷点 M（见图 1-8）,设这个试验是几何型的,试求 M 落在 A 中的概率 $P(A)$.

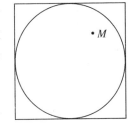

图 1-8

解　$L(\Omega) = 1$,A 的半径为 $\dfrac{1}{2}$,故 $L(A) = \pi \times \Big(\dfrac{1}{2}\Big)^2 = \dfrac{\pi}{4}$. 由(3)

$$P(A) = \frac{\pi}{4}. \quad \blacksquare \tag{4}$$

这个例子虽然非常简单,却启示我们一种利用实验来计算 π 的近似值的方法,如果能先求出 $P(A)$ 的值,那么根据(4)就有 $\pi = 4P(A)$,而 $P(A)$ 却可通过多次掷点,用掷中的频率来近似求出,即向 Ω 重复掷 n 次点,其中掷入 A 的次数设为 m,则当 n 很

大时,频率 $\frac{m}{n} \approx P(A)$,因之

$$\pi \approx \frac{4m}{n}.$$

"≈"表示近似,这种通过随机试验来做近似计算的方法叫蒙特卡罗方法或叫统计试验计算方法.

（Ⅲ）一般情形 对一般的随机试验 E,我们将它重复作 n 次(可重复性是随机试验的定义中规定了的),设事件 A 在其中出现了 m 次,称比值 $\frac{m}{n}$ 为 A 出现的频率,而 m 为出现的频数.显然,$m \leqslant n$,通常,如果 n 充分大,频率 $\frac{m}{n}$ 稳定在某个数 $P(A)$ 的周围,即有

$$\frac{m}{n} \approx P(A),$$

这时我们称 $P(A)$ 为 A 的概率.

这样,我们通过频率来找出客观存在的概率.事件 A 的频率依赖于试验次数 n,故把它记为 $f_n(A)$.

关于频率的性质有

定理 2 (i) $0 \leqslant f_n(A) \leqslant 1$;

(ii) $f_n(\Omega) = 1$;

(iii) 设 $A_1, A_2, \cdots$ 是两两互斥的事件,则

$$f_n\left(\bigcup_{i=1}^{\infty} A_i\right) = \sum_{i=1}^{\infty} f_n(A_i). \tag{5}$$

证 根据频率的定义 $f_n(A) = \frac{m}{n}$,(i)(ii)是显然的,设 A_1, $A_2, \cdots$ 的频数分别为 $m_1, m_2, \cdots$,由于互斥的假定,这些事件不能两两同时出现,故事件 $\bigcup_i A_i$ 的频数 k 满足

$$k = \sum_i m_i,$$

两边除以 n 得

$$\frac{k}{n} = \sum_i \frac{m_i}{n},$$

这就是(5)式. ∎

定理 2 与定理 1 是类似的,因此容易想象,在一般情况,概率仍然具有定理 1 中的性质.

(Ⅳ) **概率的抽象定义**　以上我们都是从随机试验这个具体事物出发,根据具体情况规定了概率 $P(A)$ 的数值;而且说明了,不论在那种情况,概率都具有定理 1 中的三个性质,这些性质是从实际中抽象出来的,是来自实际的.然而,感性认识有待于提高到理性,概率的抽象定义,就是从这三个性质出发的.

设 $\Omega = (\omega)$ 是"点" ω 的集合,每个 ω 称为基本事件,因而称 Ω 为基本事件空间. Ω 中的一些子集 A 称为事件.每一事件 A 对应于一个实数 $P(A)$,如果 $P(A)$ 满足下列三个条件,就称 $P(A)$ 为 A 的概率.

(i) $0 \leqslant P(A) \leqslant 1$;

(ii) $P(\Omega) = 1$;

(iii) 设条件 $A_1, A_2, \cdots$ 两两互斥,则

$$P\left(\bigcup_i A_i\right) = \sum_i P(A_i).$$

历史上概率的概念经过了漫长的演变时间,也引起过不少争论,目前上述的几种定义是比较妥当的,但事物总是向前发展的,今后也许有更反映实际的理论来代替它.

由概率的定义可以推出

(i) $P(\overline{A}) = 1 - P(A)$.

证　因 A 与它的对立事件的和是必然事件,即 $A \cup \overline{A} = \Omega$,又因 $A, \overline{A}$ 互斥,故由(ii)及(iii)

$$1 = P(\Omega) = P(A \cup \overline{A}) = P(A) + P(\overline{A}).$$

(ii) $P(\varnothing)=0.$

证　因不可能事件的对立事件是必然事件,故由(i),
$$P(\varnothing)=1-P(\Omega)=1-1=0.$$

(iii) 若 $A\supset B$,则
$$P(A-B)=P(A)-P(B).$$

证　由 $A=(A-B)\bigcup B$,及(iii)
$$P(A)=P(A-B)+P(B).$$

(iv) 对任意两事件 A,B,有
$$P(A\bigcup B)=P(A)+P(B)-P(AB). \tag{6}$$

证　由
$$A\bigcup B=(A-AB)\bigcup AB\bigcup(B-AB)(见图1\text{-}9),$$
得
$$P(A\bigcup B)=P(A-AB)+P(AB)+P(B-AB),$$
再利用(iii),即得
$$P(A\bigcup B)=P(A)-P(AB)+P(AB)+P(B)-P(AB)$$
$$=P(A)+P(B)-P(AB).$$

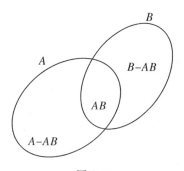

图 1-9

例 7　地震预报需要预报三个要素,即发震的地点(经纬度)、时间及震级(它是反映地震大小的数字,可以自 0 级到 9 级),今设某地在一年内发生 k 次 5 级以上地震的概率为
$$p_k=\mathrm{e}^{-\lambda}\frac{\lambda^k}{k!},\qquad k\in\mathbf{N}, \tag{7}$$

其中 $\lambda > 0$ 是一个常数,试求该地一年内最多发生 3 次地震的概率 c_3.

解 以 A_k 表事件"恰好发生 k 次地震",则 $A_0, A_1, A_2, \cdots$ 两两互斥,而且 $P(A_k) = p_k$. 由于事件

(最多发生 3 次地震) $= A_0 \bigcup A_1 \bigcup A_2 \bigcup A_3$,

故由(iii)得

$$c_3 = p_0 + p_1 + p_2 + p_3 = \sum_{k=0}^{3} \mathrm{e}^{-\lambda} \frac{\lambda^k}{k!}.$$

类似可得:最少发生 3 次地震的概率为

$$d_3 = \sum_{k=3}^{+\infty} \mathrm{e}^{-\lambda} \frac{\lambda^k}{k!}.$$

(7)中右方称为泊松分布,以后还要讲到,它的值有表可查.

§1.2　计算概率的一些方法

（一）条件概率

先考虑下列问题：设有质点（例如地震震中）在区域 Ω 中几何型地出现，则它出现在 A 中的（无条件）概率为

$$P(A)=\frac{L(A)}{L(\Omega)},\tag{1}$$

"L"表示"体积". 现在假设通过某种手段，已经知道此质点只可能出现在 B 中，那么在这条件下，质点将出现在 A 中的条件概率 $P(A|B)$ 容易想象为

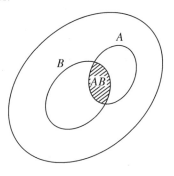

$$P(A|B)=\frac{L(AB)}{L(B)}.\tag{2}$$

图 1-10

由（1）（2）可见概率 $P(A)$ 一般与条件概率应是不同的（图 1-10）. 为求两者间的关系，改写（2）为

$$P(A|B)=\frac{L(AB)\div L(\Omega)}{L(B)\div L(\Omega)}=\frac{P(AB)}{P(B)}.\tag{3}$$

公式（3）启发我们在一般情况下应该如何定义条件概率.

设事件 B 的概率 $P(B)>0$，则在事件 B 已发生的条件下，事件 A 的条件概率定义为

$$P(A|B)=\frac{P(AB)}{P(B)}.\tag{4}$$

刚才说过，一般 $P(A)\neq P(A|B)$；但在某些特别情况，也可能

$$P(A)=P(A|B)=\frac{P(AB)}{P(B)}$$

或

$$P(AB) = P(A)P(B). \tag{5}$$

当(5)成立时我们就说事件 A 与 B 是相互独立的.

一般地,我们说 n 个事件 $A_1, A_2, \cdots, A_n$ 是独立的,如果对其中任意 $k (\leqslant n)$ 个事件 $A_{i_1}, A_{i_2}, \cdots, A_{i_k}$,有

$$P(A_{i_1}, A_{i_2}, \cdots, A_{i_k}) = P(A_{i_1})P(A_{i_2}) \cdots P(A_{i_k}). \tag{6}$$

独立性是很重要的概念,它是日常生活中"两件事没有关系"在数学上的反映.

例 1　同时掷两枚硬币,A 表事件"甲枚得正面",B 表"乙枚得反面",则 A, B 是独立的. 实际上,共有四种等可能情况:"正、正""正、反""反、正""反、反". 其中"正、正"表示"甲得正面、乙得正面",余类推. 因此

$$P(AB) = P(\text{正、反}) = \frac{1}{4}.$$

但 $P(A) = P(\text{正、正}) + P(\text{正、反}) = \frac{1}{4} + \frac{1}{4} = \frac{1}{2}$,同样

$P(B) = \frac{1}{2}$,故

$$P(AB) = \frac{1}{4} = \frac{1}{2} \times \frac{1}{2} = P(A) \cdot P(B).$$

(二) 关于条件概率的三定理

定理 1　设 A 及 $B_1, B_2, \cdots$ 为事件,满足条件:$P(B_i) > 0$;$\bigcup_{i=1} B_i = \Omega$ 为必然事件;$B_i, B_j (i \neq j)$ 互斥,则

$$P(A) = \sum_i P(B_i)P(A \mid B_i). \tag{7}$$

这称为全概率公式.

证　(7)右方为

$$\sum_{i=1} P(B_i) \frac{P(AB_i)}{P(B_i)} = \sum_i P(AB_i)$$

$$= P\left(\bigcup_i AB_i \right) = P\left(A \bigcup_i B_i \right)$$
$$= P(A\Omega) = P(A). \blacksquare$$

例2 试讨论地震与气象的关系. 设 A 表"明年有大震"、B_1，B_2，B_3 分别表示明年为大旱年、大涝年、正常年. 又据当地历史资料，用频率来近似概率的方法，可以先求出

$$P(B_1) = \frac{1}{9}, \quad P(B_2) = \frac{2}{9}, \quad P(B_3) = \frac{6}{9};$$

$$P(A \mid B_1) = \frac{3}{5}, \quad P(A \mid B_2) = \frac{2}{5}, \quad P(A \mid B_3) = \frac{1}{5}.$$

则由(7)，

$$P(A) = \frac{1}{9} \times \frac{3}{5} + \frac{2}{9} \times \frac{2}{5} + \frac{6}{9} \times \frac{1}{5} = \frac{13}{45}.$$

直观地说，全概率公式就是用条件概率的加权平均来代替无条件概率.

例3 设有甲、乙、丙三车间生产同一种灯泡，每车间的产量分别占总产量的 50%，30%，20%，各车间的废品率分别为 3%，4%，5%，今任意抽查一灯泡，求它是废品的概率.

解 A 表事件"所抽灯泡是废品"，B_1 表"此灯泡来自甲车间"，同样定义 B_2 及 B_3，由(7)，

$$P(A) = \frac{50}{100} \times \frac{3}{100} + \frac{30}{100} \times \frac{4}{100} + \frac{20}{100} \times \frac{5}{100}$$
$$= 3.7\%.$$

定理2 记号与条件和定理1中的相同，此外补设 $P(A) > 0$，则

$$P(B_k \mid A) = \frac{P(B_k)P(A \mid B_k)}{\sum_i P(B_i)P(A \mid B_i)}, \tag{8}$$

此式称为贝叶斯(Bayes)公式.

证 左方等于 $\dfrac{P(AB_k)}{P(A)}$，右方以(7)代入分母，以

$$P(AB_k) = P(B_k)P(A \mid B_k)$$

代入分子,即得(8).　∎

例 3(续)　设已知抽出的灯泡是废品,在这条件下,求此灯泡是来自甲车间的条件概率 $P(B_1 \mid A)$.

解　注意,所求的概率一般已不是 50%,因为 50% 是无条件(即没有"抽出灯泡是废品"那个条件)概率. 由(8),

$$P(B_1 \mid A) = \frac{P(B_1)P(A \mid B_1)}{\sum_{i=1} P(B_i)P(A \mid B_i)}.$$

分母的值已在例 3 求出,代入得

$$P(B_1 \mid A) = \frac{\frac{50}{100} \times \frac{3}{100}}{\frac{37}{1\,000}} = \frac{15}{37}.$$

同样可以求出

$$P(B_2 \mid A) = \frac{\frac{30}{100} \times \frac{4}{100}}{\frac{37}{1\,000}} = \frac{12}{37},$$

$$P(B_3 \mid A) = \frac{\frac{20}{100} \times \frac{5}{100}}{\frac{37}{1\,000}} = \frac{10}{37}.$$

由于

$$P(B_1 \mid A) > P(B_2 \mid A) > P(B_3 \mid A),$$

可见这废品来自甲车间的概率最大,来自乙次之,来自丙最小. 这与

$$P(B_1) = \frac{3}{100} < P(B_2) = \frac{4}{100} < P(B_3) = \frac{5}{100}$$

相反,我们原先以为丙车间的废品率最大,所以觉得来自丙车间的概率最大,这个想法错误是因为没有考虑到丙车间产量小的缘故.

贝叶斯公式在统计判决中有用,它由观察的结果来推究"原

因"的概率(事后概率)；而全概率公式则由"原因"推究结果(事前概率).

定理 3(乘法公式) 设 $A_1,A_2,\cdots,A_n$ 为 n 个事件,而且

$$P(A_1)>0,P(A_1A_2)>0,\cdots,P(A_1A_2\cdots A_{n-1})>0,$$

则

$$P(A_1A_2\cdots A_n)$$
$$=P(A_1)P(A_2\,|\,A_1)P(A_3\,|\,A_1A_2)\cdots P(A_n\,|\,A_1A_2\cdots A_{n-1}). \quad (9)$$

证 利用条件概率的定义,右方等于

$$P(A_1)\cdot\frac{P(A_1A_2)}{P(A_1)}\cdot\frac{P(A_1A_2A_3)}{P(A_1A_2)}\cdots\frac{P(A_1A_2\cdots A_n)}{P(A_1A_2\cdots A_{n-1})}$$
$$=P(A_1A_2\cdots A_n). \quad\blacksquare$$

(9)的直观意义很明显：$A_1A_2\cdots A_n$ 同时出现的概率,等于出现 A_1、在 A_1 出现下出现 A_2、在 A_1A_2 出现下出现 A_3……在 $A_1A_2\cdots A_{n-1}$ 下出现 A_n 的各(条件)概率的乘积,特别当 $A_1,A_2,\cdots,A_n$ 相互独立时,(9)化为

$$P(A_1A_2\cdots A_n)=P(A_1)P(A_2)\cdots P(A_n). \quad (10)$$

例 4 设 A_1："甲地发生地震"的概率为 $P(A_1)=\dfrac{1}{3}$,若甲地发生,则触发 A_2："乙地发震"的条件概率为

$$P(A_2\,|\,A_1)=\frac{3}{4},$$

然后 A_3："丙地发震"的条件概率为 $P(A_3\,|\,A_1A_2)=\dfrac{4}{9}$,试求三地都发震的概率.

解 由(9),

$$P(A_1A_2A_3)=\frac{1}{3}\times\frac{3}{4}\times\frac{4}{9}=\frac{1}{9}. \quad\blacksquare$$

(三) 二项试验

这种试验可以概括实际中许多问题,设随机试验 E 只有两

个可能的结果 A(成功), B(失败),

$$P(A) = p \quad (0 < p < 1); \quad P(B) = q(=1-p),$$

现在把 E 重复地做 n 次,试求"A 出现 k 次"(记此事件为 A_k)的概率 $p(n,k)$.

为便于说明,设 $n = 4, k = 2$,即求 4 次中成功 2 次的概率 $p(4,2)$,要成功 2 次,一种途径是"$AABB$",即"第一、第二次成功,第三、第四次失败",这种途径的概率是

$$P(AABB) = P(A) \cdot P(A) \cdot P(B) \cdot P(B) = p^2 q^2,$$

(我们假定各次试验是独立地进行的,因而第一个等号成立). 另一种途径是 $ABAB$,它的概率可类似求出,也是 $p^2 q^2$. 现在把所有的途径都写出来,如图 1-11,总共有 6 种互斥的途径,每种的概率都是 $p^2 q^2$,因而

$$p(4,2) = 6 p^2 q^2.$$

(1)	A	A	B	B
(2)	A	B	A	B
(3)	A	B	B	A
(4)	B	B	A	A
(5)	B	A	B	A
(6)	B	A	A	B

图 1-11

我们再深入分析一下,由于每种途径的概率都相同,因而关键在于求出途径的个数,即如何把上式中的系数 6 找出来. 我们设想有 4 个格子,从中选出 2 个,以便把 2 个 A 字放进去(其他两个格中自然就放 B 字),选法的个数是 C_4^2,它恰好就等于 6. 这样,便得到

$$p(4,2) = C_4^2 p^2 q^{4-2}.$$

把这个方法用于一般情况,便得

$$p(n,k) = C_n^k p^k q^{n-k} = \frac{n!}{k!(n-k)!} p^k q^{n-k}. \tag{11}$$

例 5 设某地一年内发生 5 级以上地震的概率为 $\frac{1}{4}$，如果每年的地震是独立的（即这年是否发生不受前些年的影响），试求

(i) C:"10 年内有 3 年发震"的概率 $p(10,3)$;

(ii) D:"10 年内至少有 1 年发震"的概率 d;

(iii) 问至少要过多少年，才能以 99% 以上的概率，保证至少有 1 年发震.

解 (i) $p(10,3)=C_{10}^3\left(\frac{1}{4}\right)^3\left(\frac{3}{4}\right)^7$.

(ii) D 的对立事件 $\overline{D}$ 是"10 年内不发震"，显然

$$P(\overline{D})=\left(\frac{3}{4}\right)^{10},$$

因此

$$P(D)=1-P(\overline{D})=1-\left(\frac{3}{4}\right)^{10}.$$

(iii) n 年内至少有 1 年发震的概率为 $1-\left(\frac{3}{4}\right)^n$. 从下式

$$1-\left(\frac{3}{4}\right)^n\geqslant\frac{99}{100}$$

解出 n，即所求的年数.

我们在实践中常常有这样的体会：一件事情，不管一次把它做成的可能性怎样小，如果我们采取愚公移山的精神，不断地努力做下去，那么总有一天会成功的. 这个体会在数学上的反映是：

例 6 设二项实验 E 中，$P(A)=p(0<p<1)$，则不论 p 如何小，只要把 E 独立地重复做下去，A 终于要出现的概率为 1.

证 在一次试验中，$P(\overline{A})=q,q=1-p<1$，$n$ 次试验中，A 都不出现的概率为 $P\underbrace{(\overline{A}\cdots\overline{A})}_{\text{共}n\text{个}}=P(\overline{A})\cdots P(\overline{A})=q^n$，因 n 次之中 A 至少出现一次的概率为 $1-q^n$. 令 $n\to+\infty$，即得 A 终于要出现的概率为 1.

(四) 事件流

设有同类事件,源源而来,构成一事件流(如地震接连而来成一地震流,又如电话呼唤流、商店顾客流、真空管中发射的电子流等),满足条件:

(i) 在不重叠的时间区间 $(t_1,t_2),(t_2,t_3),\cdots,(t_{n-1},t_n)$ 中(图 1-12),事件的个数 $\xi(t_1,t_2),\xi(t_2,t_3),\cdots,\xi(t_{n-1},t_n)$ 相互独立,即

$$P(\xi(t_1,t_2)=k_1,\xi(t_2,t_3)=k_2,\cdots,\xi(t_{n-1},t_n)=k_{n-1})$$
$$=P(\xi(t_1,t_2)=k_1)P(\xi(t_2,t_3)=k_2)\cdots P(\xi(t_{n-1},t_n)=k_{n-1}).$$

$$(12)$$

对任意正整数 $k_1,k_2,\cdots,k_{n-1}$ 成立.

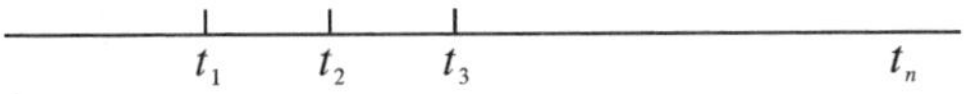

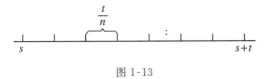

图 1-12

(ii) 当 $\mathrm{d}t$ 很小时

$$P(\xi(t,t+\mathrm{d}t)=1)\approx\lambda\cdot\mathrm{d}t,\qquad(13)$$

$$P(\xi(t,t+\mathrm{d}t)>1)=o(\mathrm{d}t).\qquad(14)$$

我们来证明

$$P(\xi(s,s+t)=k)=\mathrm{e}^{-\lambda t}\frac{(\lambda t)^k}{k!},\qquad(15)$$

其中 k 为任意非负整数.

证　将区间 $(s,s+t)$ 分为 n 等份,每份长为 $\dfrac{t}{n}$(图 1-13).考虑 3 事件:

图 1-13

$A=\{$每一小区间内的事件数 $\leqslant1\}$,

$B=\{$至少有一小区间内事件数 $>1\}$,

$$C_k = \{\xi(s, s+t) = k\},$$

则因 A, B 互斥，又 $A \bigcup B = \Omega$ 为必然事件，故

$$C_k = C_k A + C_k B,$$

$$P(C_k) = P(C_k A) + P(C_k B). \tag{16}$$

当 n 很大时，$dt = \dfrac{t}{n}$ 很小. 事件 $C_k A$ 相当于 n 次试验中成功 k 次，由 (13)，每次试验成功的概率约为 $\lambda \dfrac{t}{n}$，故由 (11) 得

$$P(C_k A) \approx \frac{n!}{k! \, (n-k)!} \left(\frac{\lambda t}{n}\right)^k \left(1 - \frac{\lambda t}{n}\right)^{n-k}$$

$$= \frac{n(n-1)\cdots(n-k+1)}{k!} \frac{(\lambda t)^k}{n^k} \frac{\left(1 - \dfrac{\lambda t}{n}\right)^n}{\left(1 - \dfrac{\lambda t}{n}\right)^k}$$

$$= \frac{n(n-1)\cdots(n-k+1)}{n^k} \frac{(\lambda t)^k}{k!} \frac{\left(1 - \dfrac{\lambda t}{n}\right)^n}{\left(1 - \dfrac{\lambda t}{n}\right)^k}$$

$$\longrightarrow \frac{(\lambda t)^k}{k!} e^{-\lambda t}; \ (n \rightarrow +\infty)$$

又由 (14)，

$$P(C_k B) \leqslant P(B) \approx n \cdot o\left(\frac{t}{n}\right) = t \frac{o\left(\dfrac{t}{n}\right)}{\dfrac{t}{n}} \rightarrow 0, \quad (n \rightarrow +\infty)$$

以此两结果代入 (16) 即得证 (15).

称满足条件 (1) (2) 的事件流为泊松流，它在实际中用得较多.

§1.3　随机变量与分布

（一）随机变量

受偶然因素的影响而变动的量 ξ 称为随机变量.例如,电话交换台某 1 h 内所得的呼唤次数、百货公司 1 d 内接待的顾客数、天津在汛期（6 月～9 月）的降水量（可以自 200 mm 到 800 mm）、某地一年内的地震次数、某块土地的年产量等都是.从数学上说,所谓随机变量,就是定义在基本事件空间 $\Omega=(\omega)$ 上的一个函数 $\xi(=\xi(\omega))$.

例 1　登记新生婴儿性别,ω_1:女孩,ω_2:男孩.令
$$\xi(\omega_1)=1,\quad \xi(\omega_2)=0.$$
ξ 是随机变量,它表示一次登记中女孩的个数.

例 2　记录电话交换台某小时内的呼唤次数,$\Omega=(\omega_i)$,ω_i:有 i 次呼唤,令
$$\xi(\omega_i)=i,\qquad i\in \mathbf{N},$$
则 ξ 是随机变量,它表示呼唤次数.

只取有穷或可列多个不同值的随机变量称为离散的,如例 1 及例 2 中的 ξ,如果随机变量的值不是离散的就称为连续的,如降水量,年产量等都是.

（二）三种重要分布

例 3　二项分布　设每次射击射中的概率为 $p(0<p<1)$,不中的概率为 $q(=1-p)$.今独立地射击 n 次,则射中的次数 ξ 是随机变量,ξ 可以取 $0,1,2,\cdots,n$ 为值.我们不能事先肯定 ξ 等于若干,但可以算出 $\xi=k$（即射中 k 次）的概率 p_k.实际上,这是二项实验,由 §2,知

$$p_k = \frac{n!}{k!\,(n-k)!} p^k q^{n-k}. \tag{1}$$

我们称

$$\begin{pmatrix} 0 & 1 & 2 & \cdots & n \\ p_0 & p_1 & p_2 & \cdots & p_n \end{pmatrix} \tag{2}$$

为 ξ 的密度矩阵,上一行是 ξ 可能取的值,下一行是 ξ 取该值的概率.在本例中,p_k 由(1)给出.还可用图把(2)表达出来.矩阵(2)决定了 ξ 的分布,所谓分布是指 ξ 取值的概率大小.由(1)给出给定的分布叫二项分布 $\left(图\ 1\text{-}14,n=8,p=\frac{1}{3}\right)$.

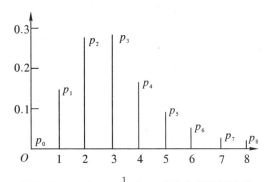

图 1-14　$n=8,p=\frac{1}{3}$ 时,二项分布密度矩阵图

由(1)可见 $p_k \geqslant 0$;

$$\sum_{k=0}^{n} p_k = \sum_{k=0}^{n} \frac{n!}{k!(n-k)!} p^k q^{n-k} = (p+q)^n = 1. \tag{3}$$

除了 $\xi = k$ 的概率外还可以研究"射中次数不超过 x 次"亦即"$\xi \leqslant x$"的概率,令

$$F(x) = P(\xi \leqslant x). \tag{4}$$

称 $F(x)$ 为 ξ 的分布函数.在本例中,

$$F(x) = \sum_{k \leqslant x} P(\xi = k) = \sum_{k \leqslant x} \frac{n!}{k!(n-k)!} p^k q^{n-k}, \tag{5}$$

它的图如图 1-15.容易看出,$F(x)$ 非负,单调不减而且右连续.

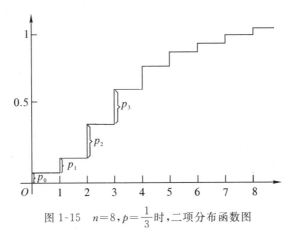

图 1-15 $n=8$，$p=\dfrac{1}{3}$ 时，二项分布函数图

例 4 泊松分布 考虑热真空管中电子的发射，以 ξ 表单位时间内发射电子的个数，根据大量的实验，发现发射 k 个电子的概率为

$$P(\xi=k)=\mathrm{e}^{-\lambda}\frac{\lambda^{k}}{k!},\qquad(6)$$

其中 λ 为某正常数，ξ 的密度矩阵为

$$\begin{pmatrix} 0 & 1 & 2 & \cdots & k & \cdots \\ p_0 & p_1 & p_2 & \cdots & p_k & \cdots \end{pmatrix},\quad p_k=\mathrm{e}^{-\lambda}\frac{\lambda^{k}}{k!}.\qquad(7)$$

由(7)决定的分布叫泊松分布.

许多现象都可用泊松分布来描述：电话交换台所得呼唤数；纺纱机上的断头数；天空中的流星数等.

例 5 正态分布 某地 1 月的平均温度 ξ 是一个随机变量，它去年是 1℃，今年是 -0.6℃，而明年又可能是别的，不过它总在 0℃ 附近波动，在绝大多数的年份里，与 0℃ 相差不大，虽然偶尔也有温度特高或特低的年份，不过那是很罕见的，总之是中间大、两头小. 此外，它还有对称性，即出现 0℃ 以上或以下的机会是基本相等的，进一步，出现 a℃ 以上和 $-a$℃ 以下的机会也是基本相等的（$a\geqslant0$）. 这种类似的现象非常多；某地区人的身高、同批砖的抗压强度、一年内某种树木的生长长度、测量的误差等. 这些变量还有一个公共的特点，就是其中的每一个都是由许多微小的因素造成的，例如树木的生长长度受阳光、水分、肥料、土质等因素的影响，因而生长长度是它们的共同影响造成的.

这些变量都是连续的. 设 ξ 是 1 月平均温度，以 $f(x)\mathrm{d}x$ 来近似地记 ξ 取值于区间 $(x, x+\mathrm{d}x]$ 的概率，即

$$P(x < \xi \leqslant x + \mathrm{d}x) \approx f(x)\mathrm{d}x. \tag{8}$$

换言之，x 落于小区间 $(x, x+\mathrm{d}x]$ 中的概率正比例于区间之长，但比例系数则随此区间的位置 x 而变. 基于上述直观思想自然希望 $f(x)$ 在 $x=0$ 取极大值，$f(x)=f(-x)$（对称性），而且 $f(x) \to 0$,（$x \to \pm\infty$ 时），满足这些条件的函数很多，但根据实践的经验以及理论的分析，以函数

$$f(x) = \frac{1}{\sigma\sqrt{2\pi}}\mathrm{e}^{-\frac{x^2}{2\sigma^2}} \qquad (-\infty < x < +\infty),$$

最能符合客观实际，$\sigma > 0$ 是一常数. 这函数在 $x=0$ 时取极大值. 稍微更一般的函数是

$$f(x) = \frac{1}{\sigma\sqrt{2\pi}}\mathrm{e}^{-\frac{(x-a)^2}{2\sigma^2}} \qquad (-\infty < x < +\infty), \tag{9}$$

它依赖于两个参数 a 及 $\sigma > 0$，故最好记它为 $f_{a,\sigma}(x)$.

$f_{a,\sigma}(x)$ 在点 a 达到极大，它关于直线 $x=a$ 对称，σ 越小，则对应的图形越尖瘦. 当 $x \to \pm\infty$ 时，$f_{a,\sigma}(x)$ 很快趋于 0（图 1-16）.

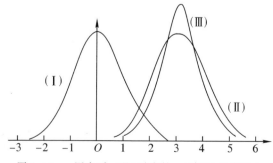

图 1-16　a 固定时，（Ⅱ）对应的 σ 比（Ⅲ）对应的大

此外，

$$f_{a,\sigma}(x) \geqslant 0; \tag{10}$$

$$\int_{-\infty}^{+\infty} f_{a,\sigma}(x)\,\mathrm{d}x = 1. \tag{11}$$

下证(11)，作变换 $y = \dfrac{x-a}{\sigma}$，则

$$\frac{1}{\sigma\sqrt{2\pi}}\int_{-\infty}^{+\infty} \mathrm{e}^{-\frac{(x-a)^2}{2\sigma^2}}\,\mathrm{d}x = \frac{1}{\sqrt{2\pi}}\int_{-\infty}^{+\infty} \mathrm{e}^{-\frac{y^2}{2}}\,\mathrm{d}y.$$

但

$$\left(\frac{1}{\sqrt{2\pi}}\int_{-\infty}^{+\infty} \mathrm{e}^{-\frac{y^2}{2}}\,\mathrm{d}y\right)^2 = \frac{1}{\sqrt{2\pi}}\left(\int_{-\infty}^{+\infty} \mathrm{e}^{-\frac{x^2}{2}}\,\mathrm{d}x\right)\left(\int_{-\infty}^{+\infty} \mathrm{e}^{-\frac{y^2}{2}}\,\mathrm{d}y\right)$$

$$= \frac{1}{\sqrt{2\pi}}\int_{-\infty}^{+\infty}\int_{-\infty}^{+\infty} \mathrm{e}^{-\frac{x^2+y^2}{2}}\,\mathrm{d}x\mathrm{d}y.$$

令 $x = r\cos\theta, y = r\sin\theta$，并利用

$$\int_0^{+\infty} \mathrm{e}^{-\frac{r^2}{2}} r\,\mathrm{d}r = -\left. \mathrm{e}^{-\frac{r^2}{2}} \right|_0^{+\infty} = 1,$$

即得

$$\left(\frac{1}{\sqrt{2\pi}}\int_{-\infty}^{+\infty} \mathrm{e}^{-\frac{y^2}{2}}\,\mathrm{d}y\right)^2 = \frac{1}{2\pi}\int_0^{2\pi}\int_0^{+\infty} \mathrm{e}^{-\frac{r^2}{2}} r\,\mathrm{d}r\mathrm{d}\theta = 1.$$

由于左方括号中积分非负，故

$$\frac{1}{\sqrt{2\pi}}\int_{-\infty}^{+\infty} \mathrm{e}^{-\frac{y^2}{2}}\,\mathrm{d}y = 1,$$

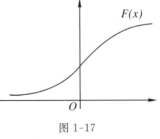

图 1-17

这便得证(11)．

考虑事件 $(\xi \leqslant x)$ 的概率，令

$$F(x) = P(\xi \leqslant x). \tag{12}$$

称 $F(x)$ 为 ξ 的分布函数(图 1-17)．由(8)

$$P(\xi \leqslant x) \approx \sum_{x_i \leqslant x} P(x_i < \xi \leqslant x_i + \mathrm{d}x_i)$$

$$\approx \sum_{x_i \leqslant x} f(x_i)\mathrm{d}x_i \to \int_{-\infty}^{x} f(y)\,\mathrm{d}y.$$

故

$$F(x) = \int_{-\infty}^{x} f(y)\,\mathrm{d}y. \tag{13}$$

在本例中

$$F(x) = \frac{1}{\sigma\sqrt{2\pi}} \int_{-\infty}^{x} \mathrm{e}^{-\frac{(y-a)^2}{(2\sigma)^2}}\,\mathrm{d}y. \tag{14}$$

显然，$F(x) \geqslant 0$，单调不减，而且连续，我们称（9）为正态分布密度. 通常简记含参数 a 及 $\sigma > 0$ 的正态分布为 $N(a,\sigma)$.

（三）一般的分布

现在脱离随机变量来定义一般的分布. 称任一个非负、单调不减、右连续而且满足条件

$$\lim_{x \to -\infty} F(x) = 0, \qquad \lim_{x \to +\infty} F(x) = 1$$

的函数 $F(x)$ 为分布函数. 常见的有两种，一种是连续型的：

如果存在非负函数 $f(x)$，满足

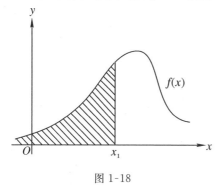

图 1-18

$$F(x) = \int_{-\infty}^{x} f(y)\,\mathrm{d}y, \tag{15}$$

那么称 $F(x)$ 属于连续型，而且称 $f(x)$ 为此分布的密度函数（或密度）. 从几何上看，$F(x_1)$ 是曲线 $y = f(x)$ 与 x 轴及直线 $x = x_1$ 所围成的面积，如图 1-18. 如果 $f(x)$ 连续，那么有

$$F'(x) = \frac{\mathrm{d}F(x)}{\mathrm{d}x} = f(x). \tag{16}$$

另一种是离散型的，这时存在矩阵

$$\begin{pmatrix} \cdots & a_0 & a_1 & a_2 & \cdots \\ \cdots & p_0 & p_1 & p_2 & \cdots \end{pmatrix} \tag{17}$$

满足 $p_k \geqslant 0$, $\sum_k p_k = 1$, 使

$$F(x) = \sum_{k:a_k \leqslant x} p_k, \tag{18}$$

求和对一切满足 $a_k \leqslant x$ 的 k 进行, 称此矩阵为密度矩阵.

例 6 均匀分布 设 $-\infty < a < b < +\infty$, 令

$$f(x) = \begin{cases} \dfrac{1}{b-a}, & x \in [a,b], \\ 0, & x \overline{\in} [a,b], \end{cases} \tag{19}$$

称(19)中 $f(x)$ 为均匀分布密度(图 1-19), 它依赖于两个参数 a, b, 分布函数(图 1-20)是

$$F(x) = \int_{-\infty}^{x} f(y)\mathrm{d}y = \begin{cases} 0, & x \leqslant a, \\ \dfrac{x-a}{b-a}, & a < x \leqslant b, \\ 1, & b < x. \end{cases} \tag{20}$$

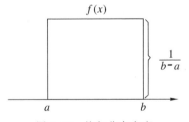

图 1-19 均匀分布密度

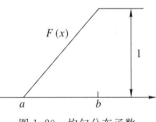

图 1-20 均匀分布函数

特别, 当 $a=0$, $b=1$ 时,

$$f(x) = \begin{cases} 1, & 0 \leqslant x \leqslant 1, \\ 0, & x < 0 \text{ 或 } x > 1. \end{cases}$$

$$F(x) = \begin{cases} 0, & x \leqslant 0, \\ x, & 0 < x \leqslant 1, \\ 1, & 1 < x. \end{cases}$$

§1.4　随机向量与多维分布

（一）随机向量

在实际中需要研究多个随机变量 $\xi_1, \xi_2, \cdots, \xi_n$，它们共同组成一个 n 维随机向量

$$\xi = (\xi_1, \xi_2, \cdots, \xi_n). \tag{1}$$

例 1　某种机器零件的口径 ξ_1 及重量 ξ_2，构成二维随机向量

$$\xi = (\xi_1, \xi_2).$$

例 2　青砖的抗压强度 ξ_1，抗折强度 ξ_2；每日的气温 ξ_1、气压 ξ_2、风的级别 ξ_3；炮弹落地点的经度 ξ_1 与纬度 ξ_2 等.

称下列 n 元函数 $F(x_1, x_2, \cdots, x_n)$，$(-\infty < x_i < +\infty)$ 为 ξ 的联合分布函数（或简称分布函数）：

$$F(x_1, x_2, \cdots, x_n) = P(\xi_1 \leqslant x_1, \xi_2 \leqslant x_2, \cdots, \xi_n \leqslant x_n). \tag{2}$$

显然由（2）知

$$F(x_1, x_2, \cdots, x_n) \geqslant 0 \quad （因它是概率）；$$

$$\lim_{x_k \to -\infty} F(x_1, x_2, \cdots, x_n) = P(\xi_1 \leqslant x_1, \xi_2 \leqslant x_2, \cdots,$$

$$\xi_k \leqslant -\infty, \cdots, \xi_n \leqslant x_n) = 0,$$

$$\lim_{\text{一切} x_k \to +\infty} F(x_1, x_2, \cdots, x_n) = P(\xi_1 \leqslant +\infty, \xi_2 \leqslant +\infty, \cdots,$$

$$\xi_n \leqslant +\infty) = 1,$$

（因为 $\xi_k \leqslant -\infty$ 是不可能事件，而一切 $\xi_k \leqslant +\infty$ 则是必然事件）.

利用 $F(x_1, x_2, \cdots, x_n)$，可以求出任意部分随机变量的分布函数，例如，ξ_1, ξ_2 的分布函数为

$$F_{12}(x_1, x_2) = P(\xi_1 \leqslant x_1, \xi_2 \leqslant x_2)$$

$$= P(\xi_1 \leqslant x_1, \xi_2 \leqslant x_2, \xi_3 \leqslant +\infty, \cdots, \xi_n \leqslant +\infty)$$

$$= F(x_1, x_2, +\infty, \cdots, +\infty)$$

$$= \lim_{\substack{x_3 \to +\infty \\ \cdots \\ x_n \to +\infty}} F(x_1, x_2, x_3, \cdots, x_n). \tag{3}$$

称 n 个随机变量 $\xi_1, \xi_2, \cdots, \xi_n$ 是相互独立的,如果它们满足:对任意实数 $x_1, x_2, \cdots, x_n$,有

$$\begin{gathered} P(\xi_1 \leqslant x_1, \xi_2 \leqslant x_2, \cdots, \xi_n \leqslant x_n) \\ = P(\xi_1 \leqslant x_1) P(\xi_2 \leqslant x_2) \cdots P(\xi_n \leqslant x_n) \end{gathered} \tag{4}$$

亦即

$$F(x_1, x_2, \cdots, x_n) = F_1(x_1) F_2(x_2) \cdots F_n(x_n), \tag{5}$$

其中 $F_i(x)$ 是 ξ_i 的分布函数.

(二) 两种类型

与一元情况类似,常用的多元分布函数有两种,一种是连续型的,这时存在密度 $f(x_1, x_2, \cdots, x_n)$,满足条件:

$$f(x_1, x_2, \cdots, x_n) \geqslant 0,$$

$$\int_{-\infty}^{+\infty} \int_{-\infty}^{+\infty} \cdots \int_{-\infty}^{+\infty} f(x_1, x_2, \cdots, x_n) \mathrm{d}x_1 \mathrm{d}x_2 \cdots \mathrm{d}x_n = 1, \tag{6}$$

使

$$\begin{aligned} &F(x_1, x_2, \cdots, x_n) \\ &= \int_{-\infty}^{x_1} \int_{-\infty}^{x_2} \cdots \int_{-\infty}^{x_n} f(y_1, y_2, \cdots, y_n) \mathrm{d}y_1 \mathrm{d}y_2 \cdots \mathrm{d}y_n, \end{aligned} \tag{7}$$

从而当 f 连续时,

$$\frac{\partial^n}{\partial x_1 \partial x_2 \cdots \partial x_n} F(x_1, x_2, \cdots, x_n) = f(x_1, x_2, \cdots, x_n). \tag{8}$$

另一种是离散型的,这时存在一列 n 维点 $(\alpha_1, \alpha_2, \cdots)$,使分布集中在这些点上;说详细些,存在密度矩阵

$$\begin{pmatrix} \alpha_1 & \alpha_2 & \cdots \\ p_1 & p_2 & \cdots \end{pmatrix},$$

其中 $p_i \geqslant 0$, $\sum_i p_i = 1$, 使

$$F(x_1, x_2, \cdots, x_n) = \sum_i p_i,$$

其中求和 $\sum$ 对一切这样的 p_i 进行，这些 p_i 所对应的 α_i 的第一个坐标不超过 x_1，第二个坐标不超过 x_2，…，第 n 个坐标不超过 x_n.

例 3 n 维均匀分布 设 D 是 n 维空间中的有界集，其体积 $|D|>0$. 定义函数

$$f(x_1,x_2,\cdots,x_n)=\begin{cases}\dfrac{1}{|D|}, & (x_1,x_2,\cdots,x_n)\in D,\\ 0, & (x_1,x_2,\cdots,x_n)\overline{\in} D.\end{cases} \tag{9}$$

称 $f(x_1,x_2,\cdots,x_n)$ 为 n 维均匀分布密度，它是上节例 7 的一般化.

例 4 二维正态分布 设已给常数 $a,b,\sigma_1>0,\sigma_2>0$，及 r，$|r|<1$.

定义函数

$$f(x,y)=\frac{1}{2\pi\sigma_1\sigma_2\sqrt{1-r^2}}\exp\Big(-\frac{1}{2(1-r^2)}\times$$

$$\Big[\frac{(x-a)^2}{\sigma_1^2}-\frac{2r(x-a)(y-b)}{\sigma_1\sigma_2}+\frac{(y-b)^2}{\sigma_2^2}\Big]\Big\}, \tag{10}$$

称它为二维正态分布密度，它的切断了的图如图 1-21. 显然 $f(x,y)>0$. 下证

$$\int_{-\infty}^{+\infty}\int_{-\infty}^{+\infty}f(x,y)\mathrm{d}x\mathrm{d}y=1. \tag{11}$$

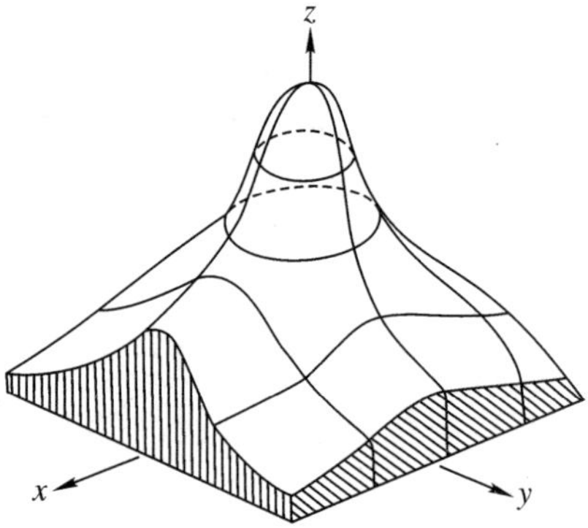

令 $u=\dfrac{x-a}{\sigma_1}$，$v=\dfrac{y-b}{\sigma_2}$，先计算

图 1-21 二维正态分布密度的切段图

$$f_1(x)=\int_{-\infty}^{+\infty}f(x,y)\mathrm{d}y$$

$$=\frac{1}{2\pi\sigma_1\sqrt{1-r^2}}\int_{-\infty}^{+\infty}\exp\Big\{\frac{-1}{2(1-r^2)}\big[u^2-2ruv+v^2\big]\Big\}\mathrm{d}v$$

$$= \frac{1}{\sigma_1 \sqrt{2\pi}} \int_{-\infty}^{+\infty} \frac{1}{\sqrt{2\pi(1-r^2)}} \exp\left\{\frac{-1}{2(1-r^2)} \times\right.$$

$$\left. \left[(v-ru)^2 + (1-r^2)u^2\right]\right\} \mathrm{d}v$$

$$= \frac{1}{\sigma_1 \sqrt{2\pi}} e^{-\frac{u^2}{2}} \int_{-\infty}^{+\infty} \frac{1}{\sqrt{2\pi(1-r^2)}} \times \exp\left\{-\frac{(v-ru)^2}{2(1-r^2)}\right\} \mathrm{d}v$$

$$= \frac{1}{\sigma_1 \sqrt{2\pi}} e^{-\frac{u^2}{2}} \quad (\text{利用 §1.2(11)})$$

$$= \frac{1}{\sigma_1 \sqrt{2\pi}} e^{-\frac{(x-a)^2}{2\sigma_1^2}}. \tag{12}$$

因此,再利用 §1.3(11),得

$$\int_{-\infty}^{+\infty} \int_{-\infty}^{+\infty} f(x,y) \mathrm{d}x \mathrm{d}y = \int_{-\infty}^{+\infty} \frac{1}{\sigma_1 \sqrt{2\pi}} e^{-\frac{(x-a)^2}{2\sigma_1^2}} \mathrm{d}x = 1,$$

这便证明了(11).

上面(参看(3))我们讲过,如 (ξ_1, ξ_2) 的分布函数是 $F(x_1, x_2)$,在其中令 $x_2 \to +\infty$,就得到 ξ_1 的分布函数 $F_1(x)$,在连续型情况,

$$F(x_1, x_2) = \int_{-\infty}^{x_1} \int_{-\infty}^{x_2} f(y_1, y_2) \mathrm{d}y_1 \mathrm{d}y_2.$$

于是

$$F_1(x) = F(x, +\infty) = \int_{-\infty}^{x} \int_{-\infty}^{+\infty} f(y_1, y_2) \mathrm{d}y_1 \mathrm{d}y_2, \tag{13}$$

从而 ξ_1 的密度 $f_1(x)$ 是

$$f_1(x) = \frac{\mathrm{d}}{\mathrm{d}x} F_1(x) = \int_{-\infty}^{+\infty} f(x,y) \mathrm{d}y. \tag{14}$$

在证明(11)的过程中,我们得到了一个副产品,如果 (ξ_1, ξ_2) 有二维正态分布密度为(10),由(14)(12),可见 ξ_1 有一维正态分布 $N(a, \sigma_1)$;因为 ξ_1, ξ_2 处于平等的地位,所以类似可知 ξ_2 也有一维正态分布 $N(b, \sigma_2)$.

§1.5 随机变量的数字指标

（一）数学期望与方差

已知随机变量 ξ 的分布函数 $F(x)$ 时,就可回答关于 ξ 的许多问题,例如 ξ 的值落在区间 $(a,b]$ 中的概率为

$$P(a<\xi\leqslant b)=P\big[(\xi\leqslant b)-(\xi\leqslant a)\big]$$
$$=P(\xi\leqslant b)-P(\xi\leqslant a)$$
$$=F(b)-F(a).$$

然而,在许多实际问题中,$F(x)$ 很难找到,因而退取其次.例如,在讨论某地汛期的降水量 ξ 时,我们有时只需要知道 ξ 的平均值就够了,平均值的一般化就是数学期望（或简称期望）.我们先来看离散型情况.

设 ξ 的密度矩阵为 $\begin{pmatrix} a_1 & a_2 & \cdots \\ p_1 & p_2 & \cdots \end{pmatrix}$,如果级数 $\sum\limits_{k=0}^{+\infty} a_k p_k$ 绝对收敛,我们就称它的值为 ξ 的数学期望,并记为 $E\xi$,即

$$E\xi = \sum_{k=1}^{+\infty} a_k p_k. \tag{1}$$

（所谓绝对收敛是指 $\sum\limits_{k=0}^{+\infty} |a_k| p_k < +\infty$. 所以用绝对收敛是使 $E\xi$ 的值不依赖于级数的项的排列次序,同时也便于利用积分理论.）

特别,在等可能情况下,即当密度矩阵为

$$\begin{pmatrix} a_1 & a_2 & \cdots & a_n \\ \dfrac{1}{n} & \dfrac{1}{n} & \cdots & \dfrac{1}{n} \end{pmatrix}$$

时,(1)化为

$$E\xi = \frac{1}{n}\sum_{i=1}^{n} a_i,$$

这就是通常用的平均值.

再看连续型情况,设 ξ 的密度为 $f(x)$,如果 $\int_{-\infty}^{+\infty} xf(x)\,\mathrm{d}x$ 绝对可积,那么称它的值为 ξ 的数学期望,并记为 $E\xi$,即

$$E\xi = \int_{-\infty}^{+\infty} xf(x)\,\mathrm{d}x \tag{2}$$

$\left(\text{所谓绝对可积是指} \int_{-\infty}^{+\infty} |x| f(x)\,\mathrm{d}x < +\infty\right)$.

数学期望反映 ξ 所取的值大致集中的位置,它与物理中的"重心"相似.

例 1 设 ξ 有二项分布,

$$p_k = P(\xi=k) = \frac{n!}{k!\,(n-k)!} p^k q^{n-k} \qquad (k=0,1,2,\cdots,n),$$

则有

$$E\xi = \sum_{k=0}^{n} kp_k = \sum_{k=1}^{n} k\,\frac{n!}{k!(n-k)!} p^k q^{n-k}$$

$$= np \sum_{k=1}^{n} \frac{(n-1)!}{(k-1)!(n-k)!} p^{k-1} q^{n-k}$$

$$= np \sum_{k=0}^{n-1} \frac{(n-1)!}{k!(n-1-k)!} p^k q^{n-1-k}$$

$$= np(p+q)^{n-1} = np.$$

例 2 设 ξ 有泊松分布,

$$p_k = P(\xi=k) = \mathrm{e}^{-\lambda} \frac{\lambda^k}{k!} \qquad (k\in \mathbf{N}),$$

$$E\xi = \sum_{k=0}^{+\infty} k\mathrm{e}^{-\lambda} \frac{\lambda^k}{k!} = \lambda \sum_{k=0}^{+\infty} \mathrm{e}^{-\lambda} \frac{\lambda^k}{k!} = \lambda\mathrm{e}^{-\lambda}\mathrm{e}^{\lambda} = \lambda.$$

例 3 设 ξ 有正态分布 $N(a,\sigma)$,则

$$E\xi = \int_{-\infty}^{+\infty} x \cdot \frac{1}{\sigma\sqrt{2\pi}} \mathrm{e}^{-\frac{(x-a)^2}{2\sigma^2}} \,\mathrm{d}x$$

$$= \frac{1}{\sqrt{2\pi}}\int_{-\infty}^{+\infty}(\sigma z + a)\mathrm{e}^{-\frac{z^2}{2}}\mathrm{d}z \quad \left(\diamondsuit\ z = \frac{x-a}{\sigma}\right)$$

$$= \frac{\sigma}{\sqrt{2\pi}}\int_{-\infty}^{+\infty}z\mathrm{e}^{-\frac{z^2}{2}}\mathrm{d}z + \frac{a}{\sqrt{2\pi}}\int_{-\infty}^{+\infty}\mathrm{e}^{-\frac{z^2}{2}}\mathrm{d}z.$$

前一积分为 0，因为被积函数 $z\mathrm{e}^{-\frac{z^2}{2}}$ 是奇函数；后一积分由 §1.3(11) 等于 a. 所以

$$E\xi = a.$$

数学期望的概念还要推广一些. 设 ξ 的密度为 $f(x)$. 考虑任一连续函数 $g(x)$，则 $g(\xi)$ 也是一个随机变量，它的数学期望定义为

$$Eg(\xi) = \int_{-\infty}^{+\infty}g(x)f(x)\mathrm{d}x, \tag{3}$$

若右方积分绝对可积的话.

当 $g(x) = x$ 时，(3) 化为 (2).

更一般地，设 $(\xi_1, \xi_2, \cdots, \xi_n)$ 的联合分布密度为 $f(x_1, x_2, \cdots, x_n)$，又 $g(x_1, x_2, \cdots, x_n)$ 为连续函数，则定义

$$Eg(\xi_1, \xi_2, \cdots, \xi_n)$$
$$= \int_{-\infty}^{+\infty}\int_{-\infty}^{+\infty}\cdots\int_{-\infty}^{+\infty}g(x_1, x_2, \cdots, x_n)f(x_1, x_2, \cdots, x_n)\mathrm{d}x_1\mathrm{d}x_2\cdots\mathrm{d}x_n$$
$$\tag{4}$$

为 $g(\xi_1, \xi_2, \cdots, \xi_n)$ 的数学期望，只要右方绝对可积.

对离散情况可类似定义.

定理 1 数学期望有下列性质：

(i) 若 c 是常数，则 $Ec = c$；

(ii) 线性：对任意常数 c_i，$i = 1, 2, \cdots, n$，则

$$E\left(\sum_{i=1}^{n}c_i\xi_i\right) = \sum_{i=1}^{n}c_iE\xi_i;$$

(iii) 若 $\xi_1, \xi_2, \cdots, \xi_n$ 独立，则

$$E(\xi_1\xi_2\cdots\xi_n) = E\xi_1 \cdot E\xi_2 \cdot \cdots \cdot E\xi_n.$$

证　(i) 常数 c 可以看成有密度矩阵为 $\begin{bmatrix} c \\ 1 \end{bmatrix}$ 的随机变量,故

$$Ec = c \cdot 1 = c.$$

以下只就连续型情况证明.

(ii) 由(4),

$$
\begin{aligned}
E\left(\sum_{i=1}^{n} c_i \xi_i\right) &= \int_{-\infty}^{+\infty}\int_{-\infty}^{+\infty}\cdots\int_{-\infty}^{+\infty}\left(\sum_{i=1}^{n} c_i x_i\right) f(x_1, x_2, \cdots, x_n)\,\mathrm{d}x_1\,\mathrm{d}x_2\cdots\mathrm{d}x_n \\
&= \sum_{i=1}^{n} c_i \int_{-\infty}^{+\infty}\int_{-\infty}^{+\infty}\cdots\int_{-\infty}^{+\infty} x_i f(x_1, x_2, \cdots, x_n)\,\mathrm{d}x_1\,\mathrm{d}x_2\cdots\mathrm{d}x_n \\
&= \sum_{i=1}^{n} c_i \int_{-\infty}^{+\infty} x_i f_i(x_i)\,\mathrm{d}x_i
\end{aligned}
$$

(这一步用到 §1.4(14) 的想法,$f_i(x)$ 是 ξ_i 的密度)

$$= \sum_{i=1}^{n} c_i E\xi_i.$$

(iii) 由独立性,

$$F(x_1, x_2, \cdots, x_n) = F_1(x_1) F_2(x_2) \cdots F_n(x_n).$$

两边对 $x_1, x_2, \cdots, x_n$ 各求一次导数,得

$$f(x_1, x_2, \cdots, x_n) = f_1(x_1) f(x_2) \cdots f_n(x_n),$$

其中 $f_i(x)$ 是 ξ_i 的密度函数,因之

$$
\begin{aligned}
E\xi_1 \xi_2 \cdots \xi_n &= \int_{-\infty}^{+\infty} x_1 x_2 \cdots x_n f(x_1, x_2, \cdots, x_n)\,\mathrm{d}x_1\,\mathrm{d}x_2\cdots\mathrm{d}x_n \\
&= \int_{-\infty}^{+\infty}\cdots\int_{-\infty}^{+\infty} x_1 x_2 \cdots x_n f_1(x_1) f_2(x_2) \cdots f_n(x_n)\,\mathrm{d}x_1\,\mathrm{d}x_2\cdots\mathrm{d}x_n \\
&= \int_{-\infty}^{+\infty} x_1 f_1(x_1)\,\mathrm{d}x_1 \int_{-\infty}^{+\infty} x_2 f_2(x_2)\,\mathrm{d}x_2 \cdots \int_{-\infty}^{+\infty} x_n f_n(x_n)\,\mathrm{d}x_n \\
&= E\xi_1 E\xi_2 \cdots E\xi_n.
\end{aligned}
$$

(二)方差

先看一个实例,设有两个离散的随机变量 ξ 与 η:

$$
\xi = \begin{pmatrix} -1 & 1 \\ \dfrac{1}{2} & \dfrac{1}{2} \end{pmatrix}, \quad \eta = \begin{pmatrix} 100 & -100 \\ \dfrac{1}{2} & \dfrac{1}{2} \end{pmatrix}.
$$

它们虽然有相同的期望 0,但 $\boldsymbol{\eta}$ 的值域比 $\boldsymbol{\xi}$ 的更分散,因为 η 取的两个值是 100 与 -100,而 ξ 是 1 与 -1. 由此例可以想到,有必要引进一个指标,用它可以衡量随机变量的分散程度. 这种指标之一就是方差.

设 ξ 的数学期望 $E\xi$ 存在,ξ 与 $E\xi$ 的差是 $\xi-E\xi$,为了避免负值,考虑 $(\xi-E\xi)^2$,这是一个新的随机变量,它的数学期望 $E(\xi-E\xi)^2$ 称为 ξ 的方差,记为

$$D\xi=E(\xi-E\xi)^2. \tag{5}$$

$D\xi$ 可能等于 $+\infty$,但我们只考虑有穷的情况. (5)可以写成

$$D\xi = \int_{-\infty}^{+\infty} (x-E\xi)^2 f(x)\,\mathrm{d}x \quad （连续型）;$$

$$= \sum_i (a_i - E\xi)^2 p_i \quad （离散型）, \tag{6}$$

在计算时,把(5)改写成下式往往更方便:

$$D\xi = E\big[\xi^2 - 2E\xi\cdot\xi + (E\xi)^2\big]$$

$$= E\xi^2 - 2E\xi\cdot E\xi + (E\xi)^2 \quad （用到定理 1）$$

$$= E\xi^2 - (E\xi)^2 \tag{7}$$

或

$$D\xi = \begin{cases} \displaystyle\int_{-\infty}^{+\infty} x^2 f(x)\,\mathrm{d}x - \left[\int_{-\infty}^{+\infty} x f(x)\,\mathrm{d}x\right]^2; & （连续型） \\[2mm] \displaystyle\sum_i a_i^2 p_i - \Big[\sum_i a_i p_i\Big]^2. & （离散型） \end{cases} \tag{8}$$

例 1(续) 对二项分布:

$$D\xi = E\xi^2 - (E\xi)^2 = \sum_{k=0}^n k^2 \frac{n!}{k!(n-k)!} p^k q^{n-k} - (np)^2$$

$$= np \sum_{k=1}^n k \frac{(n-1)!}{(k-1)!(n-k)!} p^{k-1} q^{n-k} - (np)^2$$

$$= np \left[\sum_{k=0}^{n-1} k \frac{(n-1)!}{k!(n-1-k)!} p^k q^{n-1-k} + (p+q)^{n-1}\right] - (np)^2$$

$$= np\big[(n-1)p+1\big] - (np)^2$$

$$= np(np + q) - (np)^2 = npq.$$

例 2（续）　对泊松分布：

$$D\xi = E\xi^2 - (E\xi)^2 = \sum_{k=0}^{+\infty} k^2 e^{-\lambda} \frac{\lambda^k}{k!} - \lambda^2$$

$$= \lambda \sum_{k=1}^{+\infty} k e^{-\lambda} \frac{\lambda^{k-1}}{(k-1)!} - \lambda^2$$

$$= \lambda \sum_{k=1}^{+\infty} (k-1) e^{-\lambda} \frac{\lambda^{k-1}}{(k-1)!} + \lambda \sum_{k=1}^{+\infty} e^{-\lambda} \frac{\lambda^{k-1}}{(k-1)!} - \lambda^2$$

$$= \lambda^2 + \lambda - \lambda^2 = \lambda (= E\xi).$$

例 3（续）　对正态分布 $N(a, \sigma)$：

$$D\xi = E(\xi - E\xi)^2 = E(\xi - a)^2$$

$$= \int_{-\infty}^{+\infty} (x-a)^2 \frac{1}{\sigma\sqrt{2\pi}} e^{-\frac{(x-a)^2}{2\sigma^2}} dx$$

$$= \frac{\sigma^2}{\sqrt{2\pi}} \int_{-\infty}^{+\infty} y^2 e^{-\frac{y^2}{2}} dy \qquad \left(y = \frac{x-a}{\sigma}\right)$$

$$= \frac{\sigma^2}{\sqrt{2\pi}} \left[-y e^{-\frac{y^2}{2}} \Big|_{-\infty}^{+\infty} + \int_{-\infty}^{+\infty} e^{-\frac{y^2}{2}} dy \right] \quad （分部积分）$$

$$= \frac{\sigma^2}{\sqrt{2\pi}} [0 + \sqrt{2\pi}] \quad （利用 §1.3(11)）$$

$$= \sigma^2.$$

由此可知，参数 a 是期望，而另一参数的平方 σ^2 是方差. 由 §1.3 例 6 中图 1.14，可见方差 σ^2 越小，则曲线下的面积越集中在期望 a 的周围. 这给出："方差越小，则分布越集中"的一个直观说明.

定理 2　方差有下列性质：

(i) 若 c 是常数，则 $Dc = 0$；

(ii) 对任意常数 $c_i, i = 1, 2, \cdots, n$，

$$D\left(\sum_{i=1}^n c_i \xi_i\right) = \sum_{i=1}^n \sum_{j=1}^n c_i c_j E(\xi_i - E\xi_i)(\xi_j - E\xi_j);$$

(iii) 设 $\xi_1, \xi_2, \cdots, \xi_n$ 独立，则

$$D\Big(\sum_{i=i}^{n} c_i \xi_i\Big) = \sum_{i=1}^{n} c_i^2 D\xi_i. \tag{9}$$

证　要多次用到定理 1,不一一说明.

(i) $Dc = Ec^2 - (Ec)^2 = c^2 - c^2 = 0.$

(ii) $D\Big(\sum_{i=1}^{n} c_i \xi_i\Big) = E\Big[\sum_{i=1}^{n} c_i (\xi_i - E\xi_i)\Big]^2$

$$= E\Big[\sum_{i=1}^{n} \sum_{j=1}^{n} c_i c_j (\xi_i - E\xi_i)(\xi_j - E\xi_j)\Big]$$

$$= \sum_{i=1}^{n} \sum_{j=1}^{n} c_i c_j E(\xi_i - E\xi_i)(\xi_j - E\xi_j). \tag{10}$$

(iii) 由独立性:$E\xi_i\xi_j = E\xi_i \cdot E\xi_j$,从而

$$E(\xi_i - E\xi_i)(\xi_j - E\xi_j) = 0 \qquad (i \neq j). \tag{11}$$

故由(10)得

$$D\Big(\sum_{i=i}^{n} c_i\xi_i\Big) = \sum_{i=1}^{n} c_i^2 E(\xi_i - E\xi_i)^2 = \sum_{i=1}^{n} c_i^2 D\xi_i. \blacksquare$$

例 4　在自动控制系统或地震勘探等实际问题中,常常用期望都为 0、方差都为 σ^2 的独立随机变量 $\xi_1, \xi_2, \cdots, \xi_n$ 来代表随机干扰或噪声,为了抑制噪声,一个方法是取它们的平均值 $\xi = \dfrac{\xi_1 + \xi_2 + \cdots + \xi_n}{n}$. 下面计算 $E\xi$ 与 $D\xi$:

$$E\xi = E\frac{\xi_1 + \xi_2 + \cdots + \xi_n}{n} = \frac{1}{n}(E\xi_1 + E\xi_2 + \cdots + E\xi_n) = 0;$$

$$D\xi = D\frac{\xi_1 + \xi_2 + \cdots + \xi_n}{n} = \frac{1}{n^2}(D\xi_1 + D\xi_2 + \cdots + D\xi_n) = \frac{\sigma^2}{n}. \tag{12}$$

可见平均噪声 ξ 的期望仍为 0,但方差却降到原来 σ^2 的 $\dfrac{1}{n}$. 物理上常用方差来表示噪声的平均功率或能量,因而 ξ 的能量比原来减小了,即起到了抑制噪声的作用.

(三) 相关系数

当研究两个随机变量 ξ_1, ξ_2 时,我们希望用一个指标来表示它们间的关系的密切程度. 这个指标应该有这样的性质:当 ξ_1, ξ_2 独立时,它们绝对值最小,等于 0;而当 ξ_1 与 ξ_2 密切相关时,例如当 $\xi_1 = a\xi_2 + b$ 时(a, b 常数),它的绝对值最大,令

$$R = \frac{E(\xi_1 - E\xi_1)(\xi_2 - E\xi_2)}{\sqrt{D\xi_1} \cdot \sqrt{D\xi_2}}, \tag{13}$$

并称 R 为 ξ_1, ξ_2 的相关系数. 其中的分子

$$E(\xi_1 - E\xi_1)(\xi_2 - E\xi_2) = E\xi_1\xi_2 - E\xi_1 \cdot E\xi_2 \tag{14}$$

称为 ξ_1, ξ_2 的协方差. 相关系数有下列性质:

(i) $|R| \leqslant 1$.

实际上,引进 ξ_1 及 ξ_2 的标准化随机变量 η_1 及 η_2:

$$\eta_1 = \frac{\xi_1 - E\xi_1}{\sqrt{D\xi_1}}, \quad \eta_2 = \frac{\xi_2 - E\xi_2}{\sqrt{D\xi_2}}.$$

这些变量有简单特性:$E\eta_1 = E\eta_2 = 0, D\eta_1 = D\eta_2 = 1$(这就是称为标准化的原因),而且 $R = E(\eta_1\eta_2)$. 考虑

$$E[(\eta_1 \pm \eta_2)^2] = E\eta_1^2 \pm 2E(\eta_1\eta_2) + E\eta_2^2 = 2(1 \pm R),$$

因 $(\eta_1 \pm \eta_2)^2 \geqslant 0$,故其期望也 $\geqslant 0$,因之 $2(1 \pm R) \geqslant 0$,即 $|R| \leqslant 1$.

(ii) 当 ξ_1, ξ_2 独立时,$R = 0$. (此由(11)看出)

(iii) 当 $\xi_1 = a\xi_2 + b$ 时,$|R|$ 达到最大值 1.

实际上,

$$R = \frac{E\xi_1\xi_2 - E\xi_1 \cdot E\xi_2}{\sqrt{D\xi_1} \cdot \sqrt{D\xi_2}}$$

$$= \frac{E(a\xi_2 + b)\xi_2 - E(a\xi_2 + b) \cdot E\xi_2}{\sqrt{D(a\xi_2 + b)} \cdot \sqrt{D\xi_2}}$$

$$= \frac{a[E\xi_2^2 - (E\xi_2)^2]}{\sqrt{a^2 D\xi_2} \cdot \sqrt{D\xi_2}} = \frac{aD\xi_2}{|a| D\xi_2} = \pm 1.$$

例 5　设 ξ_1, ξ_2 有二维正态分布密度为

$$f(x,y)=\frac{1}{2\pi\sigma_1\sigma_2\sqrt{1-r^2}}e^{-\frac{1}{2(1-r^2)}\left[\frac{(x-a)^2}{\sigma_1^2}-2r\frac{(x-a)(y-b)}{\sigma_1\sigma_2}+\frac{(y-b)^2}{\sigma_2^2}\right]},$$

试证：
$$E\xi_1=a,\qquad E\xi_2=b,$$
$$D\xi_1=\sigma_1^2,\qquad D\xi_2=\sigma_2^2,\qquad R=r.$$

证 由 §1.4(12)，得知 ξ_1 有一维正态分布为 $N(a,\sigma_1)$，由本节例 3 及例 3（续）得 $E\xi_1=a,D\xi_1=\sigma_1^2$. 同理知 $E\xi_2=b,D\xi_2=\sigma_2^2$. 计算

$$E(\xi_1-E\xi_1)(\xi_2-E\xi_2)$$
$$=\int_{-\infty}^{+\infty}\int_{-\infty}^{+\infty}(x-a)(y-b)f(x,y)\mathrm{d}x\mathrm{d}y$$
$$=\frac{1}{2\pi\sigma_1\sigma_2\sqrt{1-r^2}}\int_{-\infty}^{+\infty}\int_{-\infty}^{+\infty}(x-a)(y-b)\times$$
$$e^{-\frac{(y-b)^2}{2\sigma_2^2}-\frac{1}{2(1-r^2)}\left[\frac{(x-a)}{\sigma_1}-r\frac{(y-b)}{\sigma_2}\right]^2}\mathrm{d}x\mathrm{d}y,$$

作变换

$$z=\frac{1}{\sqrt{1-r^2}}\left(\frac{x-a}{\sigma_1}-r\frac{y-b}{\sigma_2}\right),\qquad w=\frac{y-b}{\sigma_2},$$

上式化为

$$\frac{1}{2\pi}\int_{-\infty}^{+\infty}\int_{-\infty}^{+\infty}(\sigma_1\sigma_2\sqrt{1-r^2}wz+r\sigma_1\sigma_2w^2)e^{-\frac{w^2}{2}-\frac{z^2}{2}}\mathrm{d}z\,\mathrm{d}w$$
$$=\frac{r\sigma_1\sigma_2}{2\pi}\int_{-\infty}^{+\infty}w^2e^{-\frac{w^2}{2}}\mathrm{d}w\cdot\int_{-\infty}^{+\infty}e^{-\frac{z^2}{2}}\mathrm{d}z+$$
$$\frac{\sigma_1\sigma_2\sqrt{1-r^2}}{2\pi}\int_{-\infty}^{+\infty}we^{-\frac{w^2}{2}}\mathrm{d}w\cdot\int_{-\infty}^{+\infty}ze^{-\frac{z^2}{2}}\mathrm{d}z,$$

其中第一、第二积分都等于 $\sqrt{2\pi}$（参看例 3（续）），第三、第四积分都等于 0（参看例 3），故

$$E(\xi_1-E\xi_1)(\xi_2-E\xi_2)=r\sigma_1\sigma_2,$$

从而
$$R=\frac{r\sigma_1\sigma_2}{\sqrt{D\xi_1}\sqrt{D\xi_2}}=r.$$

上面看到,若 ξ_1,ξ_2 独立,则它们的相关系数 $R=0$. 这个结论之逆一般不正确;但若 ξ_1,ξ_2 有二维正态分布,则当 $R=r=0$ 时,

$$f(x,y)=\frac{1}{2\pi\sigma_1\sigma_2}e^{-\frac{1}{2}\left[\frac{(x-a)^2}{\sigma_1^2}+\frac{(y-b)^2}{\sigma_2^2}\right]}$$

$$=\frac{1}{\sigma_1\sqrt{2\pi}}e^{-\frac{(x-a)^2}{2\sigma_1^2}}\cdot\frac{1}{\sigma_2\sqrt{2\pi}}e^{-\frac{(y-b)^2}{2\sigma_2^2}}$$

$$=f_1(x)\cdot f_2(y),$$

其中 $f_i(x)$ 是 ξ_i 的密度$(i=1,2)$,将上式对 x,y 积分,即得

$$F(x,y)=F_1(x)\cdot F_2(y).$$

$F(x,y)$ 是 (ξ_1,ξ_2) 的联合分布函数,而 $F_i(x)$ 是 ξ_i 的分布函数. 这说明 ξ_1 与 ξ_2 独立. 于是得

　　定理 3　若 (ξ_1,ξ_2) 有二维正态分布,则它们独立的充分必要条件是相关系数等于 0.

　　由上述推理中还可看到:若 (ξ_1,ξ_2) 有密度为 $f(x,y)$,ξ_i 有密度为 $f_i(x)(i=1,2)$,则 ξ_1 与 ξ_2 独立的充分必要条件是

$$f(x,y)=f_1(x)\cdot f_2(y).$$

§1.6 随机变量的变换

（一）问题的产生

设 ξ 的分布函数为 $F_\xi(x)$，我们有时需要研究它的函数 $g(\xi)$ 的分布，这里 $g(x)$ 是普通的一元函数.

例 1 试求 $\eta=a\xi+b$ $(a>0)$ 的分布.

解 要求的是 $F_\eta(x)=P(\eta\leqslant x)$，即要求事件 $(\eta\leqslant x)$、亦即事件 $(a\xi+b\leqslant x)$ 的概率. 但这事件等价于 $\left(\xi\leqslant\dfrac{x-b}{a}\right)$，而后者的概率为 $F_\xi\left(\dfrac{x-b}{a}\right)$. 故

$$F_\eta(x)=P(\eta\leqslant x)=P(a\xi+b\leqslant x)=P\left(\xi\leqslant\frac{x-b}{a}\right)$$

$$=F\left(\frac{x-b}{a}\right). \tag{1}$$

如果 ξ 的密度为 $f(x)$，微分上式，即得 η 的密度为

$$f_\eta(x)=\frac{1}{a}f_\xi\left(\frac{x-b}{a}\right). \tag{2}$$

这个例子启发我们在一般情况应如何做. 令 $\eta=g(x)$，又 $D_x=(y:g(y)\leqslant x)$，因而 D_x 是由满足 $g(y)\leqslant x$ 的点 y 所构成的集，它是一维空间的子集. 显然，两事件 $(g(\xi)\leqslant x)$，$(\xi\in D_x)$ 是相等的. 故

$$F_\eta(x)=P(\eta\leqslant x)=P(g(\xi)\leqslant x)=P(\xi\in D_x). \tag{3}$$

今设 ξ 有密度为 $f_\xi(y)$，则

$$F_\eta(x) = P(\xi\in D_x) = \int_{D_x} f_\xi(y)\mathrm{d}y = \int_{g(y)\leqslant x} f_\xi(y)\mathrm{d}y. \tag{4}$$

更一般的情况是：设 $(\xi_1,\xi_2,\cdots,\xi_n)$ 的联合分布函数为 $F(x_1,$

$x_2, \cdots, x_n)$,密度为 $f(x_1, x_2, \cdots, x_n)$. 试求 $\eta = G(\xi_1, \xi_2, \cdots, \xi_n)$ 的分布,这里 G 是 n 元函数.

解法与上类似,令

$$D_x = ((y_1, y_2, \cdots, y_n) : G(y_1, y_2, \cdots, y_n) \leqslant x).$$

它是 n 维空间的子集,则

$$\begin{aligned} F_\eta(x) &= P(G(\xi_1, \xi_2, \cdots, \xi_n) \leqslant x) \\ &= P((\xi_1, \xi_2, \cdots, \xi_n) \in D_x) \\ &= \iint_{G(y_1, y_2, \cdots, y_n) \leqslant x} \cdots \int f(y_1, y_2, \cdots, y_n) \mathrm{d}x_1 \mathrm{d}x_2 \cdots \mathrm{d}x_n. \end{aligned} \quad (5)$$

例 2(卷积) 设 ξ_1, ξ_2 独立,各有密度为 $f(x), g(x)$,试求 $\eta = \xi_1 + \xi_2$ 的分布.

解 $$\begin{aligned} F_\eta(x) &= \iint_{y_1 + y_2 \leqslant x} f(y_1) g(y_2) \mathrm{d}y_1 \mathrm{d}y_2 \\ &= \int_{-\infty}^{+\infty} \int_{-\infty}^{x - y_1} f(y_1) g(y_2) \mathrm{d}y_2 \mathrm{d}y_1. \end{aligned}$$

令 $y_2 = z - y_1$,则

$$\begin{aligned} F_\eta(x) &= \int_{-\infty}^{+\infty} \int_{-\infty}^{x} f(y_1) g(z - y_1) \mathrm{d}z \mathrm{d}y_1 \\ &= \int_{-\infty}^{x} \int_{-\infty}^{+\infty} f(y_1) g(z - y_1) \mathrm{d}y_1 \mathrm{d}z, \end{aligned} \quad (6)$$

所以 $$f_\eta(x) = F'_\eta(x) = \int_{-\infty}^{+\infty} f(y_1) g(x - y_1) \mathrm{d}y_1.$$

把 y_1 改写为 y,即得

$$f_\eta(x) = \int_{-\infty}^{+\infty} f(y) g(x - y) \mathrm{d}y. \quad (7)$$

由对称性

$$f_\eta(x) = \int_{-\infty}^{+\infty} g(y) f(x - y) \mathrm{d}y. \quad (8)$$

(7)或(8)中的积分称为 f 与 g 的卷积,所以独立随机变量的和的密度等于各个随机变量的密度的卷积.

例 3 设某河流第 i 年的径流量为 ξ_i，则 n 年中最大径流量为

$$\eta=\max(\xi_1,\xi_2,\cdots,\xi_n).$$

今设 $\xi_1,\xi_2,\cdots,\xi_n$ 独立,有相同的分布函数 $F(x)$,密度 $f(x)$,试求 η 的分布.

解 $F_\eta(x)=P(\eta\leqslant x)=P(\xi_1\leqslant x,\xi_2\leqslant x,\cdots,\xi_n\leqslant x)$

$$=P(\xi_1\leqslant x)P(\xi_2\leqslant x)\cdots P(\xi_n\leqslant x)=[F(x)]^n, \quad (9)$$

$$f_\eta(x)=n[F(x)]^{n-1}f(x). \quad (10)$$

类似可求得

$$\zeta=\min(\xi_1,\xi_2,\cdots,\xi_n)$$

的分布函数 $F_\zeta(x)$：

$$P(\zeta>x)=P(\xi_1>x,\xi_2>x,\cdots,\xi_n>x)$$

$$=P(\xi_1>x)P(\xi_2>x)\cdots P(\xi_n>x)=[1-F(x)]^n,$$

故

$$F_\zeta(x)=1-[1-F(x)]^n, \quad (11)$$

$$f_\zeta(x)=F_\zeta'(x)=n[1-F(x)]^{n-1}f(x). \quad (12)$$

例 4 试求 $\eta=\cos\xi$ 的分布.

解 令 $F_\eta(x)=P(\cos\xi\leqslant x)$.

显然,

$$F_\eta(x)=\begin{cases}0, & x<-1,\\ 1, & x\geqslant 1.\end{cases}$$

当 $|x|<1$ 时,有

$$F_\eta(x)=P(\cos\xi\leqslant x)$$

$$=\sum_{l=-\infty}^{+\infty}P(\cos\xi\leqslant x,2l\pi<\xi\leqslant 2(l+1)\pi).$$

容易看出（见图 1-22）,$(\cos\xi\leqslant x,2l\pi<\xi\leqslant 2(l+1)\pi)$ 重合于事件 $(2l\pi+\arccos x<\xi\leqslant 2(l+1)\pi-\arccos x)$,故

$$F_\eta(x)=\sum_{l=-\infty}^{+\infty}\left[F(2l\pi+2\pi-\arccos x)-F(2l\pi+\arccos x)\right].$$

$$(13)$$

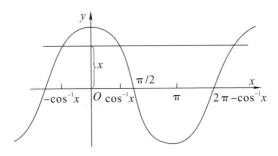

图 1-22

如 ξ 的分布函数 $F(x)$ 有密度为 $f(x)$,微分(13):

$$f_\eta(x) = \frac{1}{\sqrt{1-x^2}} \sum_{l=-\infty}^{+\infty} \big[f(2l\pi + 2\pi - \arccos x) +$$

$$f(2l\pi + \arccos x) \big]. \tag{14}$$

至今我们对 $F(x)$ 或 $f(x)$ 未作任何假定. 今附加条件:设 ξ 在 $\left[-\dfrac{\pi}{2}, \dfrac{\pi}{2}\right]$ 中均匀分布,即设

$$f(x) = \begin{cases} \dfrac{1}{\pi}, & |x| \leqslant \dfrac{\pi}{2}, \\ 0, & |x| > \dfrac{\pi}{2}. \end{cases} \tag{15}$$

代入(14),此时右方括号中只剩下两项,其余为 0,故

$$f_\eta(x) = \begin{cases} \dfrac{1}{\sqrt{1-x^2}} \big[f(\arccos x) + f(-\cos x) \big] = \dfrac{2}{\pi \sqrt{1-x^2}}, \\ \qquad\qquad 0 \leqslant x < 1, \\ 0, \qquad\qquad x < 0,\text{或 } x \geqslant 1. \end{cases}$$

例 5　在无线电等技术中,有时要考虑复数形的噪声

$$\xi = \xi_1 + \mathrm{i}\xi_2 \qquad (\mathrm{i} = \sqrt{-1}),$$

而 ξ_1 与 ξ_2 独立,有相同的正态分布 $N(0,\sigma)$. 把 ξ 用模和幅角表示成

$$\eta = \sqrt{\xi_1^2 + \xi_2^2}, \qquad \zeta = \arctan \frac{\xi_2}{\xi_1}. \tag{16}$$

试求 η 与 ζ 的分布函数 $F_\eta(x)$ 与 $F_\zeta(x)$.

解

$$F_\eta(x) = P(\eta \leqslant x) = \iint\limits_{\sqrt{x_1^2 + x_2^2} \leqslant x} \frac{1}{2\pi\sigma^2} e^{-\frac{x_1^2 + x_2^2}{2\sigma^2}} \, \mathrm{d}x_1 \, \mathrm{d}x_2,$$

其中被积函数是 ξ_1, ξ_2 的联合密度,由独立性,它等于 ξ_1 的密度

$\dfrac{1}{\sigma\sqrt{2\pi}} e^{-\frac{x_1^2}{2\sigma^2}}$ 与 ξ_2 的密度 $\dfrac{1}{\sigma\sqrt{2\pi}} e^{-\frac{x_2^2}{2\sigma^2}}$ 的乘积,采用极坐标,作变换

$x_1 = \rho\cos\theta, x_2 = \rho\sin\theta,$ 上式化为

$$F_\eta(x) = \int_0^x \int_{-\pi}^{\pi} \frac{1}{2\pi\sigma^2} e^{-\frac{\rho^2}{2\sigma^2}} \rho \, \mathrm{d}\theta \, \mathrm{d}\rho$$

$$= \int_0^x \frac{\rho}{\sigma^2} e^{-\frac{\rho^2}{2\sigma^2}} \, \mathrm{d}\rho.$$

故

$$f_\eta(x) = \begin{cases} \dfrac{x}{\sigma^2} e^{-\frac{x^2}{2\sigma^2}}, & x \geqslant 0, \\ 0, & x < 0. \end{cases} \tag{17}$$

(17) 中的分布称为瑞利分布,如图

1-23,其中直线 $x = \sqrt{\dfrac{\pi}{2}}\sigma$ 把曲线下

的面积分成两等份.

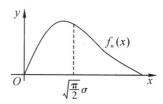

图 1-23

其次,考虑 ξ,其取值区间为

$[-\pi, \pi]$. 对 $x \in [-\pi, \pi]$,

$$F_\zeta(x) = P(\zeta \leqslant x) = \iint\limits_{\arctan\frac{x_2}{x_1} \leqslant x} \frac{1}{2\pi\sigma^2} e^{-\frac{x_1^2 + x_2^2}{2\sigma^2}} \, \mathrm{d}x_1 \, \mathrm{d}x_2.$$

作上述同样变换后,得

$$F_\zeta(x) = \int_{-\pi}^{x} \mathrm{d}\theta \int_0^{+\infty} \frac{1}{2\pi\sigma^2} \mathrm{e}^{-\frac{\rho^2}{2\sigma^2}} \rho \mathrm{d}\rho = \int_{-\pi}^{x} \frac{1}{2\pi} \mathrm{d}\theta = \frac{x+\pi}{2\pi},$$

$$f_\zeta(x) = \begin{cases} \dfrac{1}{2\pi}, & |x| \leqslant \pi; \\ 0, & |x| > \pi. \end{cases}$$

这是在 $[-\pi, \pi]$ 上的均匀分布.

(二) χ^2-分布

设 $\xi_1, \xi_2, \cdots, \xi_n$ 为 n 个独立的随机变量,有相同的 $N(0,1)$ 正态分布,因之 $\xi_1, \xi_2, \cdots, \xi_n$ 的联合分布密度是

$$\frac{1}{(2\pi)^{\frac{n}{2}}} \mathrm{e}^{-\frac{1}{2}(x_1^2 + x_2^2 + \cdots + x_n^2)}.$$

现在要求随机变量

$$\chi^2 = \xi_1^2 + \xi_2^2 + \cdots + \xi_n^2 \tag{18}$$

的分布密度,令

$$\begin{aligned} F_n(x) &= P(\chi^2 \leqslant x) \\ &= \frac{1}{(2\pi)^{\frac{n}{2}}} \cdot \iint \cdots \int_{x_1^2 + x_2^2 + \cdots + x_n^2 \leqslant x} \mathrm{e}^{-\frac{1}{2}(x_1^2 + x_2^2 + \cdots + x_n^2)} \mathrm{d}x_1 \mathrm{d}x_2 \cdots \mathrm{d}x_n. \end{aligned}$$

由积分的第一中值定理,有

$$\begin{aligned} &F_n(x+h) - F_n(x) \\ &= \frac{1}{(2\pi)^{\frac{n}{2}}} \iint \cdots \int_{x < x_1^2 + x_2^2 + \cdots + x_n^2 \leqslant x+h} \mathrm{e}^{-\frac{1}{2}(x_1^2 + x_2^2 + \cdots + x_n^2)} \mathrm{d}x_1 \mathrm{d}x_2 \cdots \mathrm{d}x_n \\ &= \frac{1}{(2\pi)^{\frac{n}{2}}} \mathrm{e}^{-\frac{1}{2}(x+\theta h)} (S_n(x+h) - S_n(x)), \end{aligned}$$

其中 $0 < \theta < 1$,又

$$S_n(x) = \iint \cdots \int_{x_1^2 + x_2^2 + \cdots + x_n^2 \leqslant x} \mathrm{d}x_1 \mathrm{d}x_2 \cdots \mathrm{d}x_n,$$

$S_n(x)$ 是 n 维空间中半径为 $\sqrt{x}$ 的球的体积. 作变换 $x_i = y_i \sqrt{x}(i = 1, 2, \cdots, n)$,得

$$S_n(x) = x^{\frac{n}{2}} \underset{y_1^2+y_2^2+\cdots+y_n^2 \leqslant 1}{\iint \cdots \int} \mathrm{d}y_1 \mathrm{d}y_2 \cdots \mathrm{d}y_n = cx^{\frac{n}{2}},$$

c 是常数，它等于上式积分之值. 因此

$$\frac{F_n(x+h) - F_n(x)}{h} = c_1 \mathrm{e}^{-\frac{1}{2}(x+\theta h)} \frac{(x+h)^{\frac{n}{2}} - x^{\frac{n}{2}}}{h},$$

$c_1 = \dfrac{c}{(2\pi)^{\frac{n}{2}}}$ 也是常数. 令 $h \to 0$，即得 χ^2 的密度为

$$f_n(x) = F_n'(x) = \mathrm{d}x^{\frac{n}{2}-1} \mathrm{e}^{-\frac{x}{2}},$$

这里 $d = \dfrac{n}{2} c_1$ 也是一常数，它可如下求出. 由于 $f_n(x)$ 是概率密度，而且 χ^2 非负，故

$$\int_0^{+\infty} f_n(x) \mathrm{d}x = d \int_0^{+\infty} x^{\frac{n}{2}-1} \mathrm{e}^{-\frac{x}{2}} \mathrm{d}x = 1.$$

即[①]

$$d = \frac{1}{\displaystyle\int_0^{+\infty} x^{\frac{n}{2}-1} \mathrm{e}^{-\frac{x}{2}} \mathrm{d}x} = \frac{1}{2^{\frac{n}{2}} \Gamma\left(\dfrac{n}{2}\right)}. \tag{19}$$

最后得 χ^2 的分布密度为

$$f_n(x) = \begin{cases} \dfrac{1}{2^{\frac{n}{2}} \Gamma\left(\dfrac{n}{2}\right)} x^{\frac{n}{2}-1} \mathrm{e}^{-\frac{x}{2}}, & x \geqslant 0, \\ 0, & x < 0. \end{cases} \tag{20}$$

---

① $\Gamma(y)(y>0)$ 是伽马（Gamma）函数

$$\Gamma(y) = \int_0^{+\infty} u^{y-1} \mathrm{e}^{-u} \mathrm{d}u. \tag{①1}$$

作变换 $u = \alpha x$，易见

$$\int_0^{+\infty} x^{y-1} \mathrm{e}^{-\alpha x} \mathrm{d}x = \frac{\Gamma(y)}{\alpha^y}. \tag{①2}$$

取 $y = \dfrac{n}{2}$，$\alpha = \dfrac{1}{2}$，即得(20). 其次，在(1)中作分部积分，易见

$$\Gamma(y+1) = y\Gamma(y). \tag{①3}$$

这函数依赖于参数 n. 称(20)中的 $f_n(x)$ 为"自由度为 n 的 χ^2 分布"的密度(图 1-24),它在统计中有重要应用. 下面求它的期望与方差. 对任一非负整数 $S \in \mathbf{N}$ 有

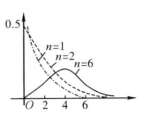

图 1-24　χ^2 分布密度

$$\int_0^{+\infty} x^{s+1} f_n(x)\mathrm{d}x$$

$$= \frac{1}{2^{\frac{n}{2}} \Gamma\left(\frac{n}{2}\right)} \int_0^{+\infty} x^{\frac{n}{2}+s} \mathrm{e}^{-\frac{x}{2}} \mathrm{d}x$$

$$= \frac{1}{2^{\frac{n}{2}} \Gamma\left(\frac{n}{2}\right)} \cdot \frac{\Gamma\left(\frac{n}{2}+s+1\right)}{\left(\frac{1}{2}\right)^{\frac{n}{2}+s+1}} \quad (\text{利用}(①2))$$

$$= \frac{\left(\frac{n}{2}+s\right)\left(\frac{n}{2}+s-1\right) \cdots \frac{n}{2} \Gamma\left(\frac{n}{2}\right)}{\left(\frac{1}{2}\right)^{s+1} \Gamma\left(\frac{n}{2}\right)} \quad (\text{利用}(①3))$$

$$= 2^{s+1}\left(\frac{n}{2}+s\right)\left(\frac{n}{2}+s-1\right) \cdots \frac{n}{2}.$$

特别,令 $s=0$,得

$$E(\chi^2) = \int_0^{+\infty} x f_n(x)\mathrm{d}x = n.$$

又令 $s=1$,得

$$D(\chi^2) = E\left[(\chi^2)^2\right] - \left[E(\chi^2)\right]^2$$

$$= \int_0^{+\infty} x^2 f_n(x)\mathrm{d}x - n^2 = (n+2)n - n^2 = 2n.$$

例 6　设气体某分子在空间的位置为点 $A:(\xi_1,\xi_2,\xi_3)$,这里 ξ_i 是第 i 个坐标,假定 ξ_1,ξ_2,ξ_3 独立,有相同的 $N(0,1)$ 分布,试求 A 与原点 O 之距离

$$r = \sqrt{\xi_1^2 + \xi_2^2 + \xi_3^2}$$

的分布密度 $f_r(x)$.

解

$$F_r(x) = P(r \leqslant x) = P(r^2 \leqslant x^2)$$

$$= \int_0^{x^2} f_3(y)\mathrm{d}y \quad (r^2 \text{ 与自由度为 3 的 } \chi^2 \text{ 同分布}).$$

故

$$f_r(x) = F_r'(x) = 2x f_3(x^2)$$

$$= \sqrt{\frac{2}{\pi}} x^2 \mathrm{e}^{-\frac{x^2}{2}} \quad (x > 0). \tag{21}$$

(21) 中分布叫马克斯威尔 (Maxwell) 分布, 在统计物理中有用.

（三）t-分布与 F-分布

这两种分布在统计中有较大用处.

t-分布的密度是

$$t_n(x) = \frac{1}{\sqrt{n\pi}} \frac{\Gamma\left(\frac{n+1}{2}\right)}{\Gamma\left(\frac{n}{2}\right)} \cdot \frac{1}{\left(1 + \frac{x^2}{n}\right)^{\frac{n+1}{2}}} \quad (-\infty < x < +\infty),$$

$$\tag{22}$$

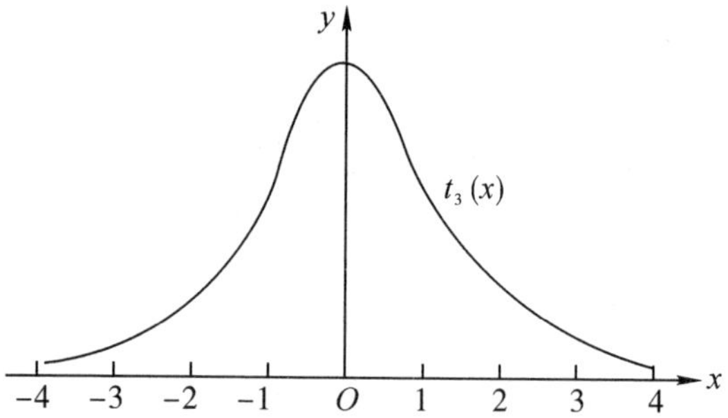

图 1-25

它依赖于一正整数 n, 称 n 为它的自由度, 当 n 较大时, 它的图与 $N(0,1)$ 正态分布密度图很相似, 图 1-25 是 $n=3$ 时的图.

设 ξ, η 为独立随机变量, ξ 有 $N(0,1)$ 正态分布, η 有自由度

为 n 的 χ^2 分布,则随机变量

$$t = \sqrt{n}\,\frac{\xi}{\sqrt{\eta}} \tag{23}$$

有自由度为 n 的 t-分布.

F-分布的密度是

$$f_{k_1 k_2}(x) = \begin{cases} \dfrac{\Gamma\!\left(\dfrac{k_1 + k_2}{2}\right)}{\Gamma\!\left(\dfrac{k_1}{2}\right)\Gamma\!\left(\dfrac{k_2}{2}\right)} k_1^{\frac{k_1}{2}} k_2^{\frac{k_2}{2}}\,\dfrac{x^{\frac{k_1}{2}-1}}{(k_1 x + k_2)^{\frac{k_1 + k_2}{2}}}, & x \geqslant 0, \\[4mm] 0, & x < 0. \end{cases} \tag{24}$$

它依赖于两个正整数 k_1, k_2. 称它们为自由度. 可以证明,设 ξ, η 为独立随机变量,各有自由度为 k_1 及 k_1 的 χ^2-分布,则

$$\zeta = \frac{\dfrac{\xi}{k_1}}{\dfrac{\eta}{k_2}} \tag{25}$$

有分布密度(24)(图 1-26).

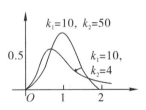

图 1-26 F-分布密度

§1.7 极限定理

（一）问题的产生

前面早已说过,概率论研究的对象是随机现象.要寻求随机现象中的必然规律,必须做大量的试验或观察才有可能.例如,观察单个新生婴孩,限于目前的科学水平,事先不能预言是男还是女,但如作成千上万次的观察,那么可以得出结论:大约男女各半(更精确的统计结果是男占 $\frac{22}{43}$,女占 $\frac{21}{43}$).在相同的条件下,同类型的大量随机现象所以会呈现出规律性,是由于各自的偶然性在一定程度上可以相互抵消或补偿.用这样的方法得出的定理叫极限定理,因为它们的结论都涉及临 $n \to +\infty$ 时的极限行为.本节中,我们只讨论其中的两个:大数定理与中心极限定理.

（二）大数定理

设 $\xi_1, \xi_2, \cdots$ 独立,同分布,$E\xi_k = a, 0 < D\xi_k = \sigma^2 < +\infty$,则对任意 $\varepsilon > 0$,有

$$\lim_{n \to +\infty} P\left(\left| \frac{1}{n} \sum_{k=1}^{n} \xi_k - a \right| < \varepsilon \right) = 1. \tag{1}$$

这式等价于

$$\lim_{n \to +\infty} P\left(\left| \frac{1}{n} \sum_{k=1}^{n} \xi_k - a \right| \geqslant \varepsilon \right) = 0. \tag{2}$$

在证明之前,先说明(1)的意义.它表示:前 n 个变量的平均值 $\frac{1}{n} \sum_{k=1}^{n} \xi_k$ 与单个变量的数学期望 a 的差可以任意地小,这个结论以接近于1的很大概率是正确的,只要 n 充分大就行,说得粗糙些,也就是:$\frac{1}{n} \sum_{i=1}^{n} \xi_k$ 趋近于数学期望 a.

例 1　我们来看一个特例情况. 设随机试验 E 中的一事件为 A, $P(A)=p$. 将 E 独立地重复 n 次, 定义随机变量

$$\xi_i=\begin{cases}1, & \text{第 } i \text{ 次试验中 } A \text{ 出现,}\\ 0, & \text{反之,}\end{cases} \tag{3}$$

则 $\sum_{i=1}^{n}\xi_i$ 是 n 次试验中 A 出现的频数 μ_n, 故 $\dfrac{1}{n}\sum_{i=1}^{n}\xi_i=\dfrac{\mu_n}{n}$ 是 A 出现的概率; 又

$$a=E\xi_i=1\cdot p+0\cdot(1-p)=p, \tag{4}$$

故 (1) 化为

$$\lim_{n\to+\infty}P\left(\left|\frac{\mu_n}{n}-p\right|<\varepsilon\right)=1. \tag{5}$$

这就是我们已经说过的: 频率趋于概率.

为了证明 (1), 需要用到切比雪夫不等式: 设随机变量 η 的期望为 $E\eta$, 方差 $D\eta<+\infty$, 则对任意 $\varepsilon>0$, 有

$$P(|\eta-E\eta|\geqslant\varepsilon)\leqslant\frac{D\eta}{\varepsilon^2}. \tag{6}$$

我们只就 η 有密度为 $f(x)$ 的情况来证明, 对离散情况的证明类似.

$$P(|\eta-E\eta|\geqslant\varepsilon)=\int_{|x-E\eta|\geqslant\varepsilon}f(x)\mathrm{d}x$$
$$\leqslant\int_{|x-E\eta|\geqslant\varepsilon}\frac{|x-E\eta|^2}{\varepsilon^2}f(x)\mathrm{d}x\leqslant\int_{-\infty}^{+\infty}\frac{(x-E\eta)^2}{\varepsilon^2}f(x)\mathrm{d}x=\frac{D\eta}{\varepsilon^2}.$$

大数定理的证明: 令 $\eta=\dfrac{1}{n}\sum_{k=1}^{n}\xi_k$, 则 $E\eta=\dfrac{1}{n}\cdot na=a$, $D\eta=D\left(\dfrac{1}{n}\sum_{k=1}^{n}\xi_k\right)=\dfrac{1}{n^2}\cdot n\sigma^2=\dfrac{\sigma^2}{n}$. 代入 (6), 有

$$P\left(\left|\frac{1}{n}\sum_{k=1}^{n}\xi_k-a\right|\geqslant\varepsilon\right)\leqslant\frac{\sigma^2}{n\varepsilon^2}.$$

令 $n \to +\infty$，即得（2），从而（1）也得以证明.

注 利用更深入的数学推导，可以证明下列的强大数定理：设 $\xi_1, \xi_2, \cdots$ 独立，同分布，$E\xi_k = a$ 为有限数，则

$$P\left(\lim_{n \to +\infty} \frac{1}{n} \sum_{k=1}^{n} \xi_k = a\right) = 1. \tag{7}$$

（三）中心极限定理

（1）表示：随机变量

$$\frac{1}{n} \sum_{k=1}^{n} \xi_k - a = \frac{1}{n} \sum_{k=1}^{n} (\xi_k - a)$$

是一个无穷小量. 如果把分母 n 换为

$$B_n = \sqrt{\sum_{k=1}^{n} D\xi_k} = \sqrt{n\sigma^2} = \sigma\sqrt{n},$$

那么 $\dfrac{1}{\sigma\sqrt{n}} \sum_{k=1}^{n} (\xi_k - a)$ 就不是无穷小了，它的分布接近于 $N(0,1)$ 正态分布. 这个结果的精确数学形式是

中心极限定理 设 $\xi_1, \xi_2, \cdots$ 为独立同分布随机变量列，$E\xi_k = a, 0 < D\xi_k = \sigma^2 < +\infty$，则对任意 x，有

$$\lim_{n \to +\infty} P\left(\frac{1}{\sigma\sqrt{n}} \sum_{k=1}^{n} (\xi_k - a) \leqslant x\right) = \frac{1}{\sqrt{2\pi}} \int_{-\infty}^{x} \mathrm{e}^{-\frac{y^2}{2}} \mathrm{d}y. \tag{8}$$

这个定理的证明要用到富氏变换（或特征函数）的一些性质，比较长，所以从略.

例1（续） 仍以 μ_n 表 n 次试验中 A 出现的频数 $\mu_n = \sum_{k=1}^{n} \xi_k$，由（4），$a \equiv E\xi_k = p$，又

$$\sigma^2 \equiv D\xi_k = E\xi_k^2 - (E\xi_k)^2 = p - p^2 = pq \qquad (q = 1 - p),$$

代入（8），即得

$$\lim_{n \to +\infty} P\left(\frac{\mu_n - np}{\sqrt{npq}} \leqslant x\right) = \frac{1}{\sqrt{2\pi}} \int_{-\infty}^{x} \mathrm{e}^{-\frac{y^2}{2}} \mathrm{d}y \tag{9}$$

或

$$P\left(x_1 < \frac{\mu_n - np}{\sqrt{npq}} \leqslant x_2\right) \approx \frac{1}{\sqrt{2\pi}}\int_{x_1}^{x_2} \mathrm{e}^{-\frac{y^2}{2}}\mathrm{d}y. \tag{10}$$

此式可改写为:频数 μ_n 落在 (α, β) 间的概率为

$$P(a < \mu_n \leqslant \beta) = P\left(\frac{\alpha - np}{\sqrt{npq}} < \frac{\mu_n - np}{\sqrt{npq}} \leqslant \frac{\beta - np}{\sqrt{npq}}\right)$$

$$\approx \frac{1}{\sqrt{2\pi}}\int_{\frac{\alpha-np}{\sqrt{npq}}}^{\frac{\beta-np}{\sqrt{npq}}} \mathrm{e}^{-\frac{y^2}{2}}\mathrm{d}y = \Phi\left(\frac{\beta - np}{\sqrt{npq}}\right) - \Phi\left(\frac{\alpha - np}{\sqrt{npq}}\right), \tag{11}$$

其中
$$\Phi(x) = \frac{1}{\sqrt{2\pi}}\int_{-\infty}^{x} \mathrm{e}^{-\frac{y^2}{2}}\mathrm{d}y,$$

后一积分值可查表求出.

例 2　设射击不断地独立进行,每次射中的概率为 $\frac{1}{10}$.

(i) 试求 500 次射击中,射中次数 η_{500} 在 $(49, 55)$ 之中的概率 p_1.

(ii) 问至少要射击多少次,才能使射中的次数 η_n 超过 50 次的概率大于 90%.

解　(i) 代入(11),这里 $\alpha = 49, \beta = 55, np = 500 \times \frac{1}{10} = 50$,

$npq = 500 \times \frac{1}{10} \times \frac{9}{10} = 45$,故

$$P_1 = P(49 < \eta_{500} \leqslant 55) \approx \frac{1}{\sqrt{2\pi}}\int_{\frac{49-50}{\sqrt{45}}}^{\frac{55-50}{\sqrt{45}}} \mathrm{e}^{-\frac{y^2}{2}}\mathrm{d}y$$

$$= \frac{1}{\sqrt{2\pi}}\int_{\frac{-1}{\sqrt{45}}}^{\frac{5}{\sqrt{45}}} \mathrm{e}^{-\frac{y^2}{2}}\mathrm{d}y \approx 0.323.$$

(ii) 所要求的最少射击次数是满足下列不等式的最小的正整数 n,

$$P(50 < \eta_n) > 90\%.$$

在(11)中,令 $\beta \to +\infty$,得

$$P(50 < \eta_n) = P\left(\frac{50 - \frac{n}{10}}{\sqrt{n \times \frac{1}{10} \times \frac{9}{10}}} < \frac{\eta_n - \frac{n}{10}}{\sqrt{n \times \frac{1}{10} \times \frac{9}{10}}} < +\infty\right)$$

$$\approx 1 - \Phi\left(\frac{50 - \frac{n}{10}}{\frac{3}{10}\sqrt{n}}\right) = 1 - \Phi\left(\frac{50 - n}{3\sqrt{n}}\right),$$

故自
$$1 - \Phi\left(\frac{500 - n}{3\sqrt{n}}\right) > 90\%$$

解出最小的正整数 n 即为所求的最少次数.

§1.8　随机过程

(一) 基本概念

以上我们讨论了随机变量及 n 维随机向量,当我们研究无穷多个随机变量时,就遇到随机过程(简称过程).设 T 为一实数集(例如 $T=[0,+\infty)$ 或 $[a,b]$ 或 $\mathbf{N}$ 等).如果对每个 $t\in T$,有一随机变量 ξ_t,我们称这些随机变量的总体 $\{\xi_t,t\in T\}$ 为随机过程.通常把 t 解释为时间.下面举一些实际的例.

例 1　ξ_n 代表第 n 天某电话交换台所得的呼唤次数,于是 $(\xi_1,\xi_2,\cdots)$ 是一随机过程,这里 $T=\mathbf{N}^*$ 是离散的.

例 2　以 ξ_t 表某地在时刻 t 的气温,则 $\{\xi_t,t\geqslant 0\}$ 是一随机过程.同样:ξ_t 为某地某河流在 t 时的水位,或 ξ_t 为时间 $[0,t]$ 内某地所见流星个数等,$\{\xi_t,t\geqslant 0\}$ 都是随机过程.

正像每个随机变量有一个分布函数一样,每个随机过程有一族有穷维分布.对任意正整数 n,任意 $t_1,t_2,\cdots,t_n\in T$,令

$$F_{t_1 t_2\cdots t_n}(x_1,x_2,\cdots,x_n)=P(\xi_{t_1}\leqslant x_1,\xi_{t_2}\leqslant x_2,\cdots,\xi_{t_n}\leqslant x_n),$$

这是 n 维分布函数;全体这样的函数

$$\{F_{t_1 t_2\cdots t_n}(x_1,x_2,\cdots,x_n)\}$$

称为 $\{\xi_t,t\in T\}$ 的有穷维分布函数族.特别,当 $F_{t_1 t_2\cdots t_n}(x_1,x_2,\cdots,x_n)$ 为 n 维正态分布函数时,就称 $\{\xi_t,t\in T\}$ 为正态过程.所谓 n 维正态分布是一维及二维正态分布的推广.在 §1.4 例 2 及 §1.5 例 5 中,我们已知二维正态分布的密度是

$$f(x,y)=\frac{1}{2\pi\sigma_1\sigma_2\sqrt{1-r^2}}\mathrm{e}^{-\frac{1}{2(1-r^2)}\left[\frac{(x-a)^2}{\sigma_1^2}-2r\frac{(x-a)(y-b)}{\sigma_1\sigma_2}+\frac{(y-b)^2}{\sigma_2^2}\right]},\quad(1)$$

其中参数 $\sigma_1>0,\sigma_2>0,|r|<1$,又 a,b 为任意实数,它们的概率

意义是：设 (ξ_1,ξ_2) 有此分布，则

$$a=E\xi_1，\quad b=E\xi_2，\tag{2}$$

$$\sigma_1^2=E(\xi_1-a)^2，\quad \sigma_2^2=E(\xi_2-b)^2，\tag{3}$$

$$r=\frac{E(\xi_1-a)(\xi_2-b)}{\sqrt{E(\xi_1-a)^2E(\xi_2-b)^2}}=\frac{E(\xi_1-a)(\xi_2-b)}{\sigma_1\sigma_2}.\tag{4}$$

为了使(1)便于一般化，把它改写如下：引进二阶矩阵 $\boldsymbol{B}_2$ 及它的逆矩阵 $\boldsymbol{B}_2^{-1}$：

$$\boldsymbol{B}_2=\begin{pmatrix}\sigma_1^2 & r\sigma_1\sigma_2\\ r\sigma_1\sigma_2 & \sigma_2^2\end{pmatrix}；\quad |\boldsymbol{B}_2|(行列式)=\sigma_1^2\sigma_2^2(1-r^2)，\tag{5}$$

$$\boldsymbol{B}_2^{-1}=\begin{pmatrix}\dfrac{\sigma_2^2}{\sigma_1^2\sigma_2^2(1-r^2)} & \dfrac{-r\sigma_1\sigma_2}{\sigma_1^2\sigma_2^2(1-r^2)}\\[3mm] \dfrac{-r\sigma_1\sigma_2}{\sigma_1^2\sigma_2^2(1-r^2)} & \dfrac{\sigma_1^2}{\sigma_1^2\sigma_2^2(1-r^2)}\end{pmatrix}$$

$$=\begin{pmatrix}\dfrac{1}{\sigma_1^2(1-r^2)} & \dfrac{-r}{\sigma_1\sigma_2(1-r^2)}\\[3mm] \dfrac{-r}{\sigma_1\sigma_2(1-r^2)} & \dfrac{1}{\sigma_2^2(1-r^2)}\end{pmatrix}.\tag{6}$$

由(5)可见：$\boldsymbol{B}_2$ 是对称的，而且是正定的. 所谓正定是说：对任意不全为 0 的实数 d_1,d_2，有

$$\sigma_1^2\cdot d_1^2+r\sigma_1\sigma_2\cdot d_1d_2+r\sigma_1\sigma_2\cdot d_1d_2+\sigma_2^2d_2^2$$

$$=E[d_1(\xi_1-a)+d_2(\xi_2-b)]^2>0.$$

利用(5)(6)，可改写(1)为

$$f(\boldsymbol{X})=\frac{1}{2\pi\sqrt{|\boldsymbol{B}_2|}}e^{-\frac{1}{2}(\boldsymbol{X}-\boldsymbol{A})\boldsymbol{B}_2^{-1}(\boldsymbol{X}-\boldsymbol{A})^{\mathrm{T}}}，\tag{7}$$

其中 $\boldsymbol{X}=(x,y)$，$\boldsymbol{A}=(a,b)$ 为二维向量，$(\boldsymbol{X}-\boldsymbol{A})^{\mathrm{T}}$ 为 $\boldsymbol{X}-\boldsymbol{A}$ 的转置向量.

今设已给 n 维向量为

$$\boldsymbol{A}=(a_1,a_2,\cdots,a_n)，$$

又给 n 阶矩阵 $\boldsymbol{B}=(b_{jk})$，满足条件：

(i) 对称性：$b_{jk}=b_{kj}$　$(j,k=1,2,\cdots,n)$；

(ii) 正定性：对任意不全为 0 的实数 $d_1,d_2,\cdots,d_n$，有

$$\sum_{j,k=1}^{n}b_{jk}d_jd_k>0.$$

令 $\boldsymbol{X}=(x_1,x_2,\cdots,x_n)$，则称

$$f(\boldsymbol{X})=\frac{1}{(2\pi)^{\frac{n}{2}}\sqrt{|\boldsymbol{B}|}}e^{-\frac{1}{2}(\boldsymbol{X}-\boldsymbol{A})\boldsymbol{B}^{-1}(\boldsymbol{X}-\boldsymbol{A})^{\mathrm{T}}} \tag{8}$$

为 n 维正态分布密度.(8)式也可改写为

$$f(X)=\frac{1}{(2\pi)^{\frac{n}{2}}\sqrt{|\boldsymbol{B}|}}e^{-\frac{1}{2}\sum_{j,k=1}^{n}r_{jk}(x_j-a_j)(x_k-a_k)}, \tag{9}$$

其中 $(r_{jk})=\boldsymbol{B}^{-1}$.

如果随机向量 $(\xi_1,\xi_2,\cdots,\xi_n)$ 以此为分布密度,那么与二维情况类似,可以证明

$$a_k=E\xi_k \qquad (k=1,2,\cdots,n), \tag{10}$$

$$b_{jk}=E(\xi_j-a_j)(\xi_k-a_k) \qquad (j,k=1,2,\cdots,n). \tag{11}$$

这是(2)(3)的一般化.

正像一维正态分布完全被两个参数 a(期望)及 σ^2(方差)所决定一样；n 维正态分布完全被 $(a_1,a_2,\cdots,a_n)$(期望构成的向量)与 b_{jk}(二阶中心距,它由(11)右方定义)所决定.

(二) 平稳过程

称 $\{\xi_t,t\geqslant0\}$ 为平稳过程,如果它的二阶矩 $E\xi_t^2<+\infty$,而且对任意 $t\geqslant0,\tau>0$,有

$$E\xi_{t+\tau}\xi_t=E\xi_\tau\xi_0. \tag{12}$$

这就是说,它的二阶混合矩 $E\xi_{t+\tau}\xi_t$ 不依赖于起点 t,只依赖于间隔长 τ,或者说,当 τ 固定时,$E\xi_{t+\tau}\xi_\tau$ 不随时间 t 的推移而变. 称

$$B(\tau)\equiv E\xi_\tau\xi_0, \tag{13}$$

为过程的相关函数.这类过程在实际中用得很多.

例3 设 $\{\xi_t,t\geqslant 0\}$ 中的随机变量独立,而且

$$E\xi_t=0,\quad D\xi_t=1,\tag{14}$$

则它是平稳过程,实际上,由独立性

$$E\xi_{t+\tau}\xi_t=E\xi_{t+\tau}\cdot E\xi_t=0\times 0=0\quad(\tau>0),$$

不依赖于 t,它的相关函数是

$$B(\tau)=\begin{cases}0,&\tau>0,\\1,&\tau=0.\end{cases}\tag{15}$$

例4 电报信号由异号的电流符号发送,有一定的持续时间,电流值只取 h 或 $-h$（图1-27）.我们假定电流改变符号的时刻 $\{\tau_j\}$ 构成一泊松流（参看§1.2）.今定义

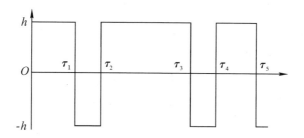

图 1-27

$$\xi_t=\begin{cases}h,&t\in[\tau_{2j},\tau_{2j+1}),\\-h,&t\in[\tau_{2j+1},\tau_{2j+2}),\end{cases}\quad j\in\mathbf{N},\tau_0=0,\tag{16}$$

试证电流值所构成的过程是平稳过程.

实际上,由（16）, $\xi_{t+\tau}\xi_t$ 的值是 h^2 或 $-h^2$,随区间 $(t,t+\tau]$ 中包含偶数个或奇数个 τ_j 而定,（0 算作偶数）.由§1.2(15),知长为 τ 的区间 $(t,t+\tau]$ 中含 k 个 τ_j 的概率为

$$p_k=\mathrm{e}^{-\lambda\tau}\frac{(\lambda\tau)^k}{k!}.$$

故

$$E\xi_{t+\tau}\xi_t = \sum_{k=0}^{+\infty} h^2 p_{2k} - \sum_{k=0}^{+\infty} h^2 p_{2k+1}$$

$$= h^2 \mathrm{e}^{-\lambda\tau} \sum_{k=0}^{+\infty} \frac{(-\lambda\tau)^k}{k!} = h^2 \mathrm{e}^{-2\lambda\tau}. \tag{17}$$

这说明 $E\xi_{t+\tau}\xi_t$ 与 t 无关,因之 $\{\xi_t, t \geqslant 0\}$ 是平稳过程.

(三) 马尔可夫链

它是另一类重要的过程,设 $\{\xi_0, \xi_1, \xi_2, \cdots\}$,记为 $\{\xi_n, n \geqslant 0\}$,它是一列取整数为值的随机变量. 任取正整数 n,如果对任意的整数 $i_0, i_1, \cdots, i_{n-1}, i$ 及 j,有

$$P(\xi_{n+1} = j \mid \xi_n = i, \xi_{n-1} = i_{n-1}, \cdots, \xi_1 = i_1, \xi_0 = i_0)$$
$$= P(\xi_{n+1} = j \mid \xi_n = i), \tag{18}$$

那么称 $\{\xi_n, n \geqslant 0\}$ 是一马尔可夫链.

(18)的直观意义如下:把时刻 n 理解为"现在",$n+m$ 为"将来",$0, 1, 2, \cdots, n-1$ 为"过去",那么(18)左边是:在已知过去的事件"$\xi_0 = i_0, \xi_1 = i_1, \cdots, \xi_{n-1} = i_{n-1}$"及现在的事件"$\xi_n = i$"的条件下,将来的事件"$\xi_{n+1} = j$"的条件概率;而右边是:在已知现在的事件"$\xi_n = i$"的条件下,将来的事件"$\xi_{n+1} = j$"的条件概率.(18)要求,这两个条件概率相等;或者简单地说,当已知"现在"时,"将来"不依赖于"过去"(图 1-28).

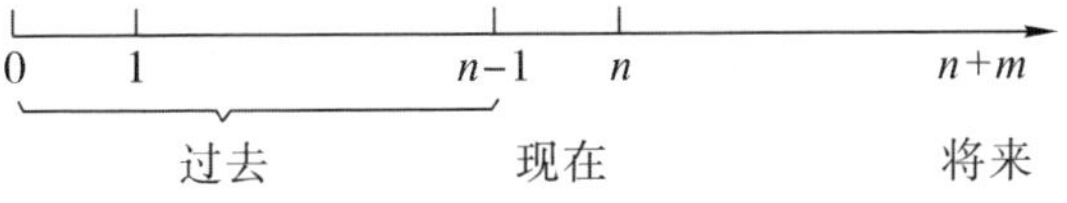

图 1-28

例 5　设有一质点 A 在整数点 $0, \pm 1, \pm 2, \cdots$ 上作随机徘徊,每秒作一次转移,如果它从 k 点出发,下一步向右转移到 $k+1$ 或向左到 $k-1$,视旁边一人掷硬币得反面或正面而定,因之向右或左转移的概率都为 $\frac{1}{2}$;再下一步转移时,旁观者又掷一次硬币,得正面则向左转,得反面则向右转;如此继续下去,并设掷硬币是独立地进行的(图 1-29).定义

$$\xi_n = i, \qquad (19)$$

若第 n 秒时 A 在 i 上,则 $\{\xi_n, n \geqslant 0\}$ 是一马尔可夫链. 实际上,若已知 $\xi_n = i$,则 ξ_{n+1} 的值为 $i-1$ 或 $i+1$,只 依赖这次所掷的硬币是正面或反面 而定,而与过去所掷得的结果无关,亦即与过去的事件无关. 在这 个例子中,一步从 i 到 j 的转移概率 p_{ij} 是:

$$p_{ij} = \begin{cases} \dfrac{1}{2}, & j = i+1 \text{ 或 } j = i-1, \\ 0, & \text{反之.} \end{cases} \qquad (20)$$

例 6 从第一天起开始计算天空中的流星数(或电子管中从 阴极发射到阳极的电子数,或电话交换台所得呼唤次数等),以 ξ_n 表自第一天到第 n 天的流星总数,那么当已知 $\xi_n = i$ 时,$\xi_{n+1} = i + k$,k 是第 $n+1$ 那一天的流星数,因此 ξ_{n+1} 与过去无关. 从而 $\{\xi_n, n \geqslant 1\}$ 是马尔可夫链,见图 1-30.

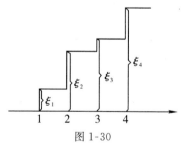

图 1-30

设 $\{\xi_n, n \geqslant 0\}$ 是马尔可夫链,我们假定它是齐次的,即设(18) 右方的值不依赖于 n. 简记

$$p_{ij} = P(\xi_{n+1} = j \mid \xi_n = i). \qquad (21)$$

称 (p_{ij}) 为一步转移概率矩阵. 显然

$$p_{ij} \geqslant 0, \qquad (22)$$

$$\sum_j p_{ij} = \sum_j P(\xi_{n+1} = j \mid \xi_n = i) = P(\xi_{n+1} \in E \mid \xi_n = i) = 1.$$

$E = (j)$ 是 $\{\xi_n, n \geqslant 0\}$ 的值域,称为状态空间,其中任一点 j 称为一

状态(图 1-31).

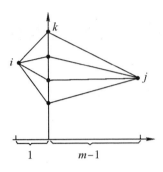

图 1-31

类似地可以考虑 m 步的转移概率

$$p_{ij}^{(m)} = P(\xi_{n+m} = j \mid \xi_n = i),$$

它可以通过一步转移概率及递推关系

$$p_{ij}^{(m)} = \sum_k p_{ik} p_{kj}^{(m-1)} \qquad (或 = \sum_k p_{ik}^{(m-1)} p_{kj}) \qquad (23)$$

求出,这式的概率意义是:自 i 经 m 步转移到 j,相当于自 i 经一步转到 k,再自 k 经 $m-1$ 步到 j,并对一切 k 求和.一般地,有

$$p_{ij}^{(m+l)} = \sum_k p_{ik}^{(m)} p_{kj}^{(l)} \qquad (m, l \in \mathbf{N}^*). \qquad (24)$$

此外,称(p_i)

$$p_i \equiv P(\xi_0 = i)$$

为开始分布,它满足 $\sum_i p_i = 1$.

这样,有了开始分布(它决定出发点的位置的概率),以及一步转移概率矩阵(p_{ij}),整个运动的概率性质就都知道了,利用它们可以求出$\{\xi_n, n \geqslant 0\}$的有穷维联合分布.譬如说

$$P(\xi_1 = j, \xi_4 = k) = \sum_i p_i p_{ij} p_{jk}^{(3)}$$

$$= \sum_i p_i p_{ij} \sum_r p_{jr} p_{rk}^{(2)} = \sum_i p_i p_{ij} \sum_r p_{jr} \sum_s p_{rs} p_{sk}$$

$$= \sum_i \sum_r \sum_s p_i p_{ij} p_{jr} p_{rs} p_{sk}.$$

§1.9 分布的选配问题

(一) 问题的产生

到现在为止,我们讨论的出发点总是事先假定随机变量 ξ 的分布是已知的.可是,在实际问题中,如何求到 ξ 的分布呢? 例如,某地的 1 月平均温度 ξ 的分布是什么? 是正态分布,还是泊松分布或是别的什么? 如果根据大量的实践经验,已知它有正态分布 $N(a,\sigma)$,那么,这两个未知参数 a,σ 应该如何估计出来?

解决这些问题是数理统计的主要任务之一.

例 1 在研究某放射性物质蜕变时,以 ξ 表示每隔7.5 s到达计数器的 α 粒子的个数. ξ 是随机变量,如表 1-1,试求 ξ 的分布.

表 1-1

到达计数器的 α 粒子数 k	实际次数 f_k	概率 $P(\xi=k)$	理论次数 g_k $g_k=$ 粒子总数 $\times P(\xi=k)$
0	57	0.021	54.399
1	203	0.081	210.523
2	383	0.156	407.361
3	525	0.201	525.496
4	532	0.195	508.418
5	408	0.151	393.515
6	273	0.097	253.817
7	139	0.054	140.325
8	45	0.026	67.882
9	27	0.011	29.189
$x \geqslant 10$	16	0.007	17.075
总　　计	2 608	1.000	2 608.000

注:引自林少宫.基础概率与数理统计.北京:人民教育出版社,1963.

为了解决这问题,我们共作了 2 608 次试验.每过 7.5 s 登记一次到达计数器的 α 粒子数 k.结果发现,有 57 次未登记到粒子,故 $k=0$;有 203 次,每次登记了 1 个,即 $k=1$,有 383 次 $k=2$,….列表如上.由于 α 粒子是相继而来的,就像达到电话交换台的呼唤一样,于是我们想起了泊松流:粒子流是否也构成泊松流?暂时假设这是对的.根据泊松流的理论(见 §1.2),ξ 应该有泊松分布

$$P(\xi=k)=\mathrm{e}^{-\lambda}\frac{\lambda^k}{k!} \qquad (k\in\mathbf{N}). \tag{1}$$

但这里有一个未知参数 λ.如何求出 λ 呢? 根据 §1.5,λ 有明确的概率意义,即 λ 是 ξ 的数学期望

$$\lambda=E\xi.$$

再根据强大数定律,试验的样本平均值应趋近于 $E\xi$,即

$$\frac{粒子总数}{试验总次数}=\frac{\sum kf_k}{\sum f_k}\approx E\xi=\lambda,$$

以表中的值代入左方,得

$$\lambda=\frac{10\ 094}{2\ 608}=3.87. \tag{2}$$

以(2)代入(1)即得

$$P(\xi=k)=\mathrm{e}^{-3.87}\frac{(3.87)^k}{k!}. \tag{3}$$

至此问题看来已解决了.不过这个结果是在假设 H:"粒子流是泊松流"下得到的.这个假设是否正确,尚待检验.办法是看看频率是否趋近于算出的概率,即看下式是否基本上正确:

$$\frac{f_k}{2\ 608}\overset{?}{\approx}P(\xi=k),$$

亦即

$$f_k\overset{?}{\approx}2\ 608\times P(\xi=k)\equiv g_k.$$

比较表中第二行中的 f_k 与第四行中的 g_k，可见两者符合较好，因之我们就认为假设 H 是正确的，而（3）就是要找的分布.

（二）母体、子样与点估值

设要求 ξ 的分布函数 $F(x)$. 以 E 表示产生 ξ 的随机试验，把 E 在相同条件下独立地重复做 n 次，得到 ξ 的 n 个抽样

$$\xi_1, \xi_2, \cdots, \xi_n. \tag{4}$$

称 $(\xi_1, \xi_2, \cdots, \xi_n)$ 为 ξ（或 $F(x)$）的子样（或样本），相应地称 ξ 或 $F(x)$ 为母体.

对子样（4）有两种观点：一是在抽样之前，不能预知 ξ_1 的值，只能说它与 ξ 一样，是具有分布函数 $F(x)$ 的随机变量，同样，其他的 ξ_i 也如此，因之 $\xi_1, \xi_2, \cdots, \xi_n$ 是 n 个独立的具有相同分布函数 $F(x)$ 的随机变量；另一是在抽样之后，ξ_i 的值已完全确定，是一个常数，因之 $\xi_1, \xi_2, \cdots, \xi_n$ 只是 n 个普通的常数.

例如 明年与后年 1 月某地的平均气温 ξ_1, ξ_2，在今年看来，是两个随机变量，而在后年 2 月看，则已确定是某两个常数.

对于母体 ξ，我们已定义它的期望与方差为

$$E\xi = \int_{-\infty}^{+\infty} xf(x)\mathrm{d}x \qquad (F'(x) = f(x)),$$

$$D\xi = \int_{-\infty}^{+\infty} (x - E\xi)^2 f(x)\mathrm{d}x.$$

还可定义 k 阶矩 $E\xi^k$ 为

$$E\xi^k = \int_{-\infty}^{+\infty} x^k f(x)\mathrm{d}x \qquad (k \in \mathbf{N}^*). \tag{5}$$

类似地，对于子样，也可以定义子样的期望，方差和 k 阶矩分别为

$$\begin{cases} \bar{\xi} = \dfrac{1}{n}\sum_{i=1}^{n} \xi_i, \\[2mm] s^2 = \dfrac{1}{n}\sum_{i=1}^{n} (\xi_i - \bar{\xi})^2, \\[2mm] \bar{\xi}^k = \dfrac{1}{n}\sum_{i=1}^{n} \xi_i^k. \end{cases} \tag{6}$$

根据强大数定理,以概率 1 有

$$\lim_{n\to+\infty} \bar{\xi}^k = \lim_{n\to+\infty} \frac{1}{n}\sum_{i=1}^{n}\xi_i^k = E\xi^k \qquad (7)$$

($k=1$ 时,化为 $\lim\limits_{n\to+\infty}\bar{\xi}=E\xi$). 又

$$\lim_{n\to+\infty} s^2 = \lim_{n\to+\infty}\left(\frac{1}{n}\sum_{i=1}^{n}\xi_i^2-\bar{\xi}^2\right) = E\xi^2-(E\xi)^2 = D\xi. \qquad (8)$$

由(7)(8)得出重要结论:当 n 充分大时,可以用子样的 k 阶矩 $\bar{\xi}^k$(或方差 s^2)作为母体的 k 阶矩 $E\xi^k$(或方差 σ^2)的点估值(也就是近似值).

由于许多分布中的参数就是它的期望、方差或 k 阶矩,故上述方法可以给出这些未知参数的点估值.这种求估值的方法叫矩法,它的实质就是用子样的矩来近似母体的对应的矩.

例 2　设正态分布 $N(a,\sigma)$ 中,a,σ 未知,试估计它们.抽取子样 $\xi_1,\xi_2,\cdots,\xi_n$,由于 $a=E\xi,\sigma^2=D\xi$,故(6)中的 $\bar{\xi},s^2$ 就是 a,σ^2 的估值.同理,泊松分布 $\left\{e^{-\lambda}\dfrac{\lambda^k}{k!},k\in\mathbf{N}\right\}$ 中,λ 的估值是 $\bar{\xi}$.

另一种求点估值的方法叫极大似然法.设 ξ 的分布密度为 $f(x;\theta_1,\theta_2,\cdots,\theta_k)$,$f$ 的函数形状虽已知,但其中包含 k 个未知参数为 $\theta_1,\theta_2,\cdots,\theta_k$.我们要根据子样 $\xi_1,\xi_2,\cdots,\xi_n$ 来求 $\theta_1,\theta_2,\cdots,\theta_k$ 的点估值.由于 $\xi_1,\xi_2,\cdots,\xi_n$ 的独立同分布性,它们的联合分布密度为

$$P \equiv P(x_1,x_2,\cdots,x_n;\theta_1,\theta_2,\cdots,\theta_k)$$
$$= f(x_1;\theta_1,\theta_2,\cdots,\theta_k)\cdots f(x_n;\theta_1,\theta_2,\cdots,\theta_k). \qquad (9)$$

在离散分布情形,应把 $f(x_i;\theta_1,\theta_2,\cdots,\theta_k)$ 理解为 $P(\xi_i=x_i;\theta_1,\theta_2,\cdots,\theta_k)$.把(9)中的 $\theta_1,\theta_2,\cdots,\theta_k$ 视为未知数.如果已知抽样值 $\xi_i=x_i$,亦即出现了 n 个事件"$\xi_i\approx x_i$",$i=1,2,\cdots,n$,我们知道:概率大的事件容易出现;反过来,出现了的事件一般应比未出现的事件概率大,所以应该选择 $\theta_1,\theta_2,\cdots,\theta_k$ 之值,以使这 n 个事件可

能出现的概率极大，也就是要使 $P(x_1,x_2,\cdots,x_n;\theta_1,\theta_2,\cdots,\theta_k)$ 达到极大值. 但 $P(x_1,x_2,\cdots,x_n;\theta_1,\theta_2,\cdots,\theta_k)$ 与 $\lg P(x_1,x_2,\cdots,x_n;\theta_1,\theta_2,\cdots,\theta_k)$ 在相同的点 $\theta_1=\theta_1^*,\theta_2^*,\cdots,\theta_k=\theta_k^*$ 上达到极大，故令

$$L\equiv L(x_1,x_2,\cdots,x_n;\theta_1,\theta_2,\cdots,\theta_k)$$
$$=\lg P(x_1,x_2,\cdots,x_n;\theta_1,\theta_2,\cdots,\theta_k),\tag{10}$$

则自方程组

$$\frac{\partial L}{\partial \theta_j}=0 \qquad (j=1,2,\cdots,k)\tag{11}$$

解出 $(\theta_1^*,\theta_2^*,\cdots,\theta_k^*)$，即得 $(\theta_1,\theta_2,\cdots,\theta_k)$ 的点估值. 注意，L 中包含 $x_1,x_2,\cdots,x_n$，故 θ_j 是它们的函数，即

$$\theta_j^*\equiv\theta_j^*(x_1,x_2,\cdots,x_n).\tag{12}$$

例 3 设 ξ 有正态分布 $N(a,\sigma)$，a,σ 未知，今用最大似然法求它们的点估值. 作

$$P=\prod_{i=1}^{n}\frac{1}{\sigma\sqrt{2\pi}}e^{-\frac{(x_i-a)^2}{2\sigma^2}},$$

$$L=\lg P=-n\lg\sigma\sqrt{2\pi}-\sum_{i=1}^{n}\frac{(x_i-a)^2}{2\sigma^2},$$

(11)化为

$$\frac{\partial L}{\partial a}\equiv\sum_{i=1}^{n}\frac{x_i-a}{\sigma^2}=0,$$

$$\frac{\partial L}{\partial\sigma}\equiv\sum_{i=1}^{n}\left(-\frac{1}{\sigma}+\frac{(x_i-a)^2}{\sigma^3}\right)=0.$$

由引两式解得

$$a=\frac{1}{n}\sum_{i=1}^{n}x_i=\frac{1}{n}\sum_{i=1}^{n}\xi_i=\bar{\xi},$$
$$\sigma^2=\frac{1}{n}\sum_{i=1}^{n}(x_i-\bar{x})^2=\frac{1}{n}\sum_{i=1}^{n}(\xi_i-\bar{\xi})=s^2 \tag{13}$$

$\left(\text{其中 } \bar{x} = \dfrac{1}{n}\sum\limits_{i=1}^{n} x_i\right)$，所得结果与例 2 中一致.

（三）分布类型的确定

如果已知分布的类型，例如已知为正态分布，那么其中的未知参数可用矩法或极大似然法估计出来. 于是剩下的问题是：如何选定分布的类型呢？

根据大量实践可以归纳出下列几种常见的类型.

（i）**二项试验型**　n 次独立试验中成功的次数 ξ 有二项分布（见 §1.2），例如，产品检验时废品的个数、射击击中靶的次数等.

（ii）**泊松流型**　凡满足泊松流的假定的事件流中，在 T 时间内出现事件的个数有泊松分布（见 §1.2），例如电话交换台呼唤数，顾客数，粒子发射数，纺纱机上断头数等.

（iii）**正态型**　由于许多微小作用而产生的总后果 ξ 常有正态分布，例如身高、体重、测量误差、正常灯泡的使用时间、青砖的抗压强度、纱线的强力、某地某月的平均温度、电子管中散弹噪声的总电流、射击偏差等.

（iv）**极大值型**　某些极大值如某地若干年内的最大地震震级（参看 §3.1）、某河流若干年内最大洪水量等有重指数分布，其分布函数为

$$F(x) = \mathrm{e}^{-\mathrm{e}^{-a(x-u)}} \qquad (-\infty < x < +\infty). \tag{14}$$

（v）**伽马分布**　它的密度是

$$f(x) = \begin{cases} \dfrac{\alpha^\lambda}{\Gamma(\lambda)}(x-\delta)^{\lambda-1}\mathrm{e}^{-\alpha(x-\delta)}, & x > \delta, \\ 0, & x \leqslant \delta, \end{cases}$$

其中 δ 为起点参数，是非本质的，因可通过变换使 $\delta = 0$. $\alpha > 0$、$\lambda > 0$ 是两个参数. $\Gamma(x)$ 是伽马函数. 水文中如年降水量、河流年平均流量等常用此分布来描述.

例 4　国外某项医学统计中，共记录 8 505 人的身高，得到

$\xi_1,\xi_2,\cdots,\xi_{8\,505}$，这 8 505 个记录中，最矮为 57 英寸[①]，最高稍大于 77 英寸. 将 $(57,77)$ 分成 10 个等长的小区间，$[57,59)[59,$ $61),\cdots,[75,77)$，各有长度为 2 英寸，统计后发现身高在 57～59 中的共 3 人，在 59～61 中的共 30 人，…，得表 1-2.

表 1-2

身高	57	59	61	63	65	67	69	71	73	75	77
频数	3	30	158	639	1 648	2 439	2 124	1 065	327	66	6

由此算得

$$\bar{\xi}\approx\frac{1}{8\,505}(57\times3+59\times30+\cdots+77\times6)=67.47, \quad (15)$$

$$s^2\approx\frac{1}{8\,505}(57^2\times3+59^2\times30+\cdots+77^2\times6)-67.47^2=7.861.$$

故可配以期望为 67.47、方差为 7.861 的正态分布.

（四）参数的区间估值

以上讨论的是用一个值来作为估值，例如（15）中是以 67.47 来近似期望 a. 我们是否可以用一个区间来包含未知参数呢？下面来讨论这个问题.

（i）设已知 ξ 的方差 σ^2，试求期望 $a=E\xi$ 的区间估计. 抽取子样 $\xi_1,\xi_2,\cdots,\xi_n$. 令

$$\bar{\xi}=\frac{1}{n}\sum_{i=1}^{n}\xi_i. \quad (16)$$

$\bar{\xi}$ 是子样的平均值，作为随机变量 $\xi_1,\xi_2,\cdots,\xi_n$ 的函数，$\bar{\xi}$ 也是随机变量，其期望与方差分别为

$$E\bar{\xi}=\frac{1}{n}\sum_{i=1}^{n}E\xi_i=\frac{1}{n}\cdot na=a, \quad (17)$$

---

① 英制.1 英寸=0.025 4 m.

$$D\bar{\xi} = \frac{1}{n^2}\sum_{i=1}^{n}D\xi_i = \frac{1}{n^2}n\sigma^2 = \frac{\sigma^2}{n}. \tag{18}$$

(17)表明 $\bar{\xi}$ 与 ξ 有相同的期望 a，而 $\bar{\xi}$ 的方差却比 ξ 的减小到 $\frac{1}{n}$ 倍.根据§1.7 的中心极限定理,标准化随机变量 $\dfrac{\bar{\xi}-E\bar{\xi}}{\sqrt{D\bar{\xi}}}$ 的分布当 n 很大时近似 $N(0,1)$ 正态分布,即对任意 $\varepsilon>0$,有

$$P\left\{\left|\frac{\bar{\xi}-a}{\frac{\sigma}{\sqrt{n}}}\right|<\varepsilon\right\}\approx\frac{1}{\sqrt{2\pi}}\int_{-\varepsilon}^{\varepsilon}\mathrm{e}^{-\frac{x^2}{2}}\mathrm{d}x. \tag{19}$$

对于任何正数 $c\left(\text{例如 } c=\dfrac{95}{100}\right)$,由正态分布表,总可找到正数 ε_c,使正态密度曲线在 $(-\varepsilon_c,\varepsilon_c)$ 上的面积为 c,即

$$\frac{1}{\sqrt{2\pi}}\int_{-\varepsilon_c}^{\varepsilon_c}\mathrm{e}^{-\frac{x^2}{2}}\mathrm{d}x = c. \tag{20}$$

于是(19)化为

$$P\left(|\bar{\xi}-a|<\varepsilon_c\,\frac{\sigma}{\sqrt{n}}\right)\approx c,$$

或

$$P\left(\bar{\xi}-\varepsilon_c\,\frac{\sigma}{\sqrt{n}}<a<\bar{\xi}+\varepsilon_c\,\frac{\sigma}{\sqrt{n}}\right)\approx c. \tag{21}$$

这表示 a 落在随机区间

$$\left(\bar{\xi}-\varepsilon_c\,\frac{\sigma}{\sqrt{n}},\bar{\xi}+\varepsilon_c\,\frac{\sigma}{\sqrt{n}}\right)$$

中的概率约为 c(图 1-32).我们称此区间为 a 的置信区间,称 c 为置信概率.

以上假定了 σ^2 已知,如它未知,我们用子样的方差 s^2 来

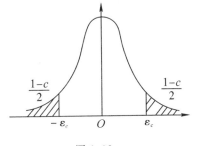

图 1-32

近似地代替它（见(6)），即以 s 代入(21)中的 σ，不过这时又产生了一次误差.

(ii) 设 ξ 有 $N(a,\sigma)$ 正态分布，要求方差 σ^2 的区间估值. 为此，先回顾一下上段中求 a 的区间估值的经验，那里关键在于找到了一个随机变量 $\dfrac{\bar{\xi}-a}{\dfrac{\sigma}{\sqrt{n}}}$，它的分布（近似地）已知，而且其中出现 a. 现在我们也能找到具有这两条件的变量. 如果再假设 a 已知，可取此变量为

$$u = \frac{1}{\sigma^2} \sum_{i=1}^{n} (\xi_i - a)^2. \tag{22}$$

根据 §1.6，u 有自由度为 n 的 χ^2 分布，记为 $\chi^2(n)$，利用此分布表，对已给置信概率 c，总可找到两个数 $u_2 > u_1 \geqslant 0$，使

$$P(u_1 < u < u_2) = \int_{u_1}^{u_2} f(x)\mathrm{d}x = c, \tag{23}$$

其中 $f(x)$ 为 $\chi^2(n)$ 分布的密度. 注意，u_1, u_2 并不被 c 唯一决定，我们自然想选取长度较短的区间 (u_1, u_2). 由(22)(23)，得

$$P\left(\frac{1}{u_2}\sum_{i=1}^{n}(\xi_i-a)^2 < \sigma^2 < \frac{1}{u_1}\sum_{i=1}^{n}(\xi_i-a)^2\right) = c. \tag{24}$$

以上假设了 a 为已知，若 a 未知，则可用子样平均值 $\bar{\xi}$ 来代替(22)中的 a，可以证明

$$u_1 = \frac{1}{\sigma^2} \sum_{i=1}^{n} (\xi_1 - \bar{\xi})^2 = \frac{ns^2}{\sigma^2} \tag{25}$$

有自由度为 $n-1$ 的 χ^2 分布，这时自由度减少了一个. 以下的推理与上完全类似.

例5 直径为 0.104 寸[①]的 10 根冷抽铜丝的折断力 ξ 如表 1-3，设 ξ 有正态分布，试求 σ 的置信区间，置信概率为 90%.

---

① 旧制.1 寸＝0.033 3 m.

表 1-3　铜丝折断力表

抽　样　值	折断力 ξ_i/磅[①]	ξ_i^2
1	578	334 084
2	572	327 184
3	570	324 900
4	568	322 624
5	572	327 184
6	570	324 900
7	570	324 900
8	572	327 184
9	596	355 216
10	584	341 056
共　　计	5 752	3 309 232

解　　$s^2 = \dfrac{1}{n}\sum_{i=1}^{n}\xi_i^2 - (\bar{\xi})^2 = \dfrac{3\ 309\ 232}{10} - \left(\dfrac{5\ 752}{10}\right)^2$

$s = 8.26$（磅）.

这时 $n=10$，故(25)中的 $\dfrac{10s^2}{\sigma^2}$ 有 $\chi^2(9)$ 分布(图 1-33).

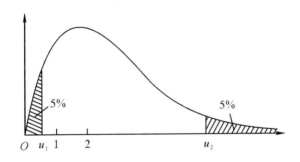

图 1-33　$\chi^2(9)$分布密度图

取 u_1, u_2，使

$$\int_0^{u_1} f(x)\mathrm{d}x = 5\%, \qquad \int_0^{u_2} f(x)\mathrm{d}x = 95\%,$$

---

① 英制.1 磅=0.453 6 kg.

由 $\chi^2(9)$ 分布表，查得 $u_1 = 3.325, u_2 = 16.919$ 故

$$P\left(3.325 < \frac{10s^2}{\sigma^2} < 16.919\right) = \int_{u_1}^{u_2} f(x)\,\mathrm{d}x = 90\%$$

或

$$P\left(\frac{10s^2}{3.325} > \sigma^2 > \frac{10s^2}{16.919}\right) = 90\%.$$

以 $s^2 = (8.26)^2$ 代入，即得 σ 的 90% 置信区间为

$$\left(\frac{\sqrt{10} \times 8.26}{\sqrt{16.919}}, \frac{\sqrt{10} \times 8.26}{\sqrt{3.325}}\right) = (6.35, 14.32).$$

§1.10 统计检验

(一) 问题的产生

在上节中,我们讲过如何根据一批试验资料,即子样,来配上母体的分布函数 $F(x)$. 这样找出的 $F(x)$,是否真是母体的分布函数呢? 还需要通过实践的考验. 统计检验就是为解决这类问题而提供的一种比较科学的检验方法. 我们先把问题提明确些:设母体 ξ 的分布函数为 $F(x)$;它的一组独立的子样为 $\xi_1, \xi_2, \cdots, \xi_n$.

(1)设 $F(x)$ 的类型已知,但含未知参数 λ,试问"$\lambda = \lambda_0$"这个假设是否正确? 这里 λ_0 是某常数.

(2)假设 H:"$F(x) = F_0(x)$"是否正确?

我们只限于考虑这两个问题以说明基本思想.

(二) 小概率原理

我们先举一个例:设口袋中共有 100 个同样形状的白球和黑球,但不知白球有几个. 今有人说"其中有 99 个白球"(我们把这句话看成为一种假设,记为假设 H),有什么办法来判断 H 是否可靠呢? 为此,做下列实验:暂时认为 H 是正确的,从口袋中任意抽取一球,如果"取得黑球",(记此为事件 A),我们自然会怀疑 H 的正确性,从而要推翻 H. 因为,在假设 H 下,取得黑球的概率应为 0.01,是个小概率事件,它平均 100 次方才出现 1 次,而现在 1 次试验就出现了,是不太合理的,这个不合理来源于假设 H,因而应该推翻 H.

这里用到小概率原理:概率很小的事件在一次试验中基本上是不会出现的.

这个例子说明了统计检验的一般思想:设有某个假设 H 需要

王梓坤文集（第7卷）随机过程通论及其应用（下卷）

检验,我们暂时认为它是正确的,并构造某个事件 A,使在假设 H 下,概率 $P(A)=\alpha$ 很小(例如 $\alpha=5\%$ 或 1%),然后做一次实验,看 A 是否出现,如果 A 出现,就否定 H;否则,便认为未发现矛盾而接受 H.(当然,最好再通过几次别的检验后来接受就更可靠些.)

当 A 出现而否定 H 时,一般是比较有把握的;但也不是绝对有把握,因为 A 还是有正概率 α 可能出现.这说明我们犯弃真错误的概率为 α;所谓弃真,就是说 H 本来是真实的、正确的,但我们却把它抛弃了.

称 α 为信度,α 越小,犯弃真错误的概率越小;但另一方面,一般地说,这时犯取伪错误的概率却越大.所谓取伪,是说 H 本来是不正确的,但我们却接受了它.

至于如何选取小概率事件 A,需要具体问题具体解决.下面会给出一些例子.

(三) 参数检验

这问题与区间估值问题是紧密相连的.为简单计,只限于考虑母体 ξ 有正态分布 $N(a,\sigma)$ 的情形.根据子样 $\xi_1,\xi_2,\cdots,\xi_n$,作出子样的平均值 $\bar\xi$ 及方差 s^2:

$$\bar\xi=\frac{1}{n}\sum_{i=1}^{n}\xi_i,\quad s^2=\frac{1}{n}\sum_{i=1}^{n}(\xi_i-\bar\xi)^2=\frac{1}{n}\sum_{i=1}^{n}\xi_i^2-\bar\xi^2. \quad(1)$$

问题 1 设 σ 已知,要检验

假设 $H_1:a=a_0$,a_0 为某已知数.考虑统计量(它是子样的某个函数):

$$u_1=\frac{\bar\xi-a}{\frac{\sigma}{\sqrt{n}}}. \quad(2)$$

根据 §1.9(19),已知 u_1 有 $N(0,1)$ 正态分布[①],由正态分布表

---

① §1.9(19)说明 u_1 有近似于 $N(0,1)$ 的分布;但这里由于假定了母体 ξ 是正态分布的,在这假定下,可以证明 u_1 有 $N(0,1)$ 分布,"近似"两字可去掉.

$$P\left(\left|\dfrac{\bar{\xi}-a}{\dfrac{\sigma}{\sqrt{n}}}\right|<2.6\right)\approx 99\%,\tag{3}$$

亦即

$$P\left(\bar{\xi}-2.6\dfrac{\sigma}{\sqrt{n}}<a<\bar{\xi}+2.6\dfrac{\sigma}{\sqrt{n}}\right)\approx 99\%,$$

或

$$P\left[a\overline{\in}\left(\bar{\xi}-2.6\dfrac{\sigma}{\sqrt{n}},\bar{\xi}+2.6\dfrac{\sigma}{\sqrt{n}}\right)\right]\approx 1\%.\tag{4}$$

这说明左方大括号中的事件是小概率事件,因此,相对信度 1% 而言,如 a_0 落在区间 $\left(\bar{\xi}-2.6\dfrac{\sigma}{\sqrt{n}},\bar{\xi}+2.6\dfrac{\sigma}{\sqrt{n}}\right)$ 之外,我们就应否定 H_1.

　　如果信度改为 5%,那么(4)中的 2.6 应改为 1.96.

　　问题 2　设 a 已知,要检验

　　假设 $H_2:\sigma=\sigma_0,\sigma_0$ 为某已知数,为此作统计量

$$u_2=\dfrac{1}{\sigma^2}\sum_{i=1}^{n}(\xi_i-a)^2.\tag{5}$$

§1.9 中已说明: u_2 有 $\chi^2(n)$ 分布,为确定起见,设 $n=10$,信度为 4%. 由 $\chi^2(10)$ 分布表,可以找到两个数 3.059 及 21.161(图 1-34),使

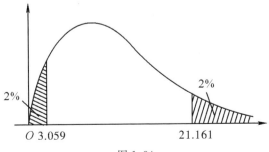

图 1-34

$$P\left(3.059 < \frac{1}{\sigma^2}\sum_{i=1}^{n}(\xi_i - a)^2 < 21.161\right) \approx 96\%,$$

或

$$P\left[\sigma^2 \in \left[\frac{\sum}{21.161}, \frac{\sum}{3.059}\right]\right] \approx 4\%, \tag{6}$$

其中 $\sum = \sum_{i=1}^{n}(\xi_i - a)^2$. 因此由相对信度 4% 而言，如

$$\sigma^2 \in \left[\frac{\sum}{21.161}, \frac{\sum}{3.059}\right],$$

我们就否定 H_2.

问题 3 设 a 未知，要检验上述的 H_2. 为此，作统计量

$$u_3 = \frac{ns^2}{\sigma^2}. \tag{7}$$

§1.9 中已说明 u_3 有 $\chi^2(n-1)$ 分布. 于是可仿上段方法来作出判断.

最后，考虑

问题 4 设 σ 未知，要检验上述的 H_1.

为此作统计量

$$t = \sqrt{n-1}\,\frac{\bar{\xi} - a}{s}. \tag{8}$$

可以证明，t 有自由度为 $n-1$ 的 t-分布，记此分布为 $t(n-1)$（见 §1.6）. 为确定计，设 $n=16$，信度为 5%. 根据 $t(15)$ 分布表知

$$P\left(\left|\sqrt{n-1}\,\frac{\bar{\xi} - a}{s}\right| > 2.12\right) = 5\%.$$

因此相对信度 5% 而言，如果 a_0 满足

$$\left|\sqrt{n-1}\,\frac{\bar{\xi} - a_0}{s}\right| > 2.21, \tag{9}$$

就否定 H_1.

（四）分布检验

现在研究的问题是：设母体 ξ 的分布函数 $F(x)$ 未知，要检验

假定 $H:F(x)=F_0(x)$，其中 $F_0(x)$ 为某已知的分布函数.

为此，取子样 $\xi_1,\xi_2,\cdots,\xi_n$. 把直线 $(-\infty,+\infty)$ 分为 m 个子区间 $(y_{i-1},y_i]$，其中 $-\infty=y_0<y_1<y_2<\cdots<y_m=+\infty$，以 v_i 表示落在 $(y_{i-1},y_i]$ 中的 ξ_k 的个数，亦即满足 $\xi_k\in(y_{i-1},y_i]$ 的 ξ_k 的个数. 显然

$$\sum_{i=1}^{m}v_i=n.$$

今暂设 H 正确. 今

$$p_i=P(\xi\in(y_{i-1},y_i])=F_0(y_i)-F_0(y_{i-1}), \qquad (10)$$

把 ξ_k 是否落在 $(y_{i-1},y_i]$ 中看成二项试验 $k=1,2,\cdots,n$，若落于其中，则视为试验成功，于是 v_i 为 n 次试验中成功总次数，故

$$Ev_i=np_i. \qquad (11)$$

换言之，落在 $(y_{i-1},y_i]$ 中的 ξ_k 的理论次数为 np_i；但实际次数则为 v_i. 如果

$$v_i=np_i \qquad (i=1,2,\cdots,m),$$

这意味着实际次数与理论次数完全一致，故可以肯定 H 是正确的，如果 v_i 不全等于 np_i，但相差不太大，也很可能 H 是正确的，为了衡量两者的相差程度，引进统计量

$$u=\sum_{i=1}^{m}\frac{(v_i-np_i)^2}{np_i}. \qquad (12)$$

分子中用平方是为了避免负值. 可以证明：若 H 正确，则当 n 充分大时，u 的分布近似于 $\chi^2(m-1)$ 分布.

于是可以像解决问题 2 一样，如下做出判断：对已给信度 α，根据 $\chi^2(m-1)$ 分布表可以找到两个正数 $a_1<a_2$，使

$$\int_0^{a_1}f(x)\mathrm{d}x=\int_{a_2}^{+\infty}f(x)\mathrm{d}x=\frac{\alpha}{2}, \qquad (13)$$

这里 $f(x)$ 是 $\chi^2(m-1)$ 分布的密度，从而

$$P(u\in(a_1,a_2))=\alpha,$$

即 $u\bar{\in}(a_1,a_2)$ 是一个小概率事件. 故若

$$u\bar{\in}(a_1,a_2),$$

则相对信度而言,应否定 H;否则,可接受 H.

例 1　设箱中盛有 10 种球,今于其中任意抽取 200 次,每次取 1 个,取出后还回箱中,第 i 种球共取得 v_i 个,得表 1-4. 试检验 H:"箱内各种球的个数相同". 已给信度为 4%.

解　这里 $n=200, m=10, y_0=-\infty, y_i=i(i=1,2,\cdots,10),$ $y_{11}=+\infty$. 若 H 正确,每次抽得第 i 种球的概率为

$$p_i=\frac{1}{10}.$$

表 1-4

种 别	v_i	np_i	v_i-np_i	$\dfrac{(v_i-np_i)^2}{np_i}$
1	35	20	15	11.25
2	16	20	-4	0.80
3	15	20	-5	1.25
4	17	20	-3	0.45
5	17	20	-3	0.45
6	19	20	-1	0.05
7	11	20	-9	4.05
8	16	20	-4	0.80
9	30	20	10	5.00
10	24	20	4	0.80
$\sum$	200	200	0	24.90

由表 1-4 算得 $u=11.25+0.80+1.25+\cdots+0.80=24.90$,另一方面,由 $\chi^2(9)$ 分布表对 $a=4\%$ 查得满足(13)的 a_1,a_2 为 $a_1=2.532, a_2=19.679$. 由于

$$24.9\bar{\in}(2.532,19.679),$$

故应否定 H;即箱内各种球不是同样多的. 这从表上也可直接看出:第 9 种与第 9 种球取得过多而第 7 种球则过少.

第 2 章 概率论在计算方法中的应用

§2.1 随机变量的模拟

(一) 问题的产生

随着电子计算机的出现,一种用概率统计方法来做近似计算的技术也蓬勃地发展起来,这种方法称为统计试验计算方法,也称为蒙特卡罗方法,在 §1.1 中已经提到过.

例1 试求积分

$$A = \int_0^1 \sin x \mathrm{d}x \tag{1}$$

的值.

这个积分是极易求出的,但我们希望用统计试验法来求.为此,我们建立一个概率模型:取一列独立随机变量 $\xi_1, \xi_2, \cdots$,有相同的密度

$$f(x) = \begin{cases} 1, & 0 \leqslant x \leqslant 1, \\ 0, & \text{反之}. \end{cases} \tag{2}$$

这是在区间 $[0,1]$ 上的均匀分布.显然,$\sin \xi_1, \sin \xi_2, \cdots$,也是独立同分布的随机变量列,而且它们有相同的数学期望

$$E(\sin \xi_k) = \int_{-\infty}^{+\infty} \sin x f(x)\,\mathrm{d}x = \int_0^1 \sin x\,\mathrm{d}x. \tag{3}$$

于是根据（强）大数定理，当 $n \to +\infty$ 时，以概率 1 有

$$\frac{1}{n}\sum_{k=1}^n \sin \xi_k \longrightarrow \int_0^1 \sin x\,\mathrm{d}x. \tag{4}$$

这就是说，几乎对 $\{\xi_k\}$ 的任一列抽样值 $\{\xi_k^0\}$，有

$$\frac{1}{n}\sum_{k=1}^n \sin \xi_k^0 \longrightarrow \int_0^1 \sin x\,\mathrm{d}x. \tag{5}$$

因此，如果能作出一列独立的 $[0,1]$ 均匀分布的抽样值 $\xi_1^0, \xi_2^0, \cdots$，那么当 n 很大时，就可取(5)式左方值作为积分 $\int_0^1 \sin x\,\mathrm{d}x$ 的近似值.

这个例子揭示出统计试验计算法的基本思想是：

（i）根据所要解决的问题设计概率模型，使这个模型的某个特征值恰好就是所要计算的量，而这个特征值可以通过试验求出. 在例 1 中，概率模型就是独立的 $[0,1]$ 均匀分布随机变量列 $\{\xi_k\}$ 及 $\frac{1}{n}\sum_{k=1}^n \sin \xi_k$，特征值就是 $E\sin \xi_k$. 至于如何设计模型，需要具体问题具体解决，这往往是较难的一步.

（ii）作出模型中所需的随机变量（或随机过程）的抽样值，最好能利用计算机直接作出，在例 1 中就是要作 $\xi_1^0, \xi_2^0, \cdots$

（iii）由于计算是近似的，需要研究降低误差和提高计算速度的方法.

在本节中，我们讨论上述问题(2)，即如何模拟随机变量的问题. 说清楚些，设 $\{\xi_k\}$ 独立、有相同的分布函数 $F(x)$，如何作出 $\{\xi_k\}$ 的一列抽样值 $\{\xi_k^0\}$？以下为书写简便，把 ξ_k^0 写成 ξ_k，至于 ξ_k 到底是表示随机变量还是它的抽样值，从上下文就可分辨出来.

（二）均匀分布情形

这时 $F(x)$ 有(2)中的密度，设 ξ 有 $[0,1]$ 上均匀分布，则对任

意$[a,b]\subset[0,1]$,有

$$P(a\leqslant\xi\leqslant b)=b-a. \tag{6}$$

造法 1　不断地独立地扔硬币,令

$$\eta_i=\begin{cases}1, & \text{第 } i \text{ 次得正面,}\\ 0, & \text{第 } i \text{ 次得反面.}\end{cases}$$

则$\{\eta_i\}$相互独立,有相同密度矩阵为$\begin{pmatrix}0 & 1\\ \dfrac{1}{2} & \dfrac{1}{2}\end{pmatrix}$.定义

$$\xi=\frac{\eta_1}{2}+\frac{\eta_2}{2^2}+\frac{\eta_3}{2^3}+\cdots \tag{7}$$

可以证明:ξ有$[0,1]$上的均匀分布.要证明这点只要证(6)成立.

为便于说明,设$a=\dfrac{1}{4}$,$b=\dfrac{3}{4}$.显然,事件

$$\left(\frac{1}{4}\leqslant\xi\leqslant\frac{3}{4}\right)=\left(\frac{1}{4}\leqslant\xi<\frac{1}{2}\right)\bigcup\left(\frac{1}{2}\leqslant\xi\leqslant\frac{3}{4}\right)$$

$$=(\eta_1=0,\eta_2=1)\bigcup(\eta_1=1,\eta_2=0).$$

由于后两事件互斥,又因η_1,η_2独立,故

$$P\left\{\frac{1}{4}\leqslant\xi\leqslant\frac{3}{4}\right\}=P(\eta_1=0,\eta_2=1)+P(\eta_1=1,\eta_2=0)$$

$$=\frac{1}{2}\times\frac{1}{2}+\frac{1}{2}\times\frac{1}{2}=\frac{1}{2}=\frac{3}{4}-\frac{1}{4}.$$

对一般的$[a,b]$,可类似证明(6).

(7)式右方是无穷级数,而计算机上只能作有限次运算.因此,只能取级数的前 k 项作为近似值.现在令

$$\xi_1=\frac{\eta_1}{2}+\frac{\eta_2}{2^2}+\cdots+\frac{\eta_k}{2^k},$$

$$\xi_2=\frac{\eta_{k+1}}{2}+\frac{\eta_{k+2}}{2^2}+\cdots+\frac{\eta_{2k}}{2^k},$$

$$\xi_3=\frac{\eta_{2k+1}}{2}+\frac{\eta_{2k+2}}{2^2}+\cdots+\frac{\eta_{3k}}{2^k},$$

……

则 $\xi_1,\xi_2,\cdots$，也是[0,1]分布的一列独立抽样值，作变换

$$\zeta_i=c+\xi_i(d-c), \tag{8}$$

就得到区间$[c,d]$上的一列独立抽样值$\{\zeta_i\}$.

造法2 在十张同样的卡片上，各写一个数0，或1，或2，$\cdots$，或9.把卡片搅混，任取一张得一个随机数α_1，然后还原，再任取出第二个随机数α_2，$\cdots$，于是得出一列独立随机数$\alpha_1,\alpha_2,\cdots$，有相

同的密度矩阵$\begin{bmatrix} 0 & 1 & 2 & \cdots & 9 \\ \dfrac{1}{10} & \dfrac{1}{10} & \dfrac{1}{10} & \cdots & \dfrac{1}{10} \end{bmatrix}$. 再令

$$\xi=0.\alpha_1\alpha_2\alpha_3\cdots \tag{9}$$

仿照造法1中的证明，可见ξ有[0,1]均匀分布. 在实际中，并不要真去抽卡片，因为前人已造了随机数表，抄录一段如下：

1368	9621	9151	2066	1208	2664	9822
5953	5936	2541	4011	0408	3593	3679
7226	9466	9553	7671	8599	2119	5337
$\cdots$	$\cdots$	$\cdots$	$\cdots$	$\cdots$	$\cdots$	$\cdots$

（见 D. B. Owen：Handbook of statistical tables，其中载有四万个随机数）. 如果只取(9)中前八位，那么只需在随机数表中，按一定方式每次取八个数（或横取，或直取，或斜取，或隔位取等，但不得重复取）构成一个ξ，例如

0.136 896 21； 0.915 120 66； 0.120 826 64；$\cdots$

就可看成一列抽样值.

造法3 还可以想出不少物理的方法来造，但这些方法的速度慢，或数量少，有时不能满足要求，于是在实践中创造出伪随机数法，造法也很多，其一如下：

取 $y_0=a$（a 为某正数）；当 y_n 取定后，取

$$y_{n+1}\equiv\lambda y_n \pmod{M}, \tag{10}$$

其中λ,M为某两个正数（$a<M$）.(10)的意义是：用 M 去除λy_n，

所得的余数取作 y_{n+1}. 显然 $y_{n+1} \leqslant M$. 为了使 y_{n+1} 在 $[0,1]$ 中, 再令

$$\xi_n = \frac{y_n}{M}. \tag{11}$$

这样得到的 $\{\xi_n\}$ 不可能是真正随机的, 因为由于 $y_n \leqslant M$, 所以最多只能有 M 个不同的 y_n, 因之 $\{\xi_n\}$ 亦如此, 故 $\{\xi_n\}$ 有周期 $L \leqslant M$. 如果 L 充分大, 那么在同一周期中的 ξ_n 可能呈现出一些随机性, 即可能通过一些统计中的独立性及 $[0,1]$ 均匀分布性的检验, 因而可以替代真正的随机数, 我们曾取

$$a = 1, \text{或} 3, \text{或} 5, \text{或} 7, \text{或} 11, \text{或} 13,$$
$$\lambda = 2^{16+3}, \quad M = 2^{32},$$

所得 $\{\xi_n\}$ 的随机性较好. 有趣的是 λ 值的稍微变动, 可以引起 $\{\xi_n\}$ 的随机性的剧烈变动, 例如, $\lambda = 2^{21} + 3$ 较好, 而 $\lambda = 2^{21} + 1$ 却完全不合要求.

(三) 离散分布情形

设密度矩阵为 $\boldsymbol{A} = \begin{bmatrix} a_1 & a_2 & \cdots \\ p_1 & p_2 & \cdots \end{bmatrix}$, a_i 为实数, $p_i > 0$, $\sum_i p_i = 1$(图 2-1). 令

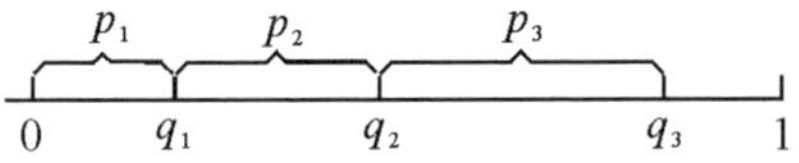

图 2-1

$$q_k = \sum_{i=1}^{k} p_i. \tag{12}$$

于是 $\{q_k\}$ 是 $[0,1]$ 中一列分点. 今设 ξ 为 $[0,1]$ 均匀分布随机变量, 定义 $\eta = a_k$. 如果

$$q_{k-1} < \xi \leqslant q_k, \tag{13}$$

那么 η 的密度矩阵是 $\boldsymbol{A}$. 实际上, 由(12)

$$P(\eta = a_k) = P(q_{k-1} < \xi \leqslant q_k) = q_k - q_{k-1} = p_k.$$

因此,如已得 ξ 的抽样值,就可用(13)得到 η 的抽样值.

例 2 设 $A = \begin{bmatrix} 0 & 1 & 2 \\ 0.5 & 0.25 & 0.25 \end{bmatrix}$.为了近似地作出 ξ 的抽样

值,我们利用随机数表,每次取两个随机数 α_1, α_2,构成 $\xi = 10\alpha_1 + \alpha_2$,则

$$P(0 \leqslant \xi \leqslant 49) = 0.5, \quad P(50 \leqslant \xi \leqslant 74) = P(75 < \xi \leqslant 99) = 0.25.$$

于是,令

$$\eta = \begin{cases} 0, & 0 \leqslant \xi \leqslant 49, \\ 1, & 50 \leqslant \xi \leqslant 74, \\ 2, & 75 \leqslant \xi \leqslant 99. \end{cases} \tag{14}$$

则 η 即所求的 A 的抽样值,下面我们用造法 2 中的随机数表实做一下.该表前两数是 13,在 $[0,49]$ 之间,故得 η 的抽样值 0;该表接下去是 68,故 η 的抽样值为 1,如此继续,于是得 η 的抽样值为

```
0 1 2 0 2 1 0 1 0 0 0 1 2 0
1 1 1 0 0 0 0 0 0 0 0 0 2 0 2
1 0 2 1 2 1 2 1 2 2 0 0 1 0
```

共 42 个,其中 0 的频率为 $\frac{20}{42}$,1 与 2 的频率分别为 $\frac{12}{42}, \frac{10}{42}$,与对应的概率接近.

（四）一般分布情形

方法很多,如

离散逼近法 设要取分布函数为 $F(x)$ 的随机变量 η 的抽样,因为 $F(x) \to 0, (x \to -\infty); F(x) \to 1, (x \to +\infty)$,故对任意小数 $\varepsilon > 0$,存在正数 N,使

$$P(-n < \eta \leqslant N) = F(N) - F(-N) > 1 - \varepsilon.$$

这说明 η 的值基本上都集中在区间 $(-N, N]$ 中,把此区间分为 n 个等长为 $\frac{2N}{n}$ 的小区间,n 为充分大的正整数,第 i 个区间设为

$(c_i, c_{i+1}]$，其中点为 $d_i = \dfrac{c_i + c_{i+1}}{2}$，见图 2-2.

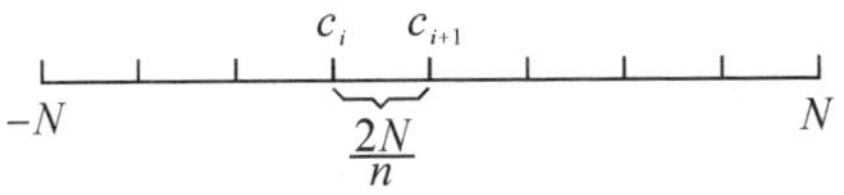

图 2-2

令

$$p_i = F(c_{i+1}) - F(c_i) = P(c_i < \eta \leqslant c_{i+1}), \qquad (i=1,2,\cdots,n);$$

$$p_{n+1} = p_{n+2} = \frac{1}{2}\left[1 - (F(N) - F(-N))\right]$$

$$= \frac{1}{2}P(\eta \overline{\in}(-N, N]).$$

造密度矩阵

$$\boldsymbol{A} = \begin{bmatrix} d_1 & d_2 & \cdots & d_n & N & -N \\ p_1 & p_2 & \cdots & p_n & p_{n+1} & p_{n+2} \end{bmatrix}. \tag{15}$$

设 η_1 的密度矩阵为 $\boldsymbol{A}$，则 η_1 可以看成是 η 的离散逼近，而且 n 越大，则逼近程度越好，这是因为

$$P[c_i < \eta \leqslant c_{i+1}] = p_i = P(\eta_1 = d_i) = P\left(\eta_1 = \frac{c_i + c_{i+1}}{2}\right),$$

而当 $n \to +\infty$ 时，$c_i - d_i \to 0$，$c_{i+1} - d_i \to 0$.

于是我们可以用（三）中的方法造出 η_1，然后就把 η_1 当作所需的 η.

反函数法　设分布函数 $F(x)$ 是离散型的（如图 2-3）或为单调上升连续型的（如图 2 4），又 ξ 有 $[0,1]$ 均匀分布，以 $F^{-1}(\xi)$ 表示下方程的解

$$F(x) = \xi \qquad (\xi\text{ 为已知}，x\text{ 为未知数}), \tag{16}$$

则 $F^{-1}(\xi)$ 的分布函数是 $F(x)$.

实际上，由于 $F(F^{-1}(\xi)) = \xi$，故

$$P(F^{-1}(\xi) \leqslant x) = P(F(F^{-1}(\xi)) \leqslant F(x))$$

$$= P(\xi \leqslant F(x)) = F(x).$$

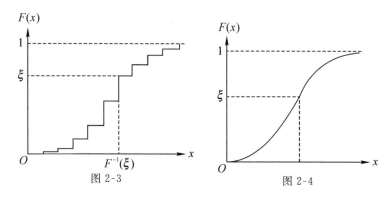

图 2-3   图 2-4

这个简单结果告诉我们：要从分布函数为 $F(x)$ 的总体中抽样，只要先从 $[0,1]$ 均匀分布中抽样 ξ，然后解方程（16）即可。在离散型情况（16）可能有许多解应取其中的最小解，因为 $F(x)$ 的密度只集中在这些最小解（即间断点）上，

例 3 设 $F(x)$ 为 $N(0,1)$ 正态分布函数，（16）化为

$$\frac{1}{\sqrt{2\pi}}\int_{-\infty}^{x} e^{-\frac{y^2}{2}}\,dy = \xi. \tag{17}$$

取 $[0,1]$ 均匀分布的一个抽样值，设为 0.816，以它代入（17）中的 ξ，然后查正态分布表，即得对应的 x 值为 0.90，后者是 $N(0,1)$ 正态分布的一个抽样值。连续下去，得两列抽样值如表 2-1 所示。

表 2-1

ξ	$F^{-1}(\xi)$	ξ	$F^{-1}(\xi)$
0.816	0.90	0.511	0.03
0.023	-2.00	0.133	-1.11
0.069	-1.48	0.316	-0.48
0.532	0.08	0.147	-1.05
0.989	0.21	0.989	2.30
0.782	0.78	...	...
0.397	-0.26		

（五）马尔可夫链的模拟

设齐次马尔可夫链 $\{\xi_n, n \geq 0\}$ 的一步转移矩阵为

$$
\boldsymbol{P} = \begin{pmatrix} p_{11} & p_{12} & p_{13} & \cdots \\ p_{21} & p_{22} & p_{23} & \cdots \\ \vdots & \vdots & \vdots & \\ p_{i1} & p_{i2} & p_{i3} & \cdots \\ \vdots & \vdots & \vdots & \end{pmatrix},
$$

其中 $p_{ij} \geq 0$，$\sum_j p_{ij} = 1$，因而每一行

$$
(p_{i1} \quad p_{i2} \quad p_{i3} \quad \cdots)
$$

都是一个离散分布，这个链的状态空间 $E = (1, 2, 3, \cdots)$，今设有质点 A 在 E 上作随机转移，其转移矩阵为 $\boldsymbol{P}$，我们来模拟它的一条运动轨迹.

设 A 从状态 i 出发，利用（三）中方法，从离散分布

$$
\begin{bmatrix} 1 & 2 & 3 & \cdots \\ p_{i1} & p_{i2} & p_{i3} & \cdots \end{bmatrix}
$$ 中抽样得 j，再从 $$
\begin{bmatrix} 1 & 2 & 3 & \cdots \\ p_{j1} & p_{j2} & p_{j3} & \cdots \end{bmatrix}
$$ 中抽

样得 k，再从 $$
\begin{bmatrix} 1 & 2 & 3 & \cdots \\ p_{k1} & p_{k2} & p_{k3} & \cdots \end{bmatrix}
$$ 中抽样得 l，等等，于是得一运

动轨迹为 $i \to j \to k \to l \to \cdots$

例 4　设 $\boldsymbol{P} = \begin{pmatrix} 0.60 & 0.15 & 0.25 \\ 0.30 & 0.60 & 0.10 \\ 0.50 & 0.25 & 0.25 \end{pmatrix}$，共有三个状态为 $1, 2, 3$.

利用 $\boldsymbol{P}$ 构造矩阵 $\boldsymbol{Q}$，

$$
\boldsymbol{Q} = \begin{pmatrix} 0.60 & 0.60+0.15 & 0.60+0.15+0.25 \\ 0.30 & 0.30+0.60 & 0.30+0.60+0.10 \\ 0.50 & 0.50+0.25 & 0.50+0.25+0.25 \end{pmatrix}
$$

$$= \begin{pmatrix} 0.60 & 0.75 & 1 \\ 0.30 & 0.90 & 1 \\ 0.50 & 0.75 & 1 \end{pmatrix}.$$

利用造法 2 中的随机数表及例 2 中方法，设质点 A 自状态 3 出发，先由表取得 13，而 $0 \leqslant 0.13 < 0.50$，故由 Q 中第三横列，知下一步转到状态 1；再由表取得 68，而 $0.60 \leqslant 0.68 < 0.75$，故转到状态 2；由表又得 96，而 $0.90 \leqslant 0.96 < 1$，故转到状态 3；…于是得一转移轨迹为 $3 \rightarrow 1 \rightarrow 2 \rightarrow 3 \rightarrow \cdots$

以上我们只简单地介绍了一些模拟随机变量及马尔可夫链的方法，关于随机向量或随机过程的模拟，也有许多结果和问题。需要时，读者可阅读专门文献；同时也可发扬自力更生的精神，创造出一些新方法来。

§2.2　定积分的计算方法

(一) 掷点算法

设积分区间为 $[a,b]$，经过变换 $x=\dfrac{y-a}{b-a}$ $(a\leqslant y\leqslant b)$ 后，x 便在 $[0,1]$ 中变动，故不妨设积分区间为 $[0,1]$. 设被积分函数 $g(x)$ 在 $[0,1]$ 中有界可积，根据同样道理，不妨设

$$0\leqslant g(x)\leqslant 1,\quad x\in[0,1].$$

我们要计算积分值

$$G=\int_0^1 g(x)\mathrm{d}x. \qquad (1)$$

从几何上看，G 等于图 2-5 区域 A 的面积 $|A|$. 考虑一个概率模型：向图中矩形 $0\leqslant x\leqslant 1,0\leqslant y\leqslant 1$ 中独立地、几何型地掷出 n 个点 (x_i,y_i)，$(i=1,2,\cdots,n)$. 每个点落在 A 中的概率为 $|A|=G$. 设共有 μ（它依赖

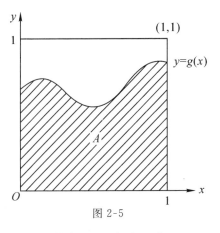

图 2-5

于 n：$\mu=\mu(n)$）个点落在 A 中，由强大数定理，以概率 1 有

$$\lim_{n\to +\infty}\frac{\mu}{n}=|A|=G=\int_0^1 g(x)\mathrm{d}x, \qquad (2)$$

故当 n 充分大时，$\dfrac{\mu}{n}\approx G$. 为了使点 (x_i,y_i) 落在 A 中，充分必要条件是

$$y_i\leqslant g(x_i). \qquad (3)$$

但是如何实现几何型地掷点呢？我们只要取两个独立的 $[0,1]$ 均

匀分布的随机变量 (ξ,η)，取它们的 n 对抽样值 (x_i,y_i) 就行了. 于是得到下列试验算法：如果第 i 对抽样值 (x_i,y_i)，满足 (3) 式，就说第 i 次试验成功；成功的频率 $\dfrac{\mu}{n}$ 即可取作 G 的近似值. 我们注意，这其实是 §1.2 中所讲的二项试验，因而 μ 有二项分布，方差为 $D(\mu)=nG(1-G)$，故

$$D\left(\frac{\mu}{n}\right)=\frac{1}{n^2}D(\mu)=\frac{G(1-G)}{n}.$$

又

$$E\left(\frac{\mu}{n}\right)=\frac{1}{n}E\mu=\frac{nG}{n}=G.$$

关于精确度和运算次数，我们提出下列问题：应取 n 多大才能使

$$\left|\frac{\mu}{n}-G\right|<\varepsilon \tag{4}$$

的概率不小于正数 $A\left(\text{譬如},\varepsilon=\dfrac{1}{10\ 000},A=99.7\%\right)$. 根据中心极限定理，

$$\frac{\mu-E\mu}{\sqrt{D\mu}}=\frac{\mu-nG}{\sqrt{nG(1-G)}} \tag{5}$$

渐近地有 $N(0,1)$ 正态分布，因此

$$P\left(\left|\frac{\mu}{n}-G\right|<\varepsilon\right)=P\left(\left|\frac{\mu-nG}{\sqrt{nG(1-G)}}\right|<\varepsilon\sqrt{\frac{n}{G(1-G)}}\right)$$

$$\approx\frac{1}{\sqrt{2\pi}}\int_{-\varepsilon\sqrt{\frac{n}{G(1-G)}}}^{\varepsilon\sqrt{\frac{n}{G(1-G)}}}e^{-\frac{y^2}{2}}\mathrm{d}y\geqslant A. \tag{6}$$

要解这不等式，利用正态分布表，总可找到一个正数 t_A，使

$$\frac{1}{\sqrt{2\pi}}\int_{-t_A}^{t_A}e^{-\frac{y^2}{2}}\mathrm{d}y=A,$$

例如当 $A=99.7\%$ 时，$t_A=3$，故由方程

$$\varepsilon\cdot\sqrt{\frac{n}{G(1-G)}}=t_A$$

即可求出

$$n \approx \frac{t_A^2 G(1-G)}{\varepsilon^2}, \tag{7}$$

其中 G 虽是未知数,但我们常可用其他方法粗略地预先估计 G 的值为 $\bar{G}$,然后以 $\bar{G}$ 代入(7)中 G 以估计 n.

例 1　计算积分

$$G = \int_0^1 \frac{e^x}{4} dx. \tag{8}$$

由直接积分知

$$G = \frac{1}{4}(e-1) = 0.429\,57\cdots \approx 0.43.$$

现在用掷点法来计算,取独立、有相同 $[0,1]$ 均匀分布的随机变量 (ξ, η) 的 n 对抽样值 (x_i, y_i), $i = 1, 2, \cdots, n$(为此可利用随机数表). 以 μ 表满足

$$y_i \leqslant \frac{1}{4} e^{x_i}$$

的 i 的个数,为了保证

$$\left| \frac{\mu}{n} - G \right| < 0.001$$

的概率不小于 $A = 99.7\%$,由(7),试验次数

$$n \approx \frac{3^2 \times 0.43 \times 0.57}{(0.001)^2} = 2.205\,9 \times 10^6. \tag{9}$$

(二) 平均值算法

设 $g(x)$ 在 $[a,b]$ 中可积. 任取一列独立、在 $[a,b]$ 中均匀分布的随机变量 $\{\xi_i\}$,则 $\{g(\xi_i)\}$ 也相互独立同分布,而且

$$Eg(\xi_i) = \frac{1}{b-a} \int_a^b g(x) dx = \frac{G}{b-a}. \tag{10}$$

由强大数定理,以概率 1 有

$$\lim_{n \to +\infty} (b-a) \frac{\sum\limits_{i=1}^n g(\xi_i)}{n} = G. \tag{11}$$

因此当 n 充分大时，可取

$$G_n \equiv (b-a) \frac{\sum\limits_{i=1}^{n} g(\xi_i)}{n} \tag{12}$$

作为 G 的估值，如果 $\int_a^b g^2(x)\mathrm{d}x < +\infty$ ，那么方差

$$DG_n = \frac{(b-a)^2}{n} \cdot Dg(\xi_i) = \frac{(b-a)^2}{n}\{Eg^2(\xi_i) - [Eg(\xi_i)]^2\}$$

$$= \frac{1}{n}\left[(b-a)\int_a^b g^2(x)\mathrm{d}x - \left(\int_a^b g(x)\mathrm{d}x\right)^2\right]. \tag{13}$$

显然

$$EG_n = (b-a)Eg(\xi_i) = G. \tag{14}$$

这说明 G_n 是 G 的无偏估计.

现在来讨论误差与计算次数的问题. 试问，对已给的小数 $\varepsilon > 0$ 及充分接近于 1 的数 A，应至少取 n 等于若干才能使

$$P(|G_n - G| < \varepsilon) \geqslant A. \tag{15}$$

为此一方面利用中心极限定理，有

$$P(|G_n - G| < \varepsilon) = P\left(\left|\frac{G_n - G}{\sqrt{DG_n}}\right| < \frac{\varepsilon}{\sqrt{DG_n}}\right)$$

$$\approx \frac{1}{\sqrt{2\pi}} \int_{\frac{-\varepsilon}{\sqrt{DG_n}}}^{\frac{\varepsilon}{\sqrt{DG_n}}} e^{-\frac{x^2}{2}}\mathrm{d}x. \tag{16}$$

另一方面，利用正态分布表，总可找到正数 t_A，满足

$$\frac{1}{\sqrt{2\pi}} \int_{-t_A}^{t_A} e^{-\frac{x^2}{2}}\mathrm{d}x = A. \tag{17}$$

由(16)(17)可见，为了使(15)成立，只要取 n，使满足

$$\frac{\varepsilon}{\sqrt{DG_n}} = t_A,$$

由此及(13)

$$\varepsilon^2 = t_A^2 \cdot DG_n = t_A^2 \cdot \frac{(b-a)^2}{n}Dg(\xi_i),$$

故

$$n = \frac{t_A^2}{\varepsilon^2}(b-a)^2 Dg(\xi_i). \tag{18}$$

例 1（续）　利用平均值算法再来计算 $G = \int_0^1 \frac{e^x}{4}dx$. 这里 $[a,$
$b] = [0,1]$，G 的近似值为

$$G_n = \frac{\sum\limits_{i=1}^n e^{\xi_i}}{4n},$$

$$DG_n = \frac{1}{n}\left[\frac{1}{16}\int_0^1 e^{2x}dx - \frac{1}{16}\left(\int_0^1 e^x dx\right)^2\right]$$

$$= \frac{1}{n}\left[\frac{e^2-1}{32} - \frac{(e-1)^2}{16}\right] = \frac{0.015\,1}{n},$$

$$Dg(\xi_i) = nDG_n = 0.015\,1.$$

对 $\varepsilon = 0.001$ 及 $A = 99.7\%$，$t_A = 3$，由(18)得

$$n = \frac{9 \times 0.015\,1}{(0.001)^2} = 1.359 \times 10^5. \tag{19}$$

比较(9)(19)，可见在本例中此法所需的计算次数较少，而且只需
要 n 个抽样点 $\{\xi_i\}$，而掷点法则需要 $2n$ 个 (x_i, y_i).

（三）降低方差

要降低计算误差必须增大计算次数 n，这是一个矛盾. 误差
主要表现在方差上，方差越大，则 G_n 偏离 G 的可能性也越大，由
(13)中的

$$DG_n = \frac{(b-a)^2}{n}Dg(\xi_i),$$

可见，要降低 DG_n，除增大 n 而外，只有减少 $Dg(\xi_i)$. 为此，我们
这样想，这里的 $\{\xi_i\}$ 是独立的、在 $[a,b]$ 中有均匀分布的随机变
量. 均匀分布的优点是易于模拟，但也有缺点：方差较大，因此，自
然想到，能否改用其他的分布呢？考虑密度函数 $p(x)$，满足

$$p(x) > 0, \quad x \in [a,b]; \quad \int_a^b p(x)\mathrm{d}x = 1. \qquad (20)$$

取一列独立随机变量$\{\eta_i\}$，它们有相同的分布密度$p(x)$，然后作新随机变量$\dfrac{g(\eta_i)}{p(\eta_i)}$. 则有

$$E \frac{g(\eta_i)}{p(\eta_i)} = \int_a^b \frac{g(x)}{p(x)} p(x)\mathrm{d}x = \int_a^b g(x)\mathrm{d}x = G. \qquad (21)$$

这说明$\dfrac{g(\eta_i)}{p(\eta_i)}$也是$G$的无偏估计，因之，由强大数定理

$$\hat{G}_n \equiv \frac{1}{n} \sum_{i=1}^n \frac{g(\eta_i)}{p(\eta_i)} \xrightarrow[(n \to +\infty)]{} G. \qquad (22)$$

这样，我们就可用$\hat{G}_n$代替G_n，以$\hat{G}_n$作为G的近似值. 而它的方差

$$D\hat{G}_n = \frac{1}{n} D \frac{g(\eta_i)}{p(\eta_i)} = \frac{1}{n} \left[\int_a^b \frac{g^2(x)}{p(x)}\mathrm{d}x - G^2 \right]. \qquad (23)$$

比较(13)(23)，可见若适当选取$p(x)$，使

$$\int_a^b \frac{g^2(x)}{p(x)}\mathrm{d}x < (b-a) \int_a^b g^2(x)\mathrm{d}x, \qquad (24)$$

则$D\hat{G}_n < DG_n$. 于是我们得到以下结论：取密度$p(x)$，使满足(20)(24)；作一列独立的以$p(x)$为密度的随机变量$\{\eta_i\}$，则可用$\hat{G}_n$作为G的估计，而且方差有所降低. 若能选取$p(x)$使(23)右方尽量小，则方差可大为降低.

特别，若取

$$p(x) = \frac{g(x)}{G}, \qquad (25)$$

则$D\hat{G}_n = 0$达到极小，但这实际上是做不到的，因为这里出现了未知的G，它正是要计算的值. 不过(25)式启示我们，应该选$p(x)$使其图与$g(x)$的尽量相似（成比例），这样的$p(x)$可降低方差.

有时可根据$g(x)$的具体情况，将$[a,b]$分成几个小区间$[a_i, a_{i+1}]$，对每小区间分别选用$p_i(x)$，所得的效果可能更好，一般地

说,在 $g(x)$ 取较大值或波动很大的 $[a_i,a_{i+1}]$ 中,就应多取一些抽样点 $\{\eta_i\}$,如图 2-6 的 $[0,a]$ 中,因为这一部分的面积大,而且图变化剧烈,而在 $[a,b]$ 中则只要取一、两个抽样点就够了. 还有许多降低方差的方法,不一一叙述.

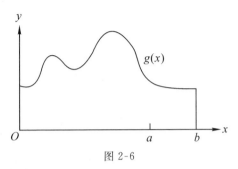

图 2-6

(四) 重积分

上述两种算法可以推广到多维情况,这是统计试验法的一个优点. 这里,我们只简要地叙述一下平均值算法.

以 $x=(x_1,x_2,\cdots,x_m)$ 表 m 维空间 $\mathbf{R}^m$ 中的点,$g(x)$ 为 m 元函数,它在 $\mathbf{R}^m$ 中的有界闭域 D 内可积,今欲计算积分

$$G\equiv\int_D g(x)\mathrm{d}x\equiv\iint_D\cdots\int g(x_1,x_2,\cdots,x_m)\mathrm{d}x_1\mathrm{d}x_2\cdots\mathrm{d}x_m. \qquad (26)$$

取一维区间 $[a,b]$,使 $b-a$ 充分大,以致

$$D\subset[a,b]\times[a,b]\times\cdots\times[a,b]\equiv[a,b]^m,$$

这里 $[a,b]^m$ 表 $\mathbf{R}^m$ 中一个正方体,它的每一边都是 $[a,b]$. 取 m 个独立、在 $[a,b]$ 中均匀分布的随机变量 $\xi_1,\xi_2,\cdots,\xi_m$,令 $\eta=(\xi_1,\xi_2,\cdots,\xi_m)$,因之 η 是 $\mathbf{R}^m$ 中的一个随机点,我们来证明:在 $\eta\in D$ 的条件下,η 在 D 中有均匀分布,换句话说,有

$$P(\eta\in V\mid\eta\in D)=\frac{|V|}{|D|}, \qquad (27)$$

这里 $V\subset D$ 为任一含于 D 中的子域,$|V|$ 表 V 的 m 维体积(见图 2-7).

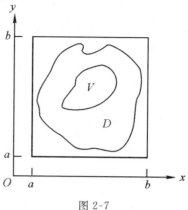

图 2-7

实际上，由 η 的定义，知 η 在 $[a,b]^m$ 中有均匀分布. 故

$$P(\eta \in V \mid \eta \in D) = \frac{P(\eta \in V)}{P(\eta \in D)} = \frac{|V|}{(b-a)^m} \div \frac{|D|}{(b-a)^m} = \frac{|V|}{|D|},$$

这便证明了 (27). 由此立知

$$E(g(\eta) \mid \eta \in D) = \frac{1}{|D|} \int_D g(x)\,\mathrm{d}x = \frac{G}{|D|}. \qquad (28)$$

这个式子启示我们下列计算方法：像造 η 一样，造一列独立的 m 维随机向量 $\{\boldsymbol{\eta}_i\}$，$\boldsymbol{\eta}_i = (\xi_1^{(i)}, \xi_2^{(i)}, \cdots, \xi_m^{(i)})$，每个 $\boldsymbol{\eta}_i$ 都在 $[a,b]^m$ 中有均匀分布. 如果 $\boldsymbol{\eta}_1 \in D$，就选取 $\boldsymbol{\eta}_1$，如果 $\boldsymbol{\eta}_1 \overline{\in} D$，就抛弃 $\boldsymbol{\eta}_1$. 这样不断地共选出 n 个 $\boldsymbol{\eta}_i$，把它们改记为 $\boldsymbol{\eta}_1^0, \boldsymbol{\eta}_2^0, \cdots, \boldsymbol{\eta}_n^0$. 由 (28) 及强大数定理，以概率 1 有

$$\lim_{n \to +\infty} \frac{1}{n} \sum_{i=1}^{n} g(\boldsymbol{\eta}_i^0) = \frac{G}{|D|}.$$

于是，当 n 充分大时，可取 $|D| \dfrac{1}{n} \displaystyle\sum_{i=1}^{n} g(\boldsymbol{\eta}_i^0)$ 作为 G 的近似值，即

$$\frac{|D|}{n} \sum_{i=1}^{n} g(\boldsymbol{\eta}_i^0) \approx G.$$

§2.3　一些方程的解法

(一) 代数方程组

设 n 元线性方程组

$$\sum_{j=1}^{n} c_{ij} x_j = d_i \qquad (i = 1, 2, \cdots, n) \tag{1}$$

有唯一解 $x^0 \equiv (x_1^0, x_2^0, \cdots, x_n^0)$，试用统计试验法求出 x^0 或其近似值，方法也有几种，但我们只来叙述一种构思颇为特殊的方法，它有一定的启发性.

考虑二次型

$$Q \equiv Q(x_1, x_2, \cdots, x_n) \equiv \sum_{i=1}^{n} \alpha_i \left(\sum_j c_{ij} x_j - d_i \right)^2, \tag{2}$$

其中 $\alpha_i > 0$ 是常数. 显然 $Q \geqslant 0$，它在 x^0 达到极小值 0，因此，Q 的极小点恰好重合于 (1) 的解 x^0，对于任意常数 $A > 0$，不等式

$$Q(x_1, x_2, \cdots, x_n) \leqslant A \tag{3}$$

决定一个 n 维椭球 E，这只要作线性变换

$$y_i = \sum_{j=1}^{n} c_{ij} x_j - d_i \qquad (i = 1, 2, \cdots, n)$$

就可看出，这个椭球的中心在 $y_i = 0 (i = 1, 2, \cdots, n)$，也就是在 $x^0 = (x_1^0, x_2^0, \cdots, x_n^0)$. 每个通过中心的 n 维超平面 $x_j = x_j^0$ 都把椭球分成体积相等的两半，这个几何性质提供了求 (1) 的解的方法.

作 n 维立方体 $[a, b]^n$，它包含 (3) 中的椭球 E. 设 $\xi_1, \xi_2, \cdots, \xi_n$ 是 n 个独立随机变量，每个都在 $[a, b]$ 中均匀分布. 令 $\boldsymbol{\eta} = (\xi_1, \xi_2, \cdots, \xi_n)$，根据 §2.2(28)，得知在 "$\boldsymbol{\eta} \in E$" 的条件下，$\boldsymbol{\eta}$ 在椭球 E 内有均匀分布. 今作一列这样的 $\{\boldsymbol{\eta}_i\}$，$\boldsymbol{\eta}_i = (\xi_1^{(i)}, \xi_2^{(i)}, \cdots, \xi_n^{(i)})$，如果 $\boldsymbol{\eta}_1 \in E$ 就选取 $\boldsymbol{\eta}_1$，如 $\boldsymbol{\eta}_1 \overline{\in} E$，就抛弃 $\boldsymbol{\eta}_1$，如此继续，设共选出 m 个

这样的 $\boldsymbol{\eta}_i$，记为 $\boldsymbol{\eta}_1^0, \boldsymbol{\eta}_2^0, \cdots, \boldsymbol{\eta}_m^0$. 注意 $\boldsymbol{\eta}_i^0$ 的分量表示是

$$\boldsymbol{\eta}_i^0 = (\xi_{i1}^0, \xi_{i2}^0, \cdots, \xi_{in}^0), \tag{4}$$

由于 $\boldsymbol{\eta}_i^0$ 在椭球 E 中均匀分布，而且超平面 $x_j = x_j^0$ 分 E 为等体积的两部分，故当 m 充分大时，由强大数定理，在 m 个点 $\boldsymbol{\eta}_1^0, \boldsymbol{\eta}_2^0, \cdots$，$\boldsymbol{\eta}_m^0$ 中，应大概各有一半分别落在此超平面的两侧，这表示这些点的第 j 个分量，即 $\xi_{1j}^0, \xi_{2j}^0, \cdots, \xi_{mj}^0$ 之中，应约有一半不大于（或不小于）x_j^0，把这些分量按大小排为

$$\xi_{1j}' \leqslant \xi_{2j}' \leqslant \cdots \leqslant \xi_{mj}', \tag{5}$$

其中最中间的那一个即 $\xi_{\frac{m-1}{2}+1, j}'$（不妨设 m 为奇数）自然应靠近 x_j^0，即

$$\xi_{\frac{m-1}{2}+1, j}' \approx x_j^0 \qquad (j = 1, 2, \cdots, n).$$

因此，我们就取 $(\xi_{\frac{m-1}{2}+1, 1}', \xi_{\frac{m-1}{2}+1, 2}', \cdots, \xi_{\frac{m-1}{2}+1, n}')$ 作为（1）的近似解.

附记 以上是用（5）的中位数 $\xi_{\frac{m-1}{2}+1, j}'$ 作为 x_j^0 的估计值. 其实还可用它的平均值来逼近 x_j^0，即

$$\frac{1}{m}\sum_{i=1}^m \xi_{ij}^0 = \frac{1}{m}\sum_{i=1}^m \xi_{ij}' \approx x_j^0 \tag{6}$$

（m 充分大时）；这是因为，既然（4）中的 $\boldsymbol{\eta}_i^0$ 在 E 中有均匀分布，因之它的第 j 个分量即 ξ_{ij}^0 在 E 的第 j 个轴 (α_j, β_j) 上有关于中点 x_j^0 对称的一维分布，而这第 j 个轴的中点即 x_j^0 正是 ξ_{ij}^0 的数学期望（图 2-8）；于是根据强大数定理就得到（6）.

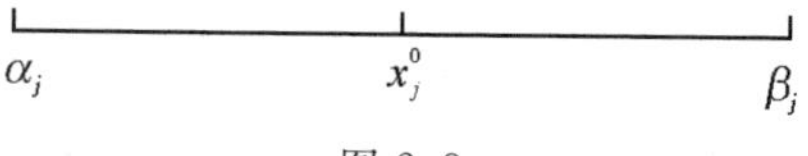

$$\begin{array}{ccc} \alpha_j & x_j^0 & \beta_j \end{array}$$

图 2-8

（二）拉普拉斯方程的边值问题

考虑平面上某有界区域 G，它的边界设为 Γ，平面上的点记为 $a = (x, y)$. 现在要求一个函数 $u(x, y)$，满足方程

$$\frac{\partial^2 u}{\partial x^2} + \frac{\partial^2 u}{\partial y^2} = 0 \tag{7}$$

(当$(x,y) \in G$ 时);并满足边值条件

$$u(a) = f(a) \qquad (a \in \Gamma), \qquad (8)$$

这里 $f(a)$ 是已知函数.

解偏微分方程的一种普遍方法是网络法,它把微分方法化为差分方程,求出后者的解后,令网络的边长 $h \to 0$ 就得到微分方程的解.

在 G 上作长宽各为 h 的网络(方格子),它的交点(如图 2-9 中的 a 等)称为结点,最接近 Γ 的结点(在图中粗线上)构成集合 Γ_h. G 中其余的结点构成集合 G_h,由微分方程知对应于(7)(8)的差分方程为

$$u(a) = \frac{1}{4}\big[u(a_1) + u(a_2) + u(a_3) + u(a_4)\big] \qquad (a \in G_h); \quad (9)$$

$$u(a) = f(a) \qquad (a \in \Gamma_h), \qquad (10)$$

其中 a_1, a_2, a_3, a_4 是 a 的四个相邻结点.

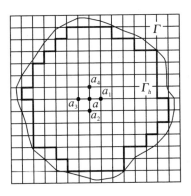

图 2-9

为解(9)(10),考虑一个按马尔可夫链而做随机运动的质点 M.它自任一结点 a 出发,下一步到达四个相邻结点的转移概率各为 $\frac{1}{4}$;再下一步又同样以 $\frac{1}{4}$ 的概率到达四个相邻结点之一;如此继续直到首次到达某个点 $b \in \Gamma_h$,便停止在 b 上而结束运动,这

个点 b 显然是随机的,因而 $f(b)$ 是随机变量,以 $v(a)$ 表 $f(b)$ 的数学期望,试证 $v(a)$ 就是(9)(10)的解.

实际上,以 $p(a,b)$ 表自 a 出发,终于被吸引于 $b\in\Gamma_h$ 的概率,则当 $a\in G_h$,有

$$p(a,b) = \frac{1}{4}\sum_{j=1}^4 p(a_j,b),$$

$$v(a) = \sum_{b\in\Gamma_h} p(a,b)f(b) = \frac{1}{4}\sum_{j=1}^4\sum_{b\in\Gamma_h} p(a_j,b)f(b) = \frac{1}{4}\sum_{j=1}^4 v(a_j),$$

故 $v(a)$ 满足(9),其次,如 $a\in\Gamma_h$,则因

$$p(a,b) = \begin{cases} 1, & a=b, \\ 0, & a\neq b, \end{cases}$$

故

$$v(a) = \sum_{b\in\Gamma_h} p(a,b)f(b) = f(a).$$

因之(10)也满足,这便证明了上述结论.

于是,我们只要模拟一个马尔可夫链,通过试验就可求出 $v(a)$.为此,利用§2.1(五)中方法,自 a 出发,作出几条独立的运动轨道,设第 j 个轨道停止在 Γ_h 中的点 b_j 上 $(j=1,2,\cdots,n)$.由强大数定理,以概率 1 有

$$\frac{1}{n}\sum_{j=1}^n f(b_j) \rightarrow v(a),$$

故当 n 充分大时,可取 $\dfrac{1}{n}\sum\limits_{j=1}^n f(b_j)$ 作为 $v(a)$ 的近似值.

统计试验法近年来发展迅速,内容丰富,我们只限于叙述以上部分内容,以见其基本思想于一般.

第3章 地震的统计预报

§3.1 长期趋势性预报

(一) 关于地震的基本概念

地震是一种自然灾害,它可以在短短的几秒内给人民带来巨大的损失,因此.预报地震就成为党和人民所非常关切的问题.完全的预报应该报出三个要素:发震的地点(用地球的经、纬度表示)、时间和震级.震级是衡量地震大小的尺度,用 M_s 表示,就像风的大小也用级来衡量一样.理论上说.震级可以自 0 开始而无上界,但迄今为止,地球上还没有记录到大于 8.9 级的地震.一般 5 级以上地震就有很大破坏性.地震发生在离地面数十千米的最多,少数发生在几百千米深处,至今所观测到的最深地震约为 700 多千米,这只占地球半径 6 371 km 的十分之一左右,地震越浅,则危害越大.

预报地震的方法主要有两大类:一是前兆预报,即利用地震前一些异常现象来预报,如动物一反常态,惊惶不安;部分大地倾斜或升降;地磁、地电、地应力、地下水位或水中含氢量异常等.另

一种是利用概率统计方法,对以往的地震目录或其他有关资料
(如天体运动、气候异常、太阳黑子活动或海面水位变化等)进行
分析,找出一些统计规律,以预报将来的地震.本书只介绍后一种
方法的部分研究成果.

地震目录上对每次地震记下三要素,摘录其中一段如下:

时 间	地 点	震级	地 名
1948-06-27	$(26.6°,99.6°)$	6.25	云南剑川
1948-07-27	$(44.5°,91.5°)$	5	新疆北塔山
1948-08-17	$(36°,93°)$	4.75	青海库赛湖
1948-09-15	$(33.3°,84.2°)$	5.5	西藏改则
1948-10-04	$(23.9°,121.7°)$	6	台湾花莲
……	……	……	……

世界大震如[1]:

1969-04-16	$(3.5°S,151°E)$	7	莱恩群岛
1969-04-21	$(32.2°N,131.9°E)$	7	日本九州
1969-05-14	$(51.3°N,179.9°W)$	7.1	阿留申群岛
1969-07-18	$(38.2°N,119.4°E)$	7.4	中国渤海
……	……	……	……

中华人民共和国成立后,在党的关怀下,我国已编有较全的
地震目录,但在中华人民共和国成立前常有漏记、错记,越往前则
遗漏越多,这给统计分析带来严重困难.

在今天的科学技术条件下.地震预报还是一个难题,一些资
产阶级唯心主义者甚至散布地震不可知论,对这种反动的观点必

---

① S 表示南纬,N 表示北纬;E 表示东经,W 表示西经.

须给予彻底的批判. 从辩证唯物论的观点看来,世界是可知的,地震的规律也是可知的,只要我们坚持唯物论的反映论长期观察,反复实践,预报问题一定会逐步得到完满的解决.

预报分长期、中期、短期三种,预测某地区在若干年内有无大震属于长期性的,这对建设规划很有关系,若某地几十年内有大震,则不宜在此修建重点工程,若不得已必须在此兴建,则必须大大加固,这样就会耗费大量资金,因此预报是否准确,关系很大,中期预报的时间范围为一至数月,短期则为几天到一月左右.

(二) 震级分布

固定某一地区,这地区每次发震的震级 ξ 是一个随机变量,我们来求 ξ 的分布,$F(x) \equiv P(\xi \leqslant x)$.

为此,需要利用地震工作者通过长期实践所得到的比较可靠的经验公式,通常称为古登堡-李希特公式. 它把震级与地震次数联系起来. 设 $n(x)$ 是 x 附近单位震级范围内的地震次数,$\mathrm{d}x$ 是充分小的数. 则此公式是

$$\lg n(x) = a - bx \tag{1}$$

或

$$n(x) = 10^{a-bx}, \tag{2}$$

这里 a, b 是两个非负常数,随地区不同而异,例如新疆地区的 a, b 可能与日本地区的 a, b 不同. 通过对该地区历史资料的统计,可以把 a, b 近似找出来,(2)式表示,震级 x 越大,则具有这个震级的地震越少. 令 $\alpha = a\ln 10, \beta = b\ln 10$,则(2)化为

$$n(x) = (\mathrm{e}^{\ln 10})^{a-bx} = \mathrm{e}^{\alpha - \beta x},$$

因此,震级不超过 y 的地震次数为

$$\int_0^y n(x)\,\mathrm{d}x = \int_0^y \mathrm{e}^{\alpha - \beta x}\,\mathrm{d}x = \mathrm{e}^{\alpha} \int_0^y \mathrm{e}^{-\beta x}\,\mathrm{d}x$$
$$= \frac{\mathrm{e}^{\alpha}}{\beta}(1 - \mathrm{e}^{-\beta y});$$

而地震总次数为

$$\int_0^{+\infty} n(x)\,\mathrm{d}x = \frac{\mathrm{e}^\alpha}{\beta}.$$

以频率近似代替概率，即得

$$F(x) = P(\xi \leqslant x) = \frac{\displaystyle\int_0^x n(x)\,\mathrm{d}x}{\displaystyle\int_0^{+\infty} n(x)\,\mathrm{d}x} = 1 - \mathrm{e}^{-\beta x} \qquad (x \geqslant 0).$$

$$(3)$$

称(3)中的分布为指数分布(图 3-1)，$\beta > 0$ 是常数，它的密度是

$$f(x) = \beta \mathrm{e}^{-\beta x} \qquad (x \geqslant 0).$$

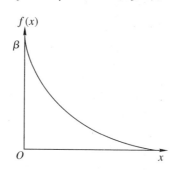

图 3-1　指数分布密度图

（三）最大震级的分布

建设规划中关心的是本地 T 年内可能发生的最大地震是几级？现在来研究 T 年内最大震级 ξ^* 的分布. 我们作下列假定：

i) 公式(1)成立；

ii) 以 ζ 表此地 T 年内发生的地震总次数，又以 ξ_i 表其中第 i 次地震的震级，则 $\zeta, \xi_1, \xi_2, \cdots$ 独立；这就是说，对任意正整数 K，任意正数 $x_1, x_2, \cdots, x_k$，有

$$P(\xi_1 \leqslant x_1, \xi_2 \leqslant x_2, \cdots, \xi_k \leqslant x_k \mid \zeta = k)$$
$$= P(\xi_1 \leqslant x_1) P(\xi_2 \leqslant x_2) \cdots P(\xi_k \leqslant x_k), \qquad (4)$$

而且 $\{\xi_i\}$ 有相同的分布 $F(x)$.

iii) ζ 有泊松分布,即

$$P(\zeta=k)=\mathrm{e}^{-CT}\frac{(CT)^k}{k!} \qquad (k\in\mathbf{N}),\qquad(5)$$

其中 $C>0$ 为常数.

在这些假设下,试证 ξ^* 的分布为

$$P(\xi^*\leqslant x)=\mathrm{e}^{-CT\mathrm{e}^{-\beta x}} \qquad (x\geqslant 0).\qquad(6)$$

称(6)中的分布为重指数分布.

证　$P(\xi^*\leqslant x)=\displaystyle\sum_{k=0}^{+\infty}P(\zeta=k)P(\xi^*\leqslant x\mid\zeta=k)$

（用全概率公式）

$=\displaystyle\sum_{k=0}^{+\infty}P(\zeta=k)P(\xi_1\leqslant x,\xi_2\leqslant x,\cdots,\xi_k\leqslant x\mid\zeta=k)$

$=\displaystyle\sum_{k=0}^{+\infty}P(\zeta=k)P(\xi_1\leqslant x)P(\xi_2\leqslant x)\cdots P(\xi_k\leqslant x)$

（利用(4)）

$=\displaystyle\sum_{k=0}^{+\infty}P(\zeta=k)\big[P(\xi_i\leqslant x)\big]^k$　（利用 ξ_i 同分布）

$=\displaystyle\sum_{k=0}^{+\infty}\mathrm{e}^{-CT}\frac{(CT)^k}{k!}\big[F(x)\big]^k$　（利用(5)）

$=\displaystyle\sum_{k=0}^{+\infty}\mathrm{e}^{-CT}\frac{\big[CTF(x)\big]^k}{k!}=\mathrm{e}^{-CT}\mathrm{e}^{CTF(x)}$

$=\mathrm{e}^{-CT[1-F(x)]}=\mathrm{e}^{-CT\mathrm{e}^{-\beta x}}$　（利用(3)）,

这便证明了(6).　∎

注　(6)也可改写为

$$P(\xi^*\leqslant x)=\mathrm{e}^{-T\cdot C\mathrm{e}^{-\beta x}}=\mathrm{e}^{-T\cdot\mathrm{e}^{\ln C}}\mathrm{e}^{-\beta x}$$

$$=\mathrm{e}^{-T\mathrm{e}^{\ln C-\beta x}}=\mathrm{e}^{-T\mathrm{e}^{-\beta(x-u)}},\qquad(7)$$

其中

$$u=\frac{\ln C}{\beta}.\qquad(8)$$

（四）预测问题

根据泊松分布的性质，由(5)

$$E\zeta = CT \quad \text{或} \quad C = \frac{E\zeta}{T},$$

故 C 是该地区一年内的平均地震次数.

现在可以回答下列问题：

（i）试求 T 年内，以 99% 的概率，不超过的最小[①]震级 A.

解 要求最小的 A，使满足

$$P(\xi^* \leqslant A) = e^{-CTe^{-\beta A}} = \frac{99}{100}.$$

为此，只要解下方程，把 A 看成未知数，

$$e^{-CTe^{-\beta A}} = \frac{99}{100},$$

$$-CTe^{-\beta A} = \ln \frac{99}{100},$$

$$e^{-\beta A} = -\frac{1}{CT} \ln \frac{99}{100}, \quad -\beta A = \ln\left(-\frac{1}{CT} \ln \frac{99}{100}\right),$$

故

$$A = -\frac{1}{\beta} \ln\left(-\frac{1}{CT} \ln \frac{99}{100}\right).$$

（ii）试求多少年内，以 99% 的概率发生大于 B 级的地震，为此根据

$$P(\xi^* \geqslant B) = \frac{99}{100}, \quad \text{或} \quad P(\xi^* \leqslant B) = \frac{1}{100},$$

得方程

$$e^{-CTe^{-\beta B}} = \frac{1}{100}.$$

把 T 看成未知数，解得

---

① 因为历史上有记录的最大震级为 8.9，故 T 年内几乎可肯定不会发生 9 级以上的地震，9 这个数太大，应该取不会超过的震级中的最小的.

$$T = -\frac{\ln \dfrac{1}{100}}{Ce^{-\beta B}}.$$

(iii) 试求 n 次地震中,以 99% 的概率不会超过的最小震级 α.

解　令 $\xi_n^* = \max(\xi_1, \xi_2, \cdots, \xi_n)$,则根据 $\{\xi_i\}$ 独立有相同分布 (3) 的假定,得

$$
\begin{aligned}
P(\xi_n^* \leqslant x) &= P(\xi_1 \leqslant x, \xi_2 \leqslant x, \cdots, \xi_n \leqslant x)\\
&= P(\xi_1 \leqslant x) P(\xi_2 \leqslant x) \cdots P(\xi_n \leqslant x)\\
&= [P(\xi_i \leqslant x)]^n = (1 - e^{-\beta x})^n,
\end{aligned}
$$

故由方程式

$$(1 - e^{-\beta x})^n = \frac{99}{100}$$

解出 x,即得所需的 α.

注意　这里除要求假设 i) 及 $\{\xi_i\}$ 独立同分布外,并未用到 iii) 及 ii) 中其他假设.

§3.2 长期预测大地震危险性的马尔可夫模型[①]

（一）烈度区划要求能估计出某一地区今后 100 年发生最大烈度地震的危险性

我们试图选取条件较为适中的马尔可夫模型来达到上述要求.

基本假定：地震序列在状态间的转移具有齐次的马尔可夫性.

我们是要求出某地震区发生 $M \geqslant 7$ 级地震的危险性. 首先取用历史资料中所有 5 级（或 6 级）以上的地震序列作出 $M\text{-}t$ 图.

令 $M \geqslant 7$ 为状态 1. $5 \leqslant M < 7$ 为状态 0. 则可以将 $M\text{-}t$ 图转绘成所处状态的阶梯状图 3-2 并假定它是右连续的.

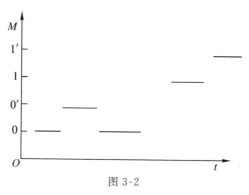

图 3-2

为了区别在 0 或 1 状态本身的转移（即在 0 或 1 状态连续发生），再引进 0′和 1′状态；

0′和 0 状态的统计特性完全一致，0′和 0 状态只能转移到 1，

---

① 本节方法由朱成熹及新疆地震队提出.

不转移到 $1'$.

$1'$ 和 1 状态的统计特性完全一致,它们只能转移到 0,不转移到 $0'$.

可以证明,这样构造的随机过程 $y(t)$ 也具有马尔可夫性,并一定是标准的,即

$$\lim_{t \to 0} \frac{p_{jk}(t)}{t} = q_{jk}, \quad j \neq k,$$

$$\lim_{t \to 0} \frac{1 - p_{jj}(t)}{t} = q_j \quad \text{存在且有限}.$$

我们的任务是要预测从今 (T_0) 到以后 (T) 年内至少要发生一次 $M \geqslant 7$ 级(即状态 1)地震的概率.

先求在时间 $[T_0, T_0 + T]$ 内,一个 $M \geqslant 7$ 级地震都不发生(即事件一直处于 0 和 $0'$ 状态,而不转移到 1 状态)的概率.用数学式表示如下:

因为 7 级以上大震发生后,很快必有 5~7 级的地震发生,因此不妨假定 $y(T_0) = 0$.

$$P(y(t) \in \{0, 0'\}, T_0 < t \leqslant T_0 + T \,|\, y(T_0) = 0)$$
$$= P(A_0 \,|\, y(T_0) = 0) + P(A_1 \,|\, y(T_0) = 0) + \cdots +$$
$$P(A_n \,|\, y(T_0) = 0) + \cdots$$

$$= e^{-q_0 T} + q_{00'} T \cdot e^{-q_0 T} + \cdots + \frac{(q_{00'} T)^n}{n!} \cdot e^{-q_0 T} + \cdots$$

$$= e^{-q_0 T} \left[1 + \frac{1}{1!} (q_{00'} T) + \cdots + \frac{1}{n!} (q_{00'} T)^n + \cdots \right]$$

$$= e^{-q_0 T} \cdot e^{q_{00'} T}$$

$$= e^{-q_0 \left(1 - \frac{q_{00'}}{q_0} \right) T}$$

$$= e^{-q_0 (1 - p_{00'}) T}$$

$$= e^{-q_0 p_{01} T},$$

式中:A_0 表示在 $[T_0, T_0 + T]$ 内发生 0 次 0 与 $0'$ 状态之间的转移;

A_1 表示在 $[T_0, T_0 + T]$ 内发生 1 次 0 与 0′ 状态之间的转移；

……

A_n 表示在 $[T_0, T_0 + T]$ 内发生 n 次 0 与 0′ 状态之间的转移.

根据基本假定 $y(t)$ 是齐次的马尔可夫过程，可以证明

$$P(A_0 \mid y(T_0) = 0) = e^{-q_0 T},$$

$$P(A_1 \mid y(T_0) = 0) = \int_0^T e^{-q_0 u} q_{00'} \mathrm{d} u e^{-q_{0'}(T-u)},$$

$$= q_{00'} T \cdot e^{-q_0 T},$$

……

$$P(A_n \mid y(T_0) = 0) = \frac{1}{n!} (q_{00'} T)^n \cdot e^{-q_0 T}.$$

$P_{00'}$ 表示过程 $y(t)$ 从 0 流到 0′ 的转移概率；P_{01} 表示过程 $y(t)$ 从 0 或 0′ 流到 1 的转移概率.

根据马氏过程的理论，可证如下结论：

(i) $$q_0 = \frac{1}{\lambda_0}.$$

(ii) $$\lambda_0 = E(\tau_i^0) \approx \frac{\tau_1^0 + \tau_2^0 + \cdots + \tau_n^0}{n},$$

即在状态 0 或 0′ 上平均流出的时间（即二次地震的平均间隔时间）.

(iii) $$P_{00'} = \frac{q_{00'}}{q_0}, \qquad P_{01} = \frac{q_{0'}}{q_0}.$$

(iv) $$P_{01} = \frac{n_{T_0}^{(01)}}{n_{T_0}^{(0)}},$$

其中 $n_{T_0}^{(01)}$ 为 T_0 时间内由 0 或 0′ 状态转移到 1 状态的次数；$n_{T_0}^{(0)}$ 为 T_0 时间内处于状态 0 和 0′ 的地震数.

这样，在 $[T_0, T_0 + T]$ 时间内至少发生一次 $M \geqslant 7$ 级地震的概率为

$$P_T = 1 - e^{-q_0 p_{01} T},$$

这就是我们借以估计今后 T 年内发生大地震($M \geqslant 7$)概率的公式.

例 1　康定炉霍地震区自 1786 年发生 7.5 级地震至今发生 $M \geqslant 7$ 级地震(状态 1)有 4 次,发生 $5 \leqslant M < 7$ 地震(状态 $0, 0'$)有 18 次.(各次事件的流出时间从略)

$$\lambda_0 \approx \frac{2 + 6 + 132 + 230 + \cdots}{18} = 124 (\text{月}),$$

$$q_0 = \frac{1}{\lambda_0} = \frac{1}{124},$$

$$p_{01} \approx \frac{n_{T_0}^{(01)}}{n_{T_0}^{(0)}} = \frac{4}{18 + 1} = \frac{4}{19}.$$

(**说明**　因为地震序列的第一项是状态 1 的,可以认为它是从状态 0 转移到 1 的,故在 $n_{T_0}^{(0)}$ 项中加一次.)

预测时间 $T = 100$ 年 $= 1\,200$ 月,得

$$P = 1 - \mathrm{e}^{-q_0 p_{01} T} = 1 - \mathrm{e}^{-2.1} = 88\%.$$

若除去历史资料中 80 多年无资料的年份,则 P_T 达 97%.

例 2　对天山北带,取 $M \geqslant 7$ 为状态 1,0 状态震级下限分别取 $M_0^1 = 4\frac{3}{4}$,$M_0^2 = 5.0$,$M_0^3 = 5.5$,$M_0^4 = 6.0$.

根据 1765～1973 年历史地震资料取 $T = 1\,200$ 月,得计算结果见表 3-1.

表 3-1

地区号	1	2	3	4
M_0	4.75	5.0	5.5	6.0
λ_0(月)	$\dfrac{1\,685}{59}$	$\dfrac{1\,685}{51}$	$\dfrac{1\,620}{30}$	$\dfrac{1\,494}{10}$
P_{01}	$\dfrac{3}{59}$	$\dfrac{3}{51}$	$\dfrac{3}{30}$	$\dfrac{3}{10}$
y	2.14	2.14	2.22	2.41
$P_T(\%)$	88.2	88.2	89.2	91.0

由上可见,不同震级下限所得结果基本相同,其差别之存在是由于 1 状态流出时间长短所造成的.

例 3 天山北带取 $M \geqslant 7$ 为 1 状态,$5.0 \leqslant M < 7.0$ 为 0 状态,现比较 $1765 \sim 1973$ 年和 $1906 \sim 1973$ 年两种资料取用情况,$T = 1\,200$ 月. 见表 3-2.

表 3-2

范围	$1765 \sim 1973$	$1906 \sim 1973$
λ_0（月）	$\dfrac{1\,685}{51}$	$\dfrac{682}{48}$
P_{01}	$\dfrac{3}{51}$	$\dfrac{2}{49}$
y	2.14	3.45
$P_T(\%)$	88.2	96.9

§3.3　预测大地震的一种方法[①]

（一）基本思想

我们的目的是预测最近 4 个月内中国大陆是否有大地震发生. 根据的资料是全球（主要是环太平洋带）1900～1965 年大震目录, 希望利用世界大震来预报中国大陆的大震. 这里所谓大震的震级≥7.

方法的基本思想如下:

(i) 找出与中国大陆大震相关密切地区共 11 块, 记为 A_1, $A_2, \cdots, A_{11}$. 这些地区大致分布在阿富汗、土耳其、缅甸、苏门答腊、苏拉威西、所罗门群岛、菲律宾、斐济、汤加、美国、墨西哥、中南美、阿留申、日本、千岛群岛等.（每块地区又包含若干块小地区.）所谓相关密切, 是指每一块地区 A_i 发震后, 中国大陆在半年（或 7 个月）以内跟着发震的频率较高, 称这些地区为相关区, 它所含的每一小地区称为相关小区.

(ii) 在 1900～1965 年中, 在地区 A_i 内总共发震的次数设为 n_i, 其中有 m_i 次各在 7 个月内引起我国大震, 令

$$a_i = \frac{m_i}{n_i}, \tag{1}$$

它是该地区中的地震 7 个月内转移到中国的频率, 这个数越大, 表示该区与中国大震的关系越密切, 称 a_i 为 A_i 的相关频率.

(iii) 全球在某指定的 7 个月（例如 1950 年 1～7 月）中的大震总数设为 r, 其中计有 s 次分别落在相关区 $A_{i1}, A_{i2}, \cdots, A_{is}$ 中（A_{i1} 可能重合于 A_{i2} 等）, 它们对应的相关频数是 $a_{i1}, a_{i2}, \cdots, a_{is}$,

---

作线性组合,给出预报判别函数

$$X = d_1 a_{i1} + d_2 a_{i2} + \cdots + d_s a_{is}, \qquad (2)$$

权数 d_i 的取法见后.称 X 为这 7 个月的判别量.

(iv) 根据 X 的大小就可预报这 7 个月后的 4 个月(在上例中为 1950 年 8~11 月)中国大陆是否有大震发生:

若 $X \geqslant 0.53$ 则报有,若 $X \leqslant 0.47$,则报无.

若 $0.47 < X < 0.53$,则不作结论,继续观察.

(二) 相关区的选择

工作量比较大,可以这样做:在世界大震目录上,先标出中国内地的各次大震,然后把每次大震(例如其中一次为 1950 年 8 月 15 日西藏察隅大震)之前 7 个月内全球所发生的各次大震的震中标出,例如 1950 年 2~8 月内共发生 10 次大震,震中分别为 (22N, 100E),(46N, 144E),(21S, 169E),(13N, 143.5E),(20.3S, 169.3E),(47S, 15W),(20.3S, 169.3E),(8S, 70.8W),(6.5S, 155E),(27.3S, 62.5W).其中 2 次发生在前 3 个月即 1950 年 2~4 月中,其余 8 次发生在后 4 个月内,用红点记在坐标纸上.挑出这种红点密集的地区,其中的一块 A 例如

$$A_{10} = \begin{pmatrix} 0\text{—}34\text{S} \\ 62\text{—}91\text{W} \end{pmatrix},$$

即纬度为 0°S—34°S,经度为 62°W—91°W 的那块地区.设 1900~1965 年中,共含有 m 个红点,且在 A 内总共发生大震 n 次,如果 $\frac{m}{n}$ 相当大,即当

$$\frac{m}{n} > 74\%,$$

就取 A 为一块相关区.如上所说,$\frac{m}{n}$ 就是 A 的相关频率.

(三) 判别量 X 的精确公式

现在把公式精确化.直观地想,一般说来,前 3 个月中的地震

与后 4 个月中的地震对未来的地震影响是不一样的,因此有必要把它们区别开来.其次,还要考虑到这半年内全球地震的活动性.例如:全球只发生 4 次,其中有两次落入相关区;或者全球共发生 20 次,其中也只有两次落入相关区,落入次数虽然都是 2,但这两种情况是大不相同的,合理地应考虑落入次数与总数之比.

设我们现在处于时刻 t_0,要预测未来的 4 个月 (t_0,t_4) 中中国内地有无大震.为此利用过去 7 个月 (t_{-7},t_0) 中的地震记录,这 7 个月可分成两段:3 个月 (t_{-7},t_{-4}) 及 4 个月 (t_{-4},t_0).今定义

$$X = \frac{s_1}{r_1} \cdot \frac{1}{s_1} \sum_{j=1}^{s_1} d^{(j)} a^{(j)} + \frac{s_2}{r_2} \cdot \frac{1}{s_2} \sum_{j=1}^{s_2} D^{(j)} A^{(j)}$$

$$= \frac{1}{r_1} \sum_{j=1}^{s_1} d^{(j)} a^{(j)} + \frac{1}{r_2} \sum_{j=1}^{s_2} D^{(j)} A^{(j)}, \tag{3}$$

这里前一项对应于 (t_{-7},t_{-4}),后一项对应于 (t_{-4},t_0),其中 r_1 为 (t_{-7},t_{-4}) 中所发生的全球大震总次数;

s_1 为其中落入相关区的次数 $(s_1 \leqslant r_1)$;

$a^{(j)}$ 为这 s_1 次中,第 j 次大震所在相关区的相关频率,设为

$$a^{(j)} = \frac{m^{(j)}}{n^{(j)}},$$

$m^{(j)}, n^{(j)}$ 的意义与(1)中的 m_j, n_j 一样.设这 $m^{(j)}$ 次大震中,有 $h^{(j)}$ 次是经过 4 个月后才引起我国大陆发震的大震次数,则令

$$d^{(j)} = \frac{h^{(j)}}{m^{(j)}}, \tag{4}$$

类似地利用 (t_{-4},t_0) 中的资料可定义 $r_2, s_2, A^{(j)}, D^{(j)}$,区别只是在

$$D^{(j)} = \frac{H^{(j)}}{M^{(j)}} \tag{5}$$

中,$H^{(j)}$ 是不到 4 个月就引起我国大陆发震的大震次数.

以(4)(5)代入(3),可得 X 的另一表达式为

$$X = \frac{1}{r_1} \sum_{j=1}^{s_1} \frac{h^{(j)}}{m^{(j)}} \frac{m^{(j)}}{n^{(j)}} + \frac{1}{r_2} \sum_{j=1}^{s_2} \frac{H^{(j)}}{M^{(j)}} \frac{M^{(j)}}{N^{(j)}}$$

$$= \frac{1}{r_1} \sum_{j=1}^{s_1} \frac{h^{(j)}}{n^{(j)}} + \frac{1}{r_2} \sum_{j=1}^{s_2} \frac{H^{(j)}}{N^{(j)}}, \tag{6}$$

此式的直观意义是明显的.

在具体应用(3)式时,我们根据历史资料,事先一劳永逸地对每块相关区 A_j,算出 $d_j a_j$ 与 $D_j A_j$,算法与求 $d^{(j)} a^{(j)}$, $D^{(j)} A^{(j)}$ 一样,只是应以"第 j 个相关区"来代替上面的"第 j 个大震所在的相关区 $A^{(j)}$".

(四) 例

例 1 1950 年 8 月 15 日西藏察隅大震(8.5 级)前 7 个月全球大震落入各相区情况如表 3-3.

表 3-3

地区号	1	2	3	4	5	6	7	8	9	10	11	落入次数 s	$\sum d^{(j)} a^{(j)}$	$\sum D^{(j)} A^{(j)}$	总次数 r
$d_i a_i$	0.368	0.311	0.293	0.429	0.224	0.267	0.395	0.154	0.183	0.383	0.214				
$D_i A_i$	0.447	0.551	0.421	0.371	0.517	0.489	0.395	0.769	0.550	0.511	0.571				
前 3 个月落入次数					1	1						2	0.491		2
后 4 个月落入次数			1	1	3			1				6		2.854	8

此表说明:前 3 个月内落入区域 5 及 6 的各有 1 次,故 $s_1 = 2$,落入非相关区的没有,故 $r_1 = s_1 = 2$,类似算得 $s_2 = 6, r_2 = 8$,代入公式(3)得

$$X = \frac{1}{2}(0.224 + 0.267) + \frac{1}{8}(0.421 + 0.371 + 3 \times 0.517 + 0.511)$$

$$= 0.246 + 0.357 = 0.603 > 0.53.$$

例 2　考虑 1939 年 1 月 25 日至 8 月 25 日这段时内,前 3 个月落入 3 区与 5 区各 1 次,落入非相关区 5 次,后 4 个月内落入 3 区 1 次、5 区 2 次,落入非相关区 2 次. 故 $s_1=2$, $r_1=7$, $s_2=3$, $r_2=5$,代入(3)得

$$X = \frac{1}{7}(0.293 + 0.224) + \frac{1}{5}(0.421 + 2 \times 0.517)$$

$$= \frac{1}{7} \times 0.517 + \frac{1}{5} \times 1.455$$

$$= 0.074 + 0.291$$

$$= 0.365 < 0.5.$$

故得 1939 年 9～10 月内中国大陆无大震,与实际相符.

(五) 实践检验

(i) 1900～1965 年中国大陆(包括与缅甸、印度、尼泊尔、苏联等地边界附近地区)共发生大震 61 次,对每次大震计算一次 X,共得 61 个 X 之值,这 61 个值除 3 个外,最小的是 0.53,详细的分布情况是

$X \geqslant 0.8$	12 次
$0.7 \leqslant X < 0.8$	20 次
$0.6 \leqslant X < 0.7$	14 次
$0.53 \leqslant X < 0.6$	12 次
$0.335 \leqslant X < 0.5$	3 次

(ii) 此外,我们又抽选了 109 个 6～7 月,其后 4～5 月内大陆没有大震,也算出 109 个 X 值,除 2 个外,它们的最大值是 0.5. 详细分布情况是

$X \leqslant 0.4$	101 次
$0.4 < X \leqslant 0.5$	6 次
$0.5 < X \leqslant 0.6$	1 次
$0.6 < X$	1 次

（iii）上面分析的是 1900～1965 年的资料. 我们再用此法来检验 1965 年以后中国的 7 次内地大震,算得

第 1 次 1966 年 3 月 22 日邢台大震前 7 个月内全球只发生 1 次大震,不便计算.

第 2 次 1969 年 7 月 18 日渤海地震,$X=0.679$.

第 3 次 1970 年 1 月 4 日云南通海地震,$X=0.76$.

第 4 次 1973 年 2 月 6 日四川甘孜地震,$X=0.762$.

第 5 次 1973 年 7 月 14 日昆仑山地震,$X=0.623$.

第 6 次 1974 年 5 月 11 日云南昭通地震,$X=0.554$.

此次之前为 1974 年 5 月 9 日的日本地震,此两次相隔不到两昼夜,而日本地震消息传来时,昭通地震已发生（日本地震前 $X=0.427$,加上日本地震后 $X=0.554$）.

第 7 次 1975 年 2 月 4 日辽宁营口地震,$X=0.721$. 早在 1974 年 12 月即已算出此值,并提出了 3 个月内内地有 7 级以上大震的预报.

（六）进一步问题

所预报的大震将在哪里发生? 为此,将中国内地分成三部分:第一部分包括新疆、青海、甘肃、宁夏等地(以后简称Ⅰ区),第二部分包括四川、云南、西藏等地(以后简称Ⅱ区),第三部分包括河北、山西、陕西、东北等地(简称Ⅲ区).

方法简述如下:

（i）用公式

$$Y_k = \sum_{j=1}^{s_1} G_k^{(j)} + \sum_{s=1}^{s_2} H_k^{(s)} \qquad (k=1,2,3). \qquad (7)$$

对前面的 58 次地震(即 1900～1965 年,用公式报中的 58 次)的每一次,分别算出三个值 Y_1,Y_2,Y_3,其中

Y_1:Ⅰ区的判别量,

Y_2：Ⅱ区的判别量，

Y_3：Ⅲ区的判别量．

s_1(或 s_2)是前 3(或后 4)个月中落入相关区的总次数．

$$G_k^{(j)} = \frac{e_k^{(j)}}{m_j},$$

m_j：前 3 个月第 j 次大震所在的相关小区中，7 个月内引起中国大震的次数．

$e_k^{(j)}$：该小区中转入中国内地第 $k(1,2,3)$ 区，且经过时间在 4~7 个月的大震次数．

$$H_k^{(s)} = \frac{f_k^{(s)}}{m_s},$$

m_s：后 4 个月第 s 次大震所在相关小区中，7 个月内引起中国大震的次数．

$f_k^{(s)}$：该区 m_s 次中转入中国内地第 k 区，且经过时间小于 4 个月的大震次数．

(ii) 对 Y_1, Y_2, Y_3 进行比较，选其最大者所对应的区，作为预报区．

例 3　1924 年 7 月 3 日新疆(36N,84E)发生 7.2 级大震，其前 7 个月内共有 9 次大震，该 9 次大震全都落入相关小区中，有

$$s_1 = 2, \quad s_2 = 7,$$

$$\begin{cases} G_1^{(1)} = \dfrac{2}{9}, \\[2mm] G_2^{(1)} = \dfrac{2}{9}, \\[2mm] G_3^{(1)} = \dfrac{0}{9}, \end{cases} \quad \begin{cases} G_1^{(2)} = \dfrac{2}{4}, \\[2mm] G_2^{(2)} = \dfrac{0}{4}, \\[2mm] G_3^{(2)} = \dfrac{0}{4}, \end{cases}$$

$$\begin{cases} H_1^{(1)} = \dfrac{5}{16}, \\[2mm] H_2^{(1)} = \dfrac{3}{16}, \\[2mm] H_3^{(1)} = \dfrac{2}{16}, \end{cases} \begin{cases} H_1^{(2)} = \dfrac{3}{8}, \\[2mm] H_2^{(2)} = \dfrac{0}{8}, \\[2mm] H_3^{(2)} = \dfrac{2}{8}, \end{cases} \begin{cases} H_1^{(3)} = \dfrac{1}{15}, \\[2mm] H_2^{(3)} = \dfrac{6}{15}, \\[2mm] H_3^{(3)} = \dfrac{1}{15}, \end{cases} \begin{cases} H_1^{(4)} = \dfrac{3}{8}, \\[2mm] H_2^{(4)} = \dfrac{2}{8}, \\[2mm] H_3^{(4)} = \dfrac{2}{8}, \end{cases}$$

$$\begin{cases} H_1^{(5)}=\dfrac{3}{16}, \\[2mm] H_2^{(5)}=\dfrac{3}{16}, \\[2mm] H_3^{(5)}=\dfrac{3}{16}, \end{cases} \quad \begin{cases} H_1^{(6)}=\dfrac{3}{15}, \\[2mm] H_2^{(6)}=\dfrac{4}{15}, \\[2mm] H_3^{(6)}=\dfrac{1}{15}, \end{cases} \quad \begin{cases} H_1^{(7)}=\dfrac{3}{16}, \\[2mm] H_2^{(7)}=\dfrac{3}{16}, \\[2mm] H_3^{(7)}=\dfrac{3}{16}, \end{cases}$$

代入公式(7)得

$$Y_1=\frac{2}{9}+\frac{2}{4}+\frac{5}{16}+\frac{3}{8}+\frac{1}{15}+\frac{3}{8}+\frac{3}{16}+\frac{3}{15}+\frac{3}{16},$$

$$Y_2=\frac{2}{9}+\frac{0}{4}+\frac{3}{16}+\frac{0}{8}+\frac{6}{15}+\frac{2}{8}+\frac{3}{16}+\frac{4}{15}+\frac{3}{16},$$

$$Y_3=\frac{0}{9}+\frac{0}{4}+\frac{2}{16}+\frac{2}{8}+\frac{1}{15}+\frac{2}{8}+\frac{3}{16}+\frac{1}{15}+\frac{3}{16}.$$

显然 Y_3 最小只需比较 Y_1,Y_2.

$$Y_1-Y_2=\frac{2}{4}+\frac{2}{16}+\frac{3}{8}-\frac{5}{15}+\frac{1}{8}-\frac{1}{15}>0.$$

即 Y_1 最大,应报 Ⅰ 区,与实际相符.

(iii) 由于各区资料数相差较大,第 Ⅲ 区往往不易报上,因而采取"组内比较"与"组间比较"相结合的办法(前例是组间比较),所谓"组内比较",是指对 58 个 $Y_k(k=1,2,3)$ 分别定出临界值 Γ_k,当 $Y_k \geqslant \Gamma_k$ 时称为在组内合格,否则不合格(Γ_k 定法与前段 $X=0.53$ 的定法相仿).对于 Ⅲ 区若 Y_3 在"组内比较"合格,就应优先考虑.

(iv) 采用上法效果: Ⅰ, Ⅱ 区 90% 以上报中(后验效果也好).第 Ⅲ 区一半报中.

(v) 既要提高资料数较少地区的预报效果,又要保证资料数较多地区的预报效果基本不变(这里 Ⅰ 区大震发生次数 $v_1=20$, Ⅱ 区大震发生次数 $v_2=32$, Ⅲ 区大震发生次数 $v_3=8$).除上述第 (3)段中方法外,还可采用改进公式(7)的办法,改进后的公式为

$$Y_k = \sum_{j=1}^{s_1} G_k^{(j)} + \sum_{s=1}^{s_2} H_k^{(s)} - (s_1 + s_2) \frac{v_k + \frac{1}{3}\sum_1^3 v_k}{3\left(\sum_1^3 v_k\right)}$$

$$(k=1,2,3). \qquad (7)'$$

它既照顾到各区发生大震次数存在的客观差异,又消除了各区资料相差较大不易比较的弱点.

采用公式(7)′进行地区预报,Ⅲ区效果比前法略有提高,其他地区效果与前法基本相同.

〔附表 1〕:

各代号所代表的地区(相关区)是

1.伊朗、阿富汗等;

2.缅甸、苏门答腊等;

3.苏拉威西、所罗门群岛等;

4.中国台湾、菲律宾等;

5.斐济、汤加等;

6.日本、千岛群岛等;

7.白令海峡等;

8.美国、墨西哥等;

9.中美①;

10.中南美;

11.南奥克尼群岛等.

(小区及经纬度从略,详见参考文献[5]).

---

① 中美指的是:危地马拉、伯利兹、洪都拉斯、萨尔瓦多、尼加拉瓜、哥斯达黎加、巴拿马、古巴、海地、多米尼加等.见本套书第 3 卷第 380 页第 9 区.

§3.4 发震地点的统计预报[①]

（一）基本思想

我们的目的是要预报下次 5 级以上地震发生的地点,基本的想法是:尽量把与发震地点有关的因子找出来,每个因子都提供一定的信息,然后把这些信息综合起来构成一个总的信息,并根据后者进行预报.至于如何综合则应满足拟合检验的原则:根据这个方法所算得的结果,必须和已经发生的地震符合得相当好.一般说,拟合越好,则预报的把握越大.

下面作一些详细的说明.设要预报某地 A 中下次发震的地点,根据地质结构或统计分析,将 A 分成若干区域 $A_1, A_2, \cdots, A_n$,使在同一区 A_i 内发生的地震下次转移出去的地点尽可能集中(图 3-3).

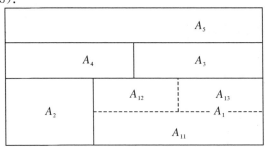

图 3-3

利用地震目录中若干年(例如 1900～1970 年)的资料,把在 A_j 内发生的 5 级以上地震找出来,设在 A_j 内共发生 n_j 次,这 n_j 次中,共有 n_{jk} 次转移到区域 A_k(即 A_j 发震后,接着下次在 A_k 发

---

① 本节取材于参考文献[1].

生,这叫做自 A_j 到 A_k 的转移).转移概率记为 P_{jk},则有

$$P_{jk} \approx \frac{n_{jk}}{n_j}. \tag{1}$$

可以根据历史资料近似地把 P_{jk} 求出来.我们取 P_{jk} 作为一个预报因子,显然,设这次地震发生于 A_j,如果

$$P_{jk_1} > P_{jk_2} > \cdots > P_{jk_n}, \tag{2}$$

亦即下次转移到 A_{k_1} 的概率最大,A_{k_2} 次之,…我们当然首先应报 A_{k_1},其次报 A_{k_2},…这种根据大概率预报的原则叫极大值原理.

除上述转移概率外,还可找到二重转移概率 P_{ijk},它是在已知上次地震发生在 A_i,这次发生在 A_j 的条件下,下次转移到 A_k 的概率,以 m_{ij} 表示在 1900~1970 年中发生在 A_i 并转移到 A_j 的地震总数,这 m_{ij} 次中,共有 m_{ijk} 次转移到 A_k,则

$$P_{ijk} \approx \frac{m_{ijk}}{m_{ij}}. \tag{3}$$

我们把 P_{ijk} 取作第二个预报因子,对它同样可应用极大值原理.

对资料的进一步分析,可能发现这种情况:某个区域 A_j,又可以分成若干小地区 $A_{j_1}, A_{j_2}, \cdots, A_{j_l}$(例如图 3-3 中的 A_{11},A_{12}, A_{13}),使在同一小地区内的转移更加集中,仿照(1),可以求出自某小地区 B_r(我们用 B_r 来代替复杂的记号 A_{jk})转移到区域 A_k 的概率 d_{rk}

$$d_{rk} = \frac{这\ s\ 次中,转移到\ A_k\ 的次数\ t}{1900 \sim 1970\ 年\ B_r\ 内发震总次数\ s}. \tag{4}$$

我们取 d_{rk} 为第三个预报因子,当然,对 d_{rk} 也可运用极大值原理.

设对这三个预报因子分别应用极大值原理,分别得出下次地震最大可能区域为 A_u, A_v, A_w,如果这三个区域全相同为 A_u,我们自然就报下次地震在 A_u 中,但一般这三者不全同,这就发生了矛盾,为了解决这个困难,我们不按个别因子报,而综合三个因子,组成一个总的预报测度

$$m(k) = \alpha P_{ijk} + \beta P_{jk} + \gamma d_{rk}, \tag{5}$$

α, β, γ 是常数,称为权,每个权反映相应因子的作用,例如,若 P_{jk} 报中的比例大,β 就相应地大,其他的权也如此. 权的具体求法如下:以求 β 为例,用 P_{jk} 来试报某些年(例如 1958~1962 年)中的地震. 设 1958 年前最后一次在 A_j 发震,而且

$$P_{jk_1} > P_{jk_2} > P_{jk_3} > \cdots,$$

则按顺序应先报 A_{k_1},次报 A_{k_2},三报 A_{k_3},再看 1958 年首次地震实际发生在那里,若确发生在 A_{k_1},则 P_{jk} 得 5 分;若确发生在 A_{k_2},则得 3 分;若确发生在 A_{k_3},则得 1 分;若发生在其他区域,则不得分(若发生在 k_1,但 $P_{jk_1} = P_{jk_2}$,则得 4 分). 于是对 1958~1962 年中每次地震都记一次分,所得总分即是 β(或差一常数因子),其他两个权数的求法类似.

现在可将预报方法归纳如下:先查看上次地震所在区,设为 A_j,所在小地区设为 B_r,其次查看再上一次地震所在区,设为 A_i. 由(5)算出 $m(1), m(2), \cdots, m(k), \cdots$,如果

$$m(k_1) > m(k_2) > m(k_3) > \cdots > m(k_n),$$

那么报下次地震发生的区域最大可能为 A_{k_1},其次可能为 A_{k_2};而区域 A_{k_n} 则基本无危险.

设下次地震已发生在 A_k,则以后继续预报时,应把(1)右方中的 n_{jk} 加上 1,分母也应加上 1;(3)(4)中的分子、分母也要类似积累.

为了考查方法的可靠程度,应先做内符检验,即有意只统计 1971 年前的资料,算出(5),然后用(5)来预报 1971~1973 年的地震,看报中的效果如何. 若不好,则需重新调整方法,直到预报效果较好时再预报.

这里有几个可以活动的因素可供调整:

(i) 区域或小地区的划分有灵活性;

(ii) 落在两区域之间的地震应并入那一区;

(iii) 地震资料可适当选择,如 A_1 区地震少,选入震级可放低些,以增加资料,若 A_2 区地震多,则震级可取高些;

(iv) 取资料的年段可适当放长或缩短;

(v) 记分的标准也可变动.

我们可以利用反馈的思想来进行调整,先把上述因素固定,作为第一次逼近,看看预报效果如何,不太好时,重新固定上述因素,作为第二次逼近,再看预报效果如何,如此继续.

为了丰富直观,可以画两张图,一张是发震地点图(见图 3-4),在地区 A 上标上经纬度,用点表示某次地震的震中,并在其附近标出由此转移出去的下次震中的经纬度.第二张是转移图,横坐标代表时间,纵坐标代表状态(即区域),并用折线把相邻两次震中所在的状态连接起来(见图 3-5).

我们曾用此法来预报我们南北带(坐落在云南、四川、甘肃、宁夏境内)5 级以上地震,还预报了我国大陆六个主要地震区(华北、四川、云南、西北、西藏及新疆等地的大部分)的地震迁移,方法与上述略有深入之处,但基本思想是一样的.(以后状态 A_k 简记为 k.)

(二) 中国中部南北地震带的地震迁移

(i) 状态的划分.如何把南北地震带分成状态是首先碰到的重要问题.分几个? 如何划分? 这对预报效果有很大影响.根据相关分析统计的结果,考虑到南北带地震活动特点及地质构造上一些明显特点,我们将本地带划分为 5 个状态,它们的范围见图 3-4.同时我们将本地区 1950~1970 年 5 级以上地震资料按状态的迁移画成图(见图 3-5).

(ii) 年段的区分.对 1950~1970 年中 $M \geqslant 5$ 的地震进行分析后,发现这 21 年中的震中迁移特性随着年份不同有较大差异.

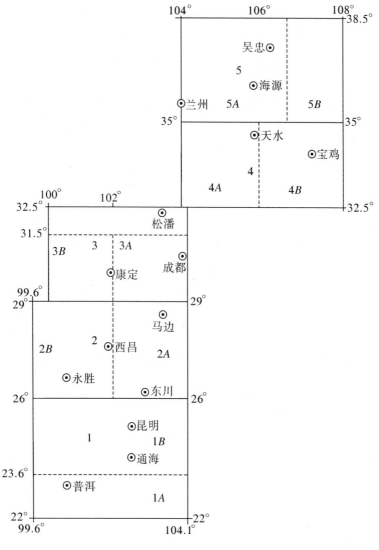

图 3-4　南北地震带五个状态示意图

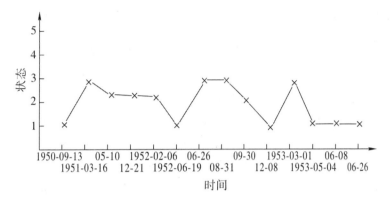

图 3-5　南北地震带 5 级以上地震迁移图（部分）

可以把 21 年分成三段：

①1950～1957 年；

②1958～1962 年；

③1963～1970 年；即 8 年、5 年、8 年三段. 用数理统计中 χ^2 检验发现两个 8 年段（共 16 年）的统计性质没有显著差异，而中间的 5 年确与 16 年有显著差异，中华人民共和国成立前也有类似的现象. 作图后亦可看出，5 年段中 4,5 状态发震较多，而 8 年段中则极少. 1971 年开始，似又应处于 5 年段时间.

　　这样，21 年作为整体来看是非齐次的. 但是就 8 年段、5 年段内部而言，我们考虑的链是近似齐次的. 经过齐次性统计核验也可相信是齐次的，这为使用齐次马尔可夫链进行地震迁移规律研究提供了理论基础.

　　(iii) 一重转移概率. 如何计算一重转移概率 P_{jk}？我们用频率来近似代替概率. 鉴于上述 5 年段与 8 年段的统计性质有差异，分别对两个年段计算转移频率.

　　先考虑 5 年段. 为了计算 P_{jk}，先数出在状态 j 发震的总次数，譬如说共 12 次；再计算这 12 次中转移到 k 状态的有几次，譬如说 7 次，则得 $P_{jk}^{(5)}=\dfrac{7}{12}$，上标"(5)"表示 5 年段．8 年段亦照此办理，这样计算出两组一重转移概率 $P_{jk}^{(5)},P_{jk}^{(8)}(j,k=1,2,\cdots,5)$（表 3-4）．为了综合这两组概率的作用，采用两者的加权平均值．

$$P_{jk}=a_jP_{jk}^{(5)}+b_jP_{jk}^{(8)},\tag{6}$$

其中 a_j,b_j 是权，用下述得分方法确定．

表 3-4　一重转移频数表

j	k					
	1	2	3	4	5	年段(年)
1	0	1	1	0	2	5
	8	5	8	0	0	8
2	2	3	0	1	2	5
	3	3	4	0	1	8
3	0	1	4	0	2	5
	9	3	4	0	0	8
4	0	1	1	0	1	5
	0	0	0	0	0	8
5	3	2	0	2	0	5
	0	0	0	0	0	8

先用 $P_{jk}^{(5)}(k=1,2,\cdots,5)$ 来报 1958～1962 年的地震，设

$$P_{jk_0}^{(5)}\geqslant P_{jk_1}^{(5)}\geqslant P_{jk_2}^{(5)}\geqslant P_{jk_3}^{(5)}\geqslant P_{jk_4}^{(5)}.\tag{7}$$

这表示，如果这次发震区为 j，以 $P_{jk}^{(5)}$ 为准则来预报时，下次发震地区最大可能为 K_0，次大可能为 K_1，第三可能为 K_2．再看看下次地震实际发生在哪里．如果在 K_0，就人为规定 j 得 5 分；如出现 $P_{jk_0}^{(5)}=P_{jk_1}^{(k)}$ 的情况．而地震实际发生在 K_0 或 K_1，得 4 分，余类推．这样，对应于 1958～1962 年每一次地震（最后一次除外）计算一次分数．所得总分记为 f．

同样，用 $P_{jk}^{(8)}$ 来报 1958～1962 年地震，总分记为 $g.\ f,g$ 累积方法见表 3-5．令

$$a_j = \frac{f}{f+g}, \quad b_j = \frac{g}{f+g}. \tag{8}$$

代入 (6)，即得 P_{jk}，要注意的是权 a_j, b_j 是依赖于 j 的，即依赖于转移前的状态.

表 3-5　一重转移 5 年、8 年得分累积统计

状　　　态	1		2		3		4		5	
时间	5 年, 8 年段									
	5 (f)	8 (g)	5 (f)	8 (g)	5 (f)	8 (g)	5 (f)	8 (g)	5 (f)	8 (g)
	分　　数									
1958 年至 1963 年年底 (前一个 5 年段)	14	5	23	12	27	13	9	0	19	0
1970-12-03	19	5								
1971-02-05									24	0
1971-03-11	21	6								
1971-04-28			25	14						
1971-06-28	26	6								
1971-08-07									29	0
1971-08-16	29	7								
1971-09-14			29	16						
1971-11-05	32	8								
1972-01-23			34	18						
1972-04-08	33	12								
1972-08-27					27	18				
1972-09-27	34	10								

前面只用了 1970 年前的资料计算 $P_{jk}^{(5)}, P_{jk}^{(8)}, a_j, b_j, P_{jk}$，1970 年后的地震用作预报检验. 在预报过程中也要随时利用 1971 年

后发生并已经经过核验的地震,因此要把新资料累积起来,把它增加到组成 P_{jk} 的数据中去.自 1971 年起,每发生一次地震,例如是从 2 转移到 5,就把有关资料加到原来的统计表中去,办法是原表中 2 转移到 5 栏中增加 1.然后重新计算一次 $P_{jk}^{(5)}$ 及 a_j,b_j 得到一个新的 P_{jk},这就是累积方法.

  注 表 3-5 中第一行 f 及 g 各值是分别用 $P_{ik}^{(5)}$ 及 $P_{ik}^{(8)}(i,k=1,2,\cdots,5)$ 预报 1958 年至 1962 年年底这 5 年段地震时,各状态得分的累积数,第一行状态 1 对应的 $f=14,g=5$,在第二行所以变为 $f=19,g=5$,是因为已知 1970 年 11 月底前,最后一次地震是在 1 区发生的,如用 $P_{1k}^{(5)}(k=1,2,\cdots,5)$ 来预报下次地震,即 1970 年 12 月 3 日的地震,其第一可能状态又报中了状态 5,故状态 1 应得 5 分,即 f 增加 5 分.如用 $P_{1k}^{(8)}(k=1,2,\cdots,5)$ 来报下次地震,则其前三个可能状态都没有报中,故状态 1 不得分,因而 g 值不变($P_{1k}^{(5)}$ 及 $P_{1k}^{(8)}$ 的值参见表 3-4).其余各行仿此累积.

  表 3-7 及表 3-9 的 f,g 值也是仿此累积而得.

  (iv) 二重转移概率的计算.计算方法与一重的计算方法相似,先求 $P_{ijk}^{(5)}$,若 5 年段中共有 7 次从 i 转移到 j,而 7 次中又有 3 次是从 j 转移到 k,则取 $P_{ijk}^{(5)}=\dfrac{3}{7}$.同样方法求 $P_{ijk}^{(8)}(i,j,k=1,2,\cdots,5)$(表 3-6).加权平均为

$$P_{ijk}=c_j P_{ijk}^{(5)}+d_j P_{ijk}^{(8)}. \tag{9}$$

表 3-6 二重转移概率

i,j	k					
	1	2	3	4	5	年段(年)
1,1	0	0	0	0	0	5
	3	2	3	0	0	8
1,2	0	1	0	0	0	5
	1	1	2	0	1	8

（续表）

i,j	k					
	1	2	3	4	5	年段(年)
1,3	0	0	1	0	1	5
	5	1	1	0	0	8
1,4	0	0	0	0	0	5
	0	0	0	0	0	8
1,5	0	1	0	1	0	5
	0	0	0	0	0	8
2,1	0	1	1	0	0	5
	1	0	2	0	0	8
2,2	1	1	0	0	1	5
	1	1	1	0	0	8
2,3	0	0	0	0	0	5
	1	1	2	0	0	8
2,4	0	1	0	0	0	5
	0	0	0	0	0	8
2,5	0	1	0	1	0	5
	0	0	1	0	0	8
3,1	0	0	0	0	0	5
	4	2	2	0	0	8
3,2	0	0	0	1	1	5
	1	1	1	0	0	8
3,3	0	1	2	0	1	5
	2	1	1	0	0	8
3,4	0	0	0	0	0	5
	0	0	0	0	0	8
3,5	2	0	0	0	0	5
	0	0	0	0	0	8
4,1	0	0	0	0	0	5
	0	0	0	0	0	8
4,2	0	1	0	0	0	5
	0	0	0	0	0	8
4,3	0	0	1	0	0	5
	0	0	0	0	0	8

（续表）

i,j	k					年段(年)
	1	2	3	4	5	
4,4	0	0	0	0	0	5
	0	0	0	0	0	8
4,5	1	0	0	0	0	5
	0	0	0	0	0	8
5,1	0	0	0	0	2	5
	0	1	1	0	0	8
5,2	1	0	0	1	0	5
	0	0	0	0	0	8
5,3	0	0	0	0	0	5
	1	0	0	0	0	8
5,4	0	0	1	0	1	5
	0	0	0	0	0	8
5,5	0	0	0	0	0	5
	0	0	0	0	0	8

　　权数 c_j, d_j 仍用上述的记分法来求（表 3-7），在外推预报 1970 年后的地震时同样要进行累积.

表 3-7　二重转移 5 年、8 年段得分累积统计表

状　态	1		2		3		4		5	
	5 年、8 年段									
时　间	5	8	5	8	5	8	5	8	5	8
	f	g	f	g	f	g	f	g	f	g
	分　数									
1958 年至 1962 年年底（前一个 5 年段）	21	5	32	7	27	8	13	0	31	0
1970-12-03	21	5								
1971-02-05									31	0
1971-03-11	24	5								

（续表）

状　　态	1		2		3		4		5	
时　　间	5年、8年段									
	5 f	8 g	5 f	8 g	5 f	8 g	5 f	8 g	5 f	8 g
	分　　数									
1971-04-28			32	8						
1971-06-28	24	5								
1971-08-07									34	0
1971-08-16	28	5								
1971-09-14			36	9						
1971-11-05	31	5								
1972-01-23			41	10						
1972-04-08	33	10								
1972-08-27					27	13				
1972-09-27	33	12								

（v）小地区因素. 当仔细考虑转移情况时, 我们发现 $1, 2, 3$ 三个状态分别还可细分成几个小地区, 例如, 状态 1 可分为两个小地区 $1A$ 和 $1B$. 在 $1A$ 中发生的地震, 若属于 8 年段, 则大都转移到状态 3; 在 $1B$ 中发生的地震, 8 年段中则大部分转到 1. 细分后总共得到 9 个小地区 $1A, 1B, 2A, 2B, 3A, 3B, 3C, 4, 5$, 其范围见图 3-4. 对于小地区 $1A$, 可以把它在 5 年段中转移到 5 个状态的频数分别登记下来, 并以频率当作小地区的转移概率 $D_{1A, k}^{(5)}$, 即

$$D_{1A, k}^{(5)} = \frac{5 \text{ 年段中自 } 1A \text{ 转移到状态 } k \text{ 的次数}}{5 \text{ 年段中在 } 1A \text{ 内总共发震次数}}.$$

于是得到 5 年段中的自小地区到状态的转移频率 $D_{rk}^{(8)}$. 同样可求

出 $D_{r,k}^{(8)}$（表3-8），然后再用得分方法算出加权平均

$$D_{r,k}=U_r D_{r,k}^{(5)}+V_r D_{r,k}^{(8)},\qquad\qquad(10)$$

这里 $r=1A,1B,\cdots,3C,4,5;k=1,2,\cdots,5.$（参看表3-9）外推或预报时也要累积.

表3-8　地区转移频数表

λ,φ	k					
	1	2	3	4	5	年段(年)
1A	0	0	0	0	1	5
	0	2	8	0	0	8
1B	0	1	1	0	1	5
	8	3	0	0	0	8
2A	1	0	0	1	1	5
	3	0	2	0	0	8
2B	1	3	0	1	1	5
	0	3	2	0	1	8
3A	0	0	0	0	2	5
	1	3	3	0	0	8
3B	0	0	0	0	0	5
	4	0	0	0	0	8
3C	0	0	4	0	0	5
	4	0	2	0	0	8
4	0	2	1	0	1	5
	0	0	0	0	0	8
5	3	2	0	2	0	5
	0	0	1	0	0	8

表3-9　地区在5年、8年段得分累积统计表

状　　态	1		2		3		4		5	
	5年、8年段									
时　　间	5	8	5	8	5	8	5	8	5	8
	分　　数									
1958年至1962年年底（前一个5年段）	14	3	26	21	30	12	14	0	23	0
1970-12-03	17	3								
1971-02-05									28	0

（续表）

状　态	1		2		3		4		5	
时　间	5年、8年段									
	5	8	5	8	5	8	5	8	5	8
	分　　数									
1971-03-11	19	6								
1971-04-28			29	26						
1971-06-28	24	6								
1971-08-07									32	0
1971-08-16	28	9								
1971-09-14			34	31						
1971-11-05	28	12								
1972-01-23			39	36						
1972-04-08	28	17								
1972-08-27					30	17				
1972-09-27	30	22								

（vi）预报测度. 利用上面求出的 P_{jk}，P_{ijk}，D_{rk} 的线性组合，可以构造预报测度

$$M(k) = AE_j P_{ijk} + BP_{jk} + CD_{rk} \qquad (11)$$
$$(k=1,2,\cdots,5)$$

（注意最后一项中的 r 由最后那次地震落在 j 中哪个小区而定）. 这里 A,B,C 仍是分别用 P_{ijk}，P_{jk} 及 D_{rk}，来报 1958～1962 年中地震时的得分总数，不过为计算简单计，只记录最大可能得分，即如预报中的最大可能状态与实际发震地点相符就得 1 分，否则不得分. 统计结果得 $A=13$，$B=11$，$C=16$.（11）中所以出现 $E_j = \dfrac{d_1}{d_2}$（d_2 是 5 年段内 j 中的地震总数，d_1 是这些地震中自 i 转来的地震总数，$E_j \leqslant 1$）是因为资料少，故 P_{ijk} 如不为 0，就容易取很大的

数值；以 $E_j = \dfrac{d_1}{d_2}$ 乘 P_{ijk} ，就相当于对 P_{ijk} 进行了"压缩".

预报测度 $M(k)$ 中的 k 遍历五个状态，即 $k = 1, 2, 3, 4, 5$. $M(k)$ 其实依赖于最后两次发震地区 i, j 及最后那次所处 j 中的小地区，它还与地震的次数 n 有关，因为（11）中右方 A, B, C, E_j ，P_{ijk}, P_{jk}, D_{rk} 等都由于累积而与 n 有关.

为了要预报下一次（设为第 $n+1$ 次）发震于哪一状态，先查明上两次发生的两个状态 i, j 等于什么，譬如说 $i = 2, j = 1$，即上两次是从 2 转到 1；再查上次发震的经纬度 (λ, φ) 是落在那一小地区，譬如说落在 1A 中，有了这三个数据就可以从一直累积到第 n 次地震的有关表中查出 A, B, C, E_1 ，还可以由表 3-6，表 3-4，表 3-8 算出 $P_{21,1}, P_{21,2}, \cdots, P_{21,5}, P_{11}, P_{12}, \cdots, P_{15}$ ，以及 $D_{1A,1}$，$P_{1A,2}, \cdots, D_{1A,5}$ 的值，代入（11）就得出 $M_{(1)}, M_{(2)}, \cdots, M_{(5)}$ ，譬如说：

$$[M_{(1)}, M_{(2)}, M_{(3)}, M_{(4)}, M_{(5)}] = [1.4, 6.7, 8.5, 0, 18.7],$$

这里 $M_{(5)} = 18.7$ ，最大，所以下次地震出现于状态 5 的可能性最大，它的概率是 $\overline{M}_{(5)} = \dfrac{M_{(5)}}{S} = \dfrac{18.7}{35.3} = 52.9\%$ ，其中 $S = M_{(1)} + M_{(2)} + \cdots + M_{(5)}$. 其次可能的地区是状态 3，它出现的概率为 $\overline{M}_{(3)} = \dfrac{8.5}{35.3} = 24\%$ ，而状态 4 基本上不会出现. 如果我们预报两个状态，可以说有 76.9% 的把握下次地震会发生在状态 5 或 3 中.

（vii）预报效果. 我们根据 1950～1970 年的资料用上述方法来外推 1971～1972 年 5 级以上地震的地区时，所得结果见附表 3-10.

由表 3-10 可看出：两年中共发生 13 次 5 级以上的地震错报 2 次，半对（即实际发震于预报中第二可能地区）2 次，全对（即实际发震地点与预报中的最大可能地区一致）9 次.

表 3-10 如下法算出：

表 3-10 南北带预报检验情况表（$M_s \geq 5$）

i,j	时间	经纬度	地区	二重转移 $P_{i,j,k}$	权 $A \times E_i$	一重转移 $P_{j,k}$	权 B	地区转移 $D_{j,k}$	权 C	预报测度 $M(k)$	和 S	预测最大可能 状态	概率	预测次大可能 状态	概率	实发 状态	实发 经纬度	效果
3,1	1970-11-18	25.2 100.9	1_B	(0.11,0.05,0.05,0,0)	$13\times\frac{0}{4}$	(0.10,0.25,0.28,0,0.37)	11	(0.13,0.32,0.28,0,0.28)	16	(3.1,7.9,7.5,0,8.5)	27	5	31%	2 / 3	29% / 27%	5	35.5 105.3	好
1,5	1970-12-03	35.5 105.3	5	(0,0.5,0,0.5,0)	$13\times\frac{2}{7}$	(0.43,0.29,0,0.29,0)	12	(0.43,0.29,0,0.29,0)	16	(12.9,9.9,0,9.9,0)	31.8	1	36%	4	32% / 32%	1	25.4 99.6	好
5,1	1971-02-05	25.4 99.6	1_B	(0,0.22,0,0,0.78)	$13\times\frac{2}{5}$	(0.08,0.21,0.24,0,0.48)	13	(0.11,0.25,0.21,0,0.43)	17	(2.8,2.6,7.0,17.4)	34.3	5	50.7%	2	23.6%	5	29 103.6	中
1,2	1971-03-17	29 103.6	2_A	(0.04,0.82,0.07,0,0.04)	$13\times\frac{1}{8}$	(0.26,0.34,0.11,0,0.2)	13	(0.45,0,0.18,0.18,0.18)	17	(11.5,7.4,6.3,2.5,8)	30.4	1	36.5%	5 / 2	19.1% / 19%	1	22.8 101.2	好
2,1	1971-04-28	22.8 101.2	1_A	(0.12,0.32,0.56,0,0)	$13\times\frac{2}{6}$	(0.09,0.31,0.21,0,0.39)	13	(0,0.05,0,0.19,0.76)	18	(0,6.6,3.8,6.0,18.7)	34.2	5	54.7%	5	25.1%	5	37.8 106.3	好
1,5	1971-08-07	37.8 106.3	1_B	(0,0.33,0,0,0.43)	$13\times\frac{3}{7}$	(0.50,0.25,0,0.25,0)	14	(0.50,0,0.25,0,0.25)	19	(18.2,10,0,10,0)	38.2	1	47.7%	2 / 4	26.1% / 26.1%	2	23.9 103.2	好
5,1	1971-08-16	23.9 103.2	2_A	(0.44,0.44,0.08,0,0.04)	$14\times\frac{2}{9}$	(0.07,0.28,0.19,0,0.47)	15	(0.14,0.37,0.16,0,0.32)	20	(3.9,14,8.6,1.0,15.9)	40.7	5	39.1%	2	36.5%	1	29 103.5	中
1,2	1971-09-14	29 103.5	1_A	(0.14,0.19,0.47,0,0.19)	$14\times\frac{3}{8}$	(0.31,0.31,0.12,0,0.18)	15	(0.54,0,0.19,0.13,0.13)	22	(17.6,6.15,7.3,9.5,6)	38.8	1	45.3%	1	15.6%	2	23.1 100.8	好
2,1	1971-11-05	23.1 100.8	2_A	(0.57,0.31,0.08,0,0.04)	$14\times\frac{3}{10}$	(0.07,0.35,0.18,0,0.40)	15	(0,0.05,0,0.19,0.76)	22	(1,8.7,3.9,4.0,23.7)	42.3	5	56%	3	22%	3	28.8 103.5	差
1,2	1972-01-23	28.8 103.5	1_A	(0.13,0.31,0.41,0,0.15)	$15\times\frac{4}{9}$	(0.37,0.29,0.07,0.08,0.18)	16	(0.59,0,0.19,0.10,0.10)	22	(20.9,5.6,5.6,3.4,5.1)	40.6	1	51.5%	2 / 3	13.8% / 13.8%	1	23.5 103	好
2,1	1972-04-08	23.5 103	3_B	(0.16,0.03,0.42,0,0.39)	$16\times\frac{2}{7}$	(0.76,0.40,0.17,0,0.36)	16	(0,0.24,0,0.24,0.52)	23	(2.1,12.8,4.0,17.9)	40.5	5	44.2%	5	29.9%	3	29.5 101.2	差
1,3	1972-08-27	29.5 101.2	1_A	(0.22,0.11,0.11,0,0.57)	$16\times\frac{1}{10}$	(0.18,0.16,0.47,0,0.19)	16	(0.29,0,0,0,0)	24	(10.4,2.7,9.4,4.8)	27.3	1	34.4%	3	31%	1	22.5 100.2	好
3,1	1972-09-27	22.5 100.2	3_B	(1.0,0,0,0,0)	$16\times\frac{3}{8}$	(0.10,0.36,0.25,0,0.29)	16	(0,0.20,0.43,0,0.37)	25	(2,0,10.7,14,14.5)	41.6	5 / 3	35% / 35%	3		3	30.2 101.6	中
1,3		30.2 101.6	3_E	(0.45,0.05,0.27,0,0.22)		(0.30,0.15,0.40,0,0.15)		(1.0,0,0,0,0)		(32.5,2.7,8.0,3.7)	46.9	1	69%	3 / 5	17.1%			

第一行中 $(3,1)$ 表示 1970 年 11 月底以前最后两次地震发生在第 3 区及第 1 区,而且其中最后一次是在小区 $1B$ 中,经纬度为 $(25.2°,100.9°)$. 现在要预报下次发震的地点,为此先算 P_{ijk},查表 3-6 的 $(3,1)$ 行知

$$(P_{31,1}^{(5)},P_{31,2}^{(5)},P_{31,3}^{(5)},P_{31,4}^{(5)},P_{31,5}^{(5)})=(0,0,0,0,0),$$

$$(P_{31,1}^{(8)},P_{31,2}^{(8)},P_{31,3}^{(8)},P_{31,4}^{(8)},P_{31,5}^{(8)})=\left(\frac{4}{8},\frac{2}{8},\frac{2}{8},0,0\right).$$

再由表 3-7 的第一行知,状态 1 在 5 年段及 8 年段的得分数各为 21 和 5,其和为 26,故由 (9) 得

$$(P_{31,1},P_{31,2},P_{31,3},P_{31,4},P_{31,5})$$

$$=\frac{21}{26}\times(0,0,0,0,0)+\frac{5}{26}\times\left(\frac{4}{8},\frac{2}{8},\frac{2}{8},0,0\right)$$

$$=\left(\frac{10}{104},\frac{5}{104},\frac{5}{104},0,0\right). \tag{12}$$

类似地,由表 3-4,表 3-5 的第一行及 (7) 算得

$$(P_{11},P_{12},P_{13},P_{14},P_{15})=\frac{1}{19}\times\left(\frac{40}{21},\frac{197}{42},\frac{227}{42},0,7\right), \tag{13}$$

由表 3-8 的 $1B$ 行,表 3-9 的第一行及 (10) 算得

$$(D_{1B,1},D_{1B,2},D_{1B,3},D_{1B,4},D_{1B,5})$$
$$=\frac{1}{17}\times\left(\frac{24}{11},\frac{181}{33},\frac{14}{3},0,\frac{14}{3}\right), \tag{14}$$

最后,据公式 (11) 算出预报测度 $M(k)$ 为

$$(M_{(1)},M_{(2)},M_{(3)},M_{(4)},M_{(5)})$$

$$=13\times\frac{0}{4}\times\left(\frac{10}{104},\frac{5}{104},\frac{5}{104},0,0\right)+$$

$$11\times\frac{1}{19}\times\left(\frac{40}{21},\frac{197}{42},\frac{227}{42},0,7\right)+$$

$$16\times\frac{1}{17}\times\left(\frac{24}{11},\frac{181}{33},\frac{14}{3},0,\frac{14}{3}\right)$$

$$\doteq(3.1,7.9,7.5,0,8.5),$$

这里的权数 $A=13, B=11, C=16$ 是由统计得出的,而 $E_j = E_1 = \dfrac{d_1}{d_2}$,这里 d_2 是 5 年段中在状态 1 内所发生的地震总数,由表 3-4 第 1 行, $d_2 = 1+1+2 = 4$, d_1 是这些地震中由状态 3 转来的次数,由表 3-6 的 $(3,1)$ 所对应的 5 年段行知 $d_1 = 0$,故 $E_1 = \dfrac{0}{4}$,又

$$S = 3.1+7.9+7.5+0+8.5 \approx 27.$$

故预报概率为

$$\left(\frac{3.1}{27}, \frac{7.9}{27}, \frac{7.5}{27}, 0, \frac{8.5}{27} \right),$$

其中 $\dfrac{8.5}{27}$ 最大,它是下次地震发生在状态 5 中的概率,故下次应首先报第 5 区,结果于 1970 年 12 月 3 日实际在第 5 区发震.

表 3-10 第二行表示第二次预报的情况.这时 $i=1, j=5$ 计算方法与第一次同.不过应吸取最近在 5 区有震所带来的新讯息,而应累积新资料.为此首先在表 3-4 中的 $i=1$ 及 $k=5$ 所对应的 5 年段的数 2 应改为 3,这是因为最近又发生了一次由状态 1 到 5 的转移.类似地,表 3-6 中的 $(i,j)=(3,1)$ 及 $k=5$ 所对应的 5 年段的 0 也应改为 1,表 3-8 中 $(\lambda, \varphi) \in 1B, k=5$ 所对应的 5 年段的 1 应改为 2.其次计算得分数时应采用表 3-5,表 3-7 及表 3-9 中的第二行,即 1970 年 12 月 3 日所对应的那一行.在应用 (11) 时,由于用 (13) 中的 $P_{1k}(k=1,2,\cdots,5)$ 也能报中状态 5,因而一重转移概率又得一分,故系数 B 应加上 1,但用 (12) 或 (14) 都不能报中状态 5.故 A, C 不变.此外 $E_j = E_3 = \dfrac{2}{7}$.利用这些,就可以作出第二次预报,以后各次预报仿此 (见表 3-10).

利用本节及下节方法,从 1973 年到 1975 年 3 月,曾实报 21 次,其中正确或基本正确 15 次,可见此方法还需要不断改进与提高.

§3.5 预报下次发震时间的一种办法[①]

设最近一次地震发生在状态 j，据预报下次地震将发生在状态 k，究竟 k 在什么时间发震？前面所讲的预报方法只指出可能发震的地点，没有考虑发震的时间．下面介绍应用地震三要素，即地点、时间和震级来预报下次地震的具体时间．

（一）基本思路

可以设想，状态 k 的发震时间与下列因素有关：

首先和状态 k 震前的最后一次地震所处的状态 j 有关，这个关系可以通过下面 3 个因素来反映．

（i）状态 j 的停留时间 τ_j：所谓状态 j 的停留时间是指自状态 j 发震之日到下一次发震（不论在哪一个状态）为止的这段时间间隔．

（ii）由状态 j 转移到 k 的转移时间 τ_{jk}，即由 j 发震到 k 发震的时间间隔．

上面两个因素部分地反映了状态 k 的发震时间所受到的外部地区影响．显然 τ_{jk} 是 τ_j 的一部分，但为了突出 j 与 k 的关系，有必要把 τ_{jk} 单独提取处理．

（iii）状态 j 的震级大小．

我们用 $\tau^{(M)}$ 表示震级为 M 时状态的停留时间，即这次 M 级地震到下次 5 级以上地震的时间间隔．此外，k 的发震时间还应与 k 本身有关．故还要考虑

（iv）状态 k 的回转时间 $\tau_k^{(R)}$：所谓 k 的回转时间是指由 k 发

[①] 本节取材于参考文献[9].

震之日到 k 再发震之时的这段时间间隔. $\tau_k^{(R)}$ 部分地反映了地区的特点.

对南北地震带,因有 5 年段、8 年段之分(见 §3.4),其状态的停留时间可能与过去"5 年段"的停留时间有更密切关系,因此考虑

(ⅴ) 1958～1962"5 年段"的状态停留时间 $\tau^{(五)}$.

以上 5 个因素每个都对预测 k 的发震时间提供一定的信息. 为了取长补短,就要把这些因素进行综合处理,办法是加权线性组合,最后得出 k 的发震时间的预报分布 $\rho_k(t)$. 这个分布由下式表示:

$$\rho_k(t) = a\tau_j(t) + b\tau_{jk}(t) + c\tau_k^{(R)}(t) + d\tau^{(M)}(t) + e\tau^{(五)}(t), \quad (1)$$

其中权 a,b,c,d,e 的值仍用得分方法确定. 式中因子 $\tau_j(t)$ 表示因素 τ_j 的频率分布,它是时间 t 的函数. 其余因子的意义类似,利用 $\rho(t)$ 的"最低点"即可进行预报.

(二) 具体步骤与实例

以下状态的划分及资料的选取均指 §3.4 所讲的南北地震带.

共分 3 步:先统计各因素的频数,后定权数,再进行预报. 现分别叙述如下:

(ⅰ) 因素的频数分布表. 取 10 天为单位. 据 1950～1971 年 3 月的历史资料做因素的频数表. 如表 3-11,表 3-12(1971 年 4 月至 1972 年的资料作为预报检验).

表 3-11 只列出 $\tau_2(t)$ 的频数分布,当 $t=1$ 时,对应于 $\tau_2(t)$ 行的频数 $n=4$,这表示状态 2 的停留时间在 $t=1$ 即 0～15 天范围内共有 4 个;同理 $t=2$ 时 $n=2$ 表示状态 2 的停留时间在 $t=2$ 即 16～25 天范围内共有 2 个等.

表 3-11 τ_r 的频数分布表

t	天	$\tau_1(t)$	$\tau_2(t)$	...
1	0～15		4	
2	16～25		2	
3	26～35		1	
4	36～45		1	
5	46～55		1	
6	56～65		1	
7	66～75		1	
8	76～85		0	
9	86～95		1	
10	96～105		2	
11	106～115		3	
12	116～125		0	
13	126～135		1	
14	136～145		0	
15	146～155		1	
...			...	
220	216～225		1	
...			...	
总频数 N			20	

τ_{jk}，$\tau_k^{(R)}$ 及 $\tau^{(五)}$ 的频数分布表从略. 表 3-12 是 $\tau^{(M)}$ 的频数分布. 这里把 5 级以上的震级分成 5 档. 表中只列出 $M=5$ 级这档 $\tau^{(5)}$ 的频数分布.

表中 $t=1$ 时，对应于 $M=5$ 行的频数 $n=3$，这表示在资料中状态的震级凡是 5 级的，它们的停留时间在 15 天以内的总共有 3 个等. 分档的原则是使每档有比较多的资料，但分的又不宜太粗，

表 3-12　$\tau^{(M)}$ 的频数分布表

t	天	M				
		5	5.1～5.3	5.4～5.8	5.9～6.9	7级以上
1	0～15	3				
2	16～25	1				
3	26～35	2				
...		...				
6	56～65	3				
7	66～75	2				
8	76～85	0				
9	86～95	1				
...		...				
13	126～135	1				
14	136～145	0				
15	146～153	1				
...		...				
18	176～185	2				
...		...				
230	226～235	1				
...		...				
总频数 N		17				

这可根据所选取历史资料的震级分布,按其集中程度而划分成若干档.

频数分布表做完后,即可确定权数,方法如下:

(ii) 权数的定法.用 1950～1971 年 3 月的历史资料去报"5年段"(1958～1962 年)和§3.4 一样,用 5 分、3 分、1 分三级得分法来确定各因素的权.在这里是用 30 天为单位,按频数的多、少来划分第一或第二或第三可能.以 $\tau^{(M)}$ 为例,由表 3-10 知,对 $M=5$ 而言,当 $t=1,2,3$ 即 $0\sim35$ 天时的总频数比其他的 30 天的总频数都高,等于 8,故 $0\sim35$ 天是第一可能时段;$56\sim85$ 天(也可以取 $46\sim75$ 天)为第二可能时段,其总频数为 5;第三可能时段有两个,$126\sim155$ 天及 $166\sim195$ 天,其总频数为 2.因此如果已知由状态 j 预报 k,而且 j 的震级 $M=5$,如果 j 到 k 的实发转移时间 $\tau_{jk}\leqslant35$ 天,那么因子 $\tau^{(M)}(t)$ 就得 5 分;如果 $56\leqslant\tau_{jk}\leqslant85$(或 $46\leqslant\tau_{jk}\leqslant75$),那么 $\tau^{(M)}(t)$ 得 3 分;其他的不得分(这是因为第三有两个等可能时段).这里所以取 30 天作为得分时段,是因为我们发报时均采用一个月预报时间单位.如此预报 $1958\sim1962$ 年后,最后累计得

$$a=87,b=90,c=57,d=77,e=71.$$

故预报分布公式为

$$\rho_k(t)=87\tau_j(t)+90\tau_{jk}(t)+57\tau_k^{(R)}(t)+$$
$$77\tau^{(M)}(t)+71\tau^{(五)}(t). \tag{2}$$

注意 上式中各因子不是因素的频数,而是因素的频率(见表 3-11).

(三) 预报

下面我们通过具体实例来说明(2)的用法.现已知 1971 年 3 月 11 日在状态 2 有震,其震级 $M=5$,下步要预报下次地震发生的时间.据地点预报,下次地震可能发生在状态 1,即 $k=1$.下面我们来计算 k 发震的可能时间.

已知 $j=2,k=1,M=5$,查 $\tau_2,\tau_{21},\tau_1^{(R)},\tau^{(5)}$ 及 $\tau^{(五)}$ 的频数分布,由此得出各因素的频率分布,列成表 3-13 如下:

表 3-13　因子的频率分布及 $\rho_{k(t)}$ 的分布表

	因子		$\tau_2(t)$	$\tau_{21}(t)$	$\tau^{(四)}(t)$	$\tau^{(5)}(t)$	$\tau^{(五)}(t)$	$\rho_1(t)$
已知：$j=2$，$M=5$，预测状态 $k=1$	1	t	$\frac{4}{20}$	0	$\frac{1}{23}$	$\frac{3}{17}$	$\frac{4}{30}$	42.9
	2		$\frac{2}{20}$	$\frac{1}{6}$	0	$\frac{1}{17}$	$\frac{3}{30}$	35.3
	3		$\frac{1}{20}$	0	0	$\frac{2}{17}$	$\frac{4}{30}$	22.9
	4		$\frac{1}{20}$	0	0	0	$\frac{2}{30}$	9.7
	5		$\frac{1}{20}$	0	$\frac{1}{23}$	0	$\frac{1}{30}$	9.2
	6		$\frac{1}{20}$	0	0	$\frac{3}{17}$	$\frac{3}{30}$	25.0
	7		$\frac{1}{20}$	$\frac{1}{6}$	$\frac{2}{23}$	$\frac{2}{17}$	$\frac{3}{30}$	40.4
	8		0	0	0	0	$\frac{1}{30}$	2.4
	9		$\frac{1}{20}$	$\frac{1}{6}$	0	$\frac{1}{17}$	$\frac{1}{30}$	26.2
	10	$\frac{n}{N}$	$\frac{2}{20}$	0	0	0	$\frac{1}{30}$	11.1
	11		$\frac{3}{20}$	0	0	0	$\frac{2}{30}$	17.8
	12		0	0	$\frac{2}{23}$	0	0	5.0
	13		$\frac{1}{20}$	$\frac{1}{6}$	0	$\frac{1}{17}$	$\frac{2}{30}$	28.6
	14		0	0	0	0	$\frac{2}{30}$	4.7
	15		$\frac{1}{20}$	$\frac{1}{16}$	0	$\frac{1}{17}$	$\frac{1}{30}$	26.2
	16		0	0	$\frac{2}{23}$	0	0	4.9
	17		0	0	$\frac{3}{23}$	0	0	7.4
	18		0	0	$\frac{1}{23}$	$\frac{2}{17}$	0	11.5
	19		0	0	0	0	0	0
	20		0	0	$\frac{1}{23}$	0	0	2.5
	21		0	0	0	0	0	0
	22		$\frac{1}{20}$	0	0	0	0	4.4
	23		0	0	0	$\frac{1}{17}$	$\frac{1}{30}$	6.9
	...		...	...	...	...	...	...
	总频数 N		20	6	23	17	30	
	权		87	90	57	77	71	

将 $\rho_1(t)$ 的值点成图,由图 3-6 可知 $\rho_1(t)$ 在 $t=4,t=5$,及 $t=8$ 有相对低点(简称为最低点).

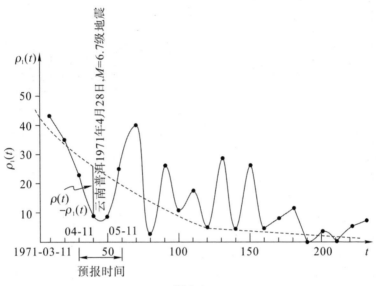

图 3-6

点 $t=4$ 相当于状态 $j=2$ 发震后再过 40 天,即 1971 年 4 月 21 日,另一点 $t=5$ 是 1971 年 5 月 1 日.因头两个低点相邻,我们把它们结合起来取其中点.于是得状态 1 发震的预报时间为 1971 年 4 月 26 日前后 15 天,即 4 月 11 日至 5 月 11 日;结果状态 1 实际于 1971 年 4 月 28 日发震,预报正确.

新震发生后,要按(二)(2)所讲的规则进行累积,为下一次预报做好准备.累积后新的预报分布公式为

$$\rho_k(t)=87\tau_j(t)+90\tau_{jk}(t)+60\tau_k^{(四)}(t)+80\tau^{(M)}+74\tau^{(五)}. \quad (3)$$

利用累积后的频数分布及(3)式即可进行第二次预报.

最后需要指出的是:一般说来,预报点取头两个最低点,若预报时间已满而未发震,则可考虑补报第三个最低点.其次,如两个最低点相距很近,可考虑采取"左右兼顾"选取综合的预报时段.

　　此外,若发报时间是在最后一次地震后的第 m 天,则预报点应取第 m 天后的最低点,这时为简单起见.可将第 m 天前各因素的频率令它为零.

　　关于预报发震时间的其他方法,地球物理研究所、成都地质学院等单位做了许多工作,请看参考文献[4][5].

§3.6　天文与地震预报

地球,作为太阳系的行星,它的活动与太阳、月亮及其他行星是分不开的. 因此,在探讨地震预报问题时,除了在地球本身的因素(地质构造、能量积累等)寻找原因外,还应该密切注视其他天体对地球的影响.

(一)地球自转与地震

地震是不均匀的地壳在地应力的作用下发生断裂的结果. 地壳运动的形式主要有两种,一种是水平运动(包括旋卷运动). 我国广大地质战士,根据长期实践,发现推动水平运动的力主要来源于地球自转的不均匀性. 当地球角速度变快时,它的扁度随之变大,因之地壳就要自高纬度区向低纬度区(即赤道附近)方向推挤;与此同时,地表还必然产生一种与自转方向相反的惯性力,在此力的作用下,地壳表层的某些黏着不牢的部分就会相对向西滑动,从而产生总体南北走向的引张带,地壳运动的另一种形式是升降运动,其主要原因是地球内部的热对流、地球内部物质温度高,呈可塑性并能流动,在重力作用下,轻者上升,重者下沉,于是引起地壳的升降运动.

天文上常常通过日长的变化 $\Delta \rho$ 来观察地球自转速度的变化,$\Delta \rho$ 越大,自转速度便越小,根据多年天文观察,地球自转的季节性变化对日长的影响可用下式表示:

$$\Delta \rho = 0.000\,43\cos\frac{2\pi}{365}(t+336)+0.000\,31\cos\frac{4\pi}{365}(t+66),$$

$$(1)$$

对 t 求微分,得地球自转加速度 a_ρ

$$a_p = \frac{\mathrm{d}(\Delta \rho)}{\mathrm{d}t}.$$

由 a_p 的图 3-7 可见：每年 4 月 9 至 7 月 28 日、11 月 18 日至 1 月
23 日，$a_p < 0$，为加速段；其余为减速段.

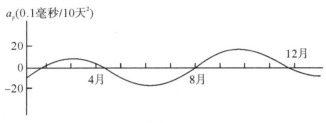

图 3-7

对一些地区历史地震的统计，发现发震时间与加速段或减速
段有一定的关系. 例如，四川的西昌：冕宁地区，1970 年以前的 8
次 6 级以上的地震，全部发生在 $a_p > 0$ 的时间内；而云南剑川地
区的 5 次地震则全出现在 $a_p < 0$ 的时段里；至于大理地区的 9 次
地震中，则有 2 次对应于 $a_p < 0$，7 次对应于 $a_p > 0$，（参看文献
[6]）. 另一些统计则表明：当地球转速变慢时，以北西或北西西的
断裂活动为主，转速加快时，以北东或北东东的为主；前一类断裂
的活动顺序由东向西、由南向北，而后一类断裂则相反（参看文献
[7]）.

还可以举出一些具体的例子，以说明地震与地球自转的关
系. 1897 年印度阿萨姆地震、1920 年我国海源地震、1960 年智利
地震，都发生在地球转速发生突变的时刻；1969 年 12 月 29 日地
球极移变化超过限度，接着 1970 年 1 月 5 日我国云南发生 7.7
级地震.

（二）地震的周期性

对某一地区历史地震资料的分析，有时可以发现发震时间具
有一个或几个周期. 例如，在华北地区有下列记录：

$$\left.\begin{array}{l}\text{1966-07-19 宁晋 5.0 级}\\ \text{1967-07-28 延庆 5.4 级}\end{array}\right\}374\text{ 天}$$
$$\left.\begin{array}{l}\\ \text{1968-07-15 宁晋 5.0 级}\end{array}\right\}363\text{ 天}$$

1966-07-19 宁晋 5.0 级 ⎫ 374 天
1967-07-28 延庆 5.4 级 ⎬
　　　　　　　　　　 ⎭ 363 天
1968-07-15 宁晋 5.0 级
　　　　　　　　　　 368 天
1969-07-18 渤海 7.4 级
　　　　　　　　　　 388 天
1970-08-10 曲阜 5.0 级
　　　　　　　　　　 360 天
1971-08-05 行唐 4.8 级
　　　　　　　　　　 388 天
1972-09-07 邢台 5.0 级

1966-03-08 河北邢台 6.8 级 ⎫ 384 天
1967-03-27 里　坦 6.3 级
　　　　　　　　　　 372 天
1968-04-02 山东冠县 5.5 级
　　　　　　　　　　 397 天
1969-05-04 山西代县 5.3 级
　　　　　　　　　　 386 天
1970-05-25 河北丰南 5.2 级
　　　　　　　　　　 372 天
1971-06-05 山西和顺 5.2 级

这说明有一个周期为 360～388 天,另一周期为 372～397 天.

此外,在我国西北地区,对 6.5 级以上地震,有一个 204～210 年的周期;而河北北部,对 5 级以上地震有 11 年左右的周期;西藏雅鲁藏布江地震带的一个周期也大约为 11 年.对华北地区 1478 年至 1968 年的地震资料进行傅里叶分析,还发现有几个周期分别为 22.1 年、26.9 年、35 年及 63.9 年(见文献[8]).

(三)天体对地震的影响

大地震的主要原因应从地区的地质结构去寻找,但天体运动所造成的影响也不容忽视,后者可能起触发作用,或者地震固有周期与天体运动周期产生共振作用.例如,人们发现地震与朔、望(即农历初一、十五)、春、秋有一定的对应关系.1966 年 3 月 8 日(即农历二月十七日)与 3 月 22 日(农历三月初一)的邢台地震,以及 1967 年 3 月 27 日(农历二月十七日)的里坦地震都发生在朔望及塘沽高潮时刻附近.朔望是地球、月亮、太阳运行到一条直线上的日子,引力比平时大,使地球出现微小变形:赤道部分略微凸出,两极半径稍微缩短,这就是地球的固体潮.在春秋季节,这种现象更为明显.固体潮对地震的影响究竟有多大?迄今尚无一致的认识.看来影响是有的,但这种影响是否能引起某地的地震,则与该地的地质构造特点及地壳岩层的变形程度(即地应力积累程度)有关.

　　从行星的运动来看,1966 年 3 月 8 日邢台地震,正好发生在天王星和冥王星冲日的时刻附近;1969 年 7 月 18 日的渤海地震,发震时刻距木星合天王星(两个天体的赤经或黄经相同时叫合,相距 180°时叫冲)仅差半小时.此外,1906 年美国旧金山大震及 1971 年 2 月 9 日美国洛杉矶 6.5 级地震,都发生在月食附近.

　　综合一些天体或其他影响地震的"因子"的共同作用,借鉴于海洋潮汐的预报,在文献[3]中提出下列预报地震的方法.

　　第 1 步　根据地质构造、地震的活动性,把大的地震域划分为若干较小的地震区,并将该区的每一地震的震级 M,按下式化为能量 E 的对数:

$$\lg E = 4 + 1.8M. \tag{2}$$

对任一"因子",考虑方程

$$y = A + \sum_{i=1}^{k} R_i \cos(i\theta - g_i), \tag{3}$$

其中 $\theta \equiv \theta(t)$ 是该"因子"所固有的时间 t 的函数,为已知值(例如,对九大行星,θ 是日心黄经,每日每时每分的经度,都可通过天文公式计算出来).将该"因子"运行的椭圆轨道等分为 24 个区间,每区间 15°(图 3-8),y 为历史地震对应于各区间的能量的对数和,即 $\sum \lg E_i$,如 y 也是已知的.k 为项数,也可取为已知.然

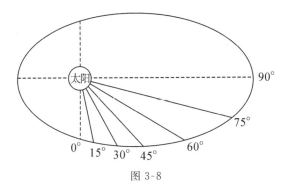

图 3-8

后运用最小二乘法，求出(3)中的未知数 A, R_i 及 g_i.

例如，取地区为华北，"因子"为水星. 自公元前 231 年至 1970 年，共选 $M \geqslant 4.5$ 级地震共 270 个. 设当水星自 $0°$ 运行至 $15°$ 时，共发了 l 个地震，震级分别为 $M_1, M_2, \cdots, M_l$. 按公式(2)，以 M_i 代入，便得 $\lg E_i$. 然后令

$$y_1 = \sum_{i=1}^{l} \lg E_i.$$

这样，对应于区间 $0° \sim 15°$，得到一个值 y_1；同样，对应于 $15° \sim 30°, 30° \sim 45°, \cdots, 345° \sim 360°$，可以求出 $y_2, y_3, \cdots, y_{24}$，它们分别表示每个区间的能量对数和. 今将水星周期展开 6 项，即取[①] $k = 6$. 于是(3)化为方程组：

$$y_j = A + \sum_{i=1}^{6} R_i \cos(i\theta_j - g_i) \qquad (j = 1, 2, \cdots, 24),$$

共 24 个方程，其中 θ_j 是第 j 个区间的中点，即 $\theta_j = j \times 15° - 7.5°$. 由此 24 个程，利用最小二乘法，即可解出 13 个未知数 A（均值），$R_1, R_2, \cdots, R_6$（振幅），$g_1, g_2, \cdots, g_6$（初相），解法是这样的：考虑总偏差

$$Q = \sum_{j=1}^{24} \left[y_i - A - \sum_{i=1}^{6} R_i \cos(i\theta_j - g_i) \right]^2, \qquad (4)$$

应该选取 $A, R_1, R_2, \cdots, R_6, g_1, g_2, \cdots, g_6$ 之值，使 Q 达到极小. 因此，只要解下列方程组（共 13 个方程）

$$\frac{\partial Q}{\partial A} = 0; \quad \frac{\partial Q}{\partial R_i} = 0; \quad \frac{\partial Q}{\partial g_i} = 0 \qquad (5)$$

$$(i = 1, 2, \cdots, 6),$$

便可求出这 13 个未知数，然后以它们代入(3)，便得到对应于水星因子的预报方程.

---

① 一般，k 可取为 $2, 4, 6, 8$ 等.

第 2 步 设对第 s 个因子,已用上法求得其振幅 R_{si} 及初相 $g_{si}(i=1,2,\cdots,k)$,作为已知数,代入下式

$$\lg E = B + \sum_{s=1}^{r} F_s \sum_{i=1}^{k} R_{si} \cos(i\theta_s - g_{si}), \tag{6}$$

其中 r 为因子个数. 对每一地震,得到一个 $\lg E$,从而也得到一个方程. 方程个数也就是地震个数(例如华北地区 270 次地震,就对应于 270 个方程). 然后用上述最小二乘法,解出 B 及 F_1, $F_2,\cdots,F_s$.

第 3 步 作预报. 将要预测的日期(例如 1985 年 1 月 1 日)通过天文公式,求出第 s 个因子(天体)所在轨道上的角度 $\theta_s(s=1,2,\cdots,r)$,代入(6)便求出那一天所对应的 $\lg E$,再由(2)即可求出该日可能出现的震级 M. 由于算出的 M 只反映平均趋势,故当此 M 很大时,应报得小些,当 M 很小时,应报得稍大些.

第 4 章　天气预报的几种统计方法[①]

关于天气预报中的概率统计方法已有专著论述[10]，本章的目的是结合天气预报，简要地介绍几种应用较广又易于掌握的数理统计方法. 这里讲的虽然是天气预报中的统计方法，地震统计预报也可借鉴.

§4.1　多因子线性全回归预报

回归分析方法应用甚广，它是寻求变量间某种非确定性的统计相关的方法. 通过回归分析可以从一个或多个预报因子(自变量)所取的值，去有效地预测与它们统计相关的某个随机变量 y 的值. 回归分析用于预报常采用全回归方法与逐步回归方法，前者是把所有可能的预报因子一次进入建立起回归预报方程，然后再考察各预报因子对 y 的贡献大小；后者是经过逐步筛选因子的程序，把与预报量关系密切的因子逐个引入回归方程中. 本节主要讨论全回归预报问题，并为后几节特别是 §4.2 做准备，逐步回归预报留待下节介绍.

---

①　本章由钱尚玮编著.

(一) 多因子线性全回归模型

已知量 y 与 l 个预报因子 $x_1, x_2, \cdots, x_l$ 之间存在如下相互依赖相互制约的关系

$$y = \beta_0 + \beta_1 x_1 + \beta_2 x_2 + \cdots + \beta_l x_l + \varepsilon, \tag{1}$$

它称为 y 关于 $x_1, x_2, \cdots, x_l$ 的多因子线性全回归方程,简称回归方程. 式中 $\beta_0, \beta_1, \cdots, \beta_l$ 是待定参数,称为回归系数,ε 是随机变量,又称为随机误差,它可以看作除去 $x_1, x_2, \cdots, x_l$ 以外其他各种随机因素对 y 的影响造成的误差.

在实际问题中,假设量 $x_1, x_2, \cdots, x_l$ 及 y 有 N 组观测数据

$$(x_{t1}, x_{t2}, \cdots, x_{tl}; y_t) \qquad t = 1, 2, \cdots, N,$$

它们满足回归方程

$$y_t = \beta_0 + \beta_1 x_{t1} + \beta_2 x_{t2} + \cdots + \beta_l x_{tl} + \varepsilon, \quad t = 1, 2, \cdots, N, \tag{2}$$

其中随机误差项 $\varepsilon_t (t = 1, 2, \cdots, N)$ 通常满足独立性、无偏性(即 $E(\varepsilon_t) = 0$)、等方差性(即 $D(\varepsilon_t) = \sigma^2$)、正态性等假定,即 $\varepsilon_t (t = 1, 2, \cdots, N)$ 是一组相互独立且服从同一正态分布 $N(0, \sigma^2)$ 的随机变量. 由此不难知道 $y_t (t = 1, 2, \cdots, N)$ 也相互独立,服从正态分布的随机变量,且

$$E(y_t) = \beta_0 + \beta_1 x_{t1} + \beta_2 x_{t2} + \cdots + \beta_l x_{tl},$$
$$D(y_t) = \sigma^2.$$

多因子线性全回归模型(2)也可用矩阵形式表示:

$$\boldsymbol{Y} = \boldsymbol{X\beta} + \boldsymbol{\varepsilon},$$

其中
$$\boldsymbol{Y} = \begin{pmatrix} y_1 \\ y_2 \\ \vdots \\ y_N \end{pmatrix}, \quad \boldsymbol{X} = \begin{pmatrix} 1 & x_{11} & x_{12} & \cdots & x_{1l} \\ 1 & x_{21} & x_{22} & \cdots & x_{2l} \\ \vdots & \vdots & \vdots & & \vdots \\ 1 & x_{N1} & x_{N2} & \cdots & x_{Nl} \end{pmatrix},$$

$$\boldsymbol{\beta} = \begin{pmatrix} \beta_0 \\ \beta_1 \\ \beta_2 \\ \vdots \\ \beta_l \end{pmatrix}, \quad \boldsymbol{\varepsilon} = \begin{pmatrix} \varepsilon_1 \\ \varepsilon_2 \\ \vdots \\ \varepsilon_N \end{pmatrix}.$$

（二）回归系数的最小二乘估计

当找出了线性全回归模型(1)中的参数 $\beta_0, \beta_1, \beta_2, \cdots, \beta_l$ 的估计值 $b_0, b_1, b_2, \cdots, b_l$ 时，满足下列关系的 l_t 叫做残差，

$$y_t = b_0 + b_1 x_{t1} + b_2 x_{t2} + \cdots + b_l x_{tl} + l_t.$$

上式也称为回归方程，一般称为"经验"回归方程，以区别(1)的"理论"回归方程，l_t 是随机误差 ε_t 的估值，令 y_t 的估值为 $\hat{y}_t$，这线性估计

$$\hat{y}_t = b_0 + b_1 x_{t1} + b_2 x_{t2} + \cdots + b_l x_{tl} \tag{3}$$

与实测值 y_t 之间必有偏差，$l_t = y_t - \hat{y}_t$ 表示实测值 y_t 与估计值（预报值）$\hat{y}_t$ 的差值.

最小二乘估计的原则是定出估计值 $b_0, b_1, b_2, \cdots, b_l$ 使残差平方和

$$Q = \sum_{t=1}^N l_t^2 = \sum_{t=1}^N (y_t - b_0 - b_1 x_{t1} - \cdots - b_l x_{tl})^2 \tag{4}$$

为最小.

当给定了 $y_1, y_2, \cdots, y_N$ 时(4)是 $b_0, b_1, b_2, \cdots, b_l$ 的函数（二次式）且为非负，故最小值存在，欲求确定最小值的 $b_0, b_1, b_2, \cdots, b_l$ 就得使(4)中对所有 b_i 的偏导数等于零.

由 $\dfrac{\partial Q}{\partial b_0} = 0$，得

$$b_0 = \bar{y} - (b_1 \bar{x}_1 + b_2 \bar{x}_2 + \cdots + b_l \bar{x}_l), \tag{5}$$

其中 $\quad \bar{x}_i = \dfrac{1}{N} \sum_{t=1}^N x_{ti} (i = 1, 2, \cdots, l), \quad \bar{y} = \dfrac{1}{N} \sum_{t=1}^N y_t.$

将 b_0 代入(4),并令

$$\begin{cases} x'_{ti}=x_{ti}-\bar{x}_i, & \left(t=1,2,\cdots,N\right. \\ y'_t=y_t-\bar{y}, & \left. i=1,2,\cdots,l\right) \end{cases},$$

得

$$Q=\sum_{t=1}^{N}\left[y'_t-(b_1x'_{t1}+b_2x'_{t2}+\cdots+b_lx'_{tl})\right]^2.$$

也就是求

$$\frac{1}{2}\frac{\partial}{\partial b_i}\sum_{t=1}^{N}l_t^2=\sum_{t=1}^{N}(y'_t-b_1x'_{t1}-b_2x'_{t2}-\cdots-b_lx'_{tl})(-x'_{ti})=0$$
$$(i=1,2,\cdots,l) \tag{6}$$

的根,(6)是关于 l 个未知数 $b_1,b_2,\cdots,b_l$ 的 l 个联立方程.经整理,并引入如下记号

$$S_{ij}=\sum_{t=1}^{N}x'_{ti}x'_{tj}=\sum_{t=1}^{N}(x_{ti}-\bar{x}_i)(x_{tj}-\bar{x}_j) \qquad (i,j=1,2,\cdots,l),$$

$$S_{ii}=\sum_{t=1}^{N}(x_{ti}-\bar{x}_i)^2, \qquad\qquad (i=1,2,\cdots,l),$$

$$S_{iy}=\sum_{t=1}^{N}(x_{ti}-\bar{x})(y_t-\bar{y}) \qquad\qquad (i=1,2,\cdots,l),$$

(6)可化为

$$\begin{cases} S_{11}b_1+S_{12}b_2+\cdots+S_{1l}b_l=S_{1y}, \\ S_{21}b_1+S_{22}b_2+\cdots+S_{2l}b_l=S_{2y}, \\ \cdots \\ S_{l1}b_1+S_{l2}b_2+\cdots+S_{ll}b_l=S_{ly}. \end{cases} \tag{7}$$

(7)称为正规方程组,它是以回归系数 $b_1,b_2,\cdots,b_l$ 为未知数的 l 元联立方程组,可用消去法求解,解出 $b_1,b_2,\cdots,b_l$ 后再由(5)得 b_0.这种用最小二乘法求得 $\beta_0,\beta_1,\cdots,\beta_l$ 的估计量 $b_0,b_1,\cdots,b_l$ 称为最小二乘估计量.

正规方程组(7)用矩阵形式可表示为

$$\boldsymbol{Sb}=\boldsymbol{X}^\mathrm{T}\boldsymbol{Y}, \tag{8}$$

其中 $\boldsymbol{X}^{\mathrm{T}}$ 为 $\boldsymbol{X}$ 的转置矩阵，且

$$\boldsymbol{S}=\boldsymbol{X}^{\mathrm{T}}\boldsymbol{X}=\begin{pmatrix} x'_{11} & x'_{21} & \cdots & x'_{N1} \\ x'_{12} & x'_{22} & \cdots & x'_{N2} \\ \vdots & \vdots & & \vdots \\ x'_{1l} & x'_{2l} & \cdots & x'_{Nl} \end{pmatrix} \begin{pmatrix} x_{11} & x_{12} & \cdots & x_{1l} \\ x_{21} & x_{22} & \cdots & x_{2l} \\ \vdots & \vdots & & \vdots \\ x_{N1} & x_{N2} & \cdots & x_{Nl} \end{pmatrix},$$

$$\boldsymbol{b}=\begin{pmatrix} b_1 \\ b_2 \\ \vdots \\ b_l \end{pmatrix}, \quad \boldsymbol{Y}=\begin{pmatrix} y'_1 \\ y'_2 \\ \vdots \\ y'_N \end{pmatrix}, \quad \boldsymbol{X}^{\mathrm{T}}\boldsymbol{Y}=\begin{pmatrix} S_{1y} \\ S_{2y} \\ \vdots \\ S_{ly} \end{pmatrix}.$$

若正规方程组的系数矩阵 $\boldsymbol{S}$ 为满秩的（其行列式 $|\boldsymbol{S}|\neq0$），则解必存在且唯一确定，记 $\boldsymbol{S}^{-1}$ 表示 $\boldsymbol{S}$ 的逆矩阵，由(8)可解出

$$\boldsymbol{b}=\boldsymbol{S}^{-1}\boldsymbol{X}^{\mathrm{T}}\boldsymbol{Y}.$$

由此可见，求最小二乘估计量 $b_1,b_2,\cdots,b_l$ 的问题就是解正规方程组或求逆矩阵 $\boldsymbol{S}^{-1}$ 的问题，关于正规方程组的解法与逆矩阵的求法实际工作者已很熟悉，这里不再赘述．有关这方面的内容可参阅文献[10]第 1 章或文献[11]第 7 章，以及其他线性代数的书．

在实际计算中由于单相关系数 r_{ij}（这是大家熟知的指标）是无量纲的量，且各 r_{ij} 的差异要比 S_{ij} 小，为使舍入误差小，通常用单相关系数 r_{ij} 来代替 S_{ij} 求解正规方程组．

令

$$b_i=\frac{\sqrt{S_{yy}}}{\sqrt{S_{ii}}}b'_i \qquad (i=1,2,\cdots,l); \quad b_0=b'_0, \tag{9}$$

而 x_i 与 x_j 的相关系数根据定义为

$$r_{ij}=\frac{\sum_{t=1}^{N}(x_{ti}-\bar{x}_i)(x_{tj}-\bar{x}_j)}{\sqrt{\sum_{t=1}^{N}(x_{ti}-\bar{x}_i)^2}\sqrt{\sum_{t=1}^{N}(x_{tj}-\bar{x}_j)^2}}=\frac{S_{ij}}{\sqrt{S_{ii}}\sqrt{S_{jj}}}$$

$$(i,j=1,2,\cdots,l), \tag{10}$$

$$r_{iy} = \frac{S_{iy}}{\sqrt{S_{ii}}\sqrt{S_{yy}}} \qquad (i=1,2,\cdots,l).$$

经过简单处理,(7)可改写成如下形式

$$\begin{cases} r_{11}b_1' + r_{12}b_2' + \cdots + r_{1l}b_l' = r_{1y}, \\ r_{21}b_1' + r_{22}b_2' + \cdots + r_{2l}b_l' = r_{2y}, \\ \cdots \\ r_{l1}b_1' + r_{l2}b_2' + \cdots + r_{ll}b_l' = r_{ly}. \end{cases} \qquad (11)$$

仿前,可解出 $b_1', b_2', \cdots, b_l'$,又

$$b_0' = \bar{y} - \sqrt{S_{yy}}\left(\frac{b_1'}{\sqrt{S_{11}}}\bar{x}_1 + \frac{b_2'}{\sqrt{S_{22}}}\bar{x}_2 + \cdots + \frac{b_l'}{\sqrt{S_{ll}}}\bar{x}_l\right). \qquad (12)$$

因此回归方程(3)又可由(11)求得的 $b_1', b_2', \cdots, b_l'$ 及(12)求得的 b_0',再利用关系式(9)来确定.

具体计算时还应注意方程组(7)和(11)的系数矩阵(S_{ij})和 (r_{ij})均为对称矩阵,即有 $S_{ij}=S_{ji}$ 及 $r_{ij}=r_{ji}$,且自变量自己和自己相关当然最为密切,故有 $r_{ii}=1$,即矩阵(r_{ij})诸对角线元素均为 1.

以上通过观测数据($x_{t1}, x_{t2}, \cdots, x_{tl}; y_t$)建立了量 y 和 l 个预报因子 $x_1, x_2, \cdots, x_l$ 之间的线性全回归方程,但回归总效果如何?即所建立的线性全回归关系是否真实地反映了全体预报因子与量 y 之间的相关关系;以及各个预报因子 $x_1, x_2, \cdots, x_l$ 在回归方程中所起作用如何衡量?均需要进一步说明.

(三) 线性全回归效果的衡量与检验

对一组观测数据 $y_t(t=1,2,\cdots,N)$ 与其平均值 $\bar{y}$ 总有差异,差异大小用 $y_t - \bar{y}$ 表示,记 S_{yy} 为 y 的总离差平方和,则

$$S_{yy} = \sum_{t=1}^{N}(y_t - \bar{y})^2 = \sum_{t=1}^{N}[(y_t - \hat{y}_t) + (\hat{y}_t - \bar{y})]^2$$

$$= \sum_{t=1}^{N}(y_t - \hat{y}_t)^2 + \sum_{t=1}^{N}(\hat{y}_t - \bar{y})^2 = Q + u, \qquad (13)$$

其中交叉乘积项由(3)(5)(6)三式容易推得为零,故总离差平方和 S_{yy} 可分解为两部分,一部分为

$$Q = \sum_{t=1}^{N} (y_t - \hat{y}_t)^2 = \sum_{t=1}^{N} l_t^2,$$

即为残差平方和,它刻画了随机误差的影响. 另一部分为

$$u = \sum_{t=1}^{N} (\hat{y}_t - \bar{y})^2,$$

它反映了由于预报因子 $x_1, x_2, \cdots, x_l$ 的变化而引起的对 y 的变动,称为回归平方和.

在实际计算时 u 可按下式计算

$$u = \sum_{i=1}^{l} b_i S_{iy}, \tag{14}$$

其中 $S_{iy} = \sum_{t=1}^{N} (x_{ii} - \bar{x}_i)(y_t - \bar{y}) \qquad (i = 1, 2, \cdots, l).$

事实上,因为

$$
\begin{aligned}
Q &= \sum_{t=1}^{N} (y_t - \hat{y}_t)^2 = \sum_{t=1}^{N} (y_t - \hat{y}_t)[(y_t - \bar{y}) - (\hat{y}_t - \bar{y})] \\
&= \sum_{t=1}^{N} (y_t - \hat{y}_t)(y_t - \hat{y}_t) - \sum_{t=1}^{N} (y_t - \hat{y}_t)(\hat{y}_t - \bar{y}) \\
&= \sum_{t=1}^{N} (y_t - \hat{y}_t)(y_t - \hat{y}_t) = \sum_{t=1}^{N} [(y_t - \bar{y}) - (\hat{y}_t - \bar{y})](y_t - \bar{y}) \\
&= \sum_{t=1}^{N} (y_t - \bar{y})^2 - \sum_{t=1}^{N} (\hat{y}_t - \bar{y}) y_t' \\
&= S_{yy} - \sum_{t=1}^{N} [(b_0 + b_1 x_{t1} + b_2 x_{t2} + \cdots + b_l x_{tl}) - \\
&\quad (b_0 + b_1 \bar{x}_1 + b_2 \bar{x}_2 + \cdots + b_l \bar{x}_l)] y_t' \\
&= S_{yy} - \sum_{t=1}^{N} [b_1 (x_{t1} - \bar{x}_1) + b_2 (x_{t2} - \bar{x}_2) + \cdots + b_l (x_{tl} - \bar{x}_l)] y_t' \\
&= S_{yy} - (b_1 S_{1y} + b_2 S_{2y} + \cdots + b_l S_{ly}).
\end{aligned}
$$

对比(13),即可得(14).

对所配合的全回归方程总是希望 Q 越小越好,理想情形若 $Q=0$ 则表示实测值与估计值(预报值)完全吻合,即预报误差为零. 于是只要 Q 小亦即 u 大时(因为 $S_{yy}=Q+u$,当 S_{yy} 给定后,Q 与 u 的大小关系恰好相反)回归效果就好,反之则差. 因此可用 Q 或 u 的大小作为衡量线性全回归效果优劣的尺度. 由于 Q 与 u 同 y 的单位有关,故不宜直接用 Q 和 u 来衡量全回归效果,通常采用如下定义的指标

$$R=\sqrt{\frac{u}{S_{yy}}} \quad 或 \quad R=\sqrt{1-\frac{Q}{S_{yy}}}. \tag{15}$$

R 称为"复(或全)相关系数",它是由 S_{yy} 和 Q 或 u 组成的一个无量纲的指标. 显然 $0 \leqslant R \leqslant 1$,当 R 接近 1 表明全部预报因子 x_1, $x_2, \cdots, x_l$ 与 y 的线性相关关系很密切,回归效果就好.

关于回归效果的好坏,还可以通过统计显著性检验的方法来判定. 很明显,检验线性全回归是否显著等价于检验统计假设 $H_0: \beta_1=\beta_2=\cdots=\beta_l=0$(即 y 与 $x_1, x_2, \cdots, x_l$ 无关).

为此引入统计量

$$F=\frac{\dfrac{u}{l}}{\dfrac{Q}{N}-l-1}.$$

可以证明,当统计假设 H_0 为真时,则统计量 F 服从 F 分布,自由度分别为 l 与 $N-l-1$,在给定显著水平(信度)α 后,可由 F 分布表查出相应的临界值 F_α,当计算的 $F \geqslant F_\alpha$,则认为 $\beta_1=\beta_2=\cdots=\beta_l=0$ 的假设不成立,即线性全回归效果在所给定的信度下是显著的. 反之,当 $F<F_\alpha$,则认为统计假设 H_0 成立,即在信度 α 下线性全回归效果不显著.

(四)各因子重要性的检验

由于各预报因子 $x_1, x_2, \cdots, x_l$ 对量 y 所起的作用并非相同,

因此仅作出线性全回归效果是否显著的判断还欠不够，进一步要问影响 y 的 l 个因子 $x_1, x_2, \cdots, x_l$ 中那些是显著的，那些是不显著. 若因子 x_i 的作用不显著表明在回归方程中 x_i 相应的系数 β_i 可认为其取值为零. 因此判定因子的重要性相当于检验统计假设 $H_0: \beta_i = 0$. 为此引入方差贡献的概念.

设 $Q^{(l)}$ 表示 l 个预报因子组成的回归方程的残差平方和，$Q^{(l-1)}$ 表示 l 个预报因子的方程中去掉一因子（如 x_i）后得到的残差平方和，以

$$Q_i = Q^{(l-1)} - Q^{(l)}$$

表示 x_i 在 l 个因子的回归方程中的方差贡献，由此可见，方差贡献即为对降低残差平方和的贡献，Q_i 的大小的确反映了 x_i 对回归方程效果的贡献. 我们知道，回归效果的好坏可通过残差平方和的大小来度量，若 $Q^{(l-1)}$ 比 $Q^{(l)}$ 大表明 x_i 对回归效果是有贡献的，当 $Q^{(l-1)}$ 比 $Q^{(l)}$ 大越多，说明这贡献就越大. 若 Q_i 不太大表明多一个因子 x_i 对回归方程的方差贡献无足轻重.

由于 Q_i 不仅与因子 x_i 有关，而且还与方程中的其他因子也有关，通常用 x_i 对 y 的方差贡献 Q_i 与残差平方和 $Q^{(l)}$ 的比值，作为检验因子 x_i 对 y 重要性的指标，这比值

$$F = \frac{\dfrac{Q_i}{1}}{\dfrac{Q^{(l)}}{N-l-1}}$$

在统计上称为检验的统计量. 由下述定理可以说明在 $\beta_i = 0$ 的假设下，F 服从 F 分布，自由度分别为 1 和 $N-l-1$.

定理 1 设 y 服从正态分布，且 $y_t (t=1, 2, \cdots, N)$ 为来自该正态总体的一组方差相同，均值不同的独立样本，则在 $x_i (i=1, 2, \cdots, l)$ 的回归系数 $\beta_i = 0$ 的统计假设下，统计量

$$F = \frac{Q_i}{Q^{(l)}}(N-l-1) \tag{16}$$

服从自由度为 1 和 $N-l-1$ 的 F 分布(证明从略,可参阅文献 [12]).

由此,对所给信度 α,从 F 分布表中查得临界值 F_α,当 $F > F_\alpha$ 时则认为 $\beta_i = 0$ 的假设不成立,说明 x_i 对 y 的方差贡献显著,必 须保留.否则,可考虑 x_i 从回归方程中剔除.

要注意,由于不重要的因子的剔除是放在 l 个因子的回归方 程已经建立后进行的,因此当回归方程中不重要因子剔除后,留 下因子的回归系数得重新计算.

(五) 几点说明

(i) 统计量

$$F = \frac{\dfrac{Q_i}{1}}{\dfrac{Q^{(l)}}{N-l-1}}$$

在实际检验时采用下式计算更为方便,

$$F = \frac{b_i^2 (N-l-1)}{c_{ii} Q^{(l)}},$$

其中 c_{ii} 是 l 元正规方程组系数矩阵 $\boldsymbol{S}$ 的逆矩阵

$$\boldsymbol{S}^{-1} = \boldsymbol{C} = \begin{pmatrix} c_{11} & c_{12} & \cdots & c_{1l} \\ c_{21} & c_{22} & \cdots & c_{2l} \\ \vdots & \vdots & & \vdots \\ c_{l1} & c_{l2} & \cdots & c_{ll} \end{pmatrix}$$

的对应元素.

事实上,只需证明 x_i 的方差贡献为

$$Q_i = \frac{b_i^2}{c_{ii}}$$

(详细证明可参阅文献[12]).

(ii) 在应用回归分析方法作预报时(特别是下一节要讨论的 逐步回归预报),通常要求 y_t 服从正态分布或近似正态分布.关

于正态分布的统计检验可通过 χ^2-检验法或偏度、峰度检验法来进行（参阅文献[13][14]）.

（iii）前面所拟合的回归方程均为线性的，这样拟合是否妥当，也应当进行检验．通常简易的办法是对 N 组观测数据，先用线性回归方程拟合，由此可得估计值（预报值）$\hat{y}_t$，它与实测值 y_t 之间必有误差，对所产生的 N 个误差 $l_t = y_t - \hat{y}_t (t = 1, 2, \cdots, N)$ 进行正态性检验（见(ii)），若 l_t 的分布经检验为正态或近似正态，说明作线性拟合基本上是适宜的，否则就应考虑非线性拟合．至于在实际预报中，因子如何进行非线性组合，将结合以下几节的应用实例来说明.

§4.2　逐步回归预报概要与
北上气旋路径的统计预报

(一) 引言

前节讨论了线性全回归预报,它是一次将所有要考查的因子都引入预报方程中,不论这些预报因子对量 y 的贡献是否都重要,这就难免会混入某些与 y 关系不密切的因子,这些因子虽然最终可以通过回归系数的显著性检验将其剔除,但留下因子的回归系数需要重新计算. 当因子数较大时,从计算角度与因子筛选效果考虑这种一次引入的方法有一定的缺点. 逐步回归是在改进全回归预报方法的基础上产生的一种统计预报方法,它借助于电子计算机工具,从大量预报因子中按一定的衡量指标根据预报因子对量 y 的重要性大小,逐次选入回归方程,在这过程中,先前被选入的因子,由于其后某些因子的引入失去其重要性,可以从回归方程中剔除,这样最后被选上的只是对 y 有显著影响的因子,从而达到提高筛选因子效率的目的.

本节将结合一简例,扼要地介绍逐步回归的有关计算公式和手算程序,同时还给出利用电子计算机的工具将该方法应用于北上气旋的路径预报.

(二) 关于逐步回归预报中的一些计算公式

在实现逐步回归预报过程中,需要用到一些数学公式,因此有必要简要地介绍这些公式的来源及其在计算过程中的应用.

(i) 相关矩阵的计算

设对变量 $X_i(i=1,2,\cdots,n)$ 有 N 组观测值 $X_{t1},X_{t2},\cdots,X_{tn}$ $(t=1,2,\cdots,N)$,则可计算下列样本的相关矩阵 $\boldsymbol{R}$

$$\boldsymbol{R}=\begin{pmatrix} r_{11} & r_{12} & \cdots & r_{1n} \\ r_{21} & r_{22} & \cdots & r_{2n} \\ \vdots & \vdots & & \vdots \\ r_{n1} & r_{n2} & \cdots & r_{nn} \end{pmatrix},$$

其中 r_{ij} 即为通常的单相关系数

$$r_{ij}=\frac{\displaystyle\sum_{t=1}^{N}(X_{ti}-\overline{X}_i)(X_{tj}-\overline{X}_j)}{\sqrt{\displaystyle\sum_{t=1}^{N}(X_{ti}-\overline{X}_i)^2\sum_{t=1}^{N}(X_{tj}-\overline{X}_j)^2}},$$

且有 $\quad r_{ij}=r_{ji},\quad r_{ii}=1\quad (i=1,2,\cdots,n),$

所以只要算出矩阵 $\boldsymbol{R}$ 的主对角线的右上方元素即可.

逐步回归就是首先从计算 l 个预报因子的正规方程组（见 §4.1(11)）

$$\begin{cases} r_{11}b_1'+r_{12}b_2'+\cdots+r_{1l}b_l'=r_{1y}, \\ r_{21}b_1'+r_{22}b_2'+\cdots+r_{2l}b_l'=r_{2y}, \\ \cdots \\ r_{l1}b_1'+r_{l2}b_2'+\cdots+r_{ll}b_l'=r_{ly} \end{cases} \tag{1}$$

的系数矩阵的增广矩阵（称为第 0 步相关矩阵，记作 $\boldsymbol{R}^{(0)}$）开始的.

$$\boldsymbol{R}^{(0)}=\begin{pmatrix} r_{11}^{(0)} & r_{12}^{(0)} & \cdots & r_{1l}^{(0)} & r_{1y}^{(0)} \\ r_{21}^{(0)} & r_{22}^{(0)} & \cdots & r_{2l}^{(0)} & r_{2y}^{(0)} \\ \vdots & \vdots & & \vdots & \vdots \\ r_{l1}^{(0)} & r_{l2}^{(0)} & \cdots & r_{ll}^{(0)} & r_{ly}^{(0)} \\ r_{y1}^{(0)} & r_{y2}^{(0)} & \cdots & r_{yl}^{(0)} & r_{yy}^{(0)} \end{pmatrix}, \tag{2}$$

它是 $(l+1)\times(l+1)$ 阶对称方阵，且

$$r_{11}=r_{22}=\cdots=r_{ll}=r_{yy}=1.$$

现举一简例说明：设预报因子为 x_1,x_2,x_3，观测资料数 $N=$

7,数据见表 4-1.

表 4-1

N	1	2	3	4	5	6	7
x_1	8	6	10	7	9	8	8
x_2	4	4	5	6	3	2	4
x_3	4	2	5	0	8	5	4
y	3	5	4	8	0	−2	3

由 r_{ij} 的公式可算得第 0 步矩阵 $\boldsymbol{R}^{(0)}$

$$\boldsymbol{R}^{(0)} = \begin{pmatrix} r_{11}^{(0)} & r_{12}^{(0)} & r_{13}^{(0)} & r_{1y}^{(0)} \\ r_{21}^{(0)} & r_{22}^{(0)} & r_{23}^{(0)} & r_{2y}^{(0)} \\ r_{31}^{(0)} & r_{32}^{(0)} & r_{33}^{(0)} & r_{3y}^{(0)} \\ r_{y1}^{(0)} & r_{y2}^{(0)} & r_{y3}^{(0)} & r_{yy}^{(0)} \end{pmatrix}$$

$$= \begin{pmatrix} 1.00 & -0.10 & 0.72 & -0.40 \\ -0.10 & 1.00 & -0.67 & 0.95 \\ 0.72 & -0.67 & 1.00 & -0.81 \\ -0.40 & 0.95 & -0.81 & 1.00 \end{pmatrix}.$$

(ii) 引入与剔除因子时的方差贡献的计算与显著性检验.

设逐步回归进行到第 h 步时,已有 $p(p<l)$ 个因子引入回归方程,由 §4.2 中(iv),可知,不论第 $h+1$ 步是引入还是剔除,因子 $x_i(i=1,2,\cdots,p)$ 对 y 的方差贡献规定为 $Q_i^{(h)} = |Q^{(h)} - Q^{(h+1)}|$,当第 $h+1$ 步为剔除因子时取 $Q^{(h+1)} - Q^{(h)}$,当第 $h+1$ 步为引入因子时取 $Q^{(h)} - Q^{(h+1)}$(其中 $Q^{(h)} = S_{yy} - \sum_{i=1}^{p} b_{k_i}^{(h)} S_{k_i y}$).

可以证明,不论第 $h+1$ 步是引入还是剔除因子 x_i(引入时因子 $x_i = x_{k_{p+1}}$,剔除时 $x = x_{k_i}(k_i = k_1$ 或 $k_2 \cdots$ 或 $k_p)$),其方差贡献均由下列公式给出

$$Q_{i(引人)}^{(h)} = Q_{i(剔除)}^{(h)} = \sigma_y^2 \frac{(r_{iy}^{(h)})^2}{r_{ii}^{(h)}} = \sigma_y^2 Q_i^{*(h)}. \tag{3}$$

至于(3)式中的 $r_{iy}^{(h)}$ 与 $r_{ii}^{(h)}$ 如何求得,在 $h=0$ 时它们直接可以从 $\boldsymbol{R}^{(0)}$ 中找到,余下第 h 步求法将结合下面(iii)来说明.

由于剔除因子使残差平方和增加,引入因子使残差平方和减小,故逐步回归过程中因子筛选原则是将该步所有参加筛选的因子的方差贡献按公式(3)全部算出,取其中最大者,相应这个因子很可能被选入方程中,剔除时只考虑已引入的所有因子的方差贡献最小的一个,它最有可能被剔除.

进一步因子对 y 的方差贡献大到什么程度应被选入,小到什么程度应被剔除,这需要通过显著性检验来判定.容易理解,在引入因子时如果对应方差贡献最大的因子都不够显著,那么余下的因子就更不够显著,从而不再有可能引入新的因子了.在作剔除因子的显著性检验时,如果对应方差贡献最小的因子都很显著,即不能被剔除,那么其他因子必更显著,从而都不能剔除.

关于因子 x_i 的方差贡献显著性检验的统计量已知为

$$F = \frac{\dfrac{Q_i}{1}}{\dfrac{Q^{(l)}}{N-l-1}},$$

因此当第 h 步已引入 p 个因子,考虑第 $h+1$ 步是引入因子时,如果随机变量 $y_t(t=1,2,\cdots,N)$ 是正态和独立地分布的,且方差相同,均值不同,则在 x_i 的回归系数 $\beta_i^{(h+1)}=0$ 的假设下,可用统计量

$$F_{i(引人)}^{(h)} = \frac{Q_i^{(h)}[N-(p+1)-1]}{Q^{(h+1)}} \tag{4}$$

来检验因子 x_i 的方差贡献是否显著,从而决定是否引入,注意此时 $Q^{(h+1)}$ 的自由度为 $N-(p+1)-1=N-p-2$.

剔除情形与引入相仿,当第 $h+1$ 步剔除因子时,用下列统计

量来检验

$$F_{i(\text{剔除})}^{(h)} = \frac{Q_i^{(h)}(N-p-1)}{Q^{(h)}}. \qquad (5)$$

应该指出,当第 $h+1$ 步刚引入的因子紧接在第 $h+2$ 步予以剔除时,则剔除该因子的方差贡献的 $F_{i(\text{剔除})}^{(h+1)}$ 应该等于第 $h+1$ 步引进该因子时的方差贡献的 $F_{i(\text{引入})}^{(h)}$.

事实上,由(5)知

$$F_{i(\text{剔除})}^{(h+1)} = \frac{N-(p+1)-1}{1} \cdot \frac{Q_{i(\text{剔除})}^{(h+1)}}{Q^{(h+1)}}.$$

由(4)

$$F_{i(\text{引入})}^{(h)} = \frac{N-p-2}{1} \cdot \frac{Q_{i(\text{引入})}^{(h)}}{Q^{(h+1)}}.$$

又可证明,当第 h 步引入的 x_i 随即在第 $h+1$ 步又剔除时,则第 h 步引入 x_i 的方差贡献应等于第 $h+1$ 步剔除 x_i 的方差贡献,即有

$$Q_{i(\text{剔除})}^{(h+1)} = Q_{i(\text{引入})}^{(h)}.$$

故得

$$F_{i(\text{剔除})}^{(h+1)} = F_{i(\text{引入})}^{(h)}.$$

由此说明剔除刚引入的因子的 F 等于上一步引入因子时的 F,为了避免计算过程由于上述的结果陷入引入—剔除—引入的"死循环"中,故在逐步回归运算中规定刚引入的因子不能立即剔除.

还应注意,逐步回归计算中的每一步总是先考虑因子的剔除,仅当不能剔除时才考虑因子的引入,但由于首步回归方程中不含因子故只考虑引入,第 2 步因为刚有一个因子被引入故不能立即剔除,因而也只考虑引入因子.

如果第 h 步已引入 p 个变量,第 $h+1$ 步剔除或引入具体如何检验呢?

对已引入方程的 p 个因子,取其方差贡献 $Q_i^{(h)}$($i=1,2,\cdots,$

p) 值中最小的记作 $\min\limits_i Q_i^{(h)}$，对给定信度 α，根据第 h 步的自由度，从 F 分布表中查得相应的临界值 $F_{\alpha(\text{剔})}^{(h)}$，计算统计量

$$F_{i(\text{剔除})}^{(h)}=\frac{N-p-1}{1}\frac{\min\limits_i Q_i^{(h)}}{Q^{(h)}}.$$

若 $F_{i(\text{剔除})}^{(h)}<F_{\alpha(\text{剔})}^{(h)}$，则最小的一个方差贡献所对应的因子应该剔除. 否则再从余下尚未被引入的因子中计算它们的方差贡献，选其中最大者记作 $\max\limits_i Q_i^{(h)}$，对给定信度 α，以及根据第 h 步的自由度，从 F 分布表中求得相应的临界值 $F_{\alpha(\text{引})}^{(\alpha)}$，计算统计量

$$F_{i(\text{引入})}^{(h)}=\frac{N-p-2}{1}\frac{\max\limits_i Q_i^{(h)}}{Q^{(h+1)}}.$$

若 $F_{i(\text{引入})}^{(h)}>F_{\alpha(\text{引})}^{(h)}$，则最大的方差贡献所对应的因子应该引入. 否则，逐步回归计算告终.

在实际计算时，由于 $F_{i(\text{引入})}^{(h)}$ 中的分母 $Q^{(h+1)}$ 与 $Q^{(h)}$ 有如下关系 $Q^{(h+1)}=Q^{(h)}-\max\limits_i Q_i^{(H)}$，故 $Q^{(h+1)}$ 不必重新计算，利用已有的 $Q^{(h)}$ 及 $\max\limits_i Q_i^{(h)}$ 的结果即可. 进一步还可以证明 $Q^{(h)}=\sigma_y^2 r_{yy}^{(h)}$，故当 $h=0$ 时，$Q^{(0)}=\sigma_y^2 r_{yy}^{(0)}$，由 $R^{(0)}$ 中元素可知 $r_{yy}^{(0)}=1$，至于其余各步 $Q^{(h)}$ 的求法将结合下面(iv)，再说明.

于是第 $h+1$ 步引入与剔除 x_i 的统计量 $F_{i(\text{引入})}^{(h)}$，$F_{i(\text{剔除})}^{(h)}$ 可分别表成

$$F_{i(\text{引入})}^{(h)}=\frac{N-p-2}{1}\frac{\max\limits_i Q_i^{*(h)}}{r_{yy}^{(h)}-\max\limits_i Q_i^{*(h)}}, \tag{6}$$

$$F_{i(\text{剔除})}^{(h)}=\frac{N-p-1}{1}\frac{\min\limits_i Q_i^{*(h)}}{r_{yy}^{(h)}}. \tag{7}$$

下面结合(i)中的例子，具体计算第 0 步时各因子的方差贡献和引入第一个因子的显著性检验.

在 $h=0$ 时，对 3 个因子分别计算第 0 步的方差贡献 $Q_i^{(0)}$，为此只需计算 $Q_i^{*(0)}$，由

$$Q_i^{*\,(0)} = \frac{(r_{iy}^{(0)})^2}{r_{ii}^{(0)}} \qquad (i=1,2,3),$$

其中 $r_{iy}^{(0)}, r_{ii}^{(0)} (i=1,2,3)$ 可在 $\boldsymbol{R}^{(0)}$ 中找到,故

$$Q_1^{*\,(0)} = \frac{(r_{1y}^{(0)})^2}{r_{11}^{(0)}} = \frac{(-0.40)^2}{1.00} = 0.16,$$

$$Q_2^{*\,(0)} = \frac{(r_{2y}^{(0)})^2}{r_{22}^{(0)}} = \frac{(0.95)^2}{1.00} = 0.90,$$

$$Q_3^{*\,(0)} = \frac{(r_{3y}^{(0)})^2}{r_{33}^{(0)}} = \frac{(-0.81)^2}{1.00} = 0.66.$$

比较它们的大小,取最大者 $Q_2^{*\,(0)}$,由于第 1 步是考虑引入,故按下面公式计算 $F_{2(引入)}^{(0)}$ 值,作引入因子 x_2 的显著性检验:

$$F_{2(引入)}^{(0)} = \frac{(N-p-2)\max\limits_i Q_i^{*\,(0)}}{r_{yy}^{(0)} - \max\limits_i Q_i^{*\,(0)}} = \frac{(7-2)}{1}\frac{0.90}{1-0.90} = 45.$$

对给定信度 $\alpha=0.05$ 查 F 分布表,找出相应于自由度 $(1,5)$ 的临界值 $F_{\alpha(引)}^{(0)} = 6.61$,因为 $F_{2(引入)}^{(0)}$ 大于临界值 $F_{\alpha(引)}^{(0)}$,故第一步在回归方程中引入 x_2.

(ⅲ) 矩阵变换公式

逐步回归手续主要是利用矩阵变换公式通过逐步变换正规方程组系数矩阵的增广矩阵来完成的,如果不考虑剔除因子可利用通常高斯消去法来解增广矩阵,但是逐步回归中不仅要考虑因子的引入,还要考虑因子的剔除,当剔除因子时,希望将矩阵元素回复到原样,相当于该因子未被引入过回归方程. 为此采用如下矩阵变换公式.

ⅰ) 矩阵变换公式

假设第 h 步是在第 $h-1$ 步基础上经引入或剔除因子 x_i 而得到,则第 h 步矩阵 $\boldsymbol{R}^{(h)} = (r_{ij}^{(h)})$ 的元素由第 $h-1$ 步矩阵 $\boldsymbol{R}^{(h-1)} = (r_{ij}^{(h-1)})$ 的元素按以下变换公式确定

$$r_{ij}^{(h)} = \begin{cases} \dfrac{r_{kj}^{(h-1)}}{r_{kk}^{(h-1)}}, & i=k, j\neq k \quad (\text{在 } k \text{ 行上的元素}), \\[2mm] r_{ij}^{(h-1)} - \dfrac{r_{ik}^{(h-1)} r_{kj}^{(h-1)}}{r_{kk}^{(h-1)}}, & i,j\neq k \quad (\text{在其他行列上的元素}), \\[2mm] \dfrac{1}{r_{kk}^{(h-1)}}, & i,j=k \quad (\text{在 } k \text{ 行 } k \text{ 列交叉点上的元素}), \\[2mm] -\dfrac{r_{ik}^{(h-1)}}{r_{kk}^{(h-1)}}, & i\neq k, j=k \quad (\text{在 } k \text{ 列上的元素}). \end{cases}$$

$$\tag{8}$$

因此不论引入还是剔除因子,通过矩阵变换都需要计算一个新矩阵,下面将会看到这新矩阵提供了各步所建立的各回归方程的回归系数,以及考虑各因子对 y 的方差贡献大小时的引入与剔除的判定中要用到的该步中逆矩阵的元素. 变换公式中前两式即为通常的消去变换公式,由此可完成求解求逆的任务,后两变换式是为了节省电子计算机的存贮单元,实现逆矩阵所在列与被消去的那一列交换位置,这两方面,文献[10]第 1 章 §5 与文献[15] §3 均有具体说明.

下面结合(i)中的例子,具体说明已知第 0 步矩阵 $\boldsymbol{R}^{(0)}$ 如何算出第 1 步矩阵 $\boldsymbol{R}^{(1)}$.

根据变换公式(8),$\boldsymbol{R}^{(1)}$ 中的元素可按下列公式计算(注意这里是针对因子 x_2 进行变换):

$$\begin{cases} r_{2j}^{(1)} = \dfrac{r_{2j}^{(0)}}{r_{22}^{(0)}}, & i=2, j\neq 2, \\[2mm] r_{ij}^{(1)} = r_{ij}^{(0)} - \dfrac{r_{i2}^{(0)} r_{2j}^{(0)}}{r_{22}^{(0)}}, & i\neq 2, j\neq 2, \\[2mm] r_{i2}^{(1)} = -\dfrac{r_{i2}^{(0)}}{r_{22}^{(0)}}, & i\neq 2, j=2, \\[2mm] r_{22}^{(1)} = \dfrac{1}{r_{22}^{(0)}}, & i=2, j=2. \end{cases}$$

故

$$\boldsymbol{R}^{(1)} = \begin{pmatrix} r_{11}^{(1)} & r_{12}^{(1)} & r_{13}^{(1)} & r_{1y}^{(1)} \\ r_{21}^{(1)} & r_{22}^{(1)} & r_{23}^{(1)} & r_{2y}^{(1)} \\ r_{31}^{(1)} & r_{32}^{(1)} & r_{33}^{(1)} & r_{3y}^{(1)} \\ r_{y1}^{(1)} & r_{y2}^{(1)} & r_{y3}^{(1)} & r_{yy}^{(1)} \end{pmatrix}$$

$$= \begin{pmatrix} r_{11}^{(0)} - \dfrac{r_{12}^{(0)} r_{21}^{(0)}}{r_{22}^{(0)}} & -\dfrac{r_{12}^{(0)}}{r_{22}^{(0)}} & r_{13}^{(0)} - \dfrac{r_{12}^{(0)} r_{23}^{(0)}}{r_{22}^{(0)}} & r_{1y}^{(0)} - \dfrac{r_{12}^{(0)} r_{2y}^{(0)}}{r_{22}^{(0)}} \\ \dfrac{r_{21}^{(0)}}{r_{22}^{(0)}} & \dfrac{1}{r_{22}^{(0)}} & \dfrac{r_{23}^{(0)}}{r_{22}^{(0)}} & \dfrac{r_{2y}^{(0)}}{r_{22}^{(0)}} \\ r_{31}^{(0)} - \dfrac{r_{32}^{(0)} r_{21}^{(0)}}{r_{22}^{(0)}} & -\dfrac{r_{32}^{(0)}}{r_{22}^{(0)}} & r_{33}^{(0)} - \dfrac{r_{32}^{(0)} r_{23}^{(0)}}{r_{22}^{(0)}} & r_{3y}^{(0)} - \dfrac{r_{32}^{(0)} r_{2y}^{(0)}}{r_{22}^{(0)}} \\ r_{y1}^{(0)} - \dfrac{r_{y2}^{(0)} r_{21}^{(0)}}{r_{22}^{(0)}} & -\dfrac{r_{y2}^{(0)}}{r_{22}^{(0)}} & r_{y3}^{(0)} - \dfrac{r_{y2}^{(0)} r_{23}^{(0)}}{r_{22}^{(0)}} & r_{yy}^{(0)} - \dfrac{r_{y2}^{(0)} r_{2y}^{(0)}}{r_{22}^{(0)}} \end{pmatrix}$$

$$= \begin{pmatrix} 0.99 & 0.10 & 0.65 & -0.30 \\ -0.10 & 1.00 & -0.67 & 0.95 \\ 0.65 & 0.67 & 0.56 & -0.18 \\ -0.30 & -0.95 & -0.18 & 0.10 \end{pmatrix}.$$

ii) 矩阵变换的几个性质

性质 1　由变换公式(8)所得每一步矩阵 $\boldsymbol{R}^{(h)}$ 具有如下对称性

$$r_{ij}^{(h)} = \begin{cases} r_{ji}^{(h)}, & i,j \text{ 都是或都不是 } h \text{ 步因子的指标}, \\ -r_{ji}, & i,j \text{ 中恰有一个是 } h \text{ 步因子的指标}. \end{cases}$$

性质 1 为计算矩阵 $\boldsymbol{R}^{(h)}$ 提供了方便. 因此只要算出它的主对角线上及其右上方的各元素即可.

性质 2　变换公式(8)对同一个 x_i 施行两次运算时,矩阵元素不变,即 $\boldsymbol{R}^{(h)} = \boldsymbol{R}^{(h-2)}$.

性质 2 说明变换公式(8)具有使 $\boldsymbol{R}^{(h)}$ 回复成 $\boldsymbol{R}^{(h-2)}$ 的能力. 由此可见,不论第 h 步是引入还是剔除因子都可应用同一变换公式,所不同的在于第 $h-1$ 步如果因子 x_p 在方程中,那么该变换结果是从回归方程中剔除 x_p；如果因子 x_p 不在方程中，那么矩阵变换的结果是将 x_p 引入回归方程.

性质 3 第 h 步矩阵 $\boldsymbol{R}^{(h)}$ 只与第 h 步引入的全体因子有关，而与引入第 h 步因子的先后次序及与曾经引入而后又被剔除的因子无关.

上述性质是很重要的. 也为我们证明（ii）中提到的重要公式（3）

$$Q_{i(\text{剔除})}^{(h)} = Q_{i(\text{引入})}^{(h)} = \sigma_y^2 \frac{(r_{iy}^{(h)})^2}{r_{ii}^{(h)}}$$

以及结论

$$Q_{i(\text{剔除})}^{(h+1)} = Q_{i(\text{引入})}^{(h)}$$

提供了依据（证明从略）.

由于引入与剔除因子的方差贡献采用同一公式，这给计算带来了方便.

介绍了变换公式后，上面例中非第 0 步的 $Q_i^{(h)}$ 就容易求得. 以 $h=1$ 为例：

在 $h=0$ 时已知引入 x_2，要对剩下的两个变量 x_1, x_3 进行引入检验，需要先计算第 1 步的方差贡献 $Q_i^{(1)}$，为此只需计算 $Q_i^{*(1)}$，由

$$Q_i^{*(1)} = \frac{(r_{iy}^{(1)})^2}{r_{ii}^{(1)}} \quad (i=1,3),$$

其中 $r_{iy}^{(1)}, r_{ii}^{(1)} (i=1,3)$ 均可在 $\boldsymbol{R}^{(1)}$ 中找到，故

$$Q_1^{*(1)} = \frac{(r_{1y}^{(1)})^2}{r_{11}^{(1)}} = \frac{(-0.30)^2}{0.99} = 0.09,$$

$$Q_3^{*(1)} = \frac{(r_{3y}^{(1)})^2}{r_{33}^{(1)}} = \frac{(-0.18)^2}{0.56} = 0.04.$$

（iv）回归系数的计算公式

由多因子线性全回归预报知道，对于第 h 步因子 x_{k_1}, $x_{k_2}, \cdots, x_{k_p}$ 所建立的回归方程为

$$\hat{y} = b_0^{(h)} + b_1^{(h)} x_{k_1} + \cdots + b_p^{(h)} x_{k_p}.$$

其回归系数的计算公式为

$$b_i^{(h)} = \frac{\sqrt{S_{yy}}}{\sqrt{S_{ii}}} b_{k_i}' \quad (i = 1, 2, \cdots, p),$$

$$b_0^{(h)} = \bar{y} - \sum_{i=1}^p b_i^{(h)} \bar{x}_{k_i},$$

其中 b_{k_i}' 满足正规方程组

$$\sum_{j=1}^p r_{k_i k_j} b_{k_j}' = r_{k_i y} \quad (i = 1, 2, \cdots, p).$$

于是对增广矩阵 $\boldsymbol{R}^{(0)} = (r_{ij}^{(0)})$ 在作第 h 步变换后得到的 $\boldsymbol{R}^{(h)}$,可给出上述正规方程组的解为

$$b_{k_i}' = r_{k_i y}^{(h)} \quad (i = 1, 2, \cdots, p), \tag{9}$$

其中 $r_{k_i y}^{(h)}$ 为 $R^{(h)}$ 中最末一列的元素. 故第 h 步因子 $x_{k_1}, x_{k_2}, \cdots,$ x_{k_p} 所建立的回归方程为

$$\hat{y} = \bar{y} + \sum_{i=1}^p b_i^{(h)} (x_{k_i} - \bar{x}_{k_i}), \tag{10}$$

其中

$$b_i^{(h)} = \frac{\sqrt{S_{yy}}}{\sqrt{S_{ii}}} r_{k_i y}^{(h)} \quad (i = 1, 2, \cdots, p). \tag{11}$$

最后,还应指出各步所建立的回归方程其残差平方和 $Q^{(h)}$ 在(i)中曾提及可由 $r_{yy}^{(h)}$ 来计算,在那里尚无法说明其由来,现有了(iii)(iv)的讨论,公式 $Q^{(h)} = \sigma_y^2 r_{yy}^{(h)}$(其中 $\sigma_y^2 = S_{yy} = \sum_{t=1}^N (y_t - \bar{y})^2$)也不难证明是成立的(可参阅文献[15]§4).

此公式告诉我们对各步的残差平方和只要求出该步的相关矩阵 $\boldsymbol{R}$ 即可给出,不必另求.

归纳上述的讨论,结合前面提到的简例,下面具体说明逐步回归的手算过程.

（三）逐步回归的计算过程

（i）计算第 0 步相关矩阵

$$\boldsymbol{R}^{(0)} = \begin{pmatrix} 1.00 & -0.10 & 0.72 & -0.40 \\ -0.10 & 1.00 & -0.67 & 0.95 \\ 0.72 & -0.67 & 1.00 & -0.81 \\ -0.40 & 0.95 & -0.81 & 1.00 \end{pmatrix}.$$

（ii）考虑第一个因子的引入

i）对所有因子 $x_i (i=1,2,3)$ 计算第 0 步的 $Q_i^{*(0)}$，由公式

$$Q_i^{*(0)} = \frac{(r_{iy}^{(0)})^2}{r_{ii}^{(0)}} \quad (i=1,2,3),$$

求出 $\max_i Q_i^{*(0)} = Q_2^{*(0)} = 0.90.$

ii）作引入因子 x_2 的显著性检验

$$F_{2(引入)}^{(0)} = \frac{(N-p-2)\max_i Q_i^{*(0)}}{r_{yy}^{(0)} - \max_i Q_i^{*(0)}} = 45.$$

因为 $F_{2(引入)}^{(0)}$ 大于临界值 $F_{\alpha(引)}^{(0)} = 6.61$，故第 1 步引入因子 x_2.

iii）按变换公式

$$\begin{cases} r_{2j}^{(1)} = \dfrac{r_{2j}^{(0)}}{r_{22}^{(0)}}, & i=2, j\neq 2, \\[2mm] r_{ij}^{(1)} = r_{ij}^{(0)} - \dfrac{r_{i2}^{(0)} r_{2j}^{(0)}}{r_{22}^{(0)}}, & i\neq 2, j\neq 2, \\[2mm] r_{22}^{(1)} = \dfrac{1}{r_{22}^{(0)}}, & i=2, j=2, \\[2mm] r_{i2}^{(1)} = -\dfrac{r_{i2}^{(0)}}{r_{22}^{(0)}}, & i\neq 2, j=2, \end{cases}$$

算出 $r_{ij}^{(1)}$ 作出第 1 步相关矩阵

$$\boldsymbol{R}^{(1)} = (r_{ij}^{(1)}) = \begin{pmatrix} 0.99 & 0.10 & 0.65 & -0.30 \\ -0.10 & 1.00 & -0.67 & 0.95 \\ 0.65 & 0.67 & 0.56 & -0.18 \\ -0.30 & -0.95 & -0.18 & 0.10 \end{pmatrix}.$$

iv) 引入因子 x_2 后回归系数及残差平方和为

$$b_2' = r_{2y}^{(1)} = 0.95;$$

$$Q^{(1)} = \sigma_y^2 r_{yy}^{(1)} = \sum_{t=1}^{7} (y_t - \bar{y})^2 \times r_{yy}^{(1)} = 64 \times 0.10 = 64.$$

(iii) 由于只引入一个因子,不存在剔除问题,故这一步仍考虑引入因子.

i) 计算剩下两个因子 x_1, x_3 的第 1 步的 $Q_i^{*(1)}$,由公式

$$Q_i^{*(1)} = \frac{(r_{iy}^{(1)})^2}{r_{ii}^{(1)}},$$

故

$$Q_1^{*(1)} = \frac{(r_{1y}^{(1)})^2}{r_{11}^{(1)}} = 0.09,$$

$$Q_3^{*(1)} = \frac{(r_{3y}^{(1)})^2}{r_{33}^{(1)}} = 0.04,$$

其中 $Q_1^{*(1)} > Q_3^{*(1)}$ 故 $\max\limits_{i} Q_i^{*(1)} = Q_1^{*(1)} = 0.09$.

ii) 作引入因子 x_1 的显著性检验,由公式

$$F_{1(引入)}^{(1)} = \frac{(N-p-2)}{1} \times \frac{\max\limits_{i} Q_i^{*(1)}}{r_{yy}^{(1)} - \max\limits_{i} Q_i^{*(1)}}$$

$$= \frac{7-1-2}{1} \times \frac{0.09}{0.10-0.09} = \frac{4}{1} \times \frac{0.09}{0.01} = 36,$$

对给定信度 $\alpha = 0.05$ 查 F 分布表,找出相应于自由度 $(1,4)$ 的临界值 $F_{\alpha(引)}^{(1)} = 7.71$,由于 $F_{1(引入)}^{(1)} > F_{\alpha(引)}^{(1)}$ 故在回归方程中引入因子 x_1.

iii) 按变换公式

$$\begin{cases} r_{1j}^{(2)} = \dfrac{r_{1j}^{(1)}}{r_{11}^{(1)}}, & i=1, j \neq 1, \\[2mm] r_{ij}^{(2)} = r_{ij}^{(1)} - \dfrac{r_{i1}^{(1)} r_{1j}^{(1)}}{r_{11}^{(1)}}, & i \neq 1, j \neq 1, \\[2mm] r_{11}^{(2)} = \dfrac{1}{r_{11}^{(1)}}, & i=1, j=1, \\[2mm] r_{i1}^{(2)} = -\dfrac{r_{i1}^{(1)}}{r_{11}^{(1)}}, & i \neq 1, j=1, \end{cases}$$

算出 $r_{ij}^{(2)}$，作出第 2 步相关矩阵

$$\boldsymbol{R}^{(2)} = (r_{ij}^{(2)}) = \begin{pmatrix} 1.01 & 0.10 & 0.66 & -0.30 \\ 0.10 & 1.01 & -0.60 & 0.92 \\ -0.66 & 0.60 & 0.13 & 0.02 \\ 0.30 & -0.92 & -0.02 & 0.01 \end{pmatrix}.$$

iv）引入两个因子 x_2, x_1 后的回归系数及残差平方和为

$$b_2'^{(2)} = r_{2y}^{(2)} = 0.92, \quad b_1'^{(2)} = r_{1y}^{(2)} = -0.30,$$

$$Q^{(2)} = 64 \times r_{yy}^{(2)} = 64 \times 0.01 = 0.6.$$

（iv）由于引入因子只有两个，实际计算中这一步不可能有因子剔除，仍需考虑引入（即选入三个因子后再考虑剔除）. 但是，为了说明剔除程序，不妨假定这一步分两种情况：

i）先作已引入因子的剔除检验，由于 x_1 上一步刚引入不能剔除，至于 x_2 的 $Q_2^{*(2)}$ 为

$$Q_2^{*(2)} = \frac{(r_{2y}^{(2)})^2}{r_{22}^{(2)}} = \frac{(0.92)^2}{1.01} = 0.84.$$

因为只有一个 $Q_2^{*(2)}$，所以也是最小的一个，对此作剔除检验，由公式

$$F_{2(剔除)}^{(2)} = \frac{N-p-1}{1} \times \frac{\min_i Q_i^{*(2)}}{r_{yy}^{(2)}} = \frac{7-2-1}{1} \times \frac{0.84}{0.01} = 336,$$

对给定信度 $\alpha = 0.05$，查 F 分布表，找出相应于自由度 $(1,4)$ 的临界值 $F_{\alpha(剔)}^{(2)} = 7.71$，因为 $F_{2(剔除)}^{(2)} > F_{\alpha(剔)}^{(2)}$，故无需剔除 x_2.

ii）再作尚未选入的因子的引入检验. 首先对 x_3 计算

$$Q_3^{*(2)} = \frac{(r_{3y}^{(2)})^2}{r_{33}^{(2)}} = \frac{(0.02)^2}{0.13} = 0.003,$$

再对 $Q_3^{*(2)}$ 作 F 检验，

$$F_{3(引入)}^{(2)} = \frac{(N-p-2)}{1} \times \frac{\max_i Q_i^{*(2)}}{r_{yy}^{(2)} - \max_i Q_i^{*(2)}}$$

$$= \frac{7-2-2}{1} \times \frac{Q_3^{*(2)}}{r_{yy}^{(2)} - Q_3^{*(2)}}$$

$$= \frac{3}{1} \times \frac{0.003}{0.01 - 0.003} = 1.3.$$

对给定信度 $\alpha = 0.05$，查 F 分布表，找出相应于自由度 $(1,3)$ 的临界值 $F_{\alpha(引)}^{(2)} = 10.13$，因为 $F_{\alpha(引)}^{(2)} > F_{3(引入)}^{(2)}$，故 x_3 不能引入. 至此，既不剔除又不引入因子，从而逐步回归结束.

（v）计算回归系数，建立回归预报方程

由公式（11）得

$$b_1^{(2)} = \frac{\sqrt{S_{yy}}}{\sqrt{S_{11}}} r_{1y}^{(2)} = \frac{\sqrt{64}}{\sqrt{1.01}} \times (-0.30) = -0.768,$$

$$b_2^{(2)} = \frac{\sqrt{S_{yy}}}{\sqrt{S_{22}}} r_{2y}^{(2)} = \frac{\sqrt{64}}{\sqrt{1.01}} \times (0.92) = 2.323,$$

又 $\qquad b_0^{(2)} = \bar{y} - b_1^{(2)} \bar{x}_1 - b_2^{(2)} \bar{x}_2 = -0.151.$

故所求的回归预报方程为

$$\hat{y} = b_0^{(2)} + b_1^{(2)} x_1 + b_2^{(2)} x_2 = -0.151 - 0.768 x_1 + 2.323 x_2.$$

最后还可以给出残差平方和 $Q^{(2)} = \sigma_y^2 r_{yy}^{(2)} = 0.6$ 及复相关系数 $R = \sqrt{1 - \frac{Q^{(2)}}{S_{yy}}} = \sqrt{1 - r_{yy}^{(2)}}$，即 $R^2 = 0.99.$

（vi）**注记**

i）若 x_2 经过（4）中 i）剔除检验通过时，即剔除 x_2 时，要注意应该对 $\boldsymbol{R}^{(2)}$ 再施行一次矩阵变换，使其变换成新的矩阵 $\boldsymbol{R}^{(3)}$，而后再考虑是否有新的因子引入.

ii）临界值 $F_{\alpha(引)}^{(h)}$，$F_{\alpha(剔)}^{(h)}$ 一般随 h 而变化，通常在实际计算中观测资料数 N 比引入方程的因子数 p 要大很多，因此 p 的改变对自由度的值影响不大. 为计算方便，不论引入因子还是剔除因子，根据问题的具体情况直接规定一个统一的临界值 F^*，即取 $F_{\alpha(引)}^{(h)} = F_{\alpha(剔)}^{(h)} = F^*$. 一般地，若希望多选入因子（当观测资料数较大时），F^* 值可适当取小些；否则 F^* 值应取大些．为了避免 F^* 取值不当造成的不合理，在有电子计算机的条件下，可同时规定几个 F^* 值，从中选出使回归方程的预报效果最佳的那个 F^* 的值．

（四）应用实例[①]：北上气旋路径的统计预报

本例是解决5～9月中低纬度各类气旋北上路径 24 h 的统计预报问题．由于5～9月的北上气旋是造成渤海及天津地区大风、暴雨等重要的天气系统之一，在搞清路径的预报基础上，进一步再综合考虑其发生发展和周围系统的配置关系，这对搞好要素预报提供了方便．

北上气旋一语的定义是指从河套到江淮中下游产生并能移出的各类气旋，蒙古气旋、东北低压等不包括在内．

在因子的挑选上着重刻画气旋周围温压场的相互配置情况及其所制约的基本引导气流和气旋本身的内部结构．同时对因子的非线性组合（两两交叉乘积）也给予一定的考虑，选择不同的 F 值，采用逐步回归筛选的方法对于从 1969～1974 年 5～9 月 500 毫巴、850 毫巴历史天气图上收集的 62 个北上气旋的样本资料，分别建立对 24 h 平均移向和 24 h 移速的预报方程．

Ⅰ.本原因子的挑选及其意义

（i）描述预报前 24 h 850 毫巴上低压所在位置的温压场结构及其周围系统的配置关系．

x_1 为 850 毫巴上低压后部 5 个纬距内的梯度值取正值（如图 4-1 所示）．

x_2 为 850 毫巴低压前部 5 个纬距内的梯度值取正值（如图 4-1 所示）．

x_3 为 850 毫巴上低压后部 5 个纬距内的最大温差取正值以

---

① 本实例由天津市气象台短期预报组的同志与南开大学数学系统计预报组合作完成的．

表示冷平流的强度(如图 4-1 所示).

　　x_4 为 850 毫巴上低压前部 5 个纬距内的最大温差取正值以表示暖平流的强度(如图 4-1 所示).

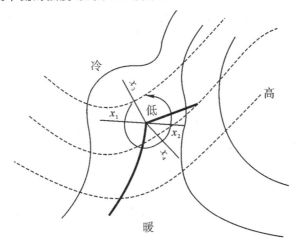

图 4-1　850 毫巴　实线为等高线　虚线为等温线　粗线为槽线

　　(ii) 描述前 24 h 地面气旋中心对应到 500 毫巴处的形势场的特点及其所制约的引导气流.

　　x_5 为 500 毫巴上气旋所在位置向右侧 10 个纬距内的等高线所作垂线与纬圈方向夹角,一般可表示付高的轴向和付高的强度,如图 4-2 所示以顺时针方向为正用度数表示.

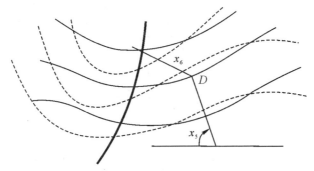

图 4-2　500 毫巴　实线为等高线　虚线为等温线　粗线为槽线

x_6 为 500 毫巴上气旋所在位置的左上方 10 个纬距内的最大温差,以表示气旋后部的冷空气的强度.

x_7 为 500 毫巴上气旋所在位置的等高线的走向,以气旋所在位置为起点作通过该点等高线的切线,再以此切点为起点用 10 个纬距与该等高线相截量取交点与切线间的距离(用纬距表示),它表示等高线的曲率状况及引导气流的基本方向.可概括为图 4-3(a),图 4-3(b),图 4-3(c)三种情形.

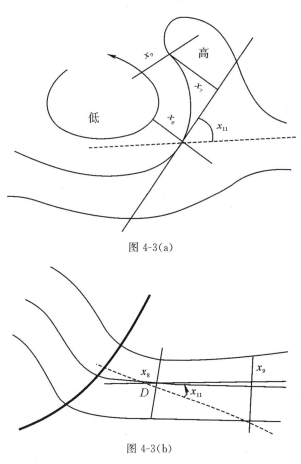

图 4-3(a)

图 4-3(b)

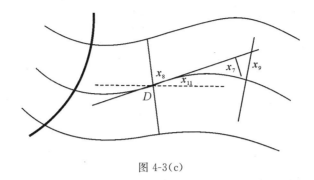

图 4-3(c)

图 4-3(a) 为气旋性曲率 x_7 可取正值, 图 4-3(b) 为较平值的等高线 x_7 可取零值, 图 4-3(c) 为反气旋的曲率 x_7 可取负值.

x_8 为 500 毫巴气旋所在位置左右共 10 个纬距的气压梯度值, 表示气旋初始引导气流的强度如图 4-3(a), 图 4-3(b), 图 4-3(c) 所示.

x_9 为 500 毫巴气旋所在位置的上方 10 个纬距与等高线交点处左右共 10 个纬距的气压梯度值, 以表示气旋所在位置的下游引导气流的强度如图 4-3(a), 图 4-3(b), 图 4-3(c) 所示.

$x_{10} = x_8 - x_9$ 用来表示 500 毫巴上未来引导气流加强或减弱的趋势.

x_{11} 表示 500 毫巴上气旋所在位置初始引导气流的方向, 以气旋所在位置的切线方向与纬圈方向的夹角用度数表示, 以逆时针方向为正, 如图 4-3(a), 图 4-3(b), 图 4-3(c) 所示.

Ⅱ. 预报方程

(i) 气旋 24 h 移动方向 y_1 (前后气旋中心连线与纬圈方向夹角用度数表示) 的预报方程.

第 1 步 从上述 11 个本原因子中利用逐步筛选方法, 取 $F = 2$, 选出 6 个对 y_1 关系较密切的因子: $x_2, x_3, x_5, x_6, x_7, x_{11}$.

第 2 步 对所选出的 6 个因子进行两两交叉乘积, 从而又生成 15 个新因子.

第 3 步　　根据不同的 F 值,得到的预报方程中取 $F=2$ 时,选入的因子为 $x_5,x_6,x_{11},x_2x_{22},x_3x_7,x_5x_{11}$,以此 6 个因子建立非线性回归方程

$$y_1=70.67-0.560x_5-1.218x_6-0.487x_{11}+$$
$$0.061\ 7x_2x_{11}+0.851\ 8x_3x_7+0.008\ 5x_5x_{11}.$$

其拟合情况为误差超过正负 15 度有 16 个,准确率为 74%.

(ii) 气旋 24 h 移动速度 y_2(前后气旋中心的连线用纬距表示)的预报方程.

同样先从 11 个本原因子中利用逐步筛选方法取 $F=1$,选出 5 个对 y_2 相关关系较密切的因子:x_3,x_4,x_6,x_7,x_{10}. 再将此 5 个因子连同 y_1(由于气旋移动速度和它本身移向是有关的)共 6 个因子仿(i)的作法,取 $F=1$ 时,选入的因子为 x_4,x_6,x_7,x_3x_7,x_7y_1,x_7x_{10} 可建立预报方程

$$y_2=6.26+0.149\ 6x_4+0.140\ 3x_6-0.449\ 9x_7-$$
$$0.121\ 3x_3x_7+0.060\ 8x_7y_1+0.063\ 4x_7x_{10}.$$

其拟合情况为误差超过正负 3 个纬距者有 14 次准确率为 77.4%.

Ⅲ. 试报检验与讨论

(i) 我们仅取 10 个样本进行检验,其中报对 y_1 的 8 次,报对 y_2 的 7 次.

(ii) 应用逐步回归的前提要求预报对象满足正态性的假定,这里 y_1,y_2 虽经统计检验满足假定,且采用了简单的非线性组合,但拟合与试报效果尚且理想,这说明因子间的更为合理的组合需要进一步考虑,尤为重要的需要选择一些关系更好的新因子.

§4.3　线性判别分析方法与渤海偏北大风的统计分型预报

在实际预报中,经常要对各种天气现象进行识别与分类,判别分析就是一种确定分类的统计方法[17][18],它虽产生于 20 世纪 30 年代,但用于天气预报并非太久,在预报中称此方法为分辨法.这里除介绍基本方法外,还结合渤海偏北大风的短期预报说明其应用.

(一) 问题的提出

如要作晴、雨预报,根据气候规律和实践经验,某气象站若选用两个预报因子预报晴、雨.通常台站采用点聚图的方法,将该站测得的两个因子 x_1, x_2 的历史资料绘图如下:

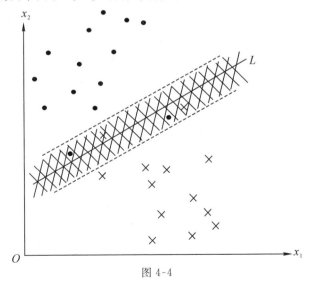

图 4-4

图中横坐标为 x_1,纵坐标为 x_2,"·"表示天晴的点子,"×"表示天雨的点子. 由图 4-4 可见, 晴天的点子大部分落在坐标平面的左上方, 而天雨的点子大部分落在坐标平面的右下方, 因此可以设想在 $x_1 - x_2$ 坐标平面上画一条直线 L（或曲线）作为分界线, 来区分这两类不同性质的天气, 以后当测得的点子落在天晴区内就报晴天, 落在天雨区内就报雨天. 显然当观测到的新点落在直线 L 附近时, 就不那么好判别, 图中阴影部分就是不好分辨的区.

上述点聚图的方法虽直观、简便, 但直线 L 的划定往往不那么客观、合理, 况且当采用两个以上预报因子时, 就无法直观地划出这条线, 判别分析为我们提供了依据历史资料, 根据一定的判别准则, 比较客观的寻求这种分界线（或分界面）的一种数学方法.

（二）二类线性判别函数的建立与计算

假定天气现象分为两类, 每类都含有 k 个因子 $x_1, x_2, \cdots, x_k$, 由它们的线性组合构造判别函数

$$y = a_1 x_1 + a_2 x_2 + \cdots + a_k x_k, \tag{1}$$

其中参数 a_i 可根据历史资料按一定分辨准则确定.

由于两类天气现象的 k 个 x 的数值不同, 则 y 亦不同, 记 y_1 为第一类的判别函数, y_2 为第二类的判别函数. n_1, n_2 分别表示这两类的样本观测数. 容易设想, 判别函数的分辨能力明显的话, 应该反映在有效的区分这两类天气上, 这就既要求两类判别函数值 y_1, y_2 之间分离显著（显然分离的大小可由两类判别函数的平均值 $\bar{y}_1, \bar{y}_2$ 之差的平方 $(\bar{y}_1 - \bar{y}_2)^2$ 来度量）, 亦即 $(\bar{y}_1 - \bar{y}_2)^2$ 值大; 又要求同一类天气的判别函数值对其平均值的离散度小（显然离散度可由 $\sum_{j=1}^{n_1}(y_{1j} - \bar{y}_1)^2$ 和 $\sum_{j=1}^{n_2}(y_{2j} - \bar{y}_2)^2$ 来度量）, 亦即 $\sum_{i=1}^{2}\sum_{j=1}^{n_i}(y_{ij} - \bar{y}_i)^2$ 要小.

综合上述两个要求,等于使下式

$$P = \frac{(\bar{y}_1 - \bar{y}_2)^2}{\sum\limits_{i=1}^{2}\sum\limits_{j=1}^{n_i}(y_{ij} - \bar{y}_i)^2} \tag{2}$$

达到最大时,确定的 $a_1, a_2, \cdots, a_k$ 使判别函数的判别效果为佳.

(2)中 y_{ij} 表示 $i(i=1,2)$ 类 y 的第 j 个观测值,设 x_{pij} 表示第 p 个预报因子对 i 类天气的第 j 个观测值,又

$$\bar{x}_{pi} = \frac{1}{n_i}\sum_{j=1}^{n_i} x_{pij} \quad (i = 1, 2; \ p = 1, 2, \cdots, k).$$

由(1)得

$$\bar{y}_1 - \bar{y}_2 = a_1(\bar{x}_{11} - \bar{x}_{12}) + a_2(\bar{x}_{21} - \bar{x}_{22}) + \cdots + a_k(\bar{x}_{k1} - \bar{x}_{k2})$$

$$= \sum_{p=1}^{k} a_p(\bar{x}_{p1} - \bar{x}_{p2}),$$

$$y_{ij} - \bar{y}_i = a_1(x_{1ij} - \bar{x}_{1i}) + a_2(x_{2ij} - \bar{x}_{2i}) + \cdots + a_k(x_{kij} - \bar{x}_{ki}).$$

若令
$$d_p = \bar{x}_{p1} - \bar{x}_{p2} \quad (p = 1, 2, \cdots, k),$$

$$S_{pq} = \sum_{i=1}^{2}\sum_{j=1}^{n_i}(x_{pij} - \bar{x}_{pi})(x_{qij} - \bar{x}_{qi}) \quad (p, q = 1, 2, \cdots, k),$$

则(2)式分子

$$Q = (\bar{y}_1 - \bar{y}_2)^2 = \Big(\sum_{p=1}^{k} a_p d_p\Big)^2 = (a_1 d_1 + a_2 d_2 + \cdots + a_k d_k)^2$$

$$= a_1^2 d_1^2 + a_1 a_2 d_1 d_2 + \cdots + a_1 a_k d_1 d_k + a_2 a_1 d_2 d_1 + a_2^2 d_2^2 + \cdots +$$

$$a_2 a_k d_2 d_k + \cdots + a_k a_1 d_k d_1 + a_k a_2 d_k d_2 + \cdots + a_k^2 d_k^2$$

$$= \sum_{p=1}^{k}\sum_{q=1}^{k} a_p a_q d_p d_q.$$

(2)式分母

$$R = \sum_{i=1}^{2}\sum_{j=1}^{n_i}(y_{ij} - \bar{y}_i)^2$$

$$= \sum_{i=1}^{2}\sum_{j=1}^{n_i}\big[a_1(x_{1ij} - \bar{x}_{1i}) + a_2(x_{2ij} - \bar{x}_{2i}) + \cdots + a_k(x_{kij} - \bar{x}_{ki})\big]^2$$

$$= \sum_{i=1}^{2} \sum_{j=1}^{n_i} \sum_{p=1}^{k} \sum_{q=1}^{k} a_p a_q (x_{pij} - \overline{x}_{pi})(x_{qij} - \overline{x}_{qi})$$

$$= \sum_{p=1}^{k} \sum_{q=1}^{k} a_p a_q \sum_{i=1}^{2} \sum_{j=1}^{n_i} (x_{pij} - \overline{x}_{pi})(x_{qij} - \overline{x}_{qi})$$

$$= \sum_{p=1}^{k} \sum_{q=1}^{k} a_p a_q S_{pq}.$$

于是(2)可改写成

$$P = \frac{\displaystyle\sum_{p=1}^{k} \sum_{q=1}^{k} a_p a_q d_p d_q}{\displaystyle\sum_{p=1}^{k} \sum_{q=1}^{k} a_p a_q S_{pq}} = \frac{Q}{R}.$$

欲求使 P 达到最大的 a ,必须使 $\dfrac{\partial P}{\partial a_i} = 0 (i = 1, 2, \cdots, k)$,

即 $$\frac{\partial P}{\partial a_i} = \frac{R \dfrac{\partial Q}{\partial a_i} - Q \dfrac{\partial R}{\partial a_i}}{R^2} = 0 \quad (i = 1, 2, \cdots, k),$$

亦即 $$\frac{\partial R}{\partial a_i} = \frac{1}{P} \frac{\partial Q}{\partial a_i} \quad (i = 1, 2, \cdots, k). \tag{3}$$

因为 $$R = a_1^2 s_{11} + \cdots + a_1 a_i s_{1i} + \cdots + a_1 a_k s_{1k} + \cdots +$$
$$a_i a_1 s_{i1} + \cdots + a_i^2 s_{ii} + \cdots + a_i a_k s_{ik} + \cdots +$$
$$a_k a_1 s_{k1} + \cdots + a_k a_i s_{ki} + \cdots + a_k^2 s_{kk},$$

由于 $s_{ij} = s_{ji}$,故

$$\frac{\partial R}{\partial a_i} = 2(a_1 s_{i1} + a_2 s_{i2} + \cdots + a_k s_{ik}) \quad (i = 1, 2, \cdots, k).$$

同样可得

$$\frac{\partial Q}{\partial a_i} = 2(a_1 d_i d_1 + a_2 d_i d_2 + \cdots + a_k d_i d_k)$$
$$= 2d_i(a_1 d_1 + a_2 d_2 + \cdots + a_k d_k) \quad (i = 1, 2, \cdots, k).$$

将 $\dfrac{\partial R}{\partial a_i}, \dfrac{\partial Q}{\partial a_i}$ 代入(3)得

$$a_1 s_{i1} + a_2 s_{i2} + \cdots + a_k s_{ik} = \lambda d_i \quad (i = 1, 2, \cdots, k), \tag{4}$$

其中 $\lambda = \dfrac{a_1 d_1 + a_2 d_2 + \cdots + a_k d_k}{P}$，由于要求 P 最大，故 λ 越小越好，为方便计不妨令 $\lambda = 1$.

得　$a_1 s_{i1} + a_2 s_{i2} + \cdots + a_k s_{ik} = d_i$　$(i = 1, 2, \cdots, k)$.

因此只要求得方程组（5）的解 $(a_1, a_2, \cdots, a_k)$ 将其扩大 λ 倍得 $(\lambda a_1, \lambda a_2, \cdots, \lambda a_k)$ 就是方程组（4）的解，

根据 P 的定义容易说明，既然方程组（4）的解能使 P 达到最大，则方程组（5）的解必定也能使 P 达到最大.

进一步，根据实测的 $x_1, x_2, \cdots, x_k$ 由方程（1）算得判别函数值后，如何作出预报呢？这就需要寻求一个预报判据，很自然这判据只要取 $\bar{y}_1$ 和 $\bar{y}_2$ 这两组数的加权平均即可，即设

$$y_c = \frac{n_1 \bar{y}_1 + n_2 \bar{y}_2}{n_1 + n_2}$$

为预报判据，其中

$$\bar{y}_1 = \sum_{p=1}^{k} a_p \bar{x}_{p1} \quad \left(\text{或} = \frac{1}{n_1} \sum_{j=1}^{n_1} y_{1j}\right),$$

$$\bar{y}_2 = \sum_{p=1}^{k} a_p \bar{x}_{p2} \quad \left(\text{或} = \frac{1}{n_2} \sum_{j=1}^{n_2} y_{2j}\right).$$

不难证明不等式

$$\bar{y}_1 \geqslant y_c \geqslant \bar{y}_2$$

成立. 因此

若 $y > y_c$，则报一类.

若 $y < y_c$，则报二类.

（三）说明

（i）关于多类线性判别分析预报的原理与方法与两类情况大体相仿，由于多类时运算较繁，因此在实用上人们乐于采用逐步两类判别来解决多类判别问题，所谓逐步两类判别是指多类判别化为多次依次的两类判别，

(ii) 具体应用时,常采用文献[19]中提到的修正判别准则的方法去计算更为合理.我们在下面实例中应用判别分析方法时也证实了这样处理是适宜的.

(四) 应用实例[①]:渤海偏北大风的统计分型预报[20]

本例介绍制作冬半年（9 月～次年 4 月）渤海偏北大风持续时间和强度的统计预报.以大型环流为背景,根据天气动力学的基本概念和预报员的实践经验,选取系统影响前 24 h 500 毫巴图上一些能够表征系统尺度、强度、大气斜压性等物理量及其各种组合作为预报因子,并分为经向型和纬向型,建立预报方程.考虑到气旋的配合作用,还选取了 24 h 前 850 毫巴锋区前涡度和温度平流项,作为气旋发生发展的预报因子.

根据 1967～1970 年 9 月～次年 4 月的资料,凡砣矶岛正点测风纪录有一次偏北风力在 12 m/s 或以上,同时渤海沿岸有两个以上测站风力$\geq$10m/s,算作一次渤海偏北大风过程.本例共选取了 132 个大风过程,对其中 96 个过程进行统计分析,留下 36 个过程进行统计检验.

(i) 因子选取及其组合

i) x_1:为 500 毫巴图上影响系统的东西高度差.无论影响系统为 V 型槽或横槽,均在 50°N～60°N 由槽线作脊线的垂线,读取槽脊间的最大差值,即为 x_1 值（在图 4-5 中,$x_1 = Z_A - Z_B$）.

ii) x_2:在 500 毫巴图上影响系统的振幅.选择一根能够代表槽脊分布的等高线,读取从槽底到脊顶所伸展的纬距数,即为 x_2 值（图 4-5 中的箭头线所示）.

令 $X_1 = x_1 \cdot x_2$,表征高空槽脊相互配置的状况和尺度.当 $X_1 < 400$ 时,划为纬向型,$X_1 \geq 400$ 为经向型,$X_1 < 200$ 时则

① 本实例由天津市气象台短期预报组的同志与南开大学数学系统计预报组合作完成的,取材于参考文献[20].

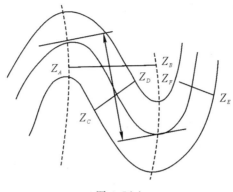

图 4-5(a)

不选取.

iii) x_3: 为南北温差. 取 500 毫巴图上槽后冷舌或冷中心的最低温度与大连站的温度差, 取绝对值.

iv) x_4: 为 500 毫巴槽后最大梯度. 在 $40°N \sim 50°N$ 间选取槽后脊前或槽后平直锋区内最大梯度值, 以 10 个纬距内的高度差值来表示(在图 4-5 中, $x_4 = Z_C - Z_D$).

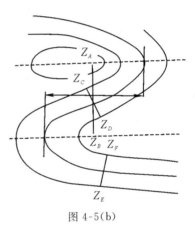

图 4-5(b)

今 $X_2 = x_3 \cdot x_4$, 表示冷空气的强度.

v) x_5: 为 500 毫巴槽前最大梯度. 在 $40°N \sim 50°N$ 间选取槽前平直锋区内最大梯度值, 以 10 个纬距内的高度差值来表示(在上图中, $x_5 = Z_E - Z_F$).

令 $X_3 = x_4 - x_4$, 表示高空槽在东移中能否发展的标志.

vi) x_6: 为 850 毫巴锋区前东南部位的最大正涡度值. 用简易涡度求算法算出.

vii) x_7: 为计算最大正涡度区南北两点的温度差的绝对值.

表示不稳定状态.

令 $X_4 = x_6 \cdot x_7$，表示气旋加深发展的趋势.

（ii）预报方程的建立

i）大风持续时间的判别函数

根据实际预报需要，我们先用判别分析方法，将预报量分为 <24 h 和 >24 h 两级，得出判别函数为

$$y = -7.46 \times 10^{-4} X_1 - 7.57 \times 10^{-4} X_2 - 1.71 \times 10^{-2} X_3.$$

算得判别指标 $y_c = -0.878$.

当 $y > y_c$，即 $y > -0.878$ 时，大风持续时间 <24 h；

当 $y < y_c$，即 $y < -0.878$ 时，大风持续时间 >24 h.

ii）大风强度初次预报量 $\bar{y}$ 的回归方程

$\bar{y}$ 为大风过程中正点观测纪录中 $\geqslant 10$ m/s 的平均风速. 根据不同形势，得出以下两个预报方程：

经向型（$X_1 \geqslant 400$）：

$$\bar{y} = 14.0 - 6.9 \times 10^{-4} X_1 + 1.50 \times 10^{-3} X_2 + 4.55 \times 10^{-2} X_3.$$

纬向型（$200 \leqslant X_1 < 400$）：

$$\bar{y} = 12.65 + 1.80 \times 10^{-3} X_2 + 5.40 \times 10^{-2} X_3.$$

iii）实际预报量 y 的求算

$y = \bar{y} + y'$，其中 y 为所要求算的正点观测最大风速，y' 为最大风速与 $\geqslant 10$ m/s 各次观测平均风速的差值.

在计算 y' 的过程中，又分为以下两种情况.

①有气旋影响的共 37 个个例，通过涡度及温度平流项等因子，对偏差量 y' 进行回归分析得出方程为

$$y' = 0.82 + 1.02 \times 10^{-4} X_4.$$

ⅱ）没有气旋影响的共 59 个个例，对其做了拟合检验，其偏差量 y' 见表 4-2.

表 4-2

型	时　段	
	＜24 h	＞24 h
	y'	
经　　向	0.40	1.60
纬　　向	0.82	1.24

（iii）检验

对 36 次个例的试报检验,其结果如下:

大风持续时间的判别,其分辨能力可达 80%. 对大风强度的预报,如允许误差≤2 m/s,其准确率为 84%,其中有气旋影响的 10 次过程,只有 2 次误差＞2 m/s,准确率为 80%;没有气旋影响时,经向型准确率为 $\frac{12}{15}=80\%$,纬向型准确率为 $\frac{18}{21}=86\%$.

§4.4 多因子概率回归的分级预报及其 在大到暴雨短期预报中的应用

概率预报方法有多种,概率回归预报法就是其一,它是考虑分级预报的一种方法,人们所以称为概率回归预报是因为其预报方程仍为回归方程,但预报结果是通过回归方程估计出来的预报量出现在某一级的概率,而不是预报量的数值.此法在国外称为 REEP 方法[21].

（一）多级预报对象的概率回归预报原理

设有 l 个预报因子 $x_1, x_2, \cdots, x_l$,它们均以 0 或 1 取值,即规定出现某事件为 1,不出现为 0. 又设预报量分成 n 级 $y_1, y_2, \cdots, y_n$,它们也是以 0 或 1 的形式取值.

假定 n 级预报量 $y_1, y_2, \cdots, y_n$ 组成互不相容的完备事件组,所谓互不相容是指每一次观测结果,有且仅有一个 $y_i (i=1, 2, \cdots, n)$ 出现,即 $y_i y_j = V (i \neq j)$;所谓完备是指每一次观测结果,所出现的那个 y_i 必定是所分的 n 级 $y_1, y_2, \cdots, y_n$ 中的某一个,即 $\sum\limits_{i=1}^{n} y_i = U$. 因为预报量 $y_1, y_2, \cdots, y_n$ 以 0 或 1 取值,故有

$$\sum_{t=1}^{n} y_t = 1.$$

设预报量 y 出现在第 t 级的概率记为

$$p_t = P(y_t) \qquad (t=1,2,\cdots,n).$$

现以 l 个预报因子 $x_1, x_2, \cdots, x_l$(它们取值是 0 或 1 的形式)对预报量 y 进行线性概率预报,由线性回归预报知 p_t 与 $x_1, x_2, \cdots, x_l$ 之间有如下线性关系:

$$\hat{p}_t = \hat{P}(y_t) = a_0 t + \sum_{i=1}^{l} a_{it} x_i \qquad (t = 1, 2, \cdots, n), \qquad (1)$$

式中 i 表示因子的序数，t 表示预报量的分级序数，a_{0t}, a_{it} 为待定系数，a_{it} 表示第 i 个预因子对预报量第 t 级的概率的权重. $\hat{p}_t$ 为 p_t 的估计值.

(1)式也可写成如下形式：

$$
\begin{aligned}
&\hat{p}_1 = \hat{P}(y_1) = a_{01} + a_{11} x_1 + a_{21} x_2 + \cdots + a_{l1} x_l, \\
&\hat{p}_2 = \hat{P}(y_2) = a_{02} + a_{12} x_1 + a_{22} x_2 + \cdots + a_{l2} x_l, \\
&\cdots \\
&\hat{p}_k = \hat{P}(y_k) = a_{0k} + a_{1k} x_1 + a_{2k} x_2 + \cdots + a_{lk} x_l, \qquad (2) \\
&\cdots \\
&\hat{p}_n = \hat{P}(y_n) = a_{0n} + a_{1n} x_1 + a_{2n} x_2 + \cdots + a_{ln} x_l,
\end{aligned}
$$

利用最小二乘法确定上式中的系数 $a_{it}(i = 0, 1, 2, \cdots, l; t = 1, 2, \cdots, n)$，即使

$$Q_t = \sum_{j=1}^{N} (p_{tj} - \hat{p}_{tj})^2 = \sum_{j=1}^{N} \left[p_{tj} - \left(a_{0t} + \sum_{i=1}^{l} a_{it} x_{ij} \right) \right]^2$$
$$= \text{最小} \quad (t = 1, 2, \cdots, n),$$

其中 N 为所取的观测资料数.

例如对于方程

$$\hat{p}_k = a_{0k} + \sum_{i=1}^{l} a_{ik} x_i$$

的系数 $a_{0k}, a_{1k}, a_{2k}, \cdots, a_{lk}$，由

$$\frac{\partial Q_k}{\partial a_{0k}} = -2 \sum_{j=1}^{N} \left[p_{kj} - \left(a_{0k} + \sum_{i=1}^{l} a_{ik} x_{ij} \right) \right] = 0,$$

$$\frac{\partial Q_k}{\partial a_{uk}} = -2 \sum_{j=1}^{N} \left[p_{kj} - \left(a_{0k} + \sum_{i=1}^{l} a_{ik} x_{ij} \right) \right] \cdot x_{uj} = 0$$
$$(u = 1, 2, \cdots, l)$$

整理后得

$$\begin{cases} a_{0k}N + \sum_{i=1}^{l}\sum_{j=1}^{N}a_{ik}x_{ij} = \sum_{j=1}^{N}p_{kj}, \\ a_{0k}\sum_{j=1}^{N}x_{uj} + \sum_{i=1}^{l}\sum_{j=1}^{N}a_{ik}x_{ij}x_{uj} = \sum_{j=1}^{N}p_{kj}x_{uj} \quad (u=1,2,\cdots,l) \end{cases}$$

或写成

$$\begin{cases} a_{0k}N + a_{1k}\sum_{j=1}^{N}x_{1j} + a_{2k}\sum_{j=1}^{N}x_{2j} + \cdots + a_{lk}\sum_{j=1}^{N}x_{lj} = \sum_{j=1}^{N}p_{kj}, \\ a_{0k}\sum_{j=1}^{N}x_{1j} + a_{1k}\sum_{j=1}^{N}x_{1j}^{2} + a_{2k}\sum_{j=1}^{N}x_{2j}x_{1j} + \cdots + a_{lk}\sum_{j=1}^{N}x_{lj}x_{1j} \\ \qquad = \sum_{j=1}^{N}p_{kj}x_{1j}, \\ \cdots \\ a_{0k}\sum_{j=1}^{N}x_{lj} + a_{1k}\sum_{j=1}^{N}x_{1j}x_{lj} + a_{2k}\sum_{j=1}^{N}x_{2j}x_{lj} + \cdots + a_{lk}\sum_{j=1}^{N}x_{lj}^{2} \\ \qquad = \sum_{j=1}^{N}p_{kj}x_{lj}. \end{cases}$$

$$(3)$$

显见,方程组(3)对不同的 k 左端项均一致,只是右端项不同.当分的级数越多,计算量也就越大,但由于资料已简化为 0 或 1 取值,故各方程组中的 $\sum_{j=1}^{N}x_{ij}$,$\sum_{j=1}^{N}x_{ij}x_{uj}$,$(i,u=1,2,\cdots,l)$项可直接从资料中数 1 的数目和相乘时为 1 的数目之和算得,这给计算带来了方便.

要注意在上述估计过程中 $\hat{p}_t(t=1,2,\cdots,n)$ 要满足关系式 $\sum_{t=1}^{n}\hat{p}_t = 1$,故只需求出 $\hat{p}$ 的 $n-1$ 个概率回归方程即可.

特别当预报量分为两级时,记 p_1 为预报量 1 级出现的概率;另一级预报量出现的概率记为 p_0.它们的线性回归估计量为 $\hat{p}_0$,

$\hat{p}_1$, 由于要求 $\hat{p}_0 + \hat{p}_1 = 1$, 故只求出 $\hat{p}_1$ 即可, 所以概率回归预报方程为

$$\hat{p}_1 = a_{01} + \sum_{i=1}^{l} a_{i1} x_i, \tag{4}$$

其中 $a_{01}, a_{i1} (i=1,2,\cdots,l)$ 可由下列方程组确定:

$$\begin{cases} a_{01} N + \sum_{i=1}^{l} \sum_{j=1}^{N} a_{i1} x_{ij} = \sum_{j=1}^{N} p_{1j}, \\ a_{01} \sum_{j=1}^{N} x_{uj} + \sum_{i=1}^{l} \sum_{j=1}^{N} a_{i1} x_{1j} x_{uj} = \sum_{j=1}^{N} p_{1j} x_{uj} \end{cases} \tag{5}$$
$$(u=1,2,\cdots,l).$$

（二）应用实例[①]：夏季 7 月大到暴雨短期预报

分析当地的天气特点, 影响天津市降水的天气系统一般以西风槽的形势为多. 于是将近十年(1961~1971 年)7 月历史上出现高空槽的天气进行普查, 找出历史上影响本市未来 24~36 小时内出现降水的高空槽的平均位置, 以此作为起报点, 利用概率回归方法建立线性的判别预报方程同时对非线性的概率回归预报也进行了初步探讨. 具体作法如下:

（i）资料年限与预报时段的规定

选用资料为 1961~1970 年 7 月 8 时历史天气图和各指标站的高空风(其中五台山、华山适当选用 2^S 或 14^S 的最大风的资料), 和天津 8 时气压、温度和绝对湿度(1964 年 8 月资料缺).

槽进入关键区, 作为起报点后, 如果未来 24 h 内(可延长到 36 h)天津或郊区(包塘沽、东郊、西郊、北郊)站有一个站或几个站出现 $\geqslant 30$ mm 的降水, 那么 y 编为 1, 定为大—暴雨日, 时效超过 36 h 或不足 30 mm, 则编为 0.

[①]　本实例主要由天津市气象台短期预报组的同志提出, 引入时对预报方法作了重新处理与进一步探讨.

若 7 月 3 日 8 点槽进入关键区，则该时为起报点，可根据当时情况预报 3 日下午到夜间或者 4 日白天甚至 4 日夜间内有否 $\geqslant 30$ mm 的降水过程.

(ii) 预报因子的选取及 0，1 转换标准

预报因子的好坏，是决定整个预报工作质量的关键，因此在选用因子时，力求物理意义明确，具有较好的相关性，并要求每个因子相对的独立，且基本上能归纳天气形势的特征. 结合预报实践经验，认为造成天津市大到暴雨的主要方面是南方的暖湿空气，特别是夏季副热带高压脊的西伸北跳，天气形势表现为东高西低，按中央台的分型为 Q；槽前的西南气流增强和江淮流域横切变的破坏和北抬，有利于暖湿平流的输送，槽前后的冷暖平流是槽发展的必要条件，在寻找上述天气形势特征的同时还要结合本地附近上空风场的辐合和配合本站气象要素的变化.

各因子转换成 0，1 特征资料的具体情况如下：

i) x_1：槽前西南风.

ⅰ 北京 500 毫巴偏南分量 $\geqslant 9$ m/s.

ⅱ 太原 500 毫巴偏南分量 $\geqslant 9$ m/s.

ⅲ 郑州 500 毫巴偏南分量 $\geqslant 8$ m/s.

ⅳ 北京 500 毫巴偏南分量 $= 8$ m/s 时，要求太原 500 毫巴偏南分量 $\geqslant 5$ m/s.

ⅴ 郑州 500 毫巴偏南分量 $= 7$ m/s 时，要求华山或北京 500 毫巴偏南分量 $\geqslant 1$ m/s.

ⅵ 500 毫巴太原、郑州、华山偏南分量风之和 $\geqslant 15$ m/s.

ⅶ 五台山 S-WSW 风 $\geqslant 9$ m/s.

ⅷ 华山 S-WSW 风 $\geqslant 10$ m/s.

ⅸ 华山（$2^s，8^s，14^s$ 之间）由偏东风（NE-SE）转偏南风（S-SW），两者风速之和 $\geqslant 10$ m/s.

满足上述条件之一,编 1,否则编 0.

ii) x_2:地面与 850 毫巴,850 毫巴与 700 毫巴上下辐合.

①北京地面 NNE-SE 风与北京 850 毫巴 180°～235°风的风速之和≥8 m/s.

ⅱ北京或太原 850 毫巴的偏东南风(100°～168°)与五台山(相当于 700 毫巴)南风之和≥5 m/s.

ⅲ北京或太原 850 毫巴的偏东南风(100°～177°)与五台山的西南风(SSW-WSW)之风速和≥5 m/s.

满足上述条件之一,编 1,否则编 0,

iii) x_3:850 毫巴切变或低涡辐合.

①太原 S-SW (176°～248°)加呼和浩特 NE-SSE(30°～166°).

ⅱ太原 S-SW (176°～248°)加北京偏东南风(100°～170°).

①ⅱ两地风向切变应>40°,风速之和≥8 m/s.

ⅲ北京 S-SW (176°～248°)加呼和浩特 NE-SSE(30°～166°)两地风向切变>30°,风速之和≥4 m/s.

ⅳ河套(在 36～41°N,104°～110°E 范围内),至少有一根等高线的闭合口.

满足上述条件之一,编 1,否则编 0.

iv) x_4:本站气压和绝对湿度.

①绝对湿度≥30.0 毫巴.

ⅱ绝对湿度≥23.5 毫巴,本站气压≥1 007.0 毫巴.

ⅲ绝对湿度≥25.9 毫巴,本站气压≥1 003.5 毫巴,<900.0 毫巴.

满足上述条件之一,编 1,否则编 0.

v) x_5:700 毫巴高空槽前后冷暖平流.

①北京温度减阿勒泰、乌鲁木齐、哈密三站最低温度之差≥10°;

ⅱ北京温度减乌兰巴托温度之差≥7°；

ⅲ当北京或太原 24 h 变温在＋2°时，则酒泉、老东庙、哈密 24 h 变温至少有一个低于−6°；当北京或太原 24 h 变温≥＋3°时，则酒泉、老东庙、哈密 24 h 变温至少有一个低于−2°.

满足上述条件之一，编 1，否则编 0.

ⅵ) x_6：反映副热带高压脊的强度和东高西低的形势.

① 500 毫巴北京、青岛、上海的高度和≥1 756 位势十米；

ⅱ 500 毫巴北京、青岛、上海的高度和减去 500 毫巴银川、兰州、成都的高度和之差≥8 位势十米，如果在 92°E～114°E，40°N～53°N 有一圈闭合等高线的口配置，高度差≥6 位势十米；

ⅲ 500 毫巴北京、青岛、郑州 24 h 的变高和在 7～20 位势十米；

ⅳ 500 毫巴兰州、银川、酒泉变高和，小于等于−9 位势十米；

在上述形势下，满足其中的一条后，还需相应的西南气流配合或者底层辐合的配置，所以再符合以下 6 条中的一条，则编 1，否则编 0.

① 当 x_1 和 x_3 出现时；

ⅱ 五台山 S-WSW≥6 m/s，且华山 S-SW 或北京 500 毫巴偏南分量≥1 m/s；

ⅲ 太原、北京 500 毫巴偏南分量之和≥9 m/s；

ⅳ 华山 S-NSW≥6 m/s；

ⅴ 五台山（S-WSW）加华山（S-WSW）之和≥8 m/s；

ⅵ 北京 500 毫巴偏南分量≥4 m/s 加华山（S-SW）之和≥8 m/s.

(ⅲ) 线性的概率回归预报方程

由于预报对象分为两级，由(5)可求得各因子的概率回归系数分别为

$$a_{11}=0.236,\ a_{21}=0.217,\ a_{31}=0.210,\ a_{41}=0.190,\ a_{51}=$$

$0.170, a_{61}=0.069$, 且 $a_{01}=0.156$, 由此得出概率回归预报方程

$$\hat{p}_1 = 0.156 + 0.236x_1 + 0.217x_2 + 0.210x_3 +$$
$$0.190x_4 + 0.170x_5 + 0.069x_6,$$

用此预报方程对历史资料进行内符检验,分析拟合的情况,定出当 $\hat{p}_1 > 0.510$ 报未来 36 h 内出现大到暴雨,当 $\hat{p}_1 \leqslant 0.510$ 报未来 36h 内不出现大到暴雨. 其准确率如表 4-3 所示:

表 4-3

1961～1970 年 (7月)		次数	实　　况		准确率 (%)
			出现大到暴雨	不出现大到暴雨	
预报	出现大到暴雨	62	54	8	87.1
	不出现大到暴雨	38	7	31	81.2

进一步对近 4 年(1971～1974 年)7 月的历史资料进行试报,检验效果见表 4-4.

表 4-4

1971～1974 年 (7月)		次数	实　　况		准确率 (%)
			出现大到暴雨	不出现大到暴雨	
预报	出现大到暴雨	31	24	7	77.4
	不出现大到暴雨	9	0	9	100

(注:验证时,实况为 27 mm 以上算正确)

(三)关于非线性情形的初步探讨

对本例还进行了因子两两交叉乘积及挑选网络的布尔算法[22],采用电子计算机用逐步筛选方法给出非线性的概率回归预报方程,从拟合情况看比上述线性的方法有所改进,但试报情况差别不大,考虑到计算量较大,这里不再赘述. 由此可见,由于因子选取时已经考虑到它们的组合情况,要提高预报实效,仅仅改变预报方法收效不会太明显,重点应放在进一步寻求新的预报因子.

§4.5 汛期降水的多因子转移概率的多级统计预报[①]

关于转移概率的概念在第 3 章发震地点的统计预报一节中已有详细讨论,这里不准备再重复,本节结合天气预报中汛期降水问题,具体的说明如何应用转移概率的概念,进行汛期降水的统计转移预报.

(一) 基本思路

将汛期降水(6～9 月的降水量)作为预报量,选(i) 汛期降水,(ii) 降水年变差,(iii) 秋季降水,(iv) 冬季降水,(v) 3＋4 月降水为预报因子. 把预报量和预报因子视其各年不同具体划分为几态(每一因子的分态数可以不全相同)而变成状态离散型,随后研究其转移规律,给出转移概率. 其含义是:上年汛期降水(或上年降水年变差,或上年秋季降水,或上年冬季降水,或当年 3＋4 月降水)处于某一态时,转入当年汛期降水处于何态的概率最大,综合这五个预报因子的共同的作用,再经过一定的"自然概率"处理后,构造一个预报测度 M,它给预报量:汛期降水每一状态 j 以一个数量 $M(j)$,用它衡量汛期降水各态出现的可能性大小,选预报量所处最大可能的状态作为我们的第一可能预报状态,次大可能作为第二可能预报状态.

应该指出的是,上述的转移规律仅由一重转移概率(例如:上

[①] 本节内容由天津市气象台长期预报组的同志与南开大学数学系统计预报组合作完成的,取材于参考文献[23].

年汛期降水处于第 i 态条件下,转入当年汛期降水处于第 j 态的概率即为一重转移概率)所决定,当然,这种转移规律不一定只由一重转移规律所决定,往往还用到二重或三重等高阶转移概率(例如,前年汛期降水处于第 i 态,去年汛期降水处于第 j 态的条件下,转入当年汛期降水处于第 k 态的概率即为二重转移概率).由于历史资料的不足,给考虑多重转移带来了困难,因为多重转移会使有限的资料更加分散,影响统计效果,这里所以侧重于讨论一重转移概率的规律,原因即在于此.

(二) 汛期降水的统计转移预报

Ⅰ. 资料处理

(i) 预报量与预报因子的分态

将本站 1921~1972 年的汛期降水(预报量)和其有关的预报因子分别分成数态. 分态的具体做法是:先作各预报因子对预报量的转移样本图,选定坐标轴,点入预报因子的坐标值,在此坐标轴上找出预报因子在坐标轴上依年所处的位置,再在相应位置点入下一年预报量的数值,即为转移样本图(图 4-6 为降水年变差的转移样本图,同样,可作出其他因子的转移样本图). 而后,根据转移样本图,对预报量和预报因子进行分态,分态要尽量使转移规律明显,各态要相对集中,对预报量的分态,还要照顾到与实际预报使用的要求相吻合,对临界资料处理要适当灵活,宜根据"内部符合和实际检验效果好"的原则来决定归入那一个状态.

状态划分得好坏,直接影响预报效果,因此是一项十分重要又细致的工作.

预报量与预报因子的分态见表 4-5.

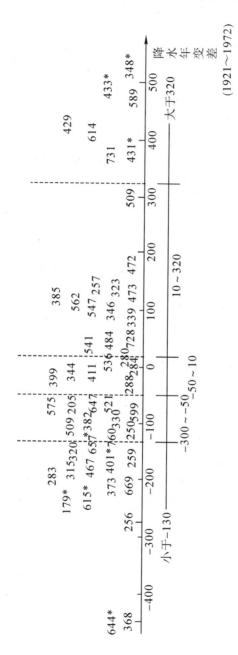

图4-6　降水年变差对汛期降水转移样本图

注：图中带 * 的数字为1963～1972年的资料

表 4-5

分　　态		1	2	3	4	5
预报量	汛期降水 少年段	小于 280	280～430	430～480	480～570	大于 570
	正常年段	小于 280	280～390	390～470	470～570	大于 570
预报因子	汛期降水	小于 350	350～432	432～565	565～630	大于 630
	降水年变差	小于 -130	-130～-50	-50～10	10～320	大于 320
	秋季降水	小于 40	40～62	62～92	大于 92	
	冬季降水	小于 4.8	4.8～10.0	10.0～12.0	大于 12.0	
	3＋4 月降水	小于 12	12～29	大于 29		

注:单位为 mm.

(ii) 年段的划分

经过对汛期降水历史序列的分析,发现 1921～1972 年汛期降水的资料逐年分布和转移特性随着年段的不同,降水量可以区分为多,少,正常三种不同情况.因此,具体划分为如下年段:

1921～1930 年　　(多)　　$\bar{R}=518$ mm,

1931～1941 年　　(少)　　$\bar{R}=371$ mm,

1942～1951 年　　(正)　　$\bar{R}=440$ mm,

1952～1961 年　　(多)　　$\bar{R}=517$ mm,

1962～1972 年　　(少)　　$\bar{R}=414$ mm,

其中,$\bar{R}$ 表示本年段汛期平均降水量.

1973 年属于由少年段向正常年段的转换年,据此分析 1973～1982 年为正常年段.这样划分从理论上是合理的,因为经统计中 χ^2 检验或秩和检验说明年段内无明显差别,年段间有明显差别(正常年段只有一个时段不便于检验).从试报实践中也说明分年段处理是必要的.

为了检验方法的好坏,我们使用的资料是从 1921～1961 年,以后的资料留作试报.

417

下面分别给出少年段与正常年段的汛期降水的预报测度方程.

Ⅱ. 关于少年段汛期降水的统计转移预报

（i）制作汛期降水转移统计表

在时间 t（例如 1921 年）预报因子处于某一态（各因子所分的状态数是不相同的）的条件下，$t+1$ 时间（如 1922 年）预报量处于某态（共分 5 个状态）的情况，据 1921～1961 年的资料分别统计于表中（见表 4-6），称为汛期降水转移统计表.

如果预报处于临界状态（±10 mm 的间隔）以记号标出，以便统筹考虑. 但要注意，对于多、少、正常的三个不同年段要分别统计.

（ii）写出各因子的转移概率矩阵（应该谓之"频率"，此处借用"概率"词）.

在对转移统计表中的资料进行统计之后，根据转移规律明显和状态相对集中的原则，对临界资料进行适当处理，进而写出各因子的转移频数表（见表 4-7）.

由表 4-7 可得到转移概率矩阵. 转移概率矩阵分别按多，少，正常三种年段写出，记为 $P_{k,j}^{(t)}(i,j=1,2,\cdots,5;t=1,2,3)$，其中 t 不同，表示年段不同（$P_{k,j}^{(1)}$ 表示多年段的，$P_{k,j}^{(2)}$ 表示少年段的，$P_{k,j}^{(3)}$ 表示正常年段的）；i 不同，表示预报因子不同；j 不同，表示预报量的状态不同. 如对 $P_{k,j}^{(1)}$，用矩阵形式可表示为

$$\boldsymbol{P}_{k,j}^{(1)} = \begin{pmatrix} 0 & \dfrac{1}{4} & 0 & \dfrac{1}{4} & \dfrac{2}{4} \\[2mm] 0 & \dfrac{2}{2} & 0 & 0 & 0 \\[2mm] 0 & \dfrac{2}{6} & \dfrac{2}{6} & \dfrac{1}{6} & \dfrac{1}{6} \\[2mm] 0 & 0 & 0 & \dfrac{3}{3} & 0 \\[2mm] 0 & 0 & 0 & 0 & \dfrac{3}{3} \end{pmatrix}.$$

表 4-6　汛期降水转移统计表

年　段		多					少					正　常				
因子态		预　报　量　态														
		1	2	3	4	5	1	2	3	4	5	1	2	3	4	5
汛期降水	1		1′		1	111		111′1′1			1		11			1
	2		11				1′					1	1		1′	
	3		11	11′	1			1					11	1″	1	
	4			111			1″									
	5					111″							1″			
降水年变差	1	1″	1	1		1		11				1	1			
	2		1		11	111	1	1								1
	3		1		1		1″	11′					11			
	4		1	1″	111″		1	11			1			1″	1′1	
	5					11					1		1″			
秋季降水	1		11		111	11	11′	1				1	1		1′	
	2				111			11			1					1
	3		1		11		1″1″	1			1		11		1	
	4		1′1	11″	1′	1	1	1			1		11″	1′		
冬季降水	1		1		1″	111		11			1	1			1′	
	2		1′1			1′11	11	1′					1		1′1	1
	3		1	1″				1			1	1	1			
	4		1	1	1111	1	1″	11′1			1		1		11″	
3＋4月降水	1		1	1″	1111	1	111″1				1	1			1	
	2		11′1		1′1	11		1111′					111			1
	3		1	1		111		11			11		11″	11″	1′	1

注:表中带 ′、″ 者为临界状态,′ 表不可左移,″ 表示可右移.

表 4-7　转移频数表

年段		多					少					正常				
因子态		1	2	3	4	5	1	2	3	4	5	1	2	3	4	5
汛期降水	1		1		1	2		5			1+11		2			1
	2		2				2+11					1	1		1	
	3		2	2	1	1		2+11					1		2	
	4			3			1	+1								
	5					3		+11			1		1			
降水年变差	1	1	1	1		1	+11	2+1			1+11	1	1			
	2		1		2	3	1	1			+1					1
	3		1		1		3						2			
	4		1		4		1	2+1			1		1		3	
	5					2		+111			1		1			
秋季降水	1		2		3	2	2+11	1				1	1		1	
	2				2	3		2+11			1+11					1
	3		1		2	2	2	1+1			+1		2		1	
	4		2	2		2	1	1+11			1		2	1		
冬季降水	1		1			4	+11	2+1			1	1	1	1		
	2		2			3	3	+111				1	1		2	1
	3		1	1		1	1				+111	1	1		2	
	4		1	1	4	1	1	3+1			1		1		2	
3+4月降水	1		1		5	1	4+1					1	1			
	2		3	1		3	+1	4+11					1		3	
	3		1	1		3	2+111				2+111		1	3	1	

注:表中+号后面的数字是累积记分中补进的 1962～1972 年试报的资料.

表 4-7 中的意义是,对预报因子汛期降水而言,当汛期降水处于 1 态时,它的转移情况为

在多年段,它向 1,2,…,5 各态的转移概率分别是

$$0, \frac{1}{4}, 0, \frac{1}{4}, \frac{2}{4};$$

在少年段,它向 1,2,…,5 各态的转移概率分别是

$$0,\frac{5}{6},0,0,\frac{1}{6};$$

在正常年段,它向 $1,2,\cdots,5$ 各态的转移概率分别是

$$0,\frac{2}{3},0,0,\frac{1}{3}.$$

由此可知,在多水年段,它主要转移到 5 态(特多),在少水或正常年段,它主要转移到 2 态(正常偏少).

(iii) 构造预报测度方程

在给出预报测度方程时,要考虑两个方面. 第一,各因子对预报量的贡献大小是不同的. 第二,不同的年段,对预报量的贡献大小也是不同的. 因此,要分两步走.

首先,对各预报因子而言,因为需要试报的 1962~1972 年正处于少年段,故主要应用 $P_{k,j}^{(2)}$,但其他两种年段也有一定的影响,所以用它们的加权平均值

$$P_{k,j}=\alpha_i P_{k,j}^{(1)}+\beta_i P_{k,j}^{(2)}+\gamma_i P_{k,j}^{(3)},$$

式中,$\alpha_i,\beta_i,\gamma_i$ 为待定系数,表示不同年段对预报量贡献的权重,它由下列累积记分法给出.

因为需要试报的是 1962~1972 年属于少年段,所以采用以往少年段(1931~1941 年)的资料进行累积记分,以加大少年段贡献的权重. 得分的具体过程如下:

先用 $P_{k,j}^{(1)}$ 来报 1931~1941 年的汛期降水. 例如,对第一个因子设 $P_{k_11}^{(1)}\geqslant P_{k_12}^{(1)}\geqslant P_{k_13}^{(1)}\geqslant P_{(k_14)}^{(1)}\geqslant P_{k_15}^{(1)}$ 这表示如果这年汛期降水为 k_1 态,以 $P_{k,j}^{(1)}$ 来预报时,下一年汛期降水量最大可能状态为 1 态;次大可能状态为 2 态……再对照实况看下年的汛期降水(预报量)处于何态,如果也是一态,表示报准第一可能,就人为地规定得 5 分;如果最大可能的 $P_{k_11}^{(1)}$ 与次大可能的 $P_{k_12}^{(1)}$ 相等,而实况只要出现其中之一时就记 2 分;如果前三个 $P_{k_11}^{(1)},P_{k_12}^{(1)},P_{k_13}^{(1)}$ 相等而实况出现其中之一时,就记 1 分. 倘若次大可能为 2 态,实况也是

2 态,表示报准第二可能则记 3 分;如果有两个第二可能,那么出现其中之一时记 1 分;有 3 个第二可能,则出现靠近最大的 1 态时记 1 分. 此外,一概不得分.

同样,要用 $P_{k,j}^{(2)}$, $P_{k,j}^{(3)}$ 去报 1931～1941 年的汛期降水.

对报 1931～1941 年所得的累积分用累积得分表给出(见表 4-8).

表 4-8　各因子报 1931～1941 年的得分表

因子 年份	汛期降水			降水年变差			秋季降水			冬季降水			3+4月降水		
	年　段														
	多	少	正常	多	少	正常	多	少	正常	多	少	正常	多	少	正常
1931	2	5	3	0	2	0	0	5	0	2	0	2	2	5	5
1932	0	5	1	0	2	0	0	5	1	0	5	0	0	5	2
1933	1	5	5	5	5	2	0	5	0	3	5	2	2	5	5
1934	1	5	5	3	5	3	1	3	1	1	5	5	2	5	5
1935	1	5	5	2	5	5	3	5	5	3	0	1	1	0	0
1936	1	5	5	2	5	5	0	5	5	1	5	5	2	5	5
1937	5	3	3	0	1	0	3	5	5	1	1	0	5	2	1
1938	5	5	0	0	1	1	0	1	0	5	3	0	5	2	1
1939	0	5	0	0	5	0	0	5	1	0	1	0	0	5	2
1940	1	5	5	5	5	2	3	5	5	3	5	2	1	2	1
1941	0	5	1	0	1	0	0	1	0	0	5	0	0	5	2
合计	17	53	33	22	31	17	16	43	23	19	35	17	20	41	29

三种不同年段,按 5 个不同因子得的总分分别为 $x_i^{(1)}$, $x_i^{(2)}$, $x_i^{(3)}$ ($i=1,2,\cdots,5$)根据统计得分表,就可定出权系数 α_i, β_i, γ_i.

令

$$\alpha_i = \frac{x_i^{(1)}}{x_i^{(1)}+x_i^{(2)}+x_i^{(3)}},$$

$$\beta_i = \frac{x_i^{(2)}}{x_i^{(1)}+x_i^{(2)}+x_i^{(3)}},$$

$$\gamma_i = \frac{x_i^{(3)}}{x_i^{(1)}+x_i^{(2)}+x_i^{(3)}}.$$

例如:对第五个预报因子(3+4 月降水)有:$x_i^{(1)}=20$, $x_i^{(2)}=41$, $x_5^{(3)}=29$, 总和 $\sum =90$. 故

$$\alpha_5=\frac{20}{90}=0.22, \quad \beta_5=\frac{41}{90}=0.46, \quad \gamma_5=\frac{29}{90}=0.32,$$

所以 $P_{k_5j}=0.22P_{k_5j}^{(1)}+0.46P_{k_5j}^{(2)}+0.32P_{k_5j}^{(3)}$. 表 4-9 为各因子不同年段对预报量的权重.

表 4-9

i	1	2	3	4	5
α_i	0.17	0.31	0.20	0.27	0.22
β_i	0.51	0.44	0.53	0.49	0.46
γ_i	0.32	0.24	0.28	0.24	0.32

利用上面求出的各预报因子的 P_{k_1j}, P_{k_2j}, P_{k_3j}, P_{k_4j}, P_{k_5j}, 再进行线性组合,即构造出预报测度方程

$$M(j)=A_1P_{k_1j}+A_2P_{k_2j}+A_3P_{k_3j}+A_4P_{k_4j}+A_5P_{k_5j}$$
$$(j=1,2,\cdots,5), \tag{1}$$

式中 $A_i(i=1,2,\cdots,5)$ 表示不同预报因子对预报量贡献的权重,它仍由 P_{k_1j}, P_{k_2j}, $\cdots$, P_{k_5j} 去报 1931~1941 年汛期降水:通过得分办法求得.记分原则简单地分为两种情况:最大(第一)可能(即预报的第一可能状态与实况出现的状态一致)就记 3 分;次大(第二)可能(即预报的第二可能状态与实况出现的状态一致)就记 1 分,否则不得分.表 4-10 是汛期降水因子的累积记分过程和结果,同样可得其他因子的累积记分结果,各因子的累积记分结果见表 4-11.

值得注意的是,这里的各因子的最后得分数(即 A_i)是当我们对 1931~1941 年记分完毕后,得到的 1941 年的累积记分数,而利用此测度方程进行试报时,随着年份的递增,分数要相应累加,因而是时间的函数.

表 4-10　汛期降水因子累积得分过程结果表

年份	K_1	j					累积得分	预报量态
		1	2	3	4	5		
		$P_{k_1 j}$						
31	3	0	0.68	0.06	0.25	0.03	3	2
32	2	0.61	0.27	0	0.10	0	6	1
33	1	0	0.69	0	0.04	0.28	9	2
34	1	0	0.69	0	0.04	0.28	12	2
35	1	0	0.69	0	0.04	0.28	15	2
36	1	0	0.69	0	0.04	0.28	18	2
37	1	0	0.69	0	0.04	0.28	19	5
38	5	0	0.32	0	0	0.68	22	5
39	4	0.51	0	0	0.17	0	25	1
40	1	0	0.69	0	0.04	0.28	28	2
41	2	0.61	0.27	0	0.10	0	31	1

表 4-11　各因子累积得分结果表

年　份	因　子				
	汛期降水	降水年变差	秋季降水	冬季降水	3+4 月降水
31	3	1	1	1	3
32	6	1	4	4	6
33	9	4	5	7	9
34	12	5	6	10	12
35	15	6	9	10	12
36	18	7	12	13	15
37	19	7	15	13	18
38	22	10	16	14	21
39	25	13	19	14	24
40	28	16	22	17	25
41	31	16	22	20	28

（iv）自然概率的处理与预报测度方程的改进

在进行试报时,要考虑自然概率的影响,所谓自然概率就是在预报所使用的资料中,预报量各态所占的频率.例如,天津从 1921～1961 年共 40 年资料,各态频数与自然概率为

状　　态	1	2	3	4	5	
频　　数	4	17	3	7	9	和为 40
自然概率	0.10	0.43	0.08	0.18	0.22	

对自然概率的取舍,既不可不考虑,也不能全考虑.为此采取下述办法进行处理,原则是:既要考虑提高资料数少的态的预报效果,又要保证资料数较多的态的预报效果不变.

在原自然频数的基础上加上它们的平均数,然后算出新的自然概率作为它们的自然概率,在原转移概率中减去.见表 4-12.

表 4-12

状　　态	1	2	3	4	5	合计
自 然 频 数	4	17	3	7	9	40
加上平均数 8	12	25	11	15	17	80
自然概率(Q_j)	0.15	0.31	0.14	0.19	0.21	

与上面自然概率相比较,可以看出处理后的自然概率既照顾了各态出现频数存在的客观差异,又消除了各态频数相差较大不易比较的弱点.

最后,使用改进后的预报测度方程为

$$M(j) = \sum_{i=1}^{5} A_i (P_{k_i j} - Q_j),\qquad (2)$$

其中　　$Q_j = \dfrac{v_j + \bar{v}}{\displaystyle\sum_{j=1}^{5}(v_j + \bar{v})}\quad \left(\bar{v} = \dfrac{1}{5}\sum_{i=1}^{5} v_i\right),$

$v_j(j=1,2,\cdots,5)$表示各态的频数.

(v)试报与检验

为了检验方法的好坏,我们用留下的资料,通过试报,进行检验.因 1962~1972 年处于少年段,所以用适用于少年段的测度方程,即方程(2).

在试报中,必须说明的有以下几点:

i) 如前所述,$P_{k,j}$ 的系数 A_i 是依赖于时间的,故随着试报年份的递增,各因子的得分要相应累加.

ii) 因为试报所用的资料是 1921~1961 年的,因此转移概率矩阵并未包括 1961 年以后的资料,所以随着试报年份的递增,1961 年以后的资料也要逐年补进概率矩阵中(这是与前面的记分不同的),概率矩阵表中＋号后面的数字就是逐年补入的. 故 $P_{k,j}$ 也是与时间有关的.

iii) 以 1962 年为例说明试报过程

预报 1962 年汛期降水,使用资料为 1921~1961 年的(若预报 1963 年则使用资料为 1921~1962 年,因 1962 年已累加进去).

查 1961 年汛期降水年际变化,秋季降水,冬季降水及 1962 年 3＋4 月降水状态分别为:3,4,4,4,1 由转移概率表算出 $P_{k,j}$,

$$P_{k,j} = \alpha_i P_{k,j}^{(1)} + \beta_i P_{k,j}^{(2)} + \gamma_i P_{k,j}^{(3)},$$
$$P_{k_1 j} = 0.17 P_{k_1 j}^{(1)} + 0.51 P_{k_1 j}^{(2)} + 0.32 P_{k_1 j}^{(3)}.$$

由于 1961 年汛期降水为第 3 态,对于 3 态

$$P_{k_1 j}^{(1)} \quad \text{有} \quad 0 \quad \frac{1}{3} \quad \frac{1}{3} \quad \frac{1}{6} \quad \frac{1}{6},$$

$$P_{k_1 j}^{(2)} \quad \text{有} \quad 0 \quad 1 \quad 0 \quad 0 \quad 0,$$

$$P_{k_1 j}^{(3)} \quad \text{有} \quad 0 \quad \frac{1}{3} \quad 0 \quad \frac{2}{3} \quad 0.$$

因而

$$P_{k_1 j}: \quad (\ 0 \quad 0.68 \quad 0.06 \quad 0.25 \quad 0.03).$$
$$P_{k_2 j}: \quad (0.11 \quad 0.34 \quad 0 \quad 0.42 \quad 0.11),$$
$$P_{k_3 j}: \quad (0.18 \quad 0.43 \quad 0.16 \quad 0 \quad 0.25),$$
$$P_{k_4 j}: \quad (0.10 \quad 0.58 \quad 0.04 \quad 0.16 \quad 0.14),$$
$$P_{k_5 j}: \quad (\ 0 \quad 0.33 \quad 0.22 \quad 0 \quad 0.42),$$

自然概率为

$$(0.15 \quad 0.31 \quad 0.14 \quad 0.19 \quad 0.21).$$

1961 年系数 A_i 为

$$31 \quad 16 \quad 22 \quad 20 \quad 28.$$

所以按表 4-13 运算.

表 4-13

i		j		
		1	2	3
1	$A_1(P_{k_1 j}-Q_j)$	$(0-0.15)\times 31$	$(0.68-0.31)\times 31$	$(0.06-0.14)\times 31$
2	$A_2(P_{k_2 j}-Q_j)$	$(0.11-0.15)\times 16$	$(0.34-0.31)\times 16$	$(0-0.14)\times 16$
3	$A_3(P_{k_3 j}-Q_j)$	$(0.18-0.15)\times 22$	$(0.43-0.31)\times 22$	$(0.16-0.14)\times 22$
4	$A_4(P_{k_4 j}-Q_j)$	$(0.10-0.15)\times 20$	$(0.58-0.31)\times 20$	$(0.04-0.14)\times 20$
5	$A_5(P_{k_5 j}-Q_j)$	$(0-0.15)\times 28$	$(0.33-0.31)\times 28$	$(0.22-0.14)\times 28$
$\sum_i$	M_j	-9.83	20.55	-4.04

i		j	
		4	5
1	$A_1(P_{k_1 j}-Q_j)$	$(0.25-0.19)\times 31$	$(0.03-0.21)\times 31$
2	$A_2(P_{k_2 j}-Q_j)$	$(0.42-0.19)\times 16$	$(0.11-0.21)\times 16$
3	$A_3(P_{k_3 j}-Q_j)$	$(0-0.19)\times 22$	$(0.25-0.21)\times 22$
4	$A_4(P_{k_4 j}-Q_j)$	$(0.16-0.19)\times 20$	$(0.14-0.21)\times 20$
5	$A_5(P_{k_5 j}-Q_j)$	$(0-0.19)\times 28$	$(0.42-0.21)\times 28$
$\sum_i$	$M(j)$	-4.56	-1.82

表中 $M(j)$ 为代入 (2) 算出的.

可以看出, $M(2)$ 最大, 即 2 态值最大. 因而预报 1962 年汛期降水处于 2 态的可能性最大.

而实况 1962 年汛期降水为 385.2 mm, 即为 2 态.

同时, 试报完后, 还要进行累积记分, 算出 1962 年的 A_i 为

34,17,25,23,29,以供试报 1963 年时用.

整个试报情况如表 4-14.

表 4-14

年份	预 报 态		实 况	
	第一可能	第二可能	值	态
62	2	5	385.2	2
63	1	2	258.8	1
64	5	2	657.1	5
65	5	2	347.7	2
66	5	2	644.3	5
67	5	2	431.4	2
68	1	2	178.8	1
69	5	2	615.4	5
70	2	1	432.5	2
71	2	5	401.1	2
72	1	2	205.8	1

在 11 年中,有 9 年报第一可能,有二年报第二可能.

至此,整个制作过程就算完成了.试报本身就是预报的过程,因此,今后的预报即可按试报的过程进行.

但是,事情到此并没有完结,因为从 1973 年开始,汛期降水已经开始转入正常年段,因此,还要导出适用于正常年段的预报测度方程(对于适用于多年段的方程就暂不导出),其方法和步骤与上面基本相同,只是在一些问题的处理上有所不同,下面简单叙述之.

Ⅲ.关于正常年段的汛期降水转移预报

(ⅰ)资料处理:

根据正常年段的汛期降水转移规律,预报量分态为

1	2	3	4	5
小于 280	280～390	390～470	470～570	大于 570

但是这几态的预报是分两步完成的. 现按步骤的先后述之.

(ii) 首先将预报量分为三态:

1 态:小于 280;　　　　　2 态:280~570;

3 态:大于 570.

预报因子分态不变.

使用资料仍是 1921~1972 年.

按多,少,正常三个年段统计降水转移统计表和转移概率矩阵.

对 $P_{k,j}=\alpha_i P_{k,j}^{(1)}+\beta_i P_{k,j}^{(2)}+\gamma_i P_{k,j}^{(3)}$ 通过记分法,定出系数 α_i,β_i,γ_i,因为要导出的是正常年段的方程,所以采用正常年段(1942~1951)的资料进行记分,以加大正常年段贡献的权重.

仍采用预报测度方程

$$M(j)=\sum_{i=1}^{5}A_i P_{k,j}\qquad(j=1,2,\cdots,5).$$

用 1942~1951 年的资料进行累积记分(记分法则为:报对得 1 分,否则不得分)以确定系数 A_i.

最后对 1973 年进行试报.

必须提出的是,这里对自然概率的处理与前者稍有不同. 因为正常年段的资料最少(只有 10 年)而方程的导出又是都按正常年段进行的记分,所以在考虑自然概率影响的时候,还要适当考虑正常年段自然概率的影响. 另外,1973 年处于年段的转换年,因此,我们采取下述办法处理.

状　　态	1	2	3
总的自然频数	7	32	12
正常年段的自然频数	1	8	1
总的自然概率	13.7	62.7	23.5
正常年段的自然概率	10.0	80.0	10.0
自然概率(相加取平均)(Q_j)	11.9	71.4	16.8

采取下列预报测度方程进行试报：

$$M(j) = \frac{\sum_{i=1}^{5} A_i P_{k,j}}{Q_j},$$

对 1973 年进行试报：

$$[M_{(1)}, M_{(2)}, M_{(3)}] = [29.5, 43.4, 43.6],$$

从而预报 1973 年第一可能为 3 态，即大于 570 mm，第二可能为 2 态，即 280 mm～570 mm.

（1973 年实况为 634 mm）

（iii）问题还没有完. 因为第二态 280～570 这一态太大，对于预报来说，不太好使用，因此，还要再分态.

将 280～570 这一态再分 3 态：

1	2	3
280～390	390～470	470～570

重复上面的步骤，导出预报测度方程. 此方程作为前一个方程的补充，其使用原则是：

i）首先使用前面的方程进行预报，如果预报 1 态或 3 态（即特少或特多），问题就结束了，如果预报 2 态，就要继续进行.

ii）在排除了出现 1 态，3 态可能性的情况下，对 2 态继续进行试报，使用后面的方程以决定是正常偏少，还是正常，还是正常偏多.

这里，采取多次分态是由于正常年段的资料在历史上只出现一次，分态过多，会影响统计规律，如果资料允许的话，可以直接分成五态，不必分两步进行.

（iv）对 1974 年进行实报为 390 mm～470 mm，实况为 422 mm，报对.

参考文献

[1] 王梓坤,朱成熹,李漳南,王启鸣,孙惠文,徐道一.地震迁移的统计预报.地质科学,1973,(4):294-306;数学学报,1974,17(1):5-19.

[2] 李洪吉,孙惠文.中国中部南北地震带的统计分区.地质科学,1973,(2):162-167.

[3] 徐钟济,魏公毅,宋良玉,郁曙君,黄玮琼.地震发生时间的概率预报(一).地球物理学报,1974,17(1):51-72.

[4] 张建中,魏公毅,宋良玉,胡荣盛,郁曙君,何淑韵.地震发生时间的概率预报(二).地球物理学报,1974,17(3):200-208.

[5] 南开大学数学系统计预报科研小组.预测大地震的一种数学方法.地球物理学报,1975,18(2):118-126.

[6] 虞志英,等.地球自转速度季节性变化与地震关系的初步分析.地球物理学报,1974,17(1):44-49.

[7] 钟嘉猷.从模拟实验的初步结果看中国地壳的受力状态.地质科学,1974,(2):161-170.

[8] 国家海洋局地震预报组,等.利用地震资料和天文周期分析的方法开展中期地震预报.地质科学,1974,(2):107-116.

[9] 南开大学数学系统计预报科研小组.预报下次发震时间的一

种方法. 数学学报,1975,18(2):86-90.

[10] 王宗皓,李麦村,等. 天气预报中的概率统计方法. 北京:科学出版社,1974.

[11] 中国科学院数学研究所数理统计组编. 回归分析方法. 北京:科学出版社,1974.

[12] H B 曼. 试验的分析与设计. 张里千,等译. 北京:科学出版社,1963.

[13] H 克拉美. 统计学数学方法. 魏宗舒,等译. 上海:上海科学技术出版社,1966.

[14] 周华章. 工业技术应用数理统计学(上册). 北京:人民教育出版社,1963.

[15] 安徽省气象台数值预报小组,安徽大学数学系赴气象台教育革命小组. 逐步回归分析及其在气象预报中的应用. 数学的实践与认识,1973,(4),1-13.

[16] 拉尔斯登,等著. 数字计算机上用的数学方法. 徐献瑜,等译. 上海:上海科学技术出版社,1964.

[17] S S Wilks. Mathematical Statistics. John Wiley & Sons, Inc, New York, London,1962.

[18] P G Hoel. Introduction to Mathematical Statistics. John Wiley & Sons, Inc, New York, London,1963.

[19] 中央气象局气象科学研究所编辑. 数值预报和数理统计预报会议论文集. 科学出版社,1974.

[20] 天津市气象局,南开大学数学系. 渤海偏北大风的统计预报. 气象,1975,(2):12-13.

[21] R. G. Miller. Regression estimation of event probabilities. Tech. Rept. (1). USWB Contract Cwb 10704.

[22] R G Miller Slam. A screening lattice algorithm for non-

linear regression estimation of event probabilities. International Symposium on Probability and Statistics in the Atmospheric Sciences，June l-4，1971.

[23] 天津市气象局,南开大学数学系.汛期降水的统计转移预报.1974 年华北区域汛期降水预报会议技术资料选编,65-77.

后　记

　　王梓坤教授是我国著名的数学家、数学教育家、科普作家、中国科学院院士。他为我国的数学科学事业、教育事业、科学普及事业奋斗了几十年，做出了卓越贡献。出版北京师范大学前校长王梓坤院士的 8 卷本文集（散文、论文、教材、专著，等），对北京师范大学来讲，是一件很有意义和价值的事情。出版数学科学学院的院士文集，是学院学科建设的一项重要的和基础性的工作。

　　王梓坤文集目录整理始于 2003 年。

　　北京师范大学百年校庆前，我在主编数学系史时，王梓坤老师很关心系史资料的整理和出版。在《北京师范大学数学系史（1915～2002）》出版后，我接着主编 5 位老师（王世强、孙永生、严士健、王梓坤、刘绍学）的文集。王梓坤文集目录由我收集整理。我曾试图收集王老师迄今已发表的全部散文，虽然花了很多时间，但比较困难，定有遗漏。之后《王梓坤文集：随机过程与今日数学》于 2005 年在北京师范大学出版社出版，2006 年、2008 年再次印刷，除了修订原书中的错误外，主要对附录中除数学论文外的内容进行补充和修改，其文章的题目总数为 147 篇。该文集第 3 次印刷前，收集补充散文目录，注意到在读秀网（http：//www. duxiu.com），可以查到王老师的散文被中学和大学语文教科书与参考书收录的一些情况，但计算机显示的速度很慢。

出版《王梓坤文集》，原来预计出版 10 卷本，经过测算后改为 8 卷。整理 8 卷本有以下想法和具体做法。

《王梓坤文集》第 1 卷：科学发现纵横谈。在第 4 版内容的基础上，附录增加收录了《科学发现纵横谈》的 19 种版本目录和 9 种获奖名录，其散文被中学和大学语文教科书、参考书、杂志等收录的 300 多篇目录。苏步青院士曾说：在他们这一代数学家当中，王梓坤是文笔最好的一个。我们可以通过阅读本文集体会到苏老所说的王老师文笔最好。其重要体现之一，是王老师的散文被中学和大学语文教科书与参考书收录，我认为这是写散文被引用的最高等级。

《王梓坤文集》第 2 卷：教育百话。该书名由北京师范大学出版社高等教育与学术著作分社主编谭徐锋博士建议使用。收录的做法是，对收集的散文，通读并与第 1 卷进行比较，删去在第 1 卷中的散文后构成第 2 卷的部分内容。收录 31 篇散文，30 篇讲话，34 篇序言，11 篇评论，113 幅题词，20 封信件，18 篇科普文章，7 篇纪念文章，以及王老师写的自传。1984 年 12 月 9 日，王梓坤教授任校长期间倡议在全国开展尊师重教活动，设立教师节，促使全国人民代表大会常务委员会在 1985 年 1 月 21 日的第 9 次会议上作出决定，将每年的 9 月 10 日定为教师节。第 2 卷收录了关于在全国开展尊师重教月活动的建议一文。散文《增人知识，添人智慧》没有查到原文。在文集中专门将序言列为收集内容的做法少见。这是因为，多数书的目录不列序言，而将其列在目录之前．这需要遍翻相关书籍。题词定有遗漏，但数量不多。信件收集的很少，遗漏的是大部分。

《王梓坤文集》第 3～4 卷：论文（上、下卷）。除了非正式发表的会议论文：上海数学会论文，中国管理数学论文集论文，以及在《数理统计与应用概率》杂志增刊发表的共 3 篇论文外，其余数学论文全部选入。

《王梓坤文集》第 5 卷：概率论基础及其应用。删去原书第 3 版的 4 个附录。

《王梓坤文集》第 6 卷：随机过程通论及其应用（上卷）。第 10 章及附篇移至第 7 卷。《随机过程论》第 1 版是中国学者写的第一部随机过程专著（不含译著）。

《王梓坤文集》第 7 卷：随机过程通论及其应用（下卷）。删去原书第 13～17 章，附录 1～2；删去内容见第 8 卷相对应的章节。《概率与统计预报及在地震与气象中的应用》列入第 7 卷。

《王梓坤文集》第 8 卷：生灭过程与马尔可夫链。未做调整。

王梓坤的副博士学位论文，以及王老师写的《南华文革散记》没有收录。

《王梓坤文集》第 1～2 卷，第 3～4 卷，第 5～8 卷，分别统一格式。此项工作量很大。对文集正文的一些文字做了规范化处理，第 3～4 卷论文正文引文格式未统一。

将数学家、数学教育家的论文、散文、教材（即在国内同类教材中出版最早或较早的）、专著等，整理后分卷出版，在数学界还是一个新的课题。

本套王梓坤文集列入北京师范大学学科建设经费资助项目（项目编号 CB420）。本书的出版得到了北京师范大学出版社的大力支持，得到了北京师范大学出版社高等教育与学术著作分社主编谭徐锋博士的大力支持，南开大学王永进教授和南开大学数学科学学院党委书记田冲同志提供了王老师在《南开大学》（校报）上发表文章的复印件，同时得到了王老师的夫人谭得伶教授的大力帮助，使用了读秀网的一些资料，在此表示衷心的感谢。

李仲来

2016-01-18

图书在版编目（CIP）数据

随机过程通论及其应用. 下卷/王梓坤著；李仲来主编.
—北京：北京师范大学出版社，2018.8（2019.12 重印）
（王梓坤文集；第 7 卷）
ISBN 978-7-303-23667-1

Ⅰ.①随… Ⅱ.①王… ②李… Ⅲ.①随机过程－研究
生－教材 Ⅳ.①O211.6

中国版本图书馆 CIP 数据核字（2018）第 091255 号

营　销　中　心　电　话　010－58805072 58807651
北师大出版社高等教育与学术著作分社　http://xueda.bnup.com

Wang Zikun Wenji

出版发行：北京师范大学出版社 www.bnup.com
　　　　　北京市海淀区新街口外大街 19 号
　　　　　邮政编码：100875
印　　刷：鸿博昊天科技有限公司
经　　销：全国新华书店
开　　本：890 mm ×1240 mm　1/32
印　　张：14.25
字　　数：320 千字
版　　次：2018 年 8 月第 1 版
印　　次：2019 年 12 月第 2 次印刷
定　　价：78.00 元

策划编辑：谭徐锋　岳昌庆　　　责任编辑：岳昌庆
美术编辑：王齐云　　　　　　　装帧设计：王齐云
责任校对：陈　民　　　　　　　责任印制：马　洁